30の交雑関連事象

人類の歴史には大きく異なる集団の混じり合いが幾度も起こった。本書で取り上げた大規模な交雑イベントをもたらした集団や動き30を地図に示す（位置は厳密なものではない）。

第２章

2a 5万4000-4万9000年前
あらゆる非アフリカ人
ネアンデルタール人＋現生人類

第３章

3a 7万年以上前
シベリアのデニソワ人
超旧人類系統＋
ネアンデルタール人関連系統

3b 4万9000-4万4000年前
パプア人とオーストラリア先住民
デニソワ人＋現生人類

第４章

4a 1万9000-1万4000年前
マドレーヌ文化の拡散
オーリニャック文化＋
グラヴェット文化系統

4b 1万4000年以上前
後期中東狩猟採集民
基底部ユーラシア人＋初期中東狩猟採集民

4c 約1万4000年前
ベーリング・アレレード拡散
南西＋南東ヨーロッパ狩猟採集民

4d 8000-3000年前
銅器時代と青銅器時代の中東
イラン＋レヴァント＋アナトリア農耕民

第５章

5a 9000-5000年前
最初のヨーロッパ農耕民
先住の狩猟採集民＋アナトリア農耕民

5b 9000-5000年前
ステップ牧畜民
イラン農耕民＋先住の狩猟採集民

5c 5000-4000年前
北ヨーロッパ青銅器時代
東ヨーロッパ農耕民＋ステップ牧畜民

5d 3500年以上前
エーゲ海青銅器時代
イラン農耕民＋ヨーロッパ農耕民

5e 3500年前-現代
現代ヨーロッパ人
北＋南ヨーロッパ青銅器時代集団

交雑する人類

古代DNAが解き明かす新サピエンス史

デイヴィッド・ライク
日向やよい 訳

WHO WE ARE AND HOW WE GOT HERE

Ancient DNA and the New Science of the Human Past

David Reich

NHK出版

交雑する
人類

古代DNAが解き明かす新サピエンス史

装幀　山内迦津子、林　聖子

セスとリアへ

目次

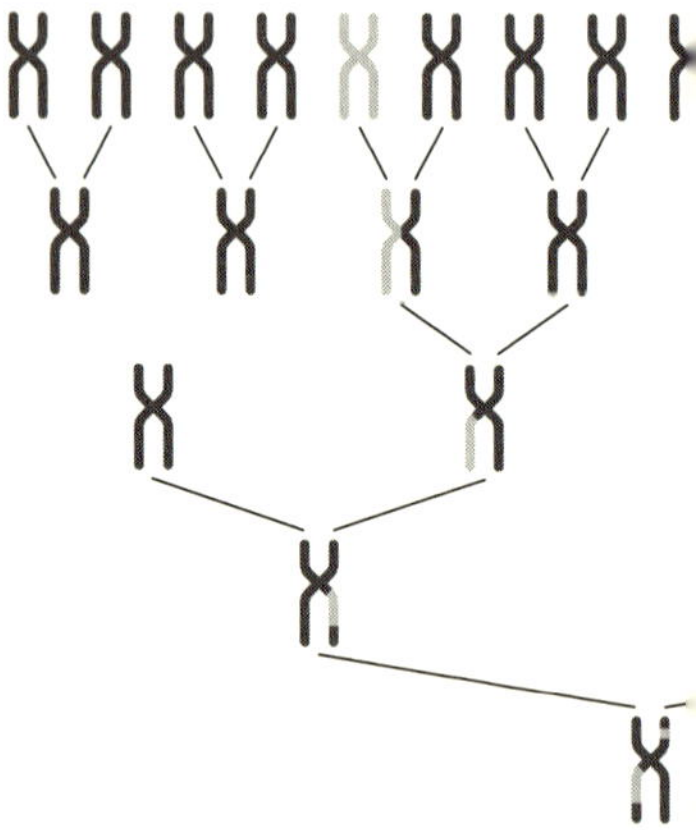

第2部　祖先のたどった道

●本文中、（　）は原注、〔　〕は訳注を表す。
＊は傍注を、注番号は巻末の原注を参照のこと。
書名は、未邦訳のものは初出に原題と逐語訳を併記した。

謝辞…

まずお断りしておきたいが、本書は妻ユージニーとの1年にわたる緊密な共同作業によって生まれた。わたしたちは協力して調査を行い、草稿を書き、絶えず話し合いながらこの本をつくりあげた。彼女がいなければ本書が日の目を見ることはなかっただろう。

全体を綿密に読んで論評してくださった以下の方々に感謝したい。ブリジット・アレックス、ピーター・ベルウッド、サミュエル・フェントン=ウィテット、ヘンリー・ルイス・ゲイツ・ジュニア、ヨナタン・グラッド、ヨシフ・ラザリディス、ダニエル・リーバーマン、ショップ・マリック、エロール・マクドナルド、ラサ・メノン、ニック・パターソン、モリー・プシェヴォルスキ、ジュリエット・サミュエル、クリフォード・タビン、ダニエル・ライク、トーヴァ・ライク、ウォルター・ライク、ロバート・ワインバーグ、マシュー・スプリッグス。

また個々の章を論評してくださった以下の方々にも感謝する。デイヴィッド・アンソニー、オフェル・バル=ヨセフ、キャロライン・ベアステッド、デボラ・ボルニク、ドーカス・ブラウン、キャサリン・ブランソン、付巧妹《フー・チャオメイ》、デイヴィッド・ゴールドスタイン、アレクサンダー・キム、イアン・マシソン、カルレス・ラルエサ=フォックス、エリック・ランダー、マーク・リプソン、スコット・マッキーカーン、リチャード・メドウ、デイヴィッド・メルツァー、プリヤ・ムールジャニ、ジョン・ノヴェンバー、スヴァンテ・ペーボ、ピエル・パラマラ、エレフセリア・パルコプールー、マリー・プレンダーガスト、レベッカ・ライク、コリン・レンフルー、ナディーン・ローランド、ダニエル・ロウザス、ポントス・スコグルンド、王伝超《ワン・チュアンチャオ》、マイケル・ウィトゼル。正確を期すために各節を精査してくださった以下の方々にも感謝したい。スタンリー・アンブローズ、グレアム・クープ、ドーリアン・フラー、エーデオン・ハーニー、リンダ・ヘイウッド、海部陽介、クリスチャン・クリスチャンセン、ミシェル・リー、ダニエル・リーバーマン、マイケル・マコーミック、マイケル・ペトラグリア、ジョーゼフ・ピクレル、スティーヴン・シッフェルス、ベス・シャピロ、ベンス・ヴィオラ。本書の執筆をわたしの本業である研究の補完業務とみなして温かく見守り、寛大なご支援を賜ったハーヴァード大学医学大学院、ハワード・ヒューズ医学研究所、アメリカ科学財団にお礼申し上げる。

最後に、この本を書くようくり返し勧めてくださった方々にお礼を言いたい。わたしが何年も執筆に踏み切れないでいたのは、自分の研究から気をそらされたくなかったし、遺伝学者にとって大事なのは論文であって、本ではないからだ。しかし、考古学者や人類学者、歴史学者、言語学者などさまざまな人たちが仕事仲間になり、その人たちが古代DNA革命をきちんと理解したいと切に望んでいるのを見て、気持ちが変わった。とはいえ、本書の執筆に時間を取られたせいで書きそびれた論文は多く、完結させることができなかった分析も多い。本書を読む人々が、「わたしたちは何者なのか」についての新たな視点を得られるよう願っている。

序文

本書の着想は、遺伝学を用いて人類の過去を探るという、まったく新しい分野の創始者となったルカ・カヴァッリ゠スフォルツァの業績に多くを負っている。わたしは彼の門下生の1人から研究の手ほどきを受けた。したがって、いわば彼の学派の一員として、ゲノムをわたしたち人類の歴史を理解するためのプリズムとみなす彼の考え方に、大きな影響を受けた。

カヴァッリ゠スフォルツァは、そのキャリアの絶頂にあった1994年に、『ヒトの遺伝子の歴史と地理（*The History and Geography of Human Genes*）』を出版している。これは当時の考古学、言語学、歴史学、遺伝学の知識を統合して、世界の人々がどのようにして今の姿になったのかを、壮大な物語にまとめたものだった。[1] そこで描かれた遠い過去の全体像には、遺伝学的データがまだ乏しかった当時の知識の限界も表れている。当時の遺伝学的データは、すでに知られた事実と一致するパターンを示すことはあったが、考古学や言語学方面からの遥かに広範な情報に比べればデータそのものがあまりにも少なく、何か本当に新しいことを実証するのにはほとんど役に立たなかった。それどころか、カヴァッリ゠スフォルツァが唱えた主要な新説のいくつかは、本質的にまったくの誤りであることが判明している。20年前には、カヴァッリ゠スフォルツァもわたしのような新米大学院生も、誰もがDNAの暗黒時代に仕事をしていたのだ。

カヴァッリ゠スフォルツァは1960年に、学者としてのキャリアを決定づける壮大な賭けに出た。現代人の間に見られる遺伝的な違いだけに基づいて、過去の人類の大移動を復元することは可能だ、と断言したのだ。[2]

その後50年にわたる研究に次ぐ研究を通じて、カヴァッリ＝スフォルツァは順調にその賭けに勝つかに思われた。彼が研究を始めたころ、ヒトの遺伝的多様性《バリエーション》を研究するためのテクノロジーは非常にお粗末で、唯一可能だったのは血中のさまざまなタンパク質の測定くらいだった。ちょうど血液型のように、血中タンパク質にも人によって違いがあるので、そうした多様性をもたらす変異を研究対象としていたのだ。１９９０年代には、彼と共同研究者たちはさまざまな集団から、１００以上のそうした変異についてデータを集めていた。そのデータを使えば、変異が一致する頻度に基づいて一人ひとりを大陸別にうまくグループ分けすることができた。たとえば、ヨーロッパ人は他のヨーロッパ人と高い頻度で一致し、東アジア人は東アジア人と、アフリカ人はアフリカ人と一致した。１９９０年代および２０００年代にはタンパク質多様性からさらに研究のレベルを引き上げ、ヒトの遺伝暗号であるＤＮＡを直接調べるようになった。分析対象としたのは地球上に散らばる50ほどの集団から選んだ総計およそ１０００人で、ゲノムの３００を超える箇所での変異を調べた。[3] コンピュータにこの１０００人を5つのグループに分類するよう命じると、コンピュータは人類集団の分類名などもちろん知らないにもかかわらず、結果は、昔から言い古され、広く共有されてきた直感に不思議なほど一致した（西ユーラシア人、東アジア人、アメリカ先住民、ニューギニア人、アフリカ人）。

カヴァッリ＝スフォルツァは、こんにちの人々の間に見られる遺伝的なクラスター（かたまり）

を、集団の歴史に照らして解釈することに特に関心を持っていた。彼と共同研究者たちは自分たちが集めた血液グループのデータを、個体差を最もよく表す変異の組み合わせに絞って分析した。そうした組み合わせを西ユーラシアの地図上に記入すると、個人間の多様性を最もよく表す指標が、中東で最大値に達し、そこからヨーロッパを南東から北西へと進むにつれて減少していることがわかった。[4] 彼らはこれを、農耕民が中東からヨーロッパに移住したことを示す遺伝的な足跡だと解釈した。考古学的証拠からは、これが9000年前より後に起こったことがわかっている。指標の減少は、ヨーロッパに到着した農耕民が現地の狩猟採集民と混じり合うにつれて、狩猟採集民のDNAの割合が増していったことを示唆しているように、彼らには思われた。彼らはこのプロセスを「人口拡散（demic diffusion）」と呼んだ。[5] 最近まで多くの考古学者が、人口拡散モデルを考古学と遺伝学双方の知見を合わせた模範的なモデルとみなしていた。

ところが、カヴァッリ＝スフォルツァと共同研究者たちが提示したモデルは魅力的ではあるが、誤りだった。最初にその欠点が明らかになったのは2008年初頭のことだ。ジョン・ノヴェンバーと共同研究者らが、ヨーロッパで観察されたような分布の勾配は移住がなくても起こりうることを証明したのだ。[6] 次いで彼らは、カヴァッリ＝スフォルツァの数学的モデルに従えば、中東からヨーロッパへの農業の拡大は、直感に反して、移住の方向に直交する勾配を生み出すことを示した。実際のデータに見られたような、移住の方向に平行な勾配とはならないという。[7]

「人口拡散モデル」をついに葬り去ったのは、古代の骨からDNAを抽出する技術によってもたらされた「古代DNA革命」だった。この革命によって、最初の農耕民はヨーロッパの最も遠い

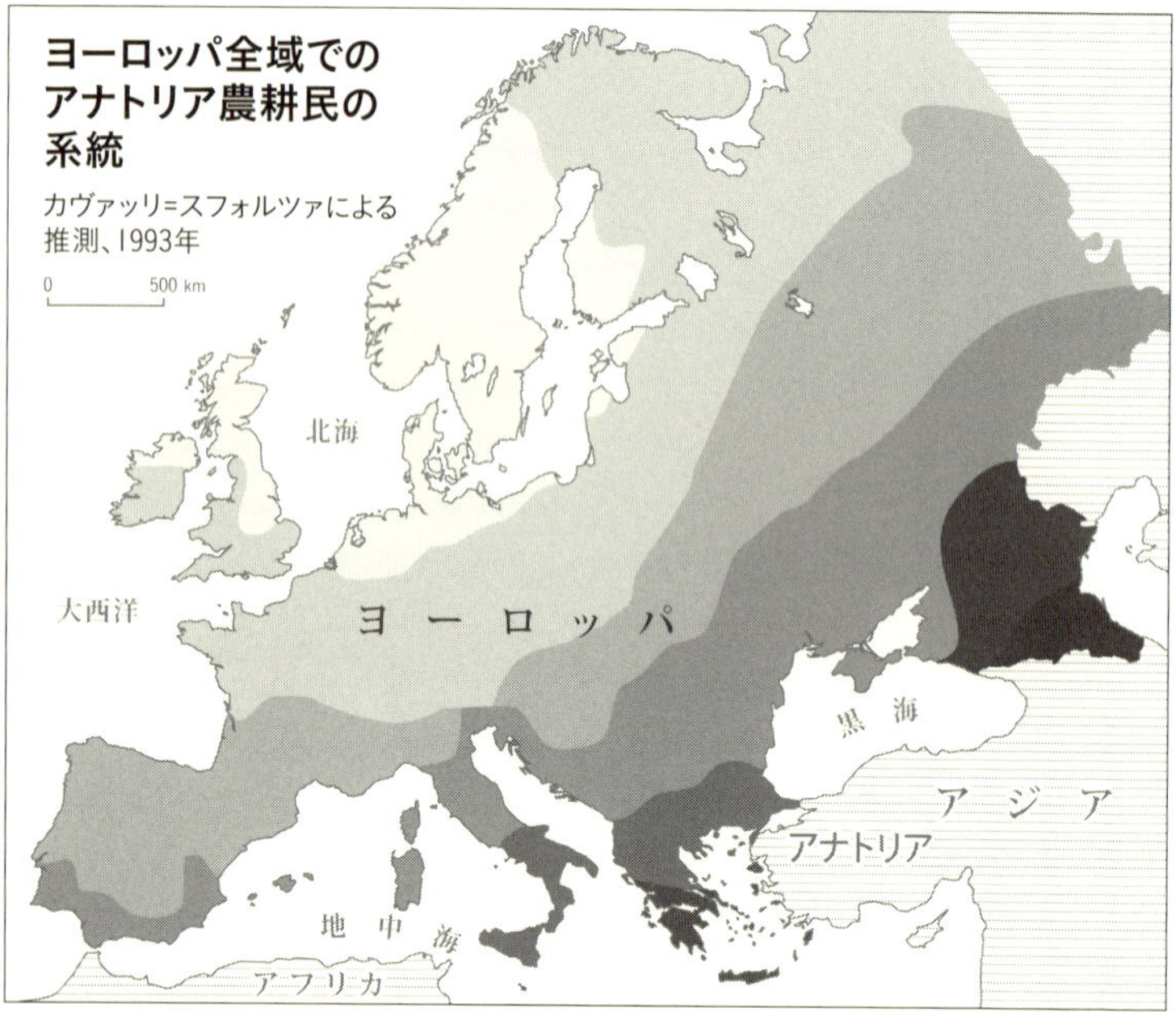

図1a　ルカ・カヴァッリ=スフォルツァが1993年に作成した遷移図（原画を改変）は、東からの農耕民の移動を現代人の血液グループの多様性パターンから復元できるとしており、アナトリアに近い南東部で、農耕民の系統の比率が最も高い。

到達地であるブリテン島、スカンディナヴィア、イベリア半島においてさえ、狩猟採集民に関連した系統をごく少ししか持たないことが実証された。実際、彼らは現代の多様なヨーロッパ人集団よりも、狩猟採集民の系統を少ししか示さなかった。ヨーロッパで初期の農耕民の系統が現在最も高い比率を示すのは、カヴァッリ=スフォルツァが考えたようにヨーロッパ南東部ではなく、イタリアの西に位置する地中海の島、サルデーニャ島である。[8]

カヴァッリ=スフォルツァの地図は、なぜ彼の壮大な賭

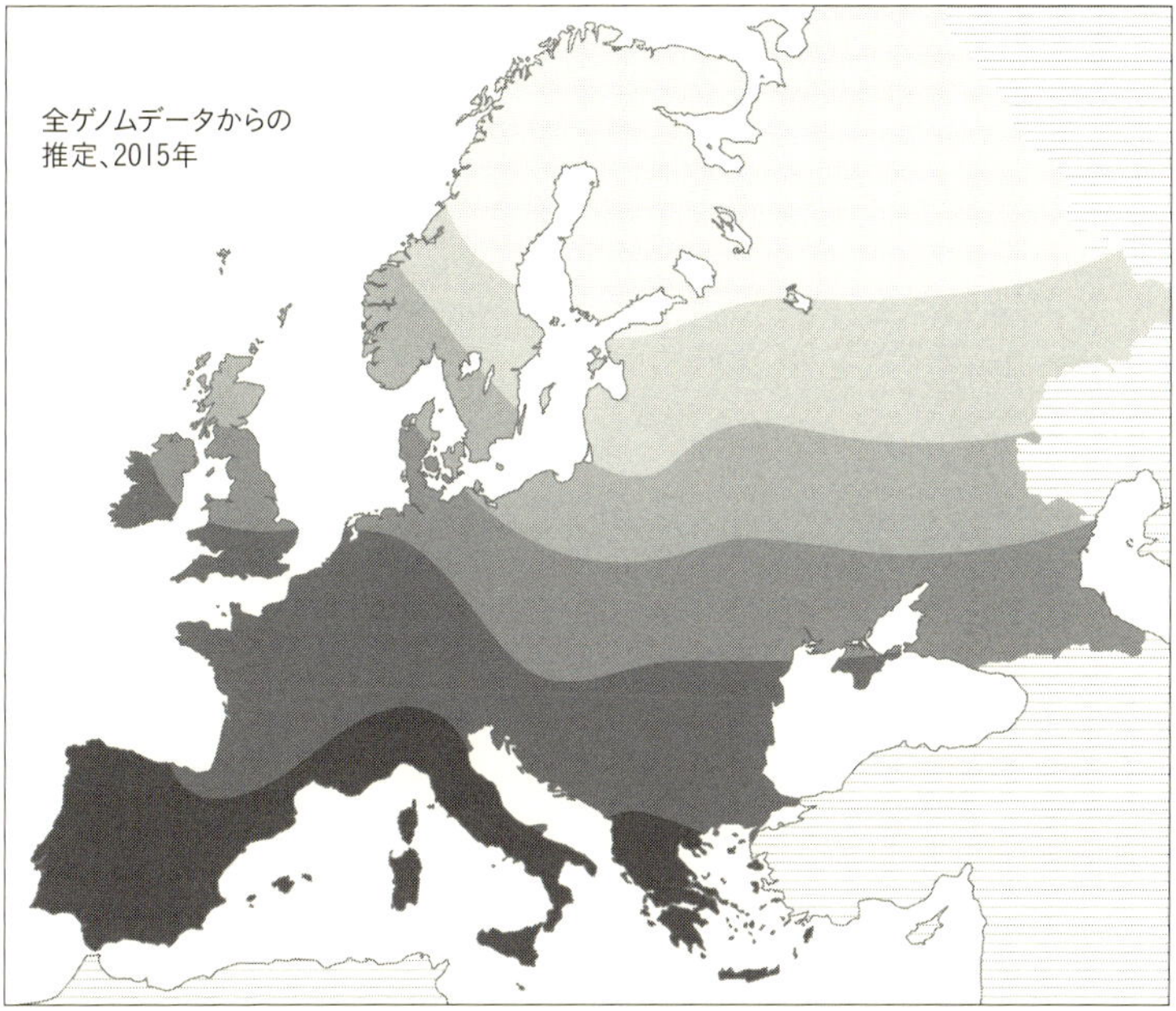

図 1b　全ゲノムにわたる最新のデータは、ヨーロッパにおける最も初期の農耕民系統の分布の勾配が南東から北西ではなく、それとほぼ直交する方向であることを示している。東から牧畜民の大規模な移住があったことで、この初期の農耕民の多くが取って代わられた結果だ。

けが失敗に終わったかを示すよい見本だ。集団の現在の遺伝子構造には、人類の過去の大きな出来事のいくつかが反映されているはずだという彼の考えは正しかった。たとえば、アフリカ人に比べて非アフリカ人の遺伝的多様性が低いのは、およそ5万年前以降にアフリカおよび中東から拡散した現生人類（ホモ・サピエンス）集団の多様性の低さを反映している。しかし、人類集団の現代の遺伝子構造から、古代の出来事の詳細な実態を知ることはできない。

問題は、人々が隣り合う集団と混じり合い、過去の出来事を示す遺伝的な痕跡が次第に不鮮明になっていくことだけではない。古代DNAの分析からあきらかになった遥かに厄介な問題は、今ある場所に住んでいる人々が、ずっと昔にその場所に住んでいた人々の子孫だけということはほぼありえないという事実だ。[9] そうなると、こんにちの集団から過去の集団移動を復元しようとする研究は、どれもその意義が限定されてくる。

カヴァッリ＝スフォルツァは自著『ヒトの遺伝子の歴史と地理』で、大きな移住の産物であることがわかっている集団、たとえばアメリカ大陸にいるヨーロッパ人やアフリカ人の系統は分析から除外していると述べている。そうした集団はこの500年の間に新大陸へ移住した人々の子孫だからだ。またロマやユダヤ人のようなヨーロッパの少数民族も除外したという。彼の考えとはつまり、過去の世界は現在よりずっと単純なので、歴史に残っている大きな移住の影響を受けていない集団に焦点を合わせれば、ずっと昔にその場所に住んでいた人々の子孫を直接研究していることになるだろう、というものだった。しかし、今では古代DNAの研究から、過去は現在に劣らず複雑だったことが明らかになっている。ヒトの集団はたびたび大きく変わっているのだ。

カヴァッリ＝スフォルツァは、人類の先史時代を遺伝学的に研究する分野において、その枠組みを一変させるような貢献をした。彼の貢献はモーセの物語を思い起こさせる。先見の明のある指導者だったモーセは、自分につき従う人々の誰よりも偉大なことを成し遂げ、世界を見るための新しい鋳型を創りだした。聖書には、「イスラエルには、再びモーセのような指導者は現れなかった」という記述があるが、モーセが約束の地への到達を許されなかったこともまた語られている。民を率いて荒野を40年さまよった後、モーセはネボ山に登って西方のヨルダン川の彼方を見やり、民に約束された土地を目にした。しかし、その地に入ることはできなかった。その栄誉は彼の後継者のものとなったのだ。

同じようなことが、過去を遺伝学的に研究する分野でも起こったのだろう。カヴァッリ＝スフォルツァは、遺伝学の将来性を誰よりも先に完全に見通していた。だが、その実現に必要なテクノロジーがまだそれに追いついていなかった。今ではがらりと事情が変わっている。わたしたちには彼の数十万倍ものデータがあるうえ、古代DNAに含まれる豊かな情報にもアクセスできる。古代のDNAは過去の集団移動に関して、考古学や言語学といった伝統的な手法よりも信頼のおける情報源となっている。

最初の5つの古代人ゲノム情報が発表されたのは2010年だった。ネアンデルタール人のゲノムが3つ[10]と、デニソワ人のゲノム、[11]そしてグリーンランドのおよそ4000年前の個体のゲノムである。[12]続く数年の間にさらに5個体の全ゲノムを対象とする（ゲノムワイドな）データが発表され、2014年には38体のデータが一気に発表された。そして2015年になると、古代DNAの全ゲノム解析は加速度的進展を見せる。その年の3つの論文でゲノムワイドなデータ取得のために使った試料はそれぞれ66件、[13]100件、[14]83件[15]に上った。2017年8月には、わたしの研究室だけでもすでに3000件以上の古代試料から、ゲノムワイドなデータを作成していた。今やデータ作成のスピードが速すぎるために、それが論文となって発表されるまでには、データ自体が2倍に増えているほどだ。

ゲノムワイドな古代DNA革命をもたらしたテクノロジーの多くは、スヴァンテ・ペーボとその共同研究者によってドイツのライプツィヒにあるマックス・プランク進化人類学研究所で開発された。もともと、古代のネアンデルタール人やデニソワ人のような極めて古い試料を調べるために開発されたものだった。わたしは、もっと大量の、比較的最近の試料（と言っても数千年前の試料だ）を分析できるようにすることに貢献した。伝統的に研究者の研修期間は7年だが、わたしが研修を始めたのは2007年で、ペーボのもとでネアンデルタール人とデニソワ人のゲノムプロジェクトに取り組んだ。そして2013年、ペーボの協力を得て、わたしは自分の古代DNA研究室を開設した。古代人DNAの全ゲノムの研究に特化した米国で初めての研究室だ。一緒に開設を目指したパートナーのナディーン・ローランドも、ペーボの研究室で7年間の研修期間を過ごしていた。わたしたちが考えていたのは古代DNA解読を産業規模にすること――古代人類の試料を研究するためにヨーロッパで開発されたテクニックをもとに、アメリカンスタイルのゲノムデータ作成工場を作ることだった。

　ローランドとわたしには、ペーボの研究室でマティアス・マイヤーと付巧妹《フー・チャオメイ》が考案したテクニックが鍵になりうるとわかっていた。マイヤーと付の創案は必要に迫られてのものだった。中国の田園洞で発見された約4万年前の現生人類からDNAを抽出する必要があったのだが[16]、田園洞人の脚の骨からDNAを抽出してみると、人骨そのもののDNAはわずか0・02パーセントに過ぎないことがわかった。残りは死後にその骨にコロニーを作っていた微生物のものだったのだ。これでは、直接シークエンシング〔DNAを構成する塩基配列の決定。この場合は、微生物のゲノムも含めた全DNAの網羅的配列分析〕をするとコストがかかりすぎてしまう。2006年に開発された技術によってコストがそれまでの10万分の1になっていても、まだ高すぎる。この難題を回避するため、マイヤーと付は遺伝医学者が開発したやり方の一部を拝借することにした。それは、ゲノム全体の2パーセントにあたる最も関心のあるDNAを抽出し、残りの98パーセントは捨てるというものだ。2人も同じように、田園洞人の骨からごく少量のヒトのDNA配列を分離し、残りを捨てた。

マイヤーと付が発展させたこのDNA分離法が、今や古代DNA革命の成功に中心的な役割を果たしている。1990年代に分子生物学者が、電子回路をプリントするために考案されたレーザーエッチング技法を応用して、数百万単位の任意のDNA配列をシリコンまたはガラスの基板に付着させる方法を編み出した。こうしてできた基板をDNAマイクロチップ（DNAマイクロアレイ）という。2人はこの方法を巧みに利用して、52塩基の長さのDNA配列を何種類も合成した。これらの短い塩基配列をすべて合わせると、21番染色体（前述の「最も関心のある2パーセントのDNA」）の多くの部分をカバーするようになっていた。相補的配列の多い部分があるDNA同士は結合する〔DNAを構成するアデニン（A）、グアニン（G）、シトシン（C）、チミン（T）の4つの塩基は、AとT、GとCが結合して塩基対を形成する性質があり、これを相補性という〕という性質を利用し、2人は人工的に合成した配列を「餌」にして、自分たちが関心を持っ

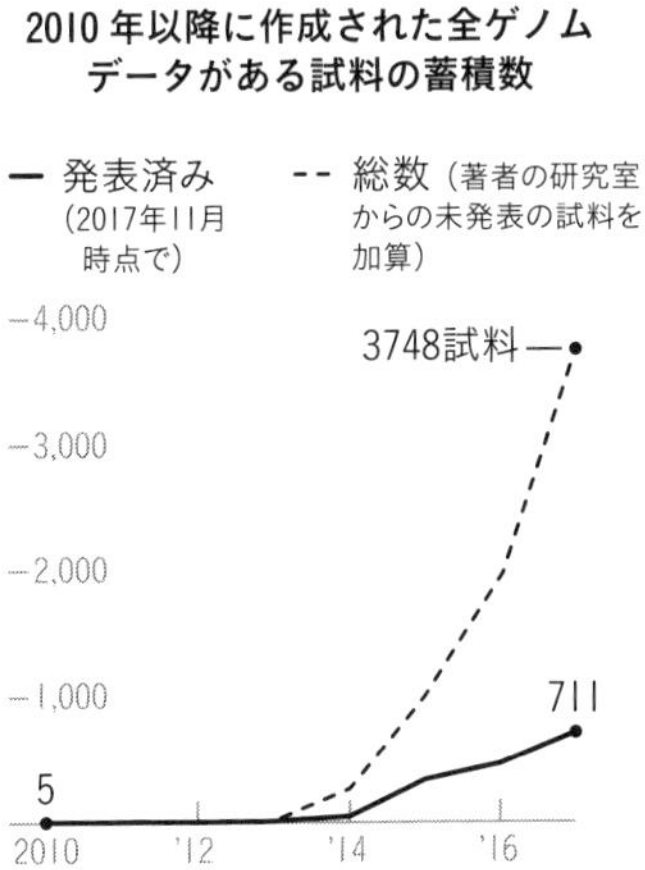

図2　古代DNAの研究室は今ではすごい速さでデータを生み出しているため、データが2倍に達する時間より、データ作成から発表までにかかる時間のほうが長い。

ている配列を田園洞人のDNA配列から「釣り上げた」のだ。得られたDNAの大きなかたまりは田園洞人のゲノムであることがわかった。それだけでなく、まさに調べたいと思っていたゲノム部分だった。2人はデータを分析して、田園洞人が初期の現生人類で、現代の東アジア人に至る系統に属することを明らかにした。そして、何十万年も前に現生人類の系統と分かれた旧人類の系統からは、特に大量のDNAを受け継いでいないことがわかった。これは田園洞人の骨格の形に基づく従来の説とは食い違う発見だった。[17]

ローランドとわたしはこの技法を採用して全ゲノムを調べることにした。わたしたちとドイツ人の共同研究者たちは、多様性のあることが知られている100万か所以上について52塩基の長さのDNA配列を合成し、それを餌にして、微生物DNAよりヒトのDNAの割合が高くなるようにした。時には、関心のあるDNAを100倍にも増やせるケースもあった。ゲノムの中でも遺伝情報を担っている位置だけを標的とすることで、効率がさらに10倍近く上がった。さらに全工程を自動化し、ロボットにDNAを処理させることで、たった1人の研究者が一度に90以上もの試料を数日で調べることを可能にした。技術者のチームも雇って、複数の古代の遺骸をすりつぶして粉にし、粉からDNAを抽出して、それをシークエンシングできる形にする作業にあたらせた。こうした手作業はほんの序の口で、次は、作成された数十億という塩基のデータを分析し、微生物による汚染の証拠とみられる不要なものを取り除き、別々の個体のゲノムを再現するように並べ替えなければならない。わたしの研究室に6年前に加わった物理学者のショップ・マリックが、これらの仕事をこなせるようにコンピュータをセットアップし、データがより包括的となり、増大するのに応じて、われわれの処理戦略を継続的にアップデートしてくれた。

結果は期待を遥かに超えるものだった。ゲノムワイドなデータを得るためのコストは、1試料当たり500ドル未満にまで下がった。全ゲノムをしらみつぶしにシークエンシングするのに比べれば何十分の一かの費用ですむ。さらに素晴らしいのは、スクリーニングした骨格試料のほぼ半数から、ゲノムワイドなデータを得ることができたことだ。ただし、この成功率は当然ながら調べる骨格の保存状態によって変わる。たとえば、ロシアのような寒冷な気候の地域からの古代試料では成功率が約75パーセントだったのに対して、暑い中東からの試料ではわずか30パーセント前後だった。

こうした進歩によって、古代DNAの全ゲノム研究ではもう、分析可能なDNAを含む個体をいくつか見つけるために膨大な数の骨格遺物をスクリーニングする必要がなくなった。1万年前の試料の十分な断片が1つあれば、今ならそれを実際に使えるゲノムワイドなデータに変換できる。新しい方法によって、何百もの試料を一度に分析することも可能になった。そうしたデータがあれば、集団の変化を細部にわたって復元することができ、過去に対するわたしたちの知識も大きく変わるだろう。

2015年末には、世界中で発表されたヒト古代DNAの半数以上が、ハーヴァード大学のわたしの研究室からのものになった。わたしたちは、北ヨーロッパの集団が、5000年前以降に東ヨーロッパのステップからの大規模な移住集団にほとんど置き換わったこと[18]、農業は中東の明確に区別できる複数の集団の間で1万年以上前に発達し、集団はその後あらゆる方向に拡散して、農業を普及させるかたわら互いに混じり合ったこと、[19]また3000年前ごろ以降に遠い太平洋の島々へ渡った最初の移住者は、それらの島々に現在住む人々の唯一の祖先ではないことを発見した。[20]並行してわたしは、今現在、世界に散らばる集団の多様性を調べるプロジェクトを立ち上げた。人類の過去を研究する目的のために、共同研究者と一緒にヒトの多様性の分析に使うマイクロチップを特別に設計した。そのチップを使って、世界中の1000以上の集団から抽出した1万人以上の個体を調査した。このデータセットは、わたしの研究室だけでなく世界中の他の研究室においても、ヒトの多様性の研究のかなめとなっている。[21]

この革命によって人類の過去の出来事を復元できるようになったわけだが、その精度の高さには驚くべきものがある。大学院生活の最後に、博士論文の指導教官だったデイヴィッド・ゴールドスタインとその妻のカヴィタ・ナヤールとディナーを共にしたときのことを思い出す。2人ともカヴァッリ＝スフォルツァの教えを受けたことがあった。あれは1999年のことで、ゲノムワイドな古代DNA解析が登場するのはまだ10年も先だった。どうすれば、残された痕跡から正確に過去の出来事を復元できるだろうかと、わたしたちは一緒になって空想を膨らませたものだった。たとえば、部屋で手榴弾が爆発した後、飛び散った残骸をつなぎ合わせ、壁にめり込んだ爆弾の破片を調べることで、一つひとつの物体の爆発前の正確な位置を復元できるだろうか？ 3000年前に話されていた言葉のこだまが今もひびいている洞窟の封印を解くことで、消滅して久しい言語を呼び戻すことができるだろうか？ 今、古代DNAは古代の人類集団間の古いつながりについて、この種の詳細な復元を可能にしつつあるのだ。

人類集団に起こった変化を明らかにする点で、ヒトゲノムの多様性の解析は、近年、考古学の伝統的なツールである古代の人工遺物の調査を凌駕《りょうが》している。[22] これには誰もが驚かされた。「ニューヨーク・タイムズ」紙の科学ジャーナリスト、カール・ジンマーは、この新しい分野についてたびたび記事を書いている。古代DNAの研究について書くよう会社から割り当てられたとき、彼は科学部へのサービスのつもりで引き受けたという。進化と人体生理学に焦点を合わせている自分の本道からすれば、ささやかな余興に過ぎないと考えたのだ。この分野についての記事を半年に1本くらいのペースで書いておけば、1年か2年で発見ラッシュも収まるだろうと思っていた。だが、ふと気づくと今、ジンマーは数週間ごとに新しい重要な科学論文を取り上げているという。この分野の進歩はさらに加速し、革命はますます激化している。

本書は、人類の過去を研究する中で起こったゲノム革命についての本である。この革命は、ゲノム全体のデータから得られた雪崩《なだれ》のような発見の数々によって生み出された。ミトコンドリアDNAのような小さなDNA片ではなく、一度にゲノム全体を解析することによって、そうした発見が可能になったのだ。全ゲノムに匹敵するDNAを古代人から抽出する新しい技術によって、この革命はさらに威力を増している。本書で過去の遺伝学研究の歴史をたどるつもりはない。この何十年かのヒトの多様性の科学的研究は、骨格多様性の研究に始まり、ヒトゲノムのちっぽけな断片における遺伝的多様性の研究へと続いた。それらの努力は集団の関係や移住についての洞察をもたらしたが、それすらも色褪せてしまう目もくらむような情報が、2009年以降にアクセス可能となった驚きのデータの数々によって得られている。ゲノムの1つまたはいくつかの箇所の解析がたまたま重要な発見につながり、あるシナリオに有利な証拠を提供するということは以前からあった。しかし2009年以前の遺伝学的証拠は、人類の過去に関する他の分野の研究にとってほとんど偶発的なもので、考古学という主力部門のお粗末な補佐役に過ぎなかった。ところが2009年を境に、考古学や歴史学、人類学、さらには言語学において長く支持されてきた考え方に、全ゲノムデータが挑戦し始めた。そして、こうした分野の長年の論争に一つひとつ決着をつけているのだ。

　古代DNA革命は、過去についてのわたしたちの思い込みを次々に打ち砕いている。それなのに、今のところ現役の遺伝学者による書籍は1冊もない。この新しい科学が与える衝撃についても、驚くべき新事実の確立にどう役立っているのかについても、明快に説明した本がないのだ。古代DNA革命の全貌をつかむのに必要な所見は、多数の科学論文にばらばらに散らばっていて、そうした論文は専門用語だらけで読みにくいうえに、研究手法に関する何百ページにもなる難解な補注がついていたりする。本書でわたしが目指したのは、過去を覗《のぞ》くこの驚くべき窓を通した鮮明な眺めを読者に提供すること、つまり古代DNA革命についての、一般読者と専門家両方に向けての本を提供することだ。きれいにまとめ上げた理論を提示することではない。この分野は速すぎるほどのスピードで今も進んでいる。本書が読者に届くころには、ここに説明した進歩のいくつかはさらにすぐれたものに取って代わられ、否定さえされているかもしれない。執筆を始めて3年の間に多くの斬新な所見が現れたため、本書に記述したことの多くも執筆開始後に得られた成果に基づいている。取り上げたテーマは、全ゲノム研究が持つ破壊的な威力の実例と考えていただきたい。決して、この分野についての最終的な要約ではない。

わたしは読者を発見の旅に連れ出そうと思う。各章は1つの議論の場の役を果たし、その目標は、ある視点を持って読み始めた読者を、読み終えるときには別の場所に連れて行くことだ。古代DNA革命において、わたしの研究室が中心的な役割を果たしたことをできるだけ多くの人に知ってほしいとの思いから、適切な箇所ではわたし自身の研究について述べた。その一方で、全体の流れにとって決定的に重要と思われる場合には、わたしが関わっていない研究についても論評した。同じように重要な貢献をした人々のうち、名前を挙げて言及できたのはほんの一部にとどまったことを陳謝したい。なによりも優先させたかったのは、ゲノム革命の興奮と驚きを伝えること、その革命のたどったまるで物語のような道に読者を引き込むことであり、科学的な評論を書くことではない。

今話題になっている大きなテーマのいくつかにも光を当てた。特に、非常に異なった集団の間の交雑が人類の過去にたびたび起こっているという所見は注目に値する。こんにち、多くの人々が、ヒトは生物学的に、何万年も前に分かれた「原始時代の」グループに分類することができ、それはわたしたちの持つ「人種」という概念に一致するものだと思い込んでいる。しかし、長く支持されてきたこの「人種」についての考え方は、わずかここ数年の間に誤りであることが判明している。人種という概念に対して新しいデータが突きつける批判は、この100年にわたって人類学者が行ってきた批判とは、まったく違うものだ。ゲノム革命による驚くべき事実とは、過去といっても比較的最近まで、ヒト集団はちょうど今のように互いに異なっていたが、その集団同士を隔てる線引きが、現代のものとは考えられないほど違っていたことだ。過去、たとえば1万年前に生きていた人々の遺骸から抽出されたDNAは、当時のヒト集団の構成が今とは質的に異なっていたことを示す。こんにちの集団は過去の集団の混合物で、過去の集団そのものも混合物だった。アメリカ大陸のアフリカ系アメリカ人とラテン系集団は、幾度も起こった大規模な交雑の最近の例に過ぎない。

本書は3部構成となっている。第1部の「人類の遠い過去の歴史」は、ヒトのゲノムが受精卵の成長に必要なあらゆる情報を提供するだけでなく、わたしたち人類という種の歴史もその中に秘めていることを述べる。第1章「ゲノムが明かすわたしたちの過去」では、わたしたち人類とは何者なのか、ゲノム革命が教えてくれる仕組みを説明する。他の動物と比較した明確な生物学的特徴を明らかにすることによってではなく、わたしたちを形づくった移住と集団の混じり合いの歴史をあらわにすることによって、教えてくれるのだ。第2章「ネアンデルタール人との遭遇」は、古代DNAという画期的なテクノロジーによって、大きな脳を持ち、わたしたち現生人類の兄弟であるネアンデルタール人のデータが得られた経緯を紹介し、アフリカの外で暮らすあらゆる現生人類の祖先と彼らがどのように交配したかを明らかにする。この章では、古代の集団間で交配が起こったことを、遺伝学的データを用いてどう証明したのかを説明する。第3章「古代DNAが水門を開く」では、古代DNAがどうして、誰も予想していなかったような過去の様相を明らかにすることができるのかに光を当てる。まず取り上げるのはこれまで知られていなかった古代人集団であるデニソワ人の発見だ。考古学者もその存在を予想していなかった集団だが、ニューギニア先住民の祖先と交配したことがわかった。デニソワ人のゲノムの解読が発端となって、さらに古代人の集団や交配が続々と発見され、集団の混じり合いがヒトの性質の中核を成すことが、疑問の余地なく示されたのだ。

第2部の「祖先のたどった道」では、現生人類というわたしたち自身の系統に関する知識や理解が、ゲノム革命と古代DNAによってどう変わったかを取り上げる。集団の混じり合いを基調テーマとする世界一周の旅に、読者を誘うつもりだ。第4章「ゴースト集団」では、もはや独立した種としては存在しない集団を、その集団から現代の人々の中に伝わったわずかな遺伝物質を手がかりに復元しようというアイディアを紹介する。第5章「現代ヨーロッパの形成」では、今のヨーロッパ人が極めて異なった3つの集団からどのようにして生まれたかを解説する。9000年という長い時間をかけて1つにまとまっていくようすは、古代DNAが利用できるようになるまでは考古学者ですら予想できなかった。第6章「インドをつくった衝突」では、南アジア人集団の形成がヨーロッパ人集団の形成と並行して起こった経緯を紹介する。どちらの場合も、9000年前以降に中東から農耕民が大量に移住し、すでに定着していた狩猟採集民と混じり合った。次いで5000年前以降にユーラシアのステップから大規模な第二波の移住があって、それが異なる系統と、おそらくインド=ヨーロッパ語ももたらしたと考えられる。第7章「アメリカ先住民の祖先を探して」では、ヨーロッパ人到達以前のアメリカ先住民集団がアジアからの複数回にわたる大規模な移住の波の子孫であることが、現代および古代のDNAの解析によって実証された経緯を示す。第8章「ゲノムから見た東アジア人の起源」では、東アジア人の系統の多くが、中国の農耕中核地帯からの大きな人口拡散によってもたらされた経緯を述べる。第9章「アフリカを人類の歴史に復帰させる」では、古代DNA研究がどのようにして、アフリカ大陸の遠い過去の歴史にかかったベールを剝ぎ取ったかに光を当てる。アフリカでは過去数千年間に農耕民が大々的に拡散し、すでに住んでいた集団を制圧したり、その集団と混じり合ったりしたせいで、それ以前の歴史が覆い隠されていたのだ。

第3部の「破壊的なゲノム」は、ゲノム革命が社会にとってどのような意味を持つかに焦点を合わせている。世界において自分という個体の持つ意味、地球上に共に暮らす70億を超える人々や、過去と未来に住むさらに多くの人々とわたしたちとのつながり——それらをどう捉えるべきかについて、いくつか考えを述べたい。第10章「ゲノムに現れた不平等」では、古代DNA研究によって明らかになった遠い過去の不平等の歴史を解説する。集団間、両性間、集団内の個人間にあった社会的な権力の不平等によって生殖の可否が決まったことが、古代DNAからうかがわれる。第11章「ゲノムと人種とアイデンティティ」では、前の世紀に登場した定説、すなわち、ヒトの集団は各集団間で互いにあまりにも密接に結びついているため、平均的な生物学的差異と呼べるようなものは存在しないという説は、もはや通用しないことについて論じる。また、それに対立するものとして長く続いてきた人種差別主義的な世界観も、遺伝学的データの教える事実とはさらに輪をかけて相いれないことを示す。この章では人類集団に見られる違いの新しい捉え方——ゲノム革命の情報に基づく考え方を提案する。第12章「古代DNAの将来」ではゲノム革命の次に来るものを考察する。ゲノム革命は、古代DNAの助けを借りてルカ・カヴァッリ=スフォルツァの夢を実現したが、もともと過去の集団を調べるための道具として登場したもので、考古学や歴史言語学といった伝統的な道具に劣らず役に立つ。古代ＤＮＡ・ゲノム革命は今や、以前なら解決不能だった遠い過去に関する問いに答えを出すことができる。何が起こったのかという問い——古代人は互いにどのようにつながり合っていたのか、移住は考古学的な記録で明らかになっている変化にどのような影響を及ぼしたのか、といった問いである。古代ＤＮＡは、考古学者が自由に使えるものとすべきだ。そうした問いへの答えが手に入れば、考古学者は常に抱いているまた別の疑問、つまり「なぜ変化が起こったのか」の解明に取りかかることができる。

いよいよ本に飛び込む前に、２００９年にマサチューセッツ工科大学で行ったゲストレクチャーの際の出来事に触れておこう。わたしの講義は学期の最終講義の１つで、病気の治療法を探すコンピュータ支援ゲノムリサーチの入門講座に、ちょっとしたスパイスを添えるためのものだった。インド人集団の歴史に言及すると、最前列中央に座った学部生がじろじろと無遠慮な目を向けてきた。わたしが話を締めくくると、彼女はにやりと笑ってこう質問した。「こんなことをする研究費をどうやって出してもらうんですか？」

わたしは、ヒトの過去がどのようにして遺伝的多様性を形づくるか、そして病気の危険因子を同定するには過去を理解することがどんなに重要かといったことをボソボソとつぶやいた。そして、インドには明確に区別できる集団が何千もあり、ある集団では特定の病気の有病率が高いが、それは集団の形成期の人々がたまたま持っていた変異頻度〔人口当たりの変異保有者の割合〕が、集団が大きくなるにつれ高まったせいだという例を挙げた。米国国立衛生研究所に助成金の申請をする際にも、こうした線に沿った議論を展開し、集団によって異なる頻度で現れる危険因子を探したいのです、と言う。2003年に自分の研究室を開設して以来、こうしたタイプの助成金がわたしの研究の資金源の柱となっている。

以上は本当のことだが、できればわたしは別の答えを返したかった。わたしたち科学者は研究資金助成システムにすっかり馴らされ、自分の研究を健康やテクノロジーへの実際的な応用という観点から正当化しようとする。しかし、人間に本来備わった好奇心そのものが尊重されるべきではないだろうか？　わたしたちは何者なのかという根源的な問いの探究を、種としてのわたしたちにとっての至高の目標とすべきではないだろうか？　見識ある社会とは、知的な活動を高く評価するものではないだろうか？　たとえ、直接の経済的恩恵や、その他の実際的な恩恵をもたらさないとしても。人類の過去を研究するのは、美術や音楽、文学、あるいは宇宙論の研究と同じように不可欠なことだ。なぜなら、人類が共有するさまざまな側面に気づかせてくれるからだ。極めて重要でありながら、これまでは想像もしなかったような側面に。

第1部

人類の遠い過去の歴史

現生人類の時代

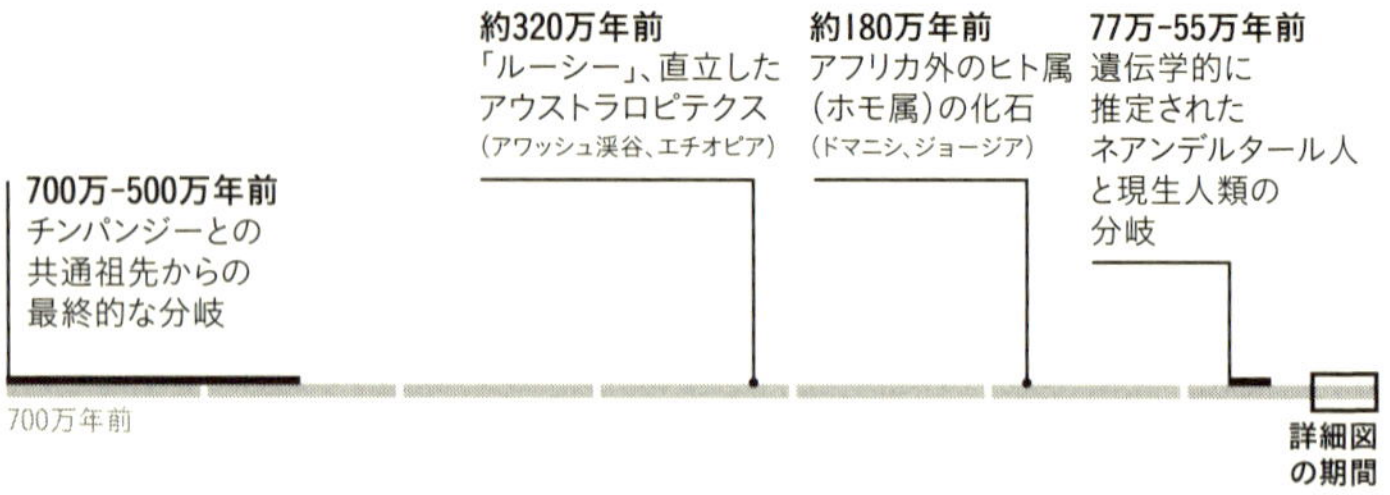

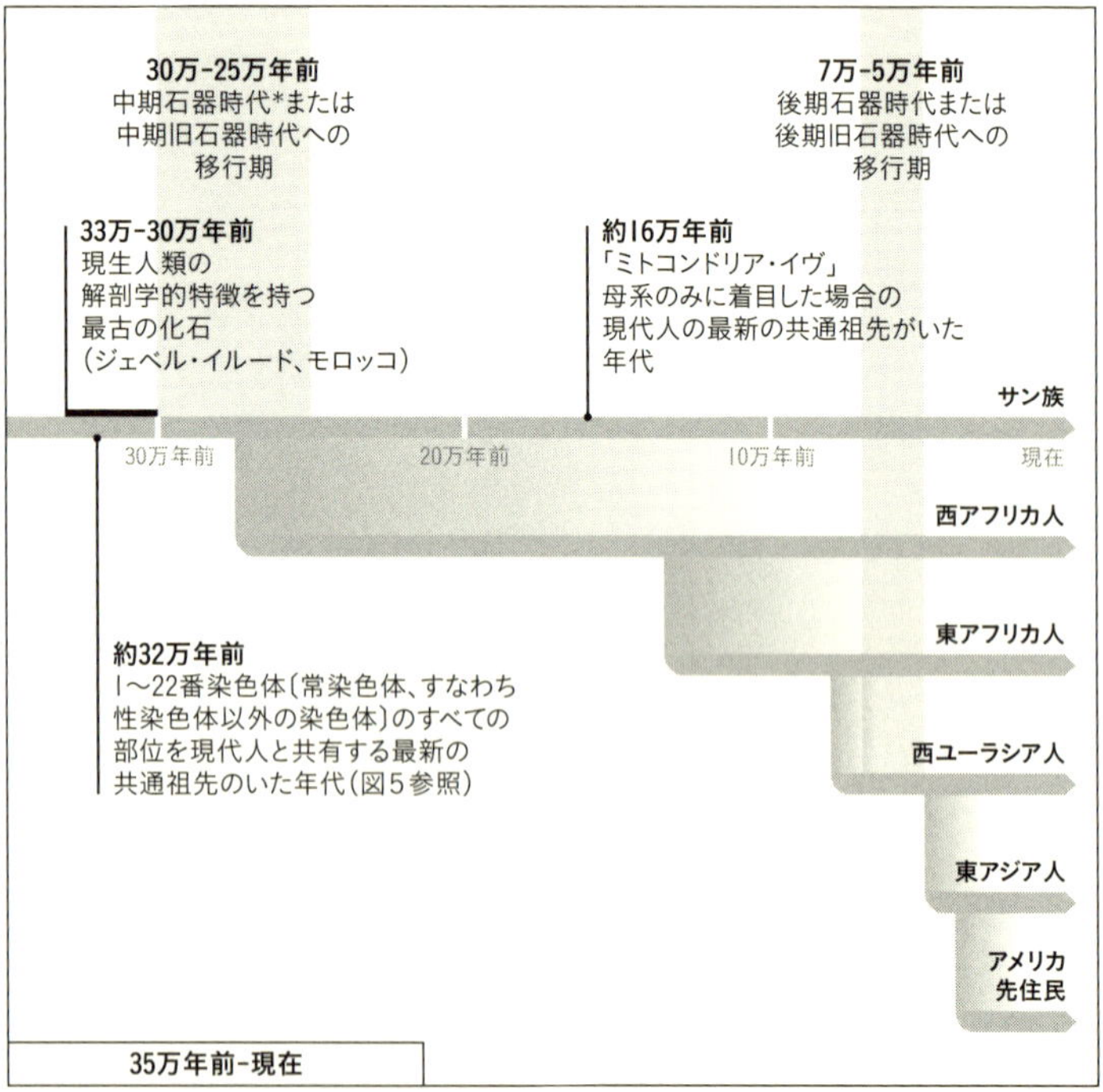

〔＊サハラ以南アフリカに関する時代区分で、年代的にはユーラシアの中期旧石器時代に相当する。同様に後出の「後期石器時代」は後期旧石器時代に相当する〕

第1章　ゲノムが明かすわたしたちの過去

人類の多様性はどのようにして生まれたか

人類の歴史の解明になぜ遺伝学が役立つのだろうか？　それを理解するには、ゲノム、つまりわたしたち一人ひとりが両親のそれぞれから受け継ぐ遺伝子コード一式が、どのようにして情報を記録するのかを理解する必要がある。１９５３年、ジェームズ・ワトソン、フランシス・クリック、ロザリンド・フランクリン、モーリス・ウィルキンスによって、ゲノムが二重鎖（二重らせん）に書きこまれていることが明らかになった。鎖は約30億対（全部で60億個）の化学的な構成単位の連なりからできていて、この構成単位が、遺伝暗号を綴る文字の役割をしていると考えられる。使われているのはＡ（adenine：アデニン）、Ｃ（cytosine：シトシン）、Ｔ（thymine：チミン）、Ｇ（guanine：グアニン）の４文字（４種の塩基）だ。[1]　わたしたちが「遺伝子」と呼ぶものはこうした文字の連なりでできた鎖の小さな１区画で、普通は数千ほどの文字からなり、細胞内の仕事の大半をこなすタンパク質を組み立てるための暗号（コード）として用いられる。遺伝子と遺伝子の間には遺伝子コードの役目をしていない部分があり、「ジャンク」ＤＮＡと呼ばれることもある。文字の配列順序は遺伝子解析装置《シークエンサー》で読み取ることができる。ＤＮＡ配列に沿って化学反応が進行するとＡ、Ｃ、Ｇ、Ｔのそれぞれについて異なる色の光が放射されるので、それを検出してコンピュータに取り込めば、配列をスキャンできる。

大半の科学者が関心を向けるのは遺伝子に含まれる生物学的な情報で、同じ情報に相当するＤＮＡ配列は基本的には同一だが、時には人によって違いも見られる。これはゲノムをコピーする際のランダムなエラーによるもので、変異と呼ばれるそうしたエラーが過去のどこかの時点で起こったことを示す。こうした違いは遺伝子でも「ジャンク」でもおよそ１０００文字に１個程度の率で存在する。これを研究することで、遺伝学者は過去について学ぶ。約30億対の文字があるなかで、親族関係にない人のゲノム間の違いは普通、３００万個前後になる。変異は時と共に一定の割合で蓄積していくので、どのような区画についてであれ、２つのゲノムの間の違いが大きければ大きいほど、それらの区画が共通祖先の体内にあった時点から長い時が流れていることになる。そこで、違いの程度を生物学的なストップウオッチとして使えば、過去に重要な出来事が起こってからどれくらいの時が経過したのかがわかる。

人類史の研究に遺伝学を応用して驚くべき成果を挙げた最初の例は、ミトコンドリアＤＮＡの解析だった。これはゲノムのほんの一部、約20万分の1に相当し、母から娘、さらに孫娘へと、母系に沿って受け継がれていく。１９８７年にアラン・ウィルソンと共同研究者たちが、世界中の多様な人々から採取したミトコンドリアＤＮＡの数百の文字からなる配列を解読した。そして

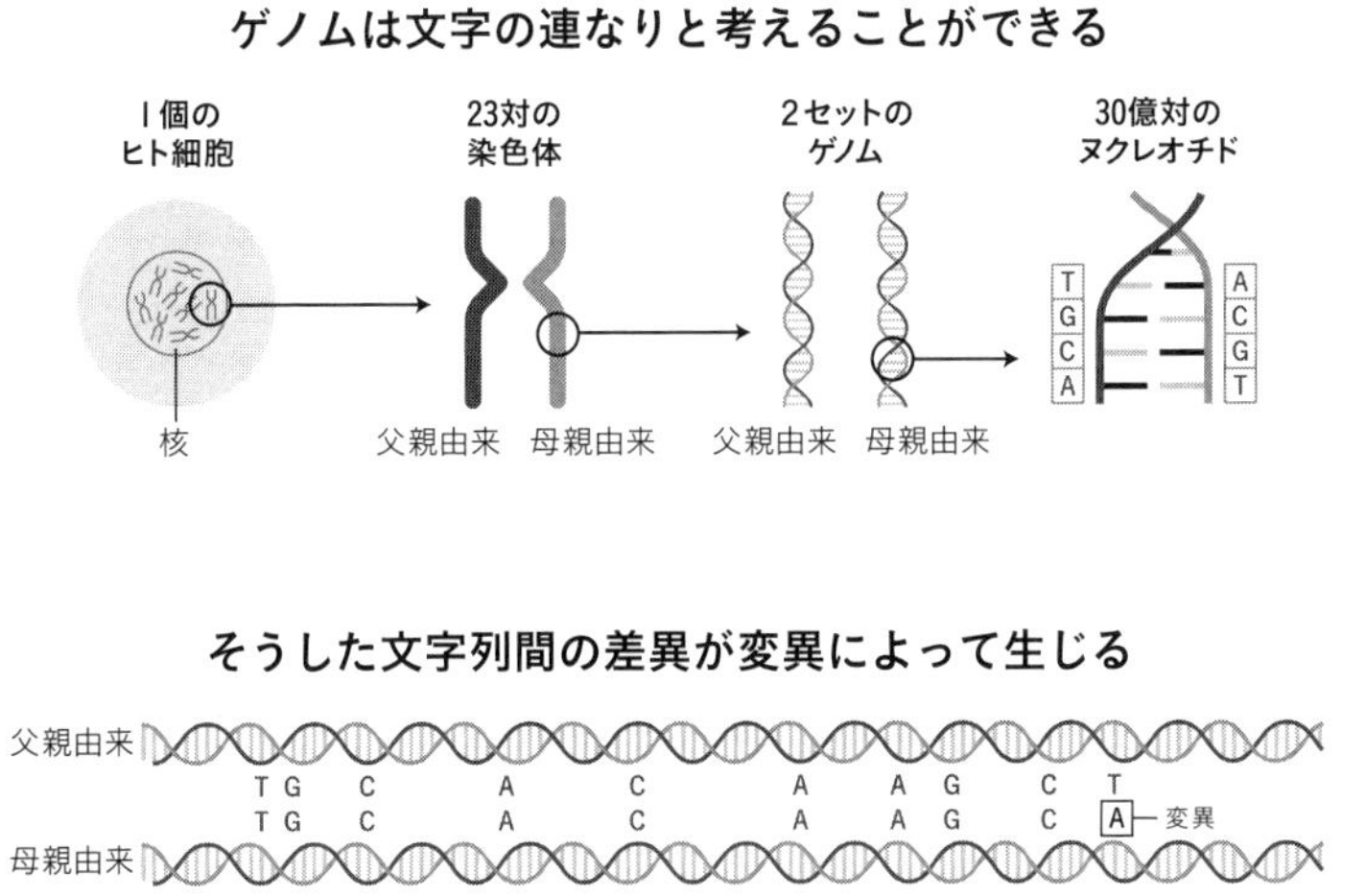

図3　ゲノムには約30億対のヌクレオチドが含まれる。ヌクレオチドは生物学的なアルファベットである4つの文字（塩基）、アデニン（A）、シトシン（C）、グアニン（G）、チミン（T）で表される。これらの文字の99.9パーセントは、任意のゲノム2組の間で同一だが、残りの0.1パーセントは違っていて、時間と共に蓄積する変異を反映している。2人の人間がどれだけ近い関係にあるかをこれらの変異が教えてくれるのだが、それはまた過去についての極めて正確な記録でもある。

これらの文字列の中で変異による違いが生じている部位をもとに人々をグループ分けすることによって、母系の系統樹を再現した。すると、系統樹のいちばん古い枝、つまり幹から最初に枝分かれした枝に入るのは、アフリカのサハラ以南の系統の人たちだけだった。これは現生人類（ホモ・サピエンス）の祖先がアフリカに住んでいたことを示唆する。対照的に、現代の非アフリカ人はすべて、それより後で枝分かれした枝の子孫だった[2]。この発見は、考古学、遺伝学、骨格という各方面の証拠を統合する助けとなり、重要な成果をもたらした。1980〜1990年代になされたこの統合によって、現生人類が過去10万年ほどアフリカに住んでいた祖先の子孫だとする説が裏づけられたのだ。ウィルソンと共同研究者たちは、変異の既知の蓄積率に基づいて、人類の系統樹のあらゆる枝の祖先である「ミトコンドリア・イヴ」がアフリカに生きていたのは、20万年前ごろより後のどこかだと推定した。[3] 最新の推定値は16万年前ごろだが、もともとこうした遺伝学的年代はあまり厳密なものではない。人間の変異が起こる割合には不確定要素が多いからだ。[4]

およそ16万年前ごろまで共通の祖先がいたことを示すこの発見は、従来の「多地域進化説」を真っ向から否定するものだったため、興奮をもって迎えられた。多地域進化説では、アフリカやユーラシアの多くの地域に住んでいる今の人類はおおむね、粗末な石器を作り、脳の大きさがわたしたちの3分の2ほどだった「ホモ・エレクトス」という種の初期の拡散（少なくとも180万年前）の子孫ということになっていた。「ホモ・エレクトス」の子孫がアフリカとユーラシア各地で並行して進化し、現在その地域に住んでいる現生人類の集団を生んだのだという。このシナリオだと、現代の人々が持つミトコンドリアDNA配列相互の間には、「ホモ・エレクトス」の拡散時期からして、地域によって200万年近くの隔たりがあることになる。ところが、遺伝学的データはこれと一致しなかった。そのおよそ10分の1の隔たりの時点に、現代のあらゆる人々に共通のミトコンドリアDNA祖先がいたのだ。この事実は、現代人の大部分が、ずっと後にアフリカから広がった人々の子孫であることを物語る。

人類学上の証拠も同じようなシナリオを暗示していた。これまでに見つかった最古の「解剖学的現生人類」の骨格、つまり球状の脳収納部やその他の解剖学的特徴を持つ骨格は20万から30万年前ごろのもので、すべてアフリカで発見されている[5]。ところがアフリカや中東の外では、10万年前より古い解剖学的現生人類の確かな証拠は見つかっておらず、約5万年以上前についてごく限られた証拠があるに過ぎない[6]。石器のタイプという考古学的証拠も、5万年前以降に大きな変化があったことを示している。これは西ユーラシア考古学では後期旧石器時代、アフリカ考古学では後期石器時代と呼ばれる時期だ。この時期以降、石器作りの技術が一変し、それ以前の変化が遅々としていたのに比べ、数千年ごとに様式の変化が見られるようになった。この時代の人類はまた、ダチョウの卵の殻から作ったビーズ、磨いた石でできた腕輪、赤い酸化鉄から作ったボディペイント、そして世界初の具象アートなど、審美眼を備え、霊的な世界に関心を持っていたことを示す人工物を数多く遺《のこ》している。これまでに知られている世界最古の人物像はケナガマンモスの牙を彫って作られたおよそ4万年前の「ライオンマン」〔頭部がライオン、体が人間の彫像〕で、ドイツのホーレンシュタイン・シュターデルで発見された[7]。フランスのショーヴェ洞窟では、最後の氷河期の動物を描いた3万年前の壁画が見つかっているが、こんにちでも並外れてすぐれた芸術作品として通用する。

考古学的記録に見られる変化が5万年前ごろを境に劇的に加速していることは、人類集団の変化という証拠からも裏づけられる。ネアンデルタール人は40万年前ごろにはヨーロッパに現れており、骨格の形がこんにちの人類の多様性の範囲内に収まらないために「旧人類」とみなされているが、西ヨーロッパに最後まで残っていた集団も、およそ4万1000年前から3万9000年前の間に絶滅した。現生人類の登場から数千年で絶滅したことになる[8]。集団の交代はユーラシアの別の場所やアフリカ南部でも起こった。アフリカ南部では、居住地の放棄と後期石器文化の突然の出現という証拠が見られる[9]。

こうした変化すべての自然な説明として考えられたのが、祖先に「ミトコンドリア・イヴ」を含む解剖学的現生人類の集団の拡散だった。洗練された新しい文化を持つ彼らが、それぞれの場所にそれまで住んでいた人々の大部分に取って代わったというわけだ。

遺伝子スイッチという誤り

人類の起源に関して相反する仮説があるなか、新たな証拠とわかりやすい説明を提供できるとして、1980年代と1990年代には遺伝学に熱い視線が向けられるようになった。遺伝学には、5万年前ごろ以降の現生人類拡散を裏づける以上のことができるのではないかと考える人々さえいた。ひょっとすると遺伝子がそうした拡散の原因となった可能性もあるのではないか、もしそうなら、考古学的記録に現れた急激な変化に関して、DNAの4文字コードにも負けないシンプルで美しい説明となるのではないか。そう考えたのだ。

わたしたち現生人類が、行動の面でそれ以前の人類とはっきり違う理由を、遺伝子の変化で説明できるかもしれないと考えた人類学者もいた。いちばん有名なのがリチャード・クラインだ。現生人類らしい行動が花開いたのは、およそ5万年前以降のアフリカの後期石器革命と西ユーラシアの後期旧石器革命だが、彼はそれらの革命が、脳の働きに影響を与える遺伝子のたった1つの変異の頻度が増加したために起きたという説を唱えた（遺伝子スイッチ説）。それが革新的な道具の製作と複雑な行動をもたらしたというのだ。

クラインの説によれば、この変異頻度の増加が、一部のすぐれた特質、たとえば概念言語を使う能力の下地となったのであり、それがなければ現生人類らしい行動は不可能だった。他の種でも、少数の遺伝子変化が大きな形質変化をもたらした例がある。たとえば、メキシコの野草テオシントの小さな穂を、わたしたちがこんにちスーパーで買う巨大なトウモロコシの穂軸《すいじく》に変えるには、たった5つの変化で十分だ。[10]

クラインの仮説は発表直後から激しい批判にさらされた。よく知られているのが考古学者のサリー・マクブリアティとアリソン・ブルックスによる批判で、クラインが現生人類の行動の特徴とみなしたものは、後期旧石器および後期石器時代への移行期より何万年も前のアフリカと中東の考古学的記録にはっきり表れていると指摘した。[11] しかし、たとえ批判の通りだとしても、クラインの説にも一理ある。現生人類らしい行動の証拠が、5万年前以降に格段に増えていることは否定できない。そこに生物学的な変化が関わっているのかどうかという疑問が生ずるのは当然だ。

大きな謎も明快に説明できる遺伝学に熱い視線が注がれていたこの時代に、1人の遺伝学者が成年に達した。スヴァンテ・ペーボだ。彼は「ミトコンドリア・イヴ」の発見のすぐ後にアラン・ウィルソンの研究室に加わって、古代DNA革命をもたらした手法の多くを考案し、ネアンデルタール人のゲノムの解読にも携わることになる。2002年にペーボと共同研究者たちは*FOXP2*という遺伝子に2か所の変異を発見し、これが、5万年前ごろ以降に起こった大きな変化を推し進めたのではないかと考えた。この遺伝子に別の変異が起こると、認知能力は正常範囲にあるにもかかわらず、文法の大半を含め複雑な言語を使うことができなくなることを、その前の年に遺伝医学者が突き止めていた。[12] ペーボたちは、*FOXP2* 遺伝子によって作られるタンパク質が、チンパンジーとマウスの分岐後1億年以上の進化の間、ほぼ同一のままであることを確認した。ところが、チンパンジーとの共通祖先から分かれたヒトの系統では、タンパク質に2つの変化が起こっていて、遺伝子がもっと素早く進化したことをうかがわせる。[13] ペーボらによるその後の研究で、ヒト型の *FOXP2* を組み込まれたマウスは通常のマウスと鳴き声が違っていることがわかり、それらの変化が発声に影響を及ぼすという考えが裏づけられた。[14] *FOXP2* のこの2か所の変異はネアンデルタール人にもあったので、5万年前以降の変化に寄与したはずはない。[15] だがペーボらはのちに、*FOXP2* の情報がいつ、どの細胞でタンパク質に変換されるかに影響を与える3つ目の変異を突きとめた。これは現代人のほぼ全員に見られるがネアンデルタール人にはないため、数十万年前にネアンデルタール人と分かれた後の現生人類の進化に寄与した候補の1つとなる。[16]

FOXP2 自体が現生人類の生物学的特性にとってどれほど重要なものなのかはさておき、ペーボは旧人類のゲノムの配列決定をすべき理由として、現生人類らしい行動の遺伝学的根拠を探究するためだとしている。[17] 2010年から2013年にかけて、ペーボは、ネアンデルタール人のような旧人類の全ゲノムの発表につながる一連の研究を指揮していた。当時のペーボの論文の目玉はゲノムの約10万か所のリストで、それはほぼすべての現代人が変異を持つが、ネアンデル

タール人には変異がない部位を網羅したものだった。[18] 生物学的に重要な変化がそのリストに潜んでいるのは確かだが、わたしたちはまだそれが何なのかを突きとめる道の入り口に立ったばかりだ。ゲノムを読むことに関して、わたしたちには幼稚園児なみの能力しかないからだ。一つひとつの言葉の意味はわかる。つまりDNAの文字の連なりがどのようにしてタンパク質に翻訳されるかは知っている。だが、まだ構文解析はできない。

残念ながら、*FOXP2* の例のように、自然選択の圧力によって人類の祖先で頻度が増加し、その機能がある程度わかっている変異は十指に満たない。そうしたケースではいずれも、大学院生や博士研究員が遺伝子改変されたマウスや魚を作って生命の神秘と何年も格闘した末に、ようやく何らかの成果が得られている。わたしたちにあってネアンデルタール人にはない変異一つひとつの機能を解明するには、原爆を開発したマンハッタン計画なみのプロジェクトが必要だ。このヒト進化生物学のマンハッタン計画には、わたしたち自身も、人類の一員として参加すべきだろう。とはいえ、たとえそれが実行されたとしても、得られる結果があまりにも複雑すぎて、その答えが理解できる人はほとんどいないかもしれない。ヒトをヒトたらしめている特性には、あまりにも多くの遺伝学的変化が関与しているように思われる。行動における現生人類らしさとは何だろう？　それは科学にとってとても大きな意味を持つ疑問だが、分子に基づいて説明しようとしても、知的見地からしてエレガント、かつ情緒的に満足できる説明は、決して見つからないのではないだろうか。

とはいえ、たとえ行動の進化をゲノムのたかだか数個の部位の研究でうまく説明できないとしても、ゲノム革命の驚嘆すべき点は別のところにある。人類の成り立ちについて、歴史という視点から説明し始めているのだ。ミトコンドリアDNAやY染色体によって抽出されたささやかな過去の断片ではなく、全ゲノムに記された多様な祖先の物語に耳を傾けることで、わたしたちはすでに、どのようにして今のわたしたちになったのかを教えてくれる新しい絵のスケッチを始めている。この集団の移住と混じり合いに基づく説明が、本書のテーマだ。

10万人のアダムとイヴ

1987年、ジャーナリストのロジャー・ルーウィンが、今生きているあらゆる人の母系共通祖先を「ミトコンドリア・イヴ」と名づけた。1人の女性がわたしたちすべての母で、その子孫が地上至るところに広がったという天地創造物語を彷彿とさせる名称だ[19]。この名称はわたしたちの想像力を掻き立てる。母系共通祖先を指す言葉として、一般人だけでなく多くの科学者もいまだに使っているくらいだが、役に立つというより誤解を生む名称だ。わたしたちのDNAがすべて2人の先祖だけから来ていて、ミトコンドリアDNAによって表される純粋な母系とY染色体によって表される純粋な父系をたどりさえすれば、人類の歴史を学ぶには十分だという誤った印象を与えるからだ。

この可能性に触発されて、ナショナル ジオグラフィック協会は2005年に「ジェノグラフィック・プロジェクト」なるものを開始し、多様な民族グループの100万人近い人々から、ミトコンドリアDNAとY染色体のデータを集めた。だが、このプロジェクトは始まる前からすでに時代遅れで、興味深い科学的成果はほとんど得られていない。開始した時点でわかっていたことだが、人類の過去に関する情報でミトコンドリアDNAとY染色体に含まれるものは、ほとんど掘り尽くされている。遥かに豊かな物語が全ゲノムに埋もれていることは明らかだ。

実際、ゲノムにはY染色体とミトコンドリアDNAでたどれるたった2人の祖先ではなく、大勢の多様な祖先、何万という独立した家系の祖先の物語が含まれている。これを理解するには、ミトコンドリアDNAは別として、ゲノムは1人の祖先から受け継いだ切れ目のない配列ではなく、モザイクのようなものだと知る必要がある。ゲノムは23本の染色体からなり、人は両親からそれぞれ1組ずつ受け継いだ2組のゲノムを持つため、全部で46本の染色体を持っている。つまりゲノムは、46枚のタイルでできたモザイクなのだ。

だが染色体自体も、さらに小さなタイルが集まったモザイクだ。たとえば、1人の女性が卵子に伝える1本の染色体を考えてみよう。その初めの3分の1は彼女の父親から来ていて、あとの3分の2は母親から来ているかもしれない。これは、その染色体の父親と母親からのコピーが女性の卵巣の中で組み換えを起こすからだ。卵子ができるときには平均しておよそ45の新しい組み換えが生じ、精子ができるときにはおよそ26の組み換えが生じるので、1世代につき、合わせておよそ71の新しい組み換えが生じる。[20] したがって、世代を過去へとさかのぼるにつれ、組み換えによって現在のあなたのゲノムの構成に部分的に寄与している先祖のゲノム断片の数は、どんどん増えていく。

これは、わたしたちのゲノムの内部には大勢の先祖が生きていることを意味する。どんな人のゲノムも、染色体DNAに、ミトコンドリアDNAを加えた47本のDNA鎖で構成されている。1世代さかのぼると、あなたのゲノムに寄与しているDNA鎖の本数は両親から伝わった約118（47プラス71）となる。2世代さかのぼると、先祖由来のDNA鎖の本数は4人の祖父母から伝わった約189（47プラス71プラス71）に増える。さらにさかのぼれば、世代ごとに加わる先祖由来のDNA鎖の本数は、倍々で増えていく先祖の数にたちまち追い越される。たとえば、10世代さかのぼると、先祖から受け継いだDNA鎖の本数は757前後だが、あなたの先祖は1024人となり、どんな人にも、DNAをまったく受け継いでいない先祖が200～300人いることになる。20世代さかのぼれば、先祖の人数はその人のゲノムに含まれる先祖のDNA鎖の本数の1000倍近くになる。というわけで、どんな人も、実際の先祖の大多数から一切DNAを受け継いでいないことは確かだ。

このような計算からして、歴史的記録から復元された系図と、その人の遺伝学的な系図とは同じではないとわかる。聖書や王家の年代記には、誰が誰の親かが何十世代にもわたって記録されている。しかし、たとえ家系図が正確であっても、エリザベス2世が、1066年にイングランドを征服した、エリザベス2世の24代前の先祖と信じられているノルマンディ公ウィリアムから、DNAを少しも受け継いでいないことはほぼ間違いない。[21] ただしこれは、エリザベス2世がそんなに遠い昔の先祖からDNAを受け継いでいるはずがないという意味ではない。DNAの寄与が少しでもあると期待できるのは、家系図で24代前の1677万7216人のうちの1751人程

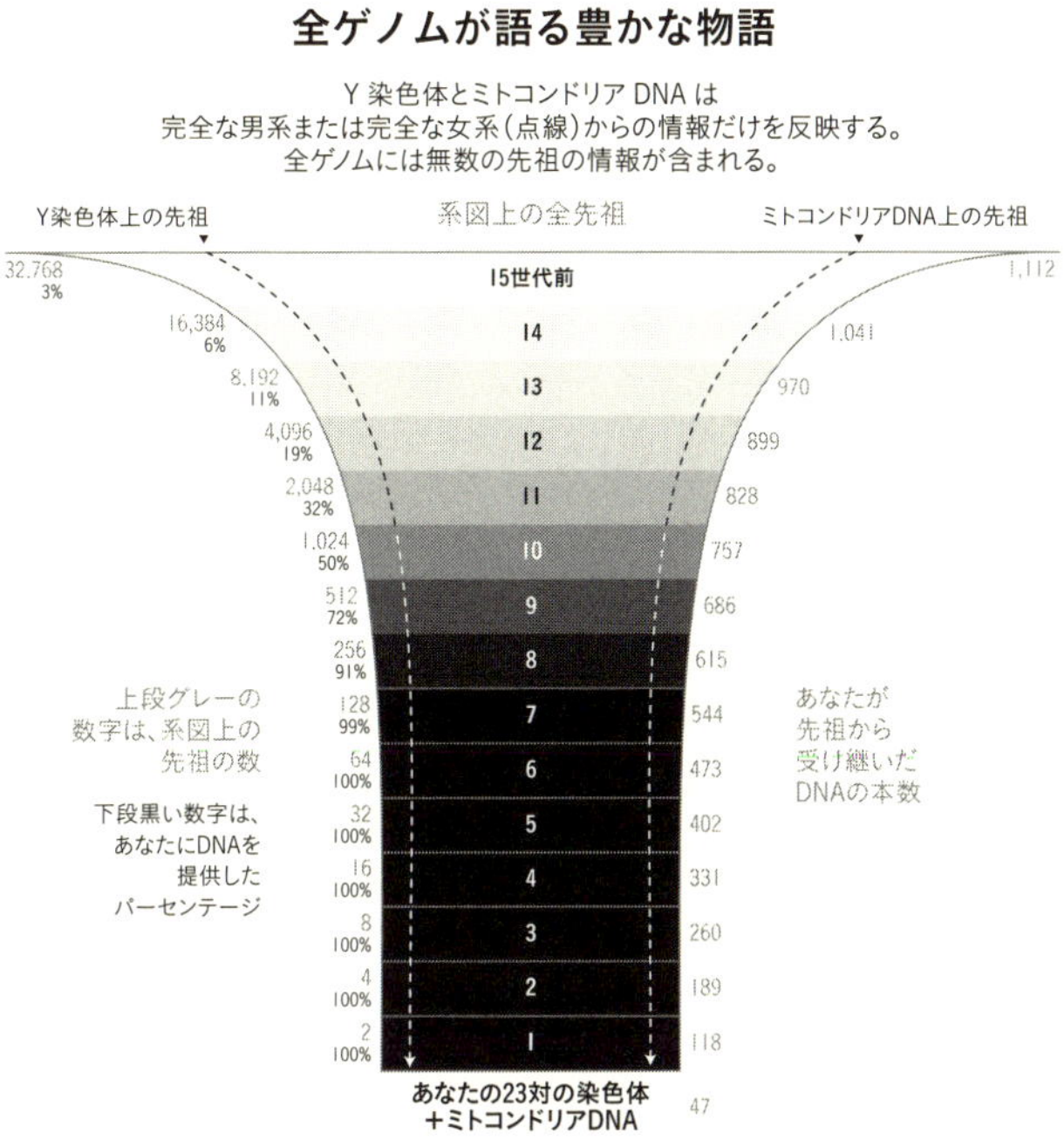

図4　先祖の人数は世代をさかのぼるごとに2倍になる。だがあなたに一部を提供するDNAの本数は世代ごとに71前後しか増えない。つまり、8世代もさかのぼれば、あなたにDNAを伝えていない先祖が何人かいるのはほぼ間違いない。15世代前になると、ある先祖があなたのDNAに直接寄与している可能性はかなり低くなる。

度に過ぎないという意味だ。あまりにもわずかな割合であるため、ウィリアムがエリザベス2世の遺伝学的先祖と認められるのは唯一、彼が何千もの系統の家系図に彼女の先祖として記載されている場合だが、いくら英国王室で近親婚が多かったとしても、そんなことはありそうもない。

　時をさかのぼるほど、先祖の人数は増え、ゲノムは大勢の先祖のDNAの中にますます分散していく。5万年もさかのぼれば、わたしたちのゲノムは10万人以上の先祖のDNAの中に散らばることになるが、これは当時のどんな集団の人数よりも多い。ということは、わたしたちは遥かな過去の、子孫を残した祖先集団のほぼ全員から、DNAを受け継いでいることになる。

ただし、ゲノム配列の比較によってもたらされる遠い過去の情報には限界がある。もしわたしたちの系統を十分に過去までたどれば、ゲノムのそれぞれの部位について、誰もが同じ先祖の子孫であるという地点に達する。そこを過ぎてさかのぼると、こんにち生きている人のDNA配列の比較から遠い過去の情報を得ることは不可能になる。そう考えると、ゲノムの各部位における共通祖先は天体物理学におけるブラックホールのようなもので、そこからは、遠い過去に関する情報は一切出てこない。このブラックホールは、ミトコンドリアDNAでは16万年前あたり、「ミトコンドリア・イヴ」のころに生じ、それ以外の大部分のゲノムについては、500万〜100万年前の間にある。したがって、ミトコンドリアDNA以外のゲノムを解析したほうが、遥かに遠い過去についての情報を入手できる。[22] それ以上昔のこととなると、何もかも謎に包まれる。

この多数の系統をたどる方法は、過去を明らかにするうえで驚くべき威力を発揮する。1つのゲノムを考えるとき、わたしはそれを現在に属するものとしてではなく、過去に深く根を下ろしたものとして思い浮かべる。わたしの目には、何本もの系統と、親から子へ遠い過去から連綿とコピーされてきたDNA配列からなる糸でできたタペストリーが見えるのだ。時をさかのぼると、糸自体がさらに多くの先祖につながり、それぞれの世代における集団の大きさと構造についての情報をもたらす。

たとえば、あるアフリカ系アメリカ人が、系統からして80パーセントが西アフリカ人で20パーセントがヨーロッパ人である場合、約500年前、つまりヨーロッパ人の入植による集団の移住と混じり合いが起こる前は、彼らの先祖の80パーセントは西アフリカに住んでいて、20パーセントがたぶんヨーロッパに住んでいたのだろうと言える。だがそうした見方は映画のスチール写真のようなもので、過去の1地点を捉えたものだ。10万年前にはアフリカ系アメリカ人の祖先の圧倒的多数がアフリカにいたし、アフリカ系アメリカ人に限らず、あらゆる現代人の祖先もそこにいたとも言える。これも同じように妥当な見方だ。

ゲノムの中の大勢の先祖が語る物語

2001年、ヒトゲノムの塩基配列が初めて決定された。その化学的な文字の大多数が解読されたのだ。配列の約70パーセントは1人のアフリカ系アメリカ人のものだったが[23]、いくつかは他の人々のものだった。2006年にはDNA文字列を読む自動解析装置が売り出されて解読コストが1万分の1になり、すぐに10万分の1になって、さらに多くの人のゲノムのマッピングが安価にできるようになった。こうして、ミトコンドリアDNAのような少しばかりの孤立した配列の比較だけでなく、ゲノム全体の配列の比較が可能となり、それをもとに各人に伝わる無数の系統を復元できるようになった。これは人類の過去についての研究に革命をもたらした。これまでより何桁も多くのデータが集まったことで、全ゲノムが暗示するわたしたち人類の歴史が、これまでにミトコンドリアDNAとY染色体によって語られた歴史と同じかどうかを検証できるようになったのだ。

2011年の李恒《リー・ヘン》とリチャード・ダービンによる論文で、1人の人間のゲノムに大勢の先祖の情報が含まれているという考えは、単に理論上の可能性ではなく、現実であることが明らかになった。1人のDNAから集団の遠い過去の歴史を読み解くために、李とダービンはどの個人も1組ではなく2組のゲノムを持つという事実を利用した。1つは父親から、もう1つは母親から受け継いだものだ。[24]

これを使えば、母親からのゲノムと父親からのゲノムとに違いをもたらしている変異の数を数えて、それぞれの部位について共通祖先がいた時期を突きとめることができる。それらの祖先が生きていた時期の範囲を調べることによって、つまり10万人のアダムとイヴそれぞれがいた年代をグラフに書き入れることによって、李とダービンはさまざまな時代の祖先集団の大きさを確定した。小さな集団では、無作為に選ばれた2人のゲノム配列が、同じ親ゲノム配列に由来する可能性がかなりある。それらを持つ2人の個人が一方の親を共有する率が高いからだ。だが大きな集団では、そうした可能性はずっと低い。したがって、共通祖先の比率が不釣り合いに高い時期があれば、それは集団が小さかった時期だと推定できる。

ウォルト・ホイットマンの「僕自身の歌（Song of Myself）」という詩には次のような一節がある。「僕が矛盾しているって?／大いに結構、それならもっと矛盾しよう、／(僕は広大で、僕の中には

図5　どのようにして、わたしたちのゲノムが祖先を共有してからの経過時間を知ることができるのか

❶ わたしたちはそれぞれ2組のゲノムを持つ。1つは母親から、もう1つは父親から受け継いだものだ。2つを並べると違いの多い部分と少ない部分がある。ある部分に違い、つまり変異が多いほど、祖先を共有する両親から遺伝子のコピーが伝えられてから長い時間が経過している。

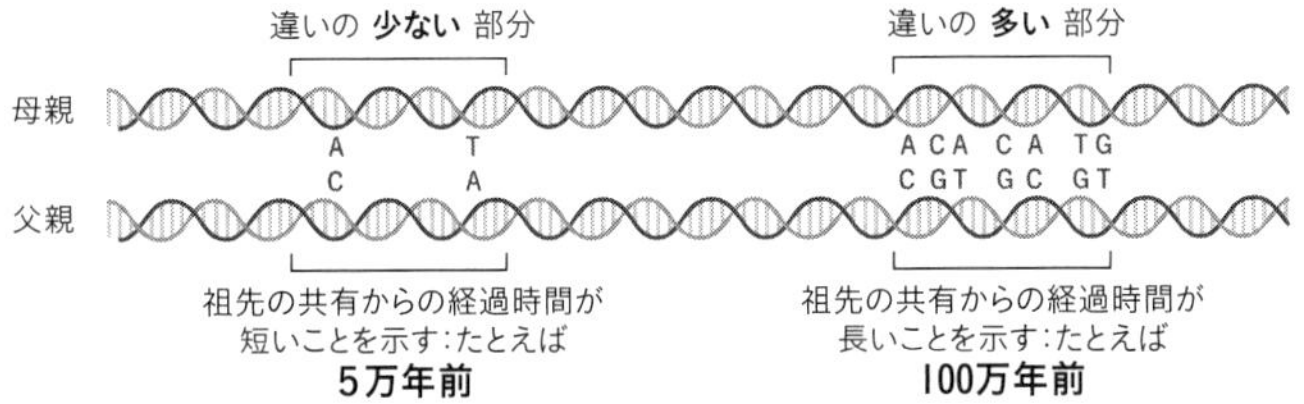

❷ 非アフリカ人のゲノムのペアではいずれも、個々の遺伝子の20%以上が9万年前から5万年前の間に共通祖先を持つ。これは集団のボトルネック・イベントを反映しており、少数の創始者がこんにちアフリカ以外で暮らしている多くの子孫を生みだしたことを示す。

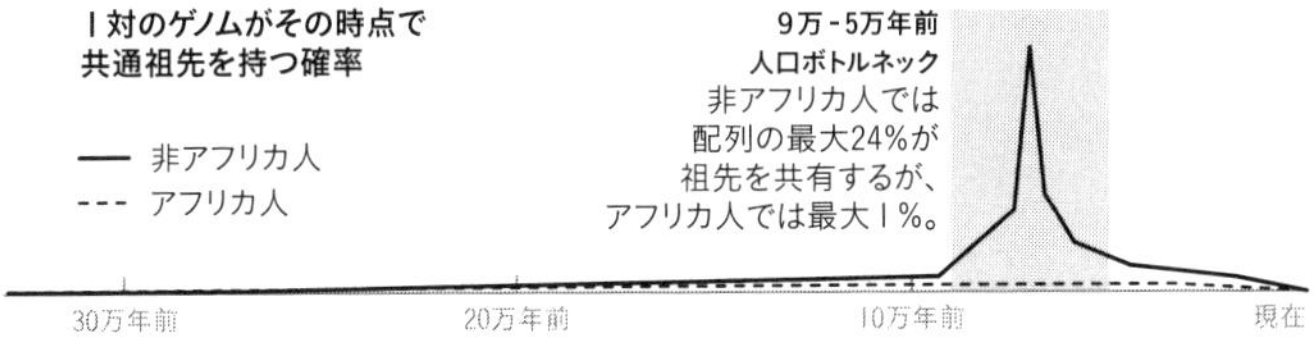

❸ 現代人にとって、1〜22番染色体のすべてにわたる最新の共通祖先がいたのは、およそ500万年前から100万年前の範囲で、32万年前より後ということはありえないと推定される。

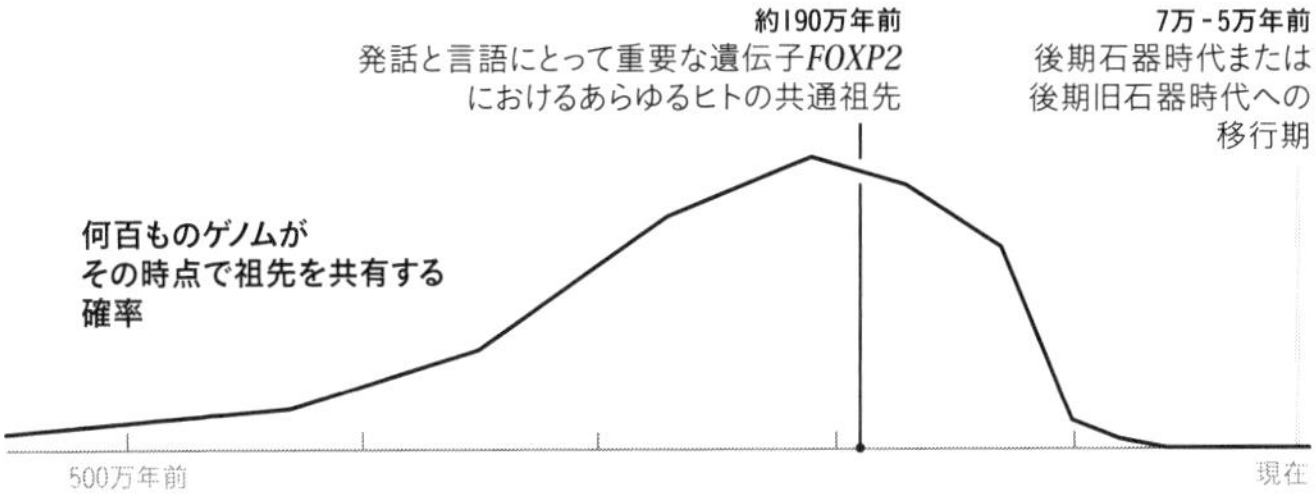

大勢の人がいる)」。まるで、集団全体の歴史が1人の個人の中に含まれていることを証明した李とダービンの試みのことを言っているかのようだ。彼らは、大勢の先祖の歴史が個人のゲノムに記録されていることを証明したのだ。

李とダービンの研究では予想外の発見もあった。非アフリカ人とアフリカ人の集団が分岐した後、非アフリカ人の集団の規模が長期間、小さい状態のままだったとわかったのだ。その証拠となったのは、共通祖先をプロットしたグラフで、多数の共通祖先のいる時期が何万年にもわたっていたことだった。[25]

非アフリカ人の間に共通の「ボトルネック・イベント」があり、少数の先祖が今の大勢の子孫のもととなったという考え方は以前からあった。しかし、李とダービンの研究以前は、このイベントの持続期間についての確かな情報はなく、わずか数世代で起こったと考えられていた。たとえば、少人数の一群が、サハラ砂漠を横断して北アフリカへ移ったか、アフリカからアジアへ渡った可能性が高いと思われていたのだ。小さな集団の状態が長く続いたことを示すこの新たな証拠は、5万年前ごろに現生人類がアフリカの内外でとどまるところを知らない勢いで広がったという説とも、うまく調和しなかった。人類の歴史は、優勢な群れが行く先々でたちまち繁栄を謳歌したというような単純なものではないのかもしれない。

全ゲノム解析が単純な説明に終わりをもたらした

ここ10年のテクノロジーの飛躍的進歩によって、ヒトの生物学的側面をゲノム全体から捉えられるようになった。この新たな視点に立てば、集団の歴史をこれまでよりも詳細に復元することができる。その結果、ミトコンドリアＤＮＡの解析から得られた単純な構図や、１つまたは数個の遺伝子変化が後期旧石器時代と後期石器時代への移行期を推し進め、そのとき現生人類特有の行動が広がったというまことしやかな物語——リチャード・クラインの遺伝子スイッチ説——は、もはや支持を失っている。

２０１６年、わたしと共同研究者たちは李とダービンの手法[26]を応用して、世界中のさまざまな集団と、アフリカ南部の狩猟採集民であるサン族の祖先として最大の貢献をした系統（現生人類系統の最初の枝であり、現代人の祖先のおおもととなった系統）とを比較した。わたしたちの研究[27]でも他の大半の研究[28]でも、サン族の系統とその他の系統との分離が20万年前ごろに起こり、10万年以上前までにはほとんど完了していたことがわかった。その証拠となったのは、サン族のゲノムと非サン族のゲノムで食い違いのある変異の密度が、一様に高かったことだ。これは、この10万年はサン族と非サン族の共通祖先がほとんどいなかったことを意味する。中央アフリカの森林地帯の「ピグミー」グループも、おそらく同じくらい特徴的な系統を含んでいる。このように、ヒト集団のいくつかが極めて古い時代に互いに分かれたことは、現生人類特有の行動に欠かせないたった１つの変異が、後期旧石器時代と後期石器時代のすぐ前に起こったという説と相いれない。この時期にそのような重要な変異が起こったとすれば、現代のヒト集団のうち、その変異が起こった人々の子孫では多く見られ、その他の人々にはまったくないか、ごくまれなはずだ。だが、こんにち、あらゆる人が概念言語を習得でき、現生人類のトレードマークというべきやり方で文化を刷新できるのだから、そうではないのだろう。

遺伝子スイッチという考え方の2番目の問題が明らかになったのは、李とダービンの手法を応用して、分析に用いたあらゆるゲノムが、後期旧石器および後期石器時代に先立つ時期に祖先を共有していたことを示す部位を探していたときだった。*FOXP2*はそれ以前の研究からスイッチのいちばんの候補と考えられた遺伝子だが、この遺伝子に関して、あらゆる現代人の共通祖先（つまり、現生人類の共有する*FOXP2*のコピーが最後に起こった人）が100万年以上前に生きていたことを発見したのだ。[29]

分析をゲノム全体に広げても、ミトコンドリアDNAとY染色体を別にすれば、現代の人々がおよそ32万年前以降に祖先を共有していたことを示す部位は1つも見つからなかった。これはクラインの仮説に必要なタイムスケールよりもかなり長い。もしクラインが正しいなら、ゲノムにはミトコンドリアDNAとY染色体以外にも、ほぼあらゆる人がこの10万年以内に祖先を共有していたことを示す部位があるはずだ。だがそうした部位は実際には存在しないようだ。

わたしたちの研究結果は、単一の重要な遺伝子変化という仮説を完全に排除するものではない。ゲノムには解析が難しい複雑な配列を含む小さな区画があり、それはわたしたちの調査には含まれていないからだ。

とはいえ、鍵となる変異が仮に存在するとしても、次第に隠れ場所がなくなりつつある。ヒトの遺伝子刷新や集団分化のタイムスケールも、ゲノム革命以前にミトコンドリアDNAやその他の遺伝データが示唆していたのとは比較にならないほど長い。もし、ゲノムを精査して、何が現生人類を独特の存在にしているのかについての手がかりを探すつもりなら、1つとか数個の変化では説明がつかないだろう。

2000年代のテクノロジー革命によって、全ゲノムを対象とする解析手法が使われるようになった結果、自然選択がクラインの思い描いたような少数の遺伝子の変化という単純な形をとる可能性は低いということも明らかになった。最初の全ゲノムのデータセットが発表されたとき、わたしも含め多くの遺伝学者が、自然選択によって影響を受ける変異を求めてゲノムをくまなく探す方法を考案した。[30] わたしたちは手っ取り早い近道、つまり自然選択が変異に強力に作用した少数の事例を探していた。そのような事例には、おとなになっても牛乳が消化できるようになる変異、地域の気候に合わせて皮膚や髪の色を濃くしたり薄くしたりする変異、感染症であるマラリアへの抵抗力を与える変異などがある。このような変異の場合、自然選択が働いたことは簡単に確認できる。変異の頻度が急速に上昇して、こんにちの大多数の人が新しい系統を共有する結果になるか、その他の点では同じような2つの集団の間で変異頻度に著しい違いが出るからだ。このような出来事はゲノム多様性のパターンに大きな痕跡を残し、それはたいした面倒もなく検出できる。

こうした幸運な発見に巻き起こった興奮も、自然選択によってゲノム全体にどのようなパターンが残される可能性があるのかを調べたモリー・プシェヴォルスキの率いる研究によっていくらか鎮まった。2006年の研究で彼女と共同研究者たちは、ヒトの遺伝的多様性を探すこんにちのゲノムスキャンには自然選択を検出するのに必要な統計的検出力がないため、自然選択の大半の事例が見逃されてしまうことを明らかにした。

また、このタイプのスキャンは、あるタイプの自然選択を他よりもよく検出する傾向があるとも指摘した。[31] 次いで2011年の研究で、ヒトの場合、それまで集団に存在していなかった有利な変異に対して強力な自然選択が働いた可能性があるのは、ごく一部に過ぎないことを立証した。[32] おとなになっても牛乳が消化できるというような、検出が簡単な強力な自然選択は、まれな事例なのだ。[33]

新しく生じた1つの変異が選択されて、それが急速に高い頻度を示す（多くの人々に広がる）というのでないのなら、ヒトの場合、自然選択の主要な様式とはどんなものなのだろう？　重要な手がかりが得られたのは身長の研究からだった。2010年、遺伝医学者が18万人以上のゲノムを分析し、身長も測定したところ、背の低い人に多く見られる独立した遺伝子変化が180か所見つかった。これは、こうした変化あるいはゲノム上でこれと隣接する部位の変化が、身長の低さに直接寄与していることを意味する。

2012年に発表された2番目の研究では、この180か所について、南ヨーロッパの人は身長を低くする型の変化を持つ傾向があるとわかった。また、このパターンは非常に顕著なので、自然選択が働いたとしか考えられなかった。つまり、北ヨーロッパ人の身長増加または南ヨーロッパ人の身長低下を促す自然選択が、この2つの系統が分かれてから起こったのだろう。[34]

2015年、わたしの研究室のイアン・マシソンが主導した研究で、このプロセスがさらに解明された。230人の古代ヨーロッパ人の骨や歯からDNAデータを集めて分析したところ、そうしたパターンは次のような変異に対する自然選択を反映しているようだった。8000年前より後に南ヨーロッパの農耕民の身長を低下させた変異か、あるいは5000年前以前に東ヨーロッパのステップに住んでいた北ヨーロッパ人の祖先の身長を増加させた変異だ。[35] 南ヨーロッパで身長の低い人が有利になったか、あるいは東ヨーロッパで身長の高い人が有利になったことで、それぞれ生き延びる子供の数が増え、それが変異頻度に一貫した変化をもたらして、新たな平均身長に達するまで変化が続いたに違いない。

身長に関するこのような発見があって以来、他の科学者からも、その他の複雑な特性に対する自然選択の例がさらに報告されている。2016年のある研究では、現代のイギリス人数千人のゲノムを分析したところ、身長の増加、ブロンドの髪、青い目、乳児の大きな頭、女性の大きなヒップ、男性の成長スパートの遅さ、女性の思春期年齢の遅さが有利になる自然選択が発見された。[36]

こうした例によって、モリー・プシェヴォルスキが確認した限界、いわゆる「プシェヴォルスキ限界（自然選択の検出限界）」は突破できることが証明された。ゲノム中の何千という独立した位置を同時に調べるという全ゲノム研究のパワーが、それを可能にしたのだ。

今は前述の例のような生物学的効果を持つ多くの部位での遺伝的多様性について、豊富な情報が利用できる。わたしの研究室ではそうした情報を、「ゲノムワイド関連解析」という解析手法で得ている。2005年以降、さまざまな特性を測定した100万人以上のデータがこの解析で集まっており、その結果、身長を含め、ある特性を持つ集団で頻度が有意に上昇する変異が1万以上も確認されている。[37] ただし、ゲノムワイド関連解析が健康や病気の理解を助けてくれるかどうかについては異論が多い。こうした解析によって特定されている変異はとても小さな効果しか持たないのが普通で、誰が病気になって誰がならないかの予測にはほとんど役に立たないからだ。[38]

しかし見過ごされがちなことだが、ゲノムワイド関連解析はヒトが長い時間をかけて進化して変わってきた様子を探るための強力な手段となる。この解析によって、ある変異が特定の生物学的特性に影響するかどうかがわかる。影響すると確認された変異の頻度が、すべて同じ方向に変化するかどうか調べれば、自然選択によって特定の生物学的特性が有利になった証拠を得られる。

ゲノムワイド関連解析が進むにつれ、認知や行動の特性に関わる遺伝子変化の探求も始まっている。[39] 今後、たとえば身長に関する解析のような作業によって、わたしたちの祖先が現生人類特有の行動を示すようになったのは、自然選択によるのかどうかを調べることができるようになるだろう。後期旧石器および後期石器時代の考古学的記録からうかがわれるような大きな変化が、人類の行動になぜ起きたのかというのが、クラインを悩ませた謎だった。その謎に対する答えが遺伝学の方面から得られるかもしれない。

とはいえ、たとえ遺伝子の変化が実際に新しい認知能力をもたらしたのだとしても、これはクラインの遺伝子スイッチというアイディアとは大きく異なるシナリオだ。この新しいシナリオの遺伝子変化は、現生人類らしい行動を突然可能にするような創造的な力ではない。そうではなく、外部から加えられた非遺伝的圧力に応答するものだ。このシナリオでは、新しい生物学的な能力を発揮させる変異を誰も持っていないせいで適応できなかった、ということはない。それどころか、後期旧石器および後期石器時代に起こったヒトの行動と能力の驚くべき進歩の原動力となったと考えられる遺伝子セットは、特に謎めいたものではない。現生人類特有の行動を促すのに欠かせない変異はすでに用意されていて、そうした変異のこれまでとは別の多くの組み合わせの頻度が、自然選択のせいで一斉に増加した可能性がある。概念的言語が発達し、新たな環境に出合ったことで、求められるものが変わり、その変化に応じた自然選択によって頻度が増加したのだ。すると今度はそのせいで、ライフスタイルのさらなる変化と革新が可能になったのかもしれない。一種の自己促進サイクルだ。

したがって、たとえ現生人類が、後期旧石器および後期石器時代への移行期に生じた新しい状況に自分の生物学的特性を合わせるには、変異頻度の増加が重要だったというのが真実だとしても、そうした変異のうちで最初に起こったものが、その後の大きな変化の引き金になったとは考えにくい。ヒトでの自然選択の性質や、多くの生物学的特性を遺伝が規定する仕方について、わたしたちが今知っている事実とは合わないのだ。もし、後期旧石器および後期石器時代への移行期のすぐ前に起こった少数の変異の中に答えを探すなら、「わたしたちは何者なのか」という問いに満足のいく答えはなかなか見つからないだろう。

答えはゲノムの中にある

人類進化の研究におけるゲノムの威力に最初に注目したのは分子生物学者だった。おそらく、遺伝子コードのような生命の大きな謎を解く際に、還元主義的手法〔ものごとをより基底的と考える単純な要素（この場合は遺伝子とその塩基配列）に還元して理解する手法〕を用いて素晴らしい実績をあげたというその背景のせいだろう。分子生物学者は、生物学的本質においてヒトはなぜ他の動物と異なっているのかという問いに、遺伝学が答えを与えてくれるだろうと期待した。このような見通しは興奮を掻き立て、それは考古学者と一般大衆にも共有された。この研究計画は重要なものではあったが、開始段階で動きが止まっている。単純な答えにはなりそうもないからだ。

今のところ、ゲノム革命が圧倒的な成功を収めているのは、ヒトの生物学的特性を説明するというより、ヒトの移住を明らかにする分野だ。この数年、古代DNAによって加速されたゲノム革命は、誰も予想もしなかったほど、ヒトの集団が互いにつながり合っていることを明らかにしている。浮かび上がってくる物語は、わたしたちが子供のころ学んだことや、大衆文化から取り入れたことと違っている。多様な集団の大規模な混じり合いと、広範囲の集団置換と拡散に満ちた驚きの物語だ。

先史時代の集団の間の隔たりは、こんにちの集団の間にある差異とはまったく違うものだった。それは、互いに結びついたわたしたち人類という家族が、想像を遥かに超える多種多様なやり方でどのように形成されたかについての物語なのだ。

ネアンデルタール人の時代

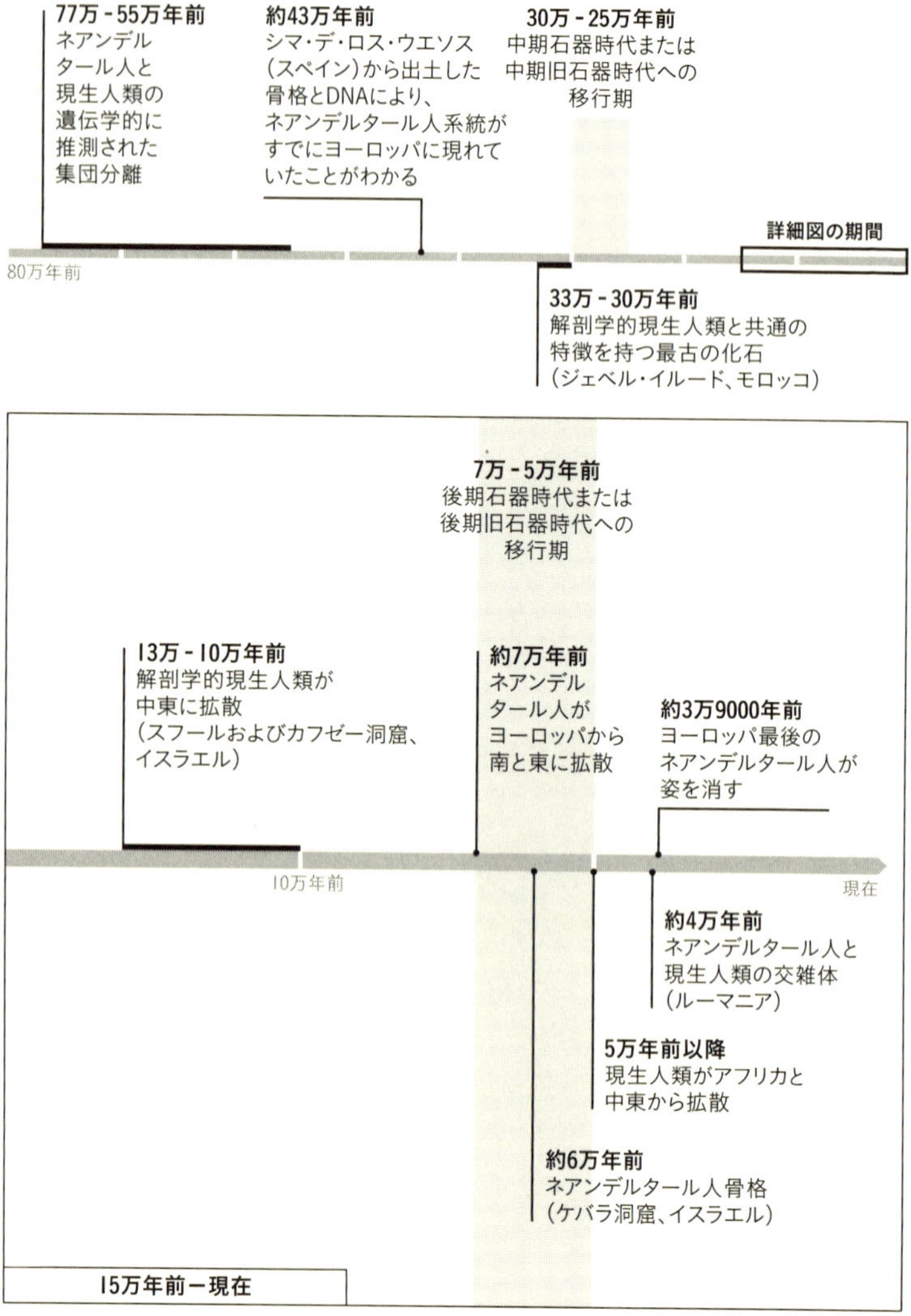
77万－55万年前
ネアンデルタール人と現生人類の遺伝学的に推測された集団分離
約43万年前
シマ・デ・ロス・ウエソス（スペイン）から出土した骨格とDNAにより、ネアンデルタール人系統がすでにヨーロッパに現れていたことがわかる
30万－25万年前
中期石器時代または中期旧石器時代への移行期
詳細図の期間
80万年前
33万－30万年前
解剖学的現生人類と共通の特徴を持つ最古の化石（ジェベル・イルード、モロッコ）
7万－5万年前
後期石器時代または後期旧石器時代への移行期
13万－10万年前
解剖学的現生人類が中東に拡散（スフールおよびカフゼー洞窟、イスラエル）
約7万年前
ネアンデルタール人がヨーロッパから南と東に拡散
約3万9000年前
ヨーロッパ最後のネアンデルタール人が姿を消す
10万年前
現在
約4万年前
ネアンデルタール人と現生人類の交雑体（ルーマニア）
5万年前以降
現生人類がアフリカと中東から拡散
約6万年前
ネアンデルタール人骨格（ケバラ洞窟、イスラエル）
15万年前－現在

…第2章　ネアンデルタール人との遭遇

ネアンデルタール人と現生人類

わたしたちはこんにち地球上にいる唯一の人類、すなわち現生人類に属する。人類のサブグループの1つである現生人類は5万年前ごろより後にユーラシア全域に広がって、他の人類を駆逐、あるいは絶滅させた。このとき、アフリカ内部でも大規模な移動が起こったようだ。今生きていてわたしたちにいちばん近い仲間はアフリカの類人猿、つまりチンパンジーやボノボ、ゴリラなどだが、いずれも複雑な道具を作ったり、概念的言語を使ったりする能力は持っていない。しかし4万年前ごろまでは、世界には多様な旧人類が住んでいて、姿形はわたしたちと異なるものの、直立歩行し、わたしたちと共通する多くの能力を持っていた。そうした旧人類とわたしたちとの間にはどんなつながりがあるのだろうか。考古学的記録では、そうした疑問に答えることはできない。だがDNA記録ならできる。

この疑問の解明対象として、真っ先に取り上げるべき旧人類はネアンデルタール人だろう。

40万年前ごろのヨーロッパでいちばん幅を利かせていたのはこの体の大きな人々で、脳は現生人類よりわずかに大きかった。ネアンデルタールという名前は、1856年にドイツのネアンデル渓谷の石灰岩採掘坑で発見された人骨に由来する（ドイツ語では渓谷をタールと言う）。それらの骨の正体については、奇形の人間、人類の祖先、わたしたちとはずっと昔に分かれたヒトの系統など、何年も議論が続いた。やがてネアンデルタール人は科学界によって旧人類と認められた第1号となった。1871年に出版された『人間の由来』でチャールズ・ダーウィンは、人間も進化の産物であるという点において他の動物と同じだと主張した。[1] ダーウィン自身はその重要性に気づいていなかったが、ネアンデルタール人はやがて、現存する類人猿よりも現生人類のほうに近い集団の一員であることが認められ、そのような集団が過去に存在したに違いないというダーウィンの説を裏づける証拠となった。

その後、150年ほどの間にさらに多くのネアンデルタール人の骨格が発見された。それらを調べた結果、ネアンデルタール人がヨーロッパでさらに古い人類から進化したことが明らかになった。世間には、彼らはけだものめいた原始人で、わたしたちとはかけ離れた生き物だったという見方が広がった。そうした見方をさらにあおるように、1911年にはフランスのラ・シャペル＝オー＝サンで発見された骨格が類人猿のような前かがみの姿で復元された。しかしあらゆる証拠から考えて、およそ10万年前には、ネアンデルタール人はわたしたちの祖先、つまり解剖学的特徴から現生人類とされる人々と同じくらい、人間らしい複雑な振る舞いをしていたようだ。

ネアンデルタール人も解剖学的な現生人類も、ルヴァロワ技法として知られるやり方で石器を作った。この技法には、5万年前以降に現生人類の間に生まれた後期旧石器および後期石器時代の道具作り技術にも負けないほどの認知スキルと器用さが要求される。慎重に選んだ石核から薄片を打ち落として、最初の形とはまるで違う形の道具にしていくため、作り手は最終的な道具の形を頭の中に明確に描いたうえで、複雑な工程をたどって、目指す形を完成させなければならない。

ほかにも、ネアンデルタール人の高度な認知機能を示すものとして、病人や高齢者の世話をしていた証拠が残っている。イラクのシャニダール洞窟で9体の骨格が発掘されたが、どれも明らかに丁寧に埋葬されていた。1体は片腕が萎《な》えた半盲の老人で、友人や家族の愛情深い世話がなければ生き延びられなかっただろう。[2] クロアチアのクラピナ洞窟からはワシの鉤爪《かぎづめ》でできた13万年前の装身具が発見され、[3] フランスのブルニケル洞窟の奥深くには18万年前に造られたストーンサークルがあることから、[4] ネアンデルタール人は象徴の意味も理解していたのだろうと考えられる。

それでも、こうした類似点にもかかわらず、ネアンデルタール人と現生人類との間には明らかに大きな違いがある。1950年代に書かれたある論文には、ネアンデルタール人がニューヨークの地下鉄に乗っていたとしても、誰も気づかないだろうとある。「ただし、入浴して髭《ひげ》を剃り、現代風の衣服を身につけていれば」ということだった。[5] だが実際には、妙に突き出た眉と見事な筋肉質の体でたちまちばれてしまうだろう。地球上には多種多様な人々がいるが、互いにどんなに違っていたとしても、ネアンデルタール人との違いのほうが遥かに大きい。

ネアンデルタール人と現生人類との遭遇は小説家の創作意欲も掻き立てた。ウィリアム・ゴールディングが1955年に書いた『後継者たち』[6]では、ネアンデルタール人の一団が現生人類に殺され、生き残った子供を現生人類が養子にする。ジーン・アウルの1980年の『大地の子エイラ』では、現生人類の女の子がネアンデルタール人に育てられる。お互いに極めて異質でありながら極めて似ているこの2つの進んだグループに密接な交流があったとしたら、それはどんなふうだったのだろう。これはそんな着想を物語にした作品だ[7]。

現生人類とネアンデルタール人との遭遇については、確かな科学的証拠がある。いちばん直接的な証拠は西ヨーロッパの例だ。西ヨーロッパでは3万9000年前ごろにネアンデルタール人が姿を消したが[8]、少なくともその数千年前に現生人類が西ヨーロッパに到達したことがわかっている。イタリア南部のフマネ洞窟では、4万4000年前ごろにネアンデルタール風の石器が現生人類特有の石器に取って代わられている。南西ヨーロッパでは、シャテルペロン文化と呼ばれる様式で作られた現生人類特有の道具が、4万4000年前から3万9000年前の時代のネアンデルタール人遺跡の真ん中で見つかった。ネアンデルタール人が現生人類の道具作りをまねたか、2つのグループが道具や材料の取引をしていたのではないかと思われる。ただし、考古学者全員がこうした解釈を受け入れているわけではなく、シャテルペロン文化の人工物を作ったのがネアンデルタール人なのか現生人類なのかという議論が今も続いている[9]。

ネアンデルタール人と現生人類との出会いが、ヨーロッパだけでなく中東でも起こっていたのはほぼ間違いない。7万年前ごろ以降、強くて勢いのあるネアンデルタール人集団がヨーロッパ

ネアンデルタール人と現生人類との関係

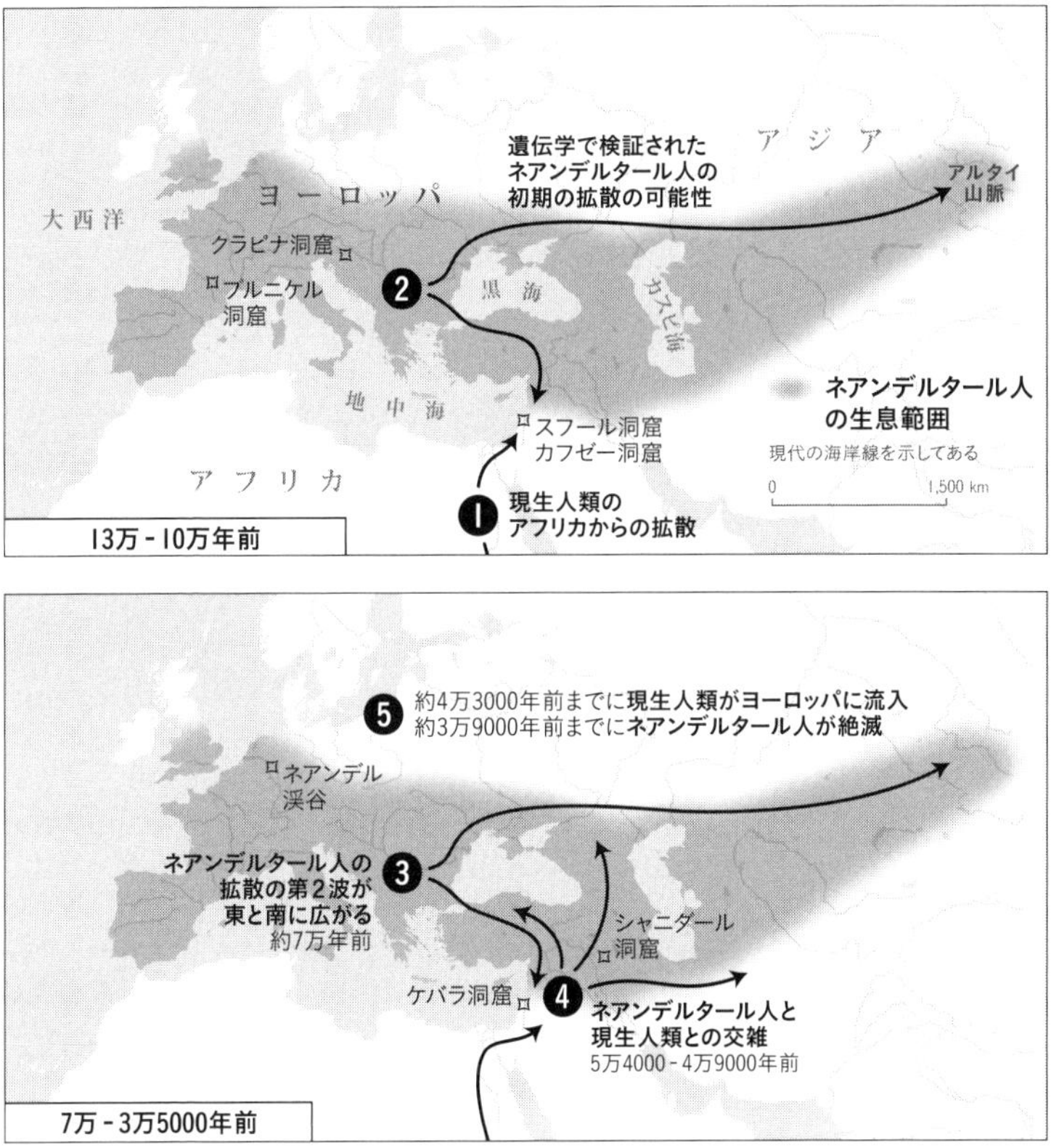

図6　40万年前ごろ、西ヨーロッパではネアンデルタール人が優勢で、やがて拡散してアルタイ山脈にまで達した。彼らは現生人類の初期の流入を乗り越え、少なくとも12万年前まで生き延びた。その後、6万年前以降に現生人類によるアフリカからユーラシアへの2度目の流入があった。ほどなくネアンデルタール人は絶滅した。

から中央アジアへ進出して遠くアルタイ山脈に達し、中東にも入り込んだ。中東にすでに現生人類が住んでいたことは、イスラエルのカルメル山にあるスフール洞窟や下ガリラヤのカフゼー洞窟で発見されたおよそ13万年前から10万年前の遺跡から明らかだ[10]。その後ネアンデルタール人がこの地域に移動し、カルメル山のケバラ洞窟で6万年前から4万8000年前の間のものとされる骨格が1体見つかっている[11]。

こうして出会うたびに、現生人類がネアンデルタール人に取って代わっていたのだろうと思うかもしれないが、実は逆だった。ネアンデルタール人が故郷（ヨーロッパ）から広がって、現生人類が退いたとたんに前進していたのだ。しかし、6万年前より後のどこかの時点で、現生人類が中東で優勢になり始めた。今度は出会うたびにネアンデルタール人が敗者となり、中東だけでなくやがてはユーラシアの他の場所でも絶滅してしまった。

というわけで、中東ではネアンデルタール人と現生人類が出会う機会が少なくとも2回あった。1回目は初期の現生人類が10万年前ごろ以前に初めてこの地域に進出して集団を形成した後、拡大してきたネアンデルタール人と出会ったとき、そして2回目は現生人類が6万～5万年前ごろに戻ってきて、ネアンデルタール人を追い出したときだ。

2つの集団は交配したのだろうか。ネアンデルタール人は現代人の誰かの直接の祖先の1人なのだろうか。交配をうかがわせる骨格証拠がいくつかある。エリック・トリンカウスはルーマニアのオアセ洞窟で発見された遺骸などを、現生人類とネアンデルタール人の中間に位置すると主張した[12]。しかし、共通する特徴が骨格にあったからといって、血がつながっているとは限らない。

同じ環境に適応した結果、同じような特徴を示すようになる場合もある。だから、考古学や骨格の分析では、ネアンデルタール人とわたしたちとの関係について確定的なことは言えない。だが、ゲノムを解析すれば、それができる。

ネアンデルタール人DNA

古代DNAを研究する科学者は、最初はもっぱらミトコンドリアDNAだけを対象としていた。それには2つ理由がある。第一に、各細胞にはミトコンドリアDNAのコピーが約1000個あるのに対して、ゲノムの残り大半についてはコピーが2個しかない。したがってミトコンドリアDNAのほうが、うまく抽出できる可能性が高い。第二に、ミトコンドリアDNAには情報がみっちり詰まっている。ゲノムの他の部分に比べ、任意のDNA文字数当たりの差異が多いので、それぞれの文字について遺伝学的な分離の時期をより正確に算出できる。ミトコンドリアのデータを解析した結果、ネアンデルタール人と現生人類との母系共通祖先が、これまで考えられていたよりも現代に近い時期にいたと確認された。[13] 最新の推定値は47万~36万年前となっている。[14] ミトコンドリアDNAの解析によって、ネアンデルタール人のDNAのタイプが現代人の多様性の範囲から外れていることも確認された。わたしたちと祖先を共有していたのは「ミトコンドリア・イヴ」が生きていた時代の数倍も古い時代だ。[15]

ネアンデルタール人のミトコンドリアDNAを調べても、ネアンデルタール人と現生人類が出会ったときに交配したという説を裏づけることはできなかった。しかし同時に、その可能性を排除することもできなかった。ミトコンドリアDNAが示す証拠に基づく個体群モデルを作って考察した結果、ネアンデルタール人が現代の非アフリカ人の遺伝子プール〔人口集団全体のあらゆる遺伝子多様性の総体〕に25パーセント程度寄与している可能性があるという答えが出た[16]。

ネアンデルタール人が現生人類の遺伝子プールに寄与しているかどうか、ミトコンドリアDNAだけを根拠に断言できないのにはわけがある。たとえ、こんにちアフリカ以外に住む現生人類が実質的にネアンデルタール人のDNAを持っていたとしても、当時幸運にも現代人にミトコンドリアDNAを伝えられた女性は1人あるいは少数だろうし、もしそうした女性の大半が現生人類だったなら、今わたしたちが目にするミトコンドリアDNAに交配の証拠が見当たらないとしても、ふしぎではない。ミトコンドリアDNAを現代に伝えた女性がネアンデルタール人の場合のみ、交配の証拠を残すことができるからだ。

というわけで、ミトコンドリアのデータでは確実な結論は出ない。それでも、スヴァンテ・ペーボのチームがネアンデルタール人の全ゲノムからDNAを抽出して、母系だけでなくネアンデルタール人のあらゆる祖先の歴史を調べられるようにするまで、ネアンデルタール人と現生人類が交配しなかったという見方が科学界の通説だった。

ネアンデルタール人の全ゲノムのシークエンシングが可能になったのは、ミトコンドリアDNAがシークエンシングされてからの10年で、古代DNAの解析技術の効率が飛躍的に高まったためだ。

２０１０年以前、古代ＤＮＡ解析はもっぱら、ポリメラーゼ連鎖反応（ＰＣＲ）と呼ばれる方法に頼っていた。この方法ではまず標的とするＤＮＡの領域を選んで、標的領域の2本鎖をほどいて1本鎖とし、標的領域の両端にマッチする〔相補的に結合する〕20塩基対ほどのＤＮＡ片を合成する。このＤＮＡ片がゲノムの中からマッチする部位を見つけ出してくっつくと、酵素の働きでその標的領域が何度も複製される。こうして、試料の全ＤＮＡ中の小さな標的領域をコピーのように増やすことができる。もとのＤＮＡの大部分（標的でない部分）は捨てるわけだが、それでも、解析したい部分だけは大量に増やすことができる。

古代ＤＮＡを抽出するための新しい方法は、これとはやり方がまったく違い、試料中のあらゆるＤＮＡのシークエンシングを行う。そのＤＮＡがゲノムのどの部位のものであろうと気にしないし、標的配列をもとに、鋳型とすべきＤＮＡ部分をあらかじめ選び出すこともしない。これは新しい解析装置の圧倒的なパワーを利用する方法で、おかげで２００６年から２０１０年の間にシークエンシングにかかるコストは少なくとも1万分の1になった。データはコンピュータで解析され、ゲノムの大部分を1つにまとめるか、でなければ関心のある遺伝子を拾い出すことができる。

この新しい方法を利用するに当たって、ペーボのチームはいくつかの課題を克服する必要があった。第一に、十分なＤＮＡを抽出できるような骨を見つけなければならない。人類学者はたいてい化石を相手に仕事をする。つまり完全に鉱物化して岩石になってしまった骨だ。しかし、このような化石からＤＮＡを取り出すことは不可能なので、完全には鉱物化していなくて、保存状態のいいDNA片などの有機化合物を含んだ骨を探す必要があった。第二に、保存状態のいいDNAを含んだ「ゴールデンサンプル（試料）」を見つけられたとしても、微生物DNAによる試料の汚染という問題を克服しなければならなかった。その個体の死後に骨にすみついたバクテリアや菌類に由来するDNAの混入である。大半の古代試料ではこれが総DNAの圧倒的部分を占める。最後に、研究員による汚染の可能性も考慮に入れる必要があった。考古学者や分子生物学者が試料や化学薬品を扱う際に、自分の微量のDNAをそれらにつけてしまうかもしれないからだ。

古代人のDNAの解析では汚染が極めて大きな問題になる。試料の骨に触った現代人とシークエンシングすべき個体との間には、たとえ非常に遠い関係だったとしてもつながりがあるため、汚染によって誤った解析結果が出かねない。保存状態のいい試料から抽出できるネアンデルタール人のDNA断片の長さは、1断片につきわずか40文字程度が普通なのに対して、現代人とネアンデルタール人の差異は600文字につき1文字ほどなので、得られたDNA断片が骨のものなのか、それとも骨に触った誰かのものなのか、通常は区別できないのだ。汚染は古代DNAの研究者をくり返し悩ませてきた。たとえば、2006年にペーボのグループは全ゲノムシークエンシングに先立つ試行研究として、ネアンデルタール人のDNA約100万文字をシークエンシングした。[17] ところがその多くが現代人のDNAの混入したものとわかり、データの解釈が台無しになった。[18]

古代DNA解析の際に汚染を最小限に抑える手段は、2006年の研究ですでに実行されていたが、その後さらに手の込んだものに改良され、異常なほどに細かい予防措置を含むものになった。2010年の研究でペーボとそのチームは汚染のないネアンデルタール人ゲノムのシークエンシングに成功したが、このときはスクリーニングした骨を1つ残らず、コンピュータ業界のマイクロチップ製造工場で使われている清浄空間の設計図を応用して造った「クリーンルーム」内で扱った。天井には外科手術室で使われるのと同じタイプの紫外線（UV）ライトを取りつけ、研究者が在室していないときは常に点灯して、混入したDNAをシークエンシング不可能な形に破壊した（試料の外側の古代DNAも破壊されるが、試料に穴を開けることによって、破壊されていないDNAを取り出すことができた）。空気は限外濾過《ろか》膜〔0・01〜0・001ミクロンの孔を持つ濾過膜〕によって微細な塵《ちり》を除去し、髪の毛の太さの1000分の1より大きな粒子はすべて取り除いた。DNAを含んでいるかもしれないからだ。実験室と準備室は与圧して空気が内から外へと流れるようにし、実験室の外から漂ってくるDNAで試料が汚染されないようにした。

実験室は3つの独立した部屋からなり、研究員は最初の部屋で全身を覆うクリーンスーツとグローブとフェイスマスクを身につける。2番目の部屋ではサンプリングのために選んだ骨を専用の仕切り内に置いて高エネルギーのUVを照射する。表面についているかもしれない汚染DNAを、シークエンシングできない形に変えるためだ。次に滅菌した歯科ドリルで骨の芯まで穴を開け、何十または何百ミリグラムかの粉末をUV照射済みのアルミホイルの上に集めて、それをUV照射済みの試験管に移す。3番目の部屋ではその粉末を骨の鉱物成分とタンパク質を除去する化学薬品の溶液に浸して、その溶液を純粋な砂（二酸化ケイ素）に通す。適切な条件下では、二酸化ケイ素がDNAと結合し、シークエンシングに使われる化学反応を阻害する化合物は除去される。

次に、こうして得られたDNA片をシークエンシング可能な形に変換する。まず、何万年も地中にあった間に劣化してぼろぼろになったDNA片の端を化学的に取り除く。2006年の研究のときにはなかった、さらに強力な汚染対策手段として、ペーボのチームは人工的に合成した文字列を化学的な「バーコード」として、DNA片の端に結合させた。こうすれば、バーコードをつけた後に紛れ込んだ汚染配列を区別できる。最後に、以前より何万倍も低コストでシークエンシングできる新しい装置にかけられるように、DNA片の両端に分子アダプターを結合させる。

いちばん保存状態のいい試料は、クロアチアの山岳地帯にあるヴィンディヤ洞窟で発見された約4万年前の腕と脚の骨、計3件だった。ペーボのチームがこれらの骨についてシークエンシングを行った結果、得られたDNA片の大半は骨にコロニーを作っていたバクテリアと真菌のものであることがわかった。しかし何百万もの断片を現代のヒトおよびチンパンジーのゲノム配列と比較してみると、クズの中に黄金が見つかった。こうした配列がジグソーパズルの箱の表にある完成図のような役目を果たして、シークエンシングした小さなDNA片を整理して並べる鍵となってくれたのだ。

2007年、ネアンデルタール人のほぼ全ゲノムのシークエンシングが可能だと確信したペーボは、データを正しく分析できるよう、専門家を集めて国際的なチームを作った。こうして、わたしも研究仲間である応用数学者のニック・パターソンと共にこの仕事に関わるようになった。

ペーボがわたしたちに連絡してきたのは、その前の5年間に、わたしたちが個体群の混じり合いという分野での革新的な研究者として認められるようになっていたからだ。ドイツへ何度も足を運ぶなかで、わたしはネアンデルタール人と一部の現生人類との交配を証明した解析に重要な役割を果たすことになった。

ネアンデルタール人と非アフリカ人との密接な関係

わたしたちが取り組んでいたネアンデルタール人のゲノム配列は、残念ながらエラーだらけだった。なぜそれがわかったかというと、そのデータが、共通祖先から分かれてからネアンデルタール人には現代人より数倍も多い変異が起こったと示唆していたからだ。そうした変異の大部分は現実のものではありえない。変異は時の経過につれてほぼ一定の割合で起こるが、ネアンデルタール人の骨は古代のものだから、そのゲノムは時代から言えば現代人のものより共通祖先のゲノムのほうに近い。したがって、蓄積された変異は現代人より少ないはずだ。過剰の度合いをもとに推定したところ、ネアンデルタール人の配列にはおよそ200文字につき1つの割で間違いが含まれているという結果になった。少ないと思うかもしれないが、実はこの数字はネアンデルタール人と現代人との間で見つかった差の割合よりも、ずっと高い。ということは、わたしたちが両者の配列の間に発見した差異のほとんどが、測定過程で作り出された誤差ということになる。ネアンデルタール人のゲノムと現代人のゲノムの真の差異ではなかったのだ。

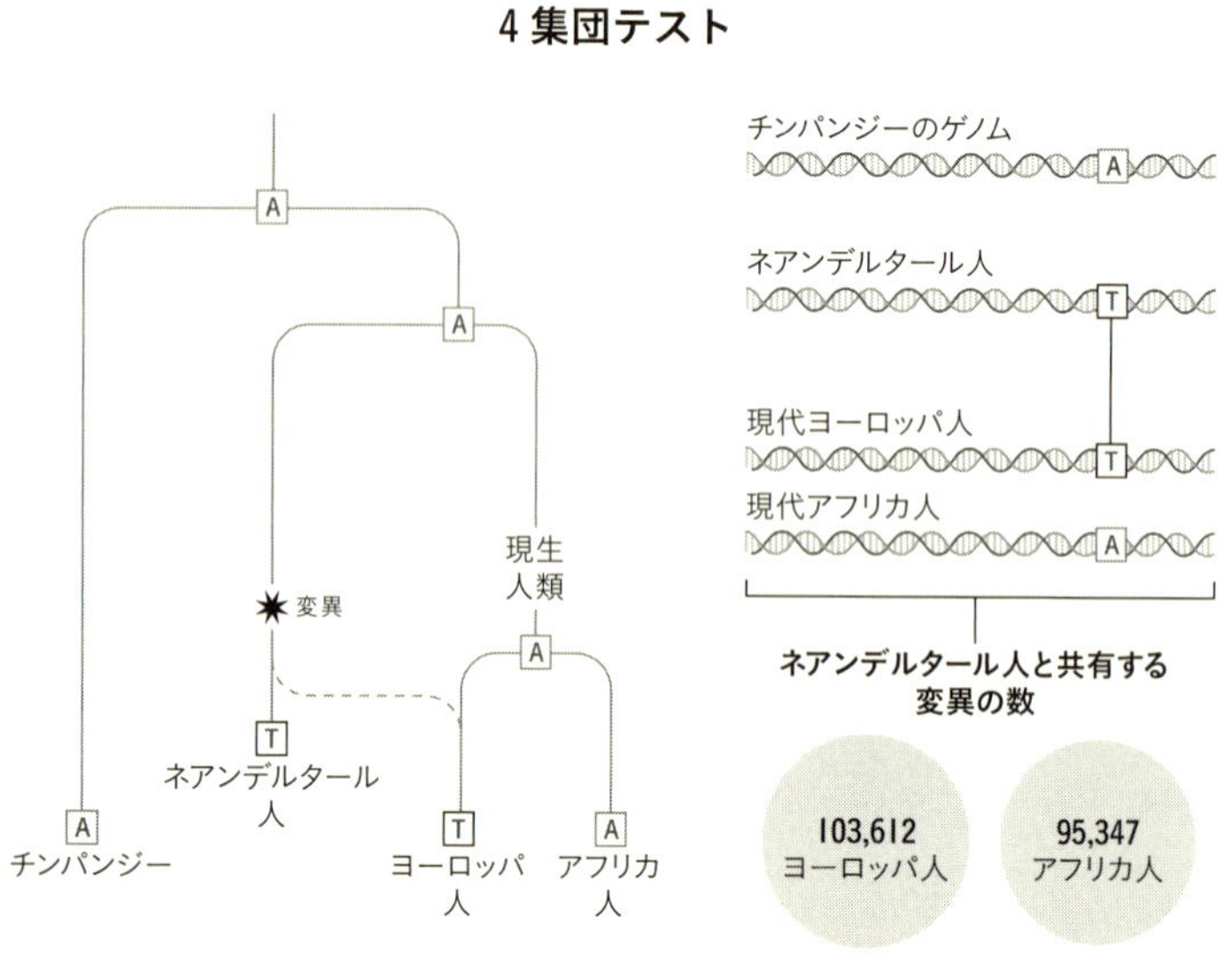

図7　2つの集団が共通祖先集団からの遺伝子継承において有意差がないかどうかを「4集団テスト」で評価することができる。たとえば、チンパンジーのDNAにはない変異がネアンデルタール人の祖先に起こったとする（上図のT）。この変異をヨーロッパ人集団がアフリカ人集団よりも約9%多く、ネアンデルタール人と共有していたなら、それはネアンデルタール人がヨーロッパ人の祖先と交配した歴史を反映していると考えられる。

この問題に対処するため、ゲノム中の解析箇所を絞り込んで、現代人の間で多様性のあることがわかっている部位だけを対象とするようにした。そうした部位では、たとえ約0・5パーセントのエラーがあったとしても、解釈の妨げにはならない。そのような部位を対象として、ネアンデルタール人との結びつきの程度に、現代人でも人によって違いがあるかどうかを調べるための数学的な検定法を考案した。

わたしたちが開発した方法は今では、「4集団テスト（Four Population Test）」と呼ばれ、集団の比較に役立っている。このテストでは、4つのゲノムの同じ位置に見られるDNA塩基に注目する。4つのゲノムとしては、たとえば現代人のゲノム2つ、ネアンデルタール人のゲノム、チンパンジーのゲノムを使う。2つの現代人集団で塩基が異なり（たとえばヨーロッパ人ではT、アフリカ人ではA）、かつその片方がネアンデルタール人の塩基（たとえばT）と共通であるような部位を数多く調べる。もしネアンデルタール人と現代人の間で交配がなければ、ヨーロッパ人とアフリカ人が分かれた後で、TからAへの突然変異がヨーロッパ人の系統で起きたと考えられる。このような突然変異が起きる可能性は、ヨーロッパ人でもアフリカ人でも等しいだろう。したがって、このような変異をネアンデルタール人と共有している割合は、だいたい等しくなるはずだ。これに対して、もしネアンデルタール人と一部の現生人類とが交配したなら、交配した集団の子孫である現代人集団は、より多くの変異をネアンデルタール人と共有しているだろう。

現代のさまざまな集団をテストしてみたところ、ネアンデルタール人との遺伝的距離はヨーロッパ人、東アジア人、ニューギニア人でほぼ同じ程度だった。そしてこうした非アフリカ人はすべて、西アフリカ人やアフリカ南部の狩猟採集民であるサン族といった異なる集団も含めたサハラ以南のアフリカ人すべてよりも、ネアンデルタール人とより近い関係にあった。その違いはわずかなものだったが、こうした違いが偶然に起こる確率は1000兆分の1より少ない。データをどのようなやり方で解析しても、同じ結論に到達した。これは、ネアンデルタール人が非アフリカ人とは交配したが、アフリカ人とはしなかった場合に予想されるパターンだった。

証拠を否定しようと試みる

ネアンデルタール人との交配があったという結論を、わたしたちはにわかには受け入れられなかった。当時の科学界の共通認識に反していたからだ。チームのメンバーの多くもその共通認識の影響を強く受けていた。ペーボが大学院卒業後に在籍していた研究室では、最も古い時代に分岐したヒトミトコンドリアＤＮＡの系統が、現在はアフリカで見られることを１９８７年に発見しており、それが、あらゆる現生人類がアフリカ起源であることの強力な証拠となっている。ペーボ自身の１９９７年の仕事も、ネアンデルタール人のミトコンドリアＤＮＡが現代人のあらゆる多様性から遠く隔たっていることを明らかにして、純粋なアフリカ起源説を強力に裏づけていた。[19]

わたしもまた、ネアンデルタール人ゲノムのプロジェクトに参加した当時は、ネアンデルタール人が現生人類と交配した可能性にはかなり否定的だった。わたしの学位論文の指導教官だったデイヴィッド・ゴールドスタインは、完全な出アフリカモデル〔すべての現生人類の起源がアフリカにあり、その一部がアフリカを出て世界各地に拡散したとする説〕を自分の人類進化モデルの中心に据えていたルカ・カヴァッリ＝スフォルツァの門弟で、わたしもその考え方に共鳴していた。わたしの知るかぎり遺伝学的データは１つ残らず、出アフリカ説を支持していたので、ユーラシア起源と考えられているネアンデルタール人と現代人の祖先との間に交配はまったくなかったとするいちばん厳格な出アフリカ説で、ほぼ間違いないように思われた。

こうした背景があったため、ネアンデルタール人との交配を示す証拠にわたしたちは非常に懐疑的で、何かまずいところを見つけようと、特に厳しい一連の検証を行った。用いたシークエンシング技術に結果が左右されたかどうか調べたが、まったく違う2つの方法でも同じ結果が得られた。古代DNA解析に特有の高い誤差率による人為的な結果である可能性も検討した。そうした誤差は特定のDNA塩基配列に大きな影響を与えることが知られている。しかし、分析した変異のタイプにかかわらず、同じ結果が得られた。試料に触った誰かのDNAによる汚染によって、このような結果が得られたのではないかとも考えた。ペーボのチームは実験室での汚染を防ぐ対策を取っていたし、データについては現生人類による汚染の程度を評価するテストを行い、汚染があったとしても、わたしたちが観察したパターンを生じさせるには小さすぎるという結果が得られてはいたが、ひょっとすると、実験室以前の汚染によってデータが損なわれた可能性もある。しかし、たとえ現代人による汚染があったとしても、わたしたちが観察したパターンは、そうした汚染があった場合に予想されるものとはまったく違っていた。もしそうした汚染があったなら、それはヨーロッパ人によるものである可能性が高い。わたしたちが分析したネアンデルタール人の骨はほぼすべて、ヨーロッパ人によって発掘され、扱われたものだからだ。しかし、わたしたちが得たネアンデルタール人の配列は、東アジア人あるいはニューギニア人よりヨーロッパ人に特に近いわけではなかった。これら3つは非常に異なる集団であるにもかかわらず、ネアンデルタール人との近さの程度はどれもほぼ同じだったのだ。

それでもわたしたちは、このパターンには、何か自分たちが考えもしなかったような説明がつくのかもしれないという疑念を捨てきれなかった。そんなとき、2009年6月にミシガン大学での会議に出席したわたしは、世界中の多様な人々のゲノムのスキャンを続けていたラスムス・ニールセンに出会った。ゲノムの多くの部分でアフリカ人は非アフリカ人より多様性に富み、ミトコンドリアDNAのケースからもわかるように極めて異なった系統を含んでいる。しかしニールセンは、非アフリカ人に見られる多様性がアフリカ人より大きいという特異な場所をゲノムの中に見つけていた。現生人類の共通の系統から早い時期に分岐し、非アフリカ人だけに存在する系統があるため、そのようなことが起こったと考えられる。こうした配列はまさに、非アフリカ人と交配した旧人類に由来するのかもしれない。ニールセンもわたしたちの共同研究に加わり、彼と共同研究者たちが特定した部位12か所をネアンデルタール人のゲノム配列と突き合わせてみると、そのうち10か所がネアンデルタール人の配列と一致した。これは偶然にしては多すぎる。ニールセンの発見した極めて特異なDNAの大部分は、ネアンデルタール人にその起源があったに違いない。

次にわたしたちは、ネアンデルタール人に関連した遺伝物質が非アフリカ人の祖先に取り込まれた時期を調べた。それには、精子や卵子が作られるときに起こる組み換えを利用すればいい。両親それぞれに由来する染色体の一部が交換されて新しい染色体ができ、それが子孫に渡される現象だ。たとえば、ネアンデルタール人の母親と現生人類の父親から生まれた混血児第一世代の女性を考えてみよう。彼女の細胞にある染色体には、完全なネアンデルタール人染色体と完全な現生人類染色体が含まれている。しかし彼女の卵子には23本の混合染色体が含まれるだけだ。* 1個の卵子にある染色体のうちの1本は、半分がネアンデルタール人（母親）由来で半分が現生人類（父親）由来かもしれない。この女性が現生人類と結婚し、さらに何世代も現生人類との交配が続くとすると、世代を経るにつれ、ネアンデルタール人DNA片は切り刻まれてどんどん小さくなる。組み換えがフードプロセッサーの回転刃のような作用をして、世代ごとにランダムな位置で親の染色体を切断するからだ。現生人類のゲノムにおけるネアンデルタール人由来のDNA片の典型的な長さを測れば、ネアンデルタール人DNAが現生人類の祖先に取り込まれてからどれくらい多くの世代が過ぎたかがわかる。ゲノムの中のネアンデルタール人由来DNA片の長さは、ゲノム中の塩基配列が、サハラ以南のアフリカ人よりもネアンデルタール人に一致する部分の長さを測ればわかる。

この手法でデータを解析したところ、ネアンデルタール人に関連した遺伝物質が少なくともいくらかは、8万6000年前から3万7000年前にかけて、現代の非アフリカ人の祖先に取り込まれたとわかった。[20] その後、放射性炭素年代測定で約4万5000年前ごろに生きていたのがわかっているシベリアの現生人類から採取された古代DNAの解析によって、この年代をさらに

*〔訳注〕卵子が作られるとき、23対の染色体それぞれについて、父親由来か母親由来の、どちらかの染色体の23本が提供される（23対＝46本のうち半分の23本になるので減数分裂という）が、このとき組み換えが起こるため、完全な母親／父親由来とは異なるものになる。

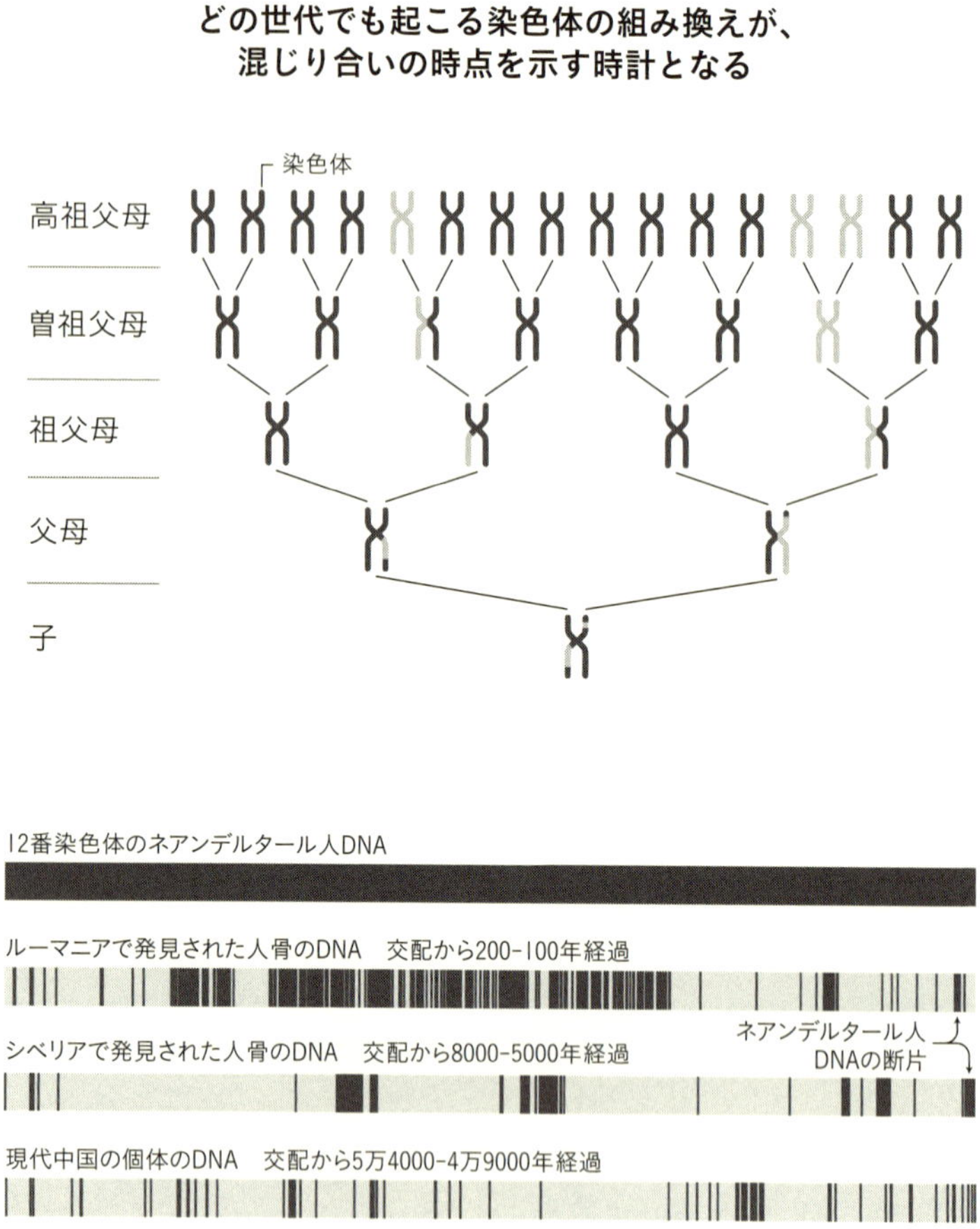

図8　精子または卵子には、その人が持つ23対の染色体のそれぞれから1本の染色体が渡される。それは母親からの染色体と父親からの染色体の組み換えによってできたものだ（上段の図）。時と共に混じり合いが進行し、現生人類のゲノムの中にあるネアンデルタール人DNAが小さくなっていく（下段の図、12番染色体の実際のデータ）。

絞り込むことができた。[21] この個体に含まれるネアンデルタール人由来DNA片は、現代人の持つネアンデルタール人由来DNA片より平均して7倍も長く、ネアンデルタール人との交配時にずっと近い時代に生きていたことを裏づけている。この個体の交配イベントへの時間的近さの程度から、5万4000年前から4万9000年前という、より正確な年代を知ることができた。

しかし2012年時点では、わたしたちが突きとめた交配がネアンデルタール人そのものとの間に起こったと証明できていたわけではなかった。最も重大な質問を投げかけたのはグレアム・クープだった。彼はわたしたちが旧人類との交配を検出したことは認めたが、その交配が実際にはネアンデルタール人とのものではなかった可能性があると指摘した。[22] わたしたちが検出したパターンは、ネアンデルタール人と異なる未知の旧人類との交配の結果、生じた可能性もあるというのだ。

その1年後、シベリア南部で見つかった少なくとも5万年前の足指の骨から採取された質のよいネアンデルタール人ゲノムがペーボの研究室でシークエンシングされた結果、クープのシナリオを除外できた（放射性炭素年代測定では5万年前より古い年代は測定できないので、試料は実際にはそれよりかなり古い可能性がある）。[23] このゲノムについて、わたしたちはクロアチアのネアンデルタール人のおよそ40倍ものデータを集めた。これほどのデータがあると、配列をクロスチェックして誤差を除去できる。

その結果得られた配列は、生きている人間から得られた大半のゲノムよりも誤差が少なかった。この高品質の配列を用いて、現生人類とネアンデルタール人がどれくらい密接な関係にあるのか、

2つの系統が分かれてから起こった変異の数をもとに確定できた。シベリアのネアンデルタール人と現代のサハラ以南のアフリカ人がこの50万年の間に祖先を共有していた部位は、ほとんど見当たらなかった。ところが、非アフリカ人とは過去11万年から7万年以内に共有していた部位が見つかった。この期間はネアンデルタール人が西ヨーロッパに完全に定着した時期の枠内に収まる。これは交配がネアンデルタール人とは異なる別の人類との間ではなく、実際にネアンデルタール人との間に起こったことを示している。

中東での交配

では、こんにちアフリカ以外にいる集団はどれくらいネアンデルタール人の系統を受け継いでいるのだろうか? わたしたちは現代の非アフリカ人ゲノムの1・5〜2・1パーセントほどがネアンデルタール人由来であることを突きとめた。[24] ネアンデルタール人の本拠地はヨーロッパであるにもかかわらず、東アジア人が高い数値を示し、ヨーロッパ人のほうが低い数値を示した。[25] 今では、その理由の少なくとも一部は「希釈」にあるとわかっている。9000年前より前に生きていたヨーロッパ人から採取した古代DNAの解析によって、農業が伝わる前のヨーロッパ人はネアンデルタール人のDNAを現代の東アジア人と同じくらい持っていたことが明らかになった。[26] 現代のヨーロッパ人でネアンデルタール人の系統が薄まったのは、ネアンデルタール人との交配の前に分かれたその他の非アフリカ人の系統を、いくらか受け継いでいるからだ(古代DNAによって明らかになったこの初期に分かれたグループについては、本書の第2部で触れる)。この系統を継ぐ農耕民が拡散したために、ヨーロッパではネアンデルタール人の系統が希釈されたが、東アジアではそうした希釈が起こらなかったのだ。[27]

考古学的な証拠だけ見れば、ネアンデルタール人と現生人類との交配はネアンデルタール人が生まれたヨーロッパで起こったと考えるのが自然なように思われる。しかし、そこが果たして、こんにちの人々に痕跡を残すような主たる交配が起こった場所なのだろうか? 遺伝学的データで確定するのは無理だ。遺伝学的データは人々がどうつながり合っているかを教えてくれるが、たとえ徒歩であっても人は一生のうちには何千キロも移動することができる。だから、遺伝学的なパターンは、そのパターンを構成するDNAを持つ人々が住んでいる場所の近くで起こった出来事を反映しているとは限らない。ここ数年の古代DNA解析で何か明確になったことがあるとすれば、それはこんにち生きている人々の地理的分布がそのまま、その祖先の住んでいた場所だと考えるのは間違いだということだ。

とはいえ、地理的な起源についての妥当な推測はできる。今ではネアンデルタール人との交配の証拠がヨーロッパ人だけでなく東アジア人やニューギニア人でも確認されている。ヨーロッパはユーラシアの中では袋小路のような場所なので、東方へ拡散する現生人類にとっては迂回路となり、好ましいルートではなかっただろう。となると、いったいどこでネアンデルタール人と現生人類は出会って交配し、ヨーロッパだけでなく東アジアやニューギニアまで広がる集団を生んだのだろうか。考古学者は、中東では13万年前から5万年前の間に少なくとも2回、ネアンデルタール人と現生人類が優勢な集団としての地位を交代していることを明らかにしており、この間に両者が出会ったと考えるのが理にかなっている。こうして中東で交配が起こったと考えると、ヨーロッパ人と東アジア人が、共にネアンデルタール人のDNAを受け継いでいることがうまく説明できる。

そもそも、ヨーロッパで交配はあったのだろうか？　2014年、ペーボのグループはルーマニアのオアセ洞窟で見つかった骨格から採取されたDNAの配列を決定した。その骨格は、頭蓋骨の特徴がネアンデルタール人と現生人類の両方に似ていることを根拠に、エリック・トリンカウスが両者の交雑種だと主張していたものだった。[28] 放射性炭素年代測定で約4万年前に生きていたとされていたが、わたしたちがDNAのデータを分析してみると、ネアンデルタール人のDNAを6〜9パーセント持っていて、現代ヨーロッパ人で検出していた約2パーセントという数値より遥かに高かった。[29] ネアンデルタール人由来のDNA配列のいくつかは、この個体のいくつかの染色体DNAの3分の1にまで達していた。これは極めて長いうえ、組み換えによって壊れてもいなかったため、この個体の6世代前以内に実際のネアンデルタール人がいたのは間違いない。

この結果は汚染では説明できない。汚染があれば、ネアンデルタール人のDNAは薄まりこそすれ、濃くなることはありえないからだ。それに、汚染があればネアンデルタール人と一致する配列がゲノム中にランダムに発生するはずで、ネアンデルタール人DNAの大きな連なりは生じない。現生人類よりネアンデルタール人のゲノム配列に一致する変異の位置をただゲノムに沿ってプロットしただけでも、肉眼で容易に確認できるほど大きかった。これはまさにネアンデルタール人との交配を示す証拠だ。統計分析の必要がないくらい、一目瞭然だった。

オアセの個体の少し前の世代で交配が起こったとわかったので、ネアンデルタール人の生まれ故郷であるヨーロッパでも、現生人類との交配があったと考えていいだろう。しかし、オアセの個体が属していた集団、ヨーロッパのネアンデルタール人との交配の明らかなしるしを持つ集団は、こんにちまで続く子孫を一切残さなかったのかもしれない。オアセのゲノムを解析したとき、この人物が東アジア人よりヨーロッパ人と密接な関係にあるという証拠はまったくなかった。つまり、この個体は進化の袋小路となった集団の一員だったに違いない。現生人類集団の先駆者として早い時期にヨーロッパに到達し、短期間繁栄してその地域のネアンデルタール人と交配して、その後絶滅したのだろう。したがって、オアセの個体は交配がヨーロッパでも起こったことを示す強力な証拠ではあるものの、こんにちの非アフリカ人が持つネアンデルタール人のDNAが、ヨーロッパのネアンデルタール人に由来するという証拠にはならない。非アフリカ人に伝わるネアンデルタール人の系統の起源として最も可能性が高いのは、やはり中東のネアンデルタール人のようだ。

オアセの個体が進化の袋小路となった集団の一員だったという発見は、ヨーロッパの最初の現生人類についての考古学上の記録と一致する。その人々が作った石器にはさまざまな様式が見られるが、そのほとんどが数千年後の考古学的記録から消えているという意味で、オアセの集団同様に袋小路だった。

ただし、その1つで、中東の前期アハマリアン文化に起源を持つと考えられる原オーリニャック文化と呼ばれる様式が、3万9000年前以降も存続して、ヨーロッパで初の広域現生人類文化であるオーリニャック文化に発展した可能性もある。[30] しかし、こうしたパターンは、オーリニャック様式の道具の作り手が中東からの別の移住でやってきた人々の子孫で、オアセのようなその他の初期の現生人類に由来するものではないと考えても説明がつく。このシナリオなら、オアセの集団がその地域のヨーロッパのネアンデルタール人と盛んに交配したにもかかわらず、こんにちのヨーロッパ人に見られるネアンデルタール人由来のDNAがヨーロッパ起源でない理由が説明できる。

かろうじて交配可能だった2つのグループ

交雑種の生殖能力が低かったことも、こんにち生きている人々のDNAに含まれるネアンデルタール人由来のDNAが少ない一因かもしれない。この可能性を最初に指摘したのはロラン・エクスコフィエだった。彼は動物や植物の研究から、ある集団が交配可能な別の集団の占拠する地域に進出すると、たとえ交配率が低くても、子孫には交雑形態が高い割合で含まれるようになることを知っていた。こんにちの非アフリカ人に見られるネアンデルタール人由来のDNAは約2パーセントだが、それより遥かに高くなるはずだという。エクスコフィエによると、現代人のゲノムにネアンデルタール人由来のDNAがこれほどわずかしか含まれないようにするには、拡大していた現生人類がネアンデルタール人との間の子孫よりも、他の現生人類との間の子孫を少なくとも50倍多くもうけなければならない。[31] むしろ、ネアンデルタール人と現生人類との間の子供が、現生人類同士の子供よりも生殖能力がずっと低かったと考える方が理にかなっていると、彼は考えた。

わたしはこの推論には賛成できない。交雑種の生殖能力が低かったというより、社会的な理由で単に交配が多くなかったという説明のほうが、ぴったりくる。今でも、現代人の多くのグループは文化や宗教、カーストのような社会階層による障壁のせいで、自分たちだけでまとまっていることが多い。現生人類とネアンデルタール人が出会ったときには事情が違ったと考える理由はないのではないだろうか？

しかしエクスコフィエはある重要な点については正しかった。それがわかったのは、わたしたちが現生人類集団に取り込まれたネアンデルタール人DNAのかけらを分析して、その位置をゲノムにマッピングしているときだった。そのためにまず、わたしの研究室のスリラム・サンカラマンが、ネアンデルタール人の配列には存在するが、サハラ以南のアフリカ人にはめったにない変異を探した。そのような変異部分を調べると、非アフリカ人それぞれで、ネアンデルタール人由来の断片のかなりの部分を見つけることができた。そうしたネアンデルタール人由来の断片がゲノムのどこにあるか調べてみると、ネアンデルタール人との交配の影響がゲノム内の部位によって劇的に異なっていることが明らかになった。非アフリカ人集団のネアンデルタール人由来DNAの割合は平均2パーセント前後だが、それは一様に広がっているわけではない。ゲノムの半分以上では、ネアンデルタール人由来のDNAはどの個体でもまったく見つからなかった。しかし、DNA配列の50パーセント以上がネアンデルタール人由来という際立った特徴を示す場所がいくつかあった[32]。

このようなパターンができたわけを理解するための重要なヒントが得られたのは、非アフリカ人ゲノムでネアンデルタール人由来のDNAがまれな場所を調べているときだった。どのDNA断片についても、ミトコンドリアDNAで考察したように、ネアンデルタール人由来DNAが偶然、集団内で完全に欠如していることはありうる。しかし、特定の生物学的機能を持つゲノムのかなりの部分からネアンデルタール人由来のDNAが一斉に失われることは、それを取り除く自然選択が働いたのでないかぎり、ありそうもない。

ところが、わたしたちが発見したのは、まさにネアンデルタール人由来のDNAが一斉に除去された証拠だった。しかも、交雑個体の生殖能力に関連があるとされている2つの部分で、自然選択による特に強力な排除が見つかった。

排除のあった1つ目の場所は、2つある性染色体の1つであるX染色体だった。これを見て思い出したのが、何年も前にニック・パターソンとわたしがヒトとチンパンジーの祖先の分岐の研究中に出くわし、発表していたパターンだ[33]。どのような集団でも、染色体数の割合という点からすると、他の染色体4つのコピーに対して、X染色体は3つのコピーしかない（男女とも性染色体以外はコピーが2つあるのに、X染色体の場合、女性は2つだが男性は1つしかコピーを持たないからだ）。つまり、どの世代をとってみても、任意の2つのX染色体が共通の親を持つ確率は、その他の2つの染色体が共通の親を持つ確率の3分の4となる（種類が少なければ同じものになる確率が上がる。X染色体の種類が他に比べて4分の3なら、同じものになる確率はその逆数で3分の4となる）。そのため、他の染色体と同じような計算をすると、共通の祖先配列からの経過時間は、他の染色体の4分の3となる。

ところが、実際のデータが示唆する経過時間はその半分かそれ以下なのだ。[34] ヒトとチンパンジーの共通祖先集団に関するわたしたちの研究では、そうしたパターンになる原因はわからなかった。メスのほうがオスよりも別の群れに移動しにくい、子供の数はオスよりメスのほうが一定しない、集団が拡大または縮小した、などいろいろな説明が考えられたが、特定には至らなかった。

しかし、最初は分かれていたヒトとチンパンジーそれぞれの祖先のどちらかの一部が他方と混じり、ヒトまたはチンパンジーのどちらかの祖先種が形成されてから、最終的に2つの系統に分かれたと考えると、うまく説明がつく。

X染色体ではゲノムの残りの部分に比べ、遺伝学的な多様性が交雑によってそれほど少なくなるのはなぜだろう？

動物界全般にわたるさまざまな種を調べた研究から、2つの集団が十分に長く隔てられていると、交雑で生まれた子の生殖能力が低下することがわかっている。わたしたちのような哺乳類では、この生殖能力低下はオスに起こることが多く、低下に関与する遺伝的因子はX染色体に集中している。[35] したがって、子孫の生殖能力が低下するほど長く2つの集団が隔てられていて、それでもなおその間に交雑体が生まれた場合、生殖能力低下をもたらす因子を排除する強力な自然選択が働いたのだろうと推測される。そのプロセスは、不妊に関与する遺伝子が集中しているX染色体に、特にはっきり表れるだろう。結果的に、交雑体集団のDNAの大半に寄与した集団からのDNA片に有利な自然選択がX染色体に働く。すると交雑体集団はそのX染色体をほぼすべて多数派の集団から受け継ぐことになり、交雑体を生んだ片方の集団と交雑体集団との間のX染色体上の遺伝的相違は異常に低くなる。これはヒトとチンパンジーで見られたパターンによく一致する。

このような推論は非現実的な空論に過ぎないと思うかもしれないが、実はまさにこのパターンが、西ヨーロッパと東ヨーロッパのハツカネズミの交雑体で観察された。場所は冷戦時代の鉄のカーテンにほぼ沿うように中央ヨーロッパを南北に走る細長い生息帯だ。交雑体は西ヨーロッパのハツカネズミだけでなく、それとは極めて異なる東ヨーロッパのハツカネズミからもDNAを受け継いでいるため、ゲノムの大半の部分では、西ヨーロッパのハツカネズミと交雑体とで違いのある変異の密度が高い。これに対して、X染色体上ではそうした変異の密度は遥かに低い。X染色体がオスの交雑体に不妊を引き起こすことが知られている東ヨーロッパの個体群から、ごくわずかなDNAしか受け継いでいないからだ。[36]

ヒトまたはチンパンジーのどちらかが、古代における両者の祖先の大規模な交雑から生まれたことを示唆するわたしたちの論文が2006年に発表されて以来、そのような大規模な交雑を示す証拠が、ますます強まってきているようだ。2012年にミッケル・シールップとトーマス・メイルンドが共同研究者と共に、現代の2つの種の祖先の分離がどの程度急激に起こったか、遺伝学的データから推定する方法を開発した。第1章で述べた李恒《リー・ヘン》とリチャード・ダービンの手法と原理的には似通った方法だ。[37] チンパンジーとその遠い親戚であるボノボとの分離時間の解析にその方法を応用してみると、分離がかなり急激に起こった証拠が見つかり、100万～200万年前にごく短期間で形成された巨大な川（コンゴ川）によって2つの種が分けられたという仮説と一致した。対照的に、その方法をヒトとチンパンジーの場合に応用すると、集団の分岐が始まった後も長期間、遺伝子の交換があったという証拠が見つかり、交雑があったという推測が裏づけられた。[38]

さらに重要な証拠が、シールップとメイルンドが2015年に発表した論文に載っていた。非アフリカ人のX染色体上で、ネアンデルタール人由来DNAが取り除かれている部位は、ヒトとチンパンジーで一致点の多い部位とほぼ同じだったという。[39] これは交雑個体の生殖能力の低下に寄与するような変異が、単にX染色体上というだけでなく、X染色体の特定の部位に集中する傾向がある場合に予想されるパターンだ。この場合、その変異を持つオスの交雑体を排除する自然選択によって、少数派の遺伝子が集団から取り除かれる。ネアンデルタール人DNAをX染色体から取り除く自然選択があったという事実は、オスの交雑体の生殖能力低下を示す何よりの証拠だ。

ネアンデルタール人と現生人類との交雑体の不妊に関する証拠がもう1つ、X染色体とは関係のない方面でも見つかった。生殖能力の低下が男性の交雑体で観察されるとき、その原因となっている遺伝子が男性の生殖組織で活発に働き、精子の機能異常を引き起こす傾向がある。わたし

図9　**ネアンデルタール人由来DNAは自然選択によって時と共に取り除かれている**

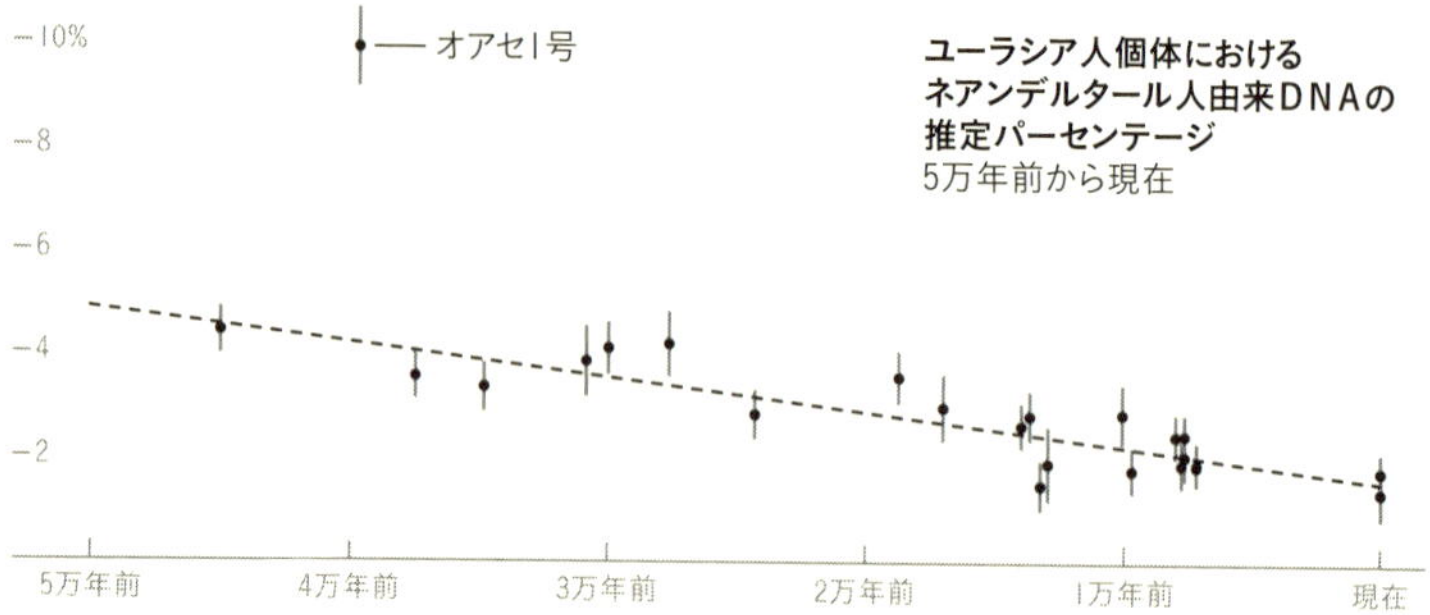

がX染色体に関する証拠を進化生物学者のダヴェン・プレスグレイヴスに見せると、彼は男性交雑体の不妊という仮説に関するある予測を示唆した。男性の精巣の生殖細胞内で異常に活性が高まっている遺伝子は、その他の身体組織で極めて活性の高い遺伝子より、平均してネアンデルタール人由来のDNAを少ししか含んでいないだろうというのだ。実際のデータを調べてみると、プレスグレイヴスの予想は確かに的中していた。[40]

　ネアンデルタール人の系統を引く現生人類が直面した問題は生殖能力の低下にとどまらなかった。ネアンデルタール人由来のDNAは、X染色体と男性の生殖機能に重要な遺伝子の周囲だけでなく、大多数の遺伝子の周囲でも減少していた（ほとんど生物学的機能を持たない「ジャンク」部位に遥かに多くのネアンデルタール人由来のDNAがある）。その証拠を最も明確に示した2016年の論文で、わたしたちは過去4万5000年にわたるユーラシア人50体以上から採取したゲノムワイドな古代DNAのデータセットを発表した。[41]そして、ネアンデルタール人由来のDNAが、分析した大部分の古代試料で3〜6パーセントだったのが、現代人では約2パーセントという値まで継続して低下しているのは、ネアンデルタール人DNAを排除するような広範囲の自然選択によるものであると指摘した。

ネアンデルタール人の生息範囲の多くは、彼らが依存していた動植物が氷河期の気候変動によって周期的な壊滅をこうむる地帯にあった。熱帯のアフリカにいた現生人類の祖先はそれほど影響を受けなかっただろう。ネアンデルタール人集団のサイズが現生人類集団よりも小さかったことが、ゲノムの多様性が現生人類の約4分の1だったという事実によって、遺伝学的に確認できる。集団のサイズが小さいことは、集団の遺伝学的な健康にとってよくない。世代ごとに変異頻度がかなり変動するため、好ましくない変異を減らそうとする自然選択がいくら働いても、一部のそうした変異が集団に広がってしまうからだ。[42] というわけで、ネアンデルタール人と現生人類が分離してからの50万年間にネアンデルタール人ゲノムに蓄積された変異が、その後両者の交配が起こった際に、有害と判明することになったのだろう。

それとは対照的に、多様な現生人類集団のもっと最近の混じり合いでは、そうした有害な影響の証拠はない。たとえば、アフリカ系アメリカ人の場合、約3万人を調査したが、アフリカ人あるいはヨーロッパ人由来DNAを排除しようとする自然選択の証拠は見つからなかった。[43]

この違いの説明として1つ考えられるのが、ネアンデルタール人と現生人類との混じり合いの場合、分離していた時間が西アフリカ人とヨーロッパ人の場合の10倍も長く、生物学的な不適合性が生じる時間がたっぷりあったということだ。もう1つの説明は、多くの種の研究でわかった事実に関係がある。個体群の間に不妊が生じるのは、ゲノムの異なる部分にある2つの遺伝子の相互作用によることが多い。そうした不適合性を引き起こすには2つの変異が必要なため、不妊率は個体群の分離時間の2乗に比例して増加する。したがって、分離時間が10倍なら、遺伝学的な不適合性は100倍になる。そう考えると、こんにちの人類の各集団間の交雑体が不妊でないのも、それほど意外なことではないのだろう。

テーゼ、アンチテーゼ、ジンテーゼ

18世紀に始まったヨーロッパ大陸哲学の重要な流れに、アイディアの進歩は「弁証法」によって進むという考え方があった。対立する視点の衝突がやがて統合に至るという考え方だ。[44]弁証法は「テーゼ」で始まる。次に「アンチテーゼ」が続き、それら2つの衝突の解消すなわち「ジンテーゼ」によって、進歩が達成される。ジンテーゼはその生まれるもととなった二者間の論争を超越している。

現生人類の起源を理解する道筋も、同じような経緯をたどっている。長い間、多くの人類学者が多地域進化説に肩入れしてきた。世界中のどの場所を取ってみても、そこにいる現生人類はおおむね、その同じ地域に住んでいた旧人類の子孫だとする説だ。つまりヨーロッパ人はだいたいがネアンデルタール人の子孫で、東アジア人は100万年以上前にユーラシア東部に拡散した人類の子孫、アフリカ人は古い形態のアフリカ人の子孫である。したがって、現代人の集団の間に見られる違いは、遠い昔に起源がある。

多地域進化説はすぐにそのアンチテーゼに遭遇した。出アフリカ説だ。この説では、現生人類は世界中の各地域にいた古代形態からそれぞれの場所で別々に進化したのではない。どの地域の現生人類も、およそ5万年前という比較的最近になって始まったアフリカおよび中東からの移住でやってきた人々の子孫なのだ。ネアンデルタール人のミトコンドリアDNAと現代人のそれとの推定分岐年代がかなり古いのに比べて、ミトコンドリア・イヴの生きていた年代が新しいことは、この説を支持する最大の証拠となっている。多地域進化説とは逆に出アフリカ説は、何百万年も前の人類の骨格がある割には、こんにちの集団間の違いが最近生まれたものであることを強調する。

しかし出アフリカ説の主張も全面的に正しいというわけではなく、わたしたちの手には今やジンテーゼがある。古代DNAに基づいて、ネアンデルタール人と現生人類との間の遺伝子の流れを突きとめたことによって得られた見解だ。これは「ほぼ出アフリカ」というべき説を支持すると同時に、ネアンデルタール人と親密な交流があったに違いない現生人類の文化について、深い意味を持つ事実も明らかにする。

遺伝学的データからすると、アフリカ外の現生人類がアフリカから出て世界中を席巻したグループの子孫であることは明らかだが、いくらか交配があったことも、今ではわかっている。そうなると、わたしたちの祖先や、祖先が遭遇した旧人類についての考え方も、変わらざるを得ない。ネアンデルタール人は想像していたよりもわたしたちに似ていて、たぶん、わたしたちが現生人類特有のものと考えている行動の多くを行う能力があったと考えられる。文化の交流があったに違いないし、それに伴って交配も起こっただろう。そうした遭遇を物語にしたウィリアム・ゴールディングやジーン・アウルの小説は、歴史を正しく見通していたのだ。

ネアンデルタール人からは生物学的な遺産、たとえばユーラシアのさまざまな環境に適応するための遺伝子などが非アフリカ人に伝えられたこともわかっている。それについては次の章で触れることとする。

ネアンデルタール人ゲノムプロジェクトを終えるに当たり、わたしは未だに、自分たちが遭遇した数々の意外な事実に驚きを禁じえない。ネアンデルタール人と現生人類との交配の初めての証拠を見つけていながら、結果が何かの間違いだったという悪夢を何度も見る。しかしデータはあくまでも一貫している。ネアンデルタール人との交配の証拠が、至るところにあることがわかる。遺伝学的な解析を続けていくと、この交配がこんにち生きている人々のゲノムに与えた驚くべき影響を反映しているパターンに次々に出合う。

わたしたちを研究に駆り立てたのは、ゲノムに残された記録だ。そうした記録が、科学者の推測を裏づけるのではなく、驚くべき発見を生み出している。今では、ネアンデルタール人と現生人類の交雑集団がヨーロッパさらにはユーラシア全土で生きていたこと、その多くはやがて死に絶えたが、一部は生き残ってこんにちの多くの人々の祖先となったことがわかっている。現生人類とネアンデルタール人の系統が分かれた時期もだいたいわかっている。そうした系統が再び出会ったときには、生物学的な不適合性の限界に達するまで進化していたこともわかっている。そこで次のような疑問が湧いてくる。ネアンデルタール人はわたしたちの祖先と交配した唯一の旧人類だったのだろうか？　それともわたしたちの過去にはほかにも大規模な交配があったのだろうか？

多様な旧人類の系統

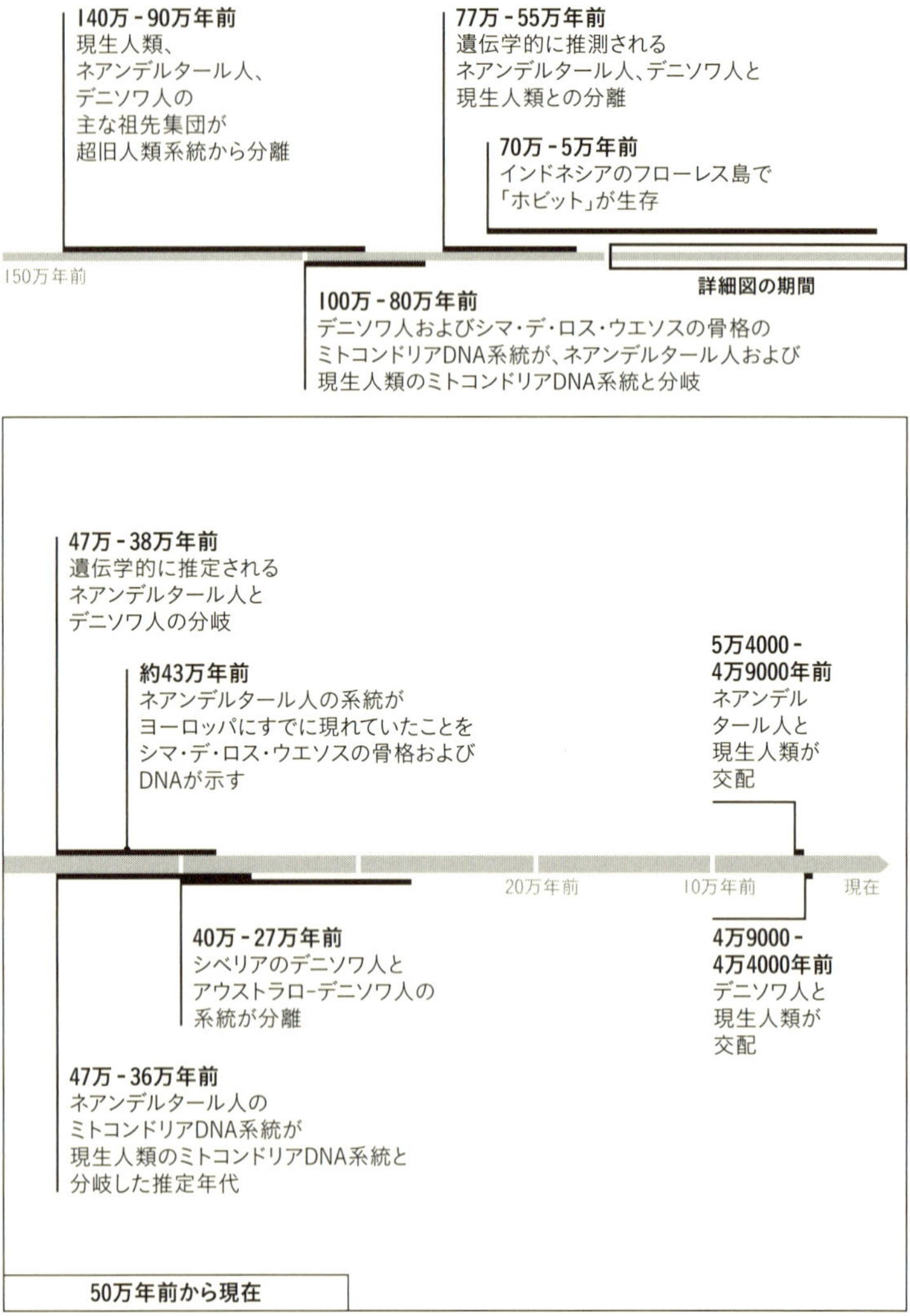
140万 - 90万年前
現生人類、
ネアンデルタール人、
デニソワ人の
主な祖先集団が
超旧人類系統から分離
77万 - 55万年前
遺伝学的に推測される
ネアンデルタール人、デニソワ人と
現生人類との分離
70万 - 5万年前
インドネシアのフローレス島で
「ホビット」が生存
150万年前
詳細図の期間
100万 - 80万年前
デニソワ人およびシマ・デ・ロス・ウエソスの骨格の
ミトコンドリアDNA系統が、ネアンデルタール人および
現生人類のミトコンドリアDNA系統と分岐
47万 - 38万年前
遺伝学的に推定される
ネアンデルタール人と
デニソワ人の分岐
約43万年前
ネアンデルタール人の系統が
ヨーロッパにすでに現れていたことを
シマ・デ・ロス・ウエソスの骨格および
DNAが示す
5万4000 -
4万9000年前
ネアンデル
タール人と
現生人類が
交配
20万年前
10万年前
現在
40万 - 27万年前
シベリアのデニソワ人と
アウストラロ-デニソワ人の
系統が分離
4万9000 -
4万4000年前
デニソワ人と
現生人類が
交配
47万 - 36万年前
ネアンデルタール人の
ミトコンドリアDNA系統が
現生人類のミトコンドリアDNA系統と
分岐した推定年代
50万年前から現在

…第3章　古代DNAが水門を開く

東方からもたらされた驚くべき骨

2008年、ロシアの考古学者がシベリア南部のアルタイ山脈にあるデニソワ洞窟で淡紅色を帯びた骨を掘り出した。デニソワという名はそこに居を構えた18世紀ロシアの隠者、デニスから来ている。その骨は成長板が癒合していないので子供のものとわかったが、年代は不明だった。骨が小さすぎて放射性炭素年代測定ができなかったのと、3万年前以降と5万年前以前の両方の年代の人工遺物が混じり合った地層から見つかったためだ。発掘調査隊を率いていたアナトリー・デレヴィアンコはこれを現生人類の骨と考え、標本にはそう記したラベルがつけられた。しかし、その洞窟の近くではネアンデルタール人の遺骸も見つかっているので、[1] その骨の可能性もないとは言えない。デレヴィアンコは骨の一部をドイツのスヴァンテ・ペーボに送った。

博士研究員ヨハネス・クラウゼの率いるペーボのチームが、デニソワ洞窟の骨からミトコンドリアDNAを抽出することに成功した。[2] その配列は、これまで解析した1万人以上の現代人と7

体のネアンデルタール人では一度も見たことのないタイプだった。現代人とネアンデルタール人のミトコンドリアDNAには、変異による違いが200か所ほどある。デニソワ洞窟の指の骨から採取されたミトコンドリアDNAは、現代人とネアンデルタール人両方のミトコンドリアDNAと400か所近く違っていた。変異が蓄積する速さをもとに推定すると、現代人とネアンデルタール人のミトコンドリアDNAは47万~36万年前に分離したことになる。[3] デニソワ洞窟の指の骨のミトコンドリアDNAに見つかった変異の数は、おおまかに80万~100万年前に分離したことを示唆していた。この指の骨は、これまで解析されたことのない旧人類のものなのかもしれない。[4]

しかしそれがどんな集団なのかは不明だった。ネアンデルタール人の場合と違って、手がかりになりそうな骨格もないし、道具作りの様式もわからない。ネアンデルタール人については、考古学的な資料がいろいろ発見されていて、それがゲノムのシークエンシングをする動機となったのだが、この新たな旧人類集団の場合は最初に得られたのが遺伝学のデータだったのだ。

ゲノムから推測された姿

わたしが初めてこの未知の旧人類のことを知ったのは、2010年の初めにドイツのライプツィヒにあるペーボの研究室を訪ねていたときだった。ネアンデルタール人のゲノムを解析するためにペーボが2007年に立ち上げたコンソーシアムに加わって以来、わたしは年に3回、彼の研究室を訪れていた。ある晩、ペーボがわたしをビアガーデンに連れ出して、自分たちが出くわした新しいミトコンドリア配列の話をしてくれた。驚いたことに、デニソワ洞窟の指の骨からは最高に保存状態のいい古代DNAが得られたのだという。これまでは何十という骨をスクリーニングしても、ヒトのDNAをせいぜい4パーセント含むものが少し見つかるだけだったのに、この指の骨には約70パーセントも含まれていたのだ。ペーボのチームはすでに、この小さな骨の全ゲノム（ミトコンドリアDNAだけでなく）について、これまでにネアンデルタール人について得られた以上のデータを得ていた。その解析を手伝うことに興味があるかと、彼が訊いてきた。デニソワ洞窟人の骨のゲノム解析に誘われたことは、わたしの研究者人生で最大の幸運と言える。

ミトコンドリアDNAからは、その指の骨の持ち主が、現生人類とネアンデルタール人の共通祖先から分かれたヒト集団の一員だろうと推測された。しかしミトコンドリアDNAに記録されているのは女系の情報だけで、どんな人のゲノムにも何万もの祖先系統が寄与していることを考えれば、ほんの一部でしかない。ある個人の歴史に本当は何が起こったのかを理解したいなら、すべての祖先系統を総合的に調べるのがいちばんだ。デニソワ洞窟の指の骨の場合、全ゲノムからの情報で浮かび上がってきた絵は、ミトコンドリアDNAに記録されていたのとはまったく違うものだった。

全ゲノムから最初に明らかになったのは、ネアンデルタール人とデニソワ洞窟人との結びつきが、それぞれの現代人との結びつきより密接だったことだ。これはミトコンドリアDNAで観察されたのとは異なるパターンだった。[5] 最終的に、ネアンデルタール人とデニソワ洞窟人の祖先集団の分離は47万〜38万年前に起こり、これら両方の旧人類の共通祖先集団と現生人類の分離は77万〜55万年前に起こったと推測された。[6] ミトコンドリアDNAから得られたつながりと残りのゲノムから得られたつながりが異なるパターンを示したことは、必ずしも矛盾しない。2人の個人がミトコンドリアDNAのようなゲノムの任意の部分で祖先を共有していた時点は、少なくとも彼らの祖先が2つの集団に分かれた時点と同じくらい古いのが普通だが、時にはそれよりずっと古い場合もありうるからだ。しかし、全ゲノムには多様な祖先の系統がすべて含まれているので、全ゲノムを解析すれば、2つの集団がいつ分かれたのか知ることができる。多くの短い領域の中から、比較的変異の密度が低い領域を探せば、それが、集団の分離直前の共通祖先を反映している領域となる。解析の結果、デニソワ人はネアンデルタール人と近縁ではあっても、極めて異なった部分もあり、化石に残るようなネアンデルタール人の特徴の多くが出現する前に、ネアンデルタール人の祖先と分かれていたらしいと考えられた。

この新しい集団を何と呼ぶべきかで白熱した議論が交わされた末に、最初に発見された洞窟に因んで、ラテン語ではない一般名の「デニソワ人」を使うことに決まった。ネアンデルタール人がドイツのネアンデル渓谷に因んで名づけられたのと同じだ。新しい種名をつけようと働きかけていた一部の同僚は落胆した。デニソワ洞窟のある山脈に因んで、ホモ・アルタイエンシスとでもしようと思っていたのだろう。この種名は現在、ロシアのノボシビルスクにある博物館で、デニソワで発見された標本の展示に使われている。しかし、わたしたち遺伝学者は種名を使うことにあまり積極的でない。ネアンデルタール人が現生人類とは別の種かどうかについては、長らく論争が続いている。一部の専門家はヒト属（ホモ属）の独立した種（ホモ・ネアンデルターレンシス）だと指摘し、また別の専門家は現生人類のサブグループ（ホモ・サピエンス・ネアンデルターレンシス）〔その場合、現生人類は「ホモ・サピエンス・サピエンス」となる〕だと主張している。生存している2つの種が別々の種だと指摘する際に根拠としてよく持ち出されるのが、その2つが実際に交配不可能であるという推測だ。[7] ネアンデルタール人と現生人類はうまく交配でき、実際にいろいろな機会に交配していたことが今ではわかっているので、この2つが別の種だという根拠は薄まったように思われる。わたしたちのデータから、デニソワ人とネアンデルタール人が近縁だったことは明らかだ。ネアンデルタール人が独立した種かどうかはっきりしないなら、デニソワ人についても断定はすべきでないだろう。絶滅した集団については、別の種と考えていいほど異なっているかどうかは、伝統的に骨格の形で判断してきた。デニソワ人の場合は発掘された身体遺物がとても少ないので、判断はなおさら慎重にすべきだ。

デニソワ人の遺物はごく少ないとはいえ、とても興味をそそるものだった。その後、デレヴィアンコと共同研究者たちがデニソワ洞窟で見つかった2本の臼歯をペーボに送ってきたのだが、そこに含まれていたミトコンドリアDNAは、あの指の骨と密接なつながりがあった。その歯は巨大で、これまでにヒト属で記録されたほぼすべての歯の大きさを超えていた。臼歯が大きいのは、硬い生《なま》の植物をたくさん含む食事をとっていたためと考えられる。デニソワ人が発見される前、この大きさの歯を持っていたことが知られている人類で、なおかつわたしたちにいちばん近いのは、主として草食性だったと考えられるアウストラロピテクスだった。たとえば、エチオピ

現代人におけるネアンデルタール人由来DNAの比率

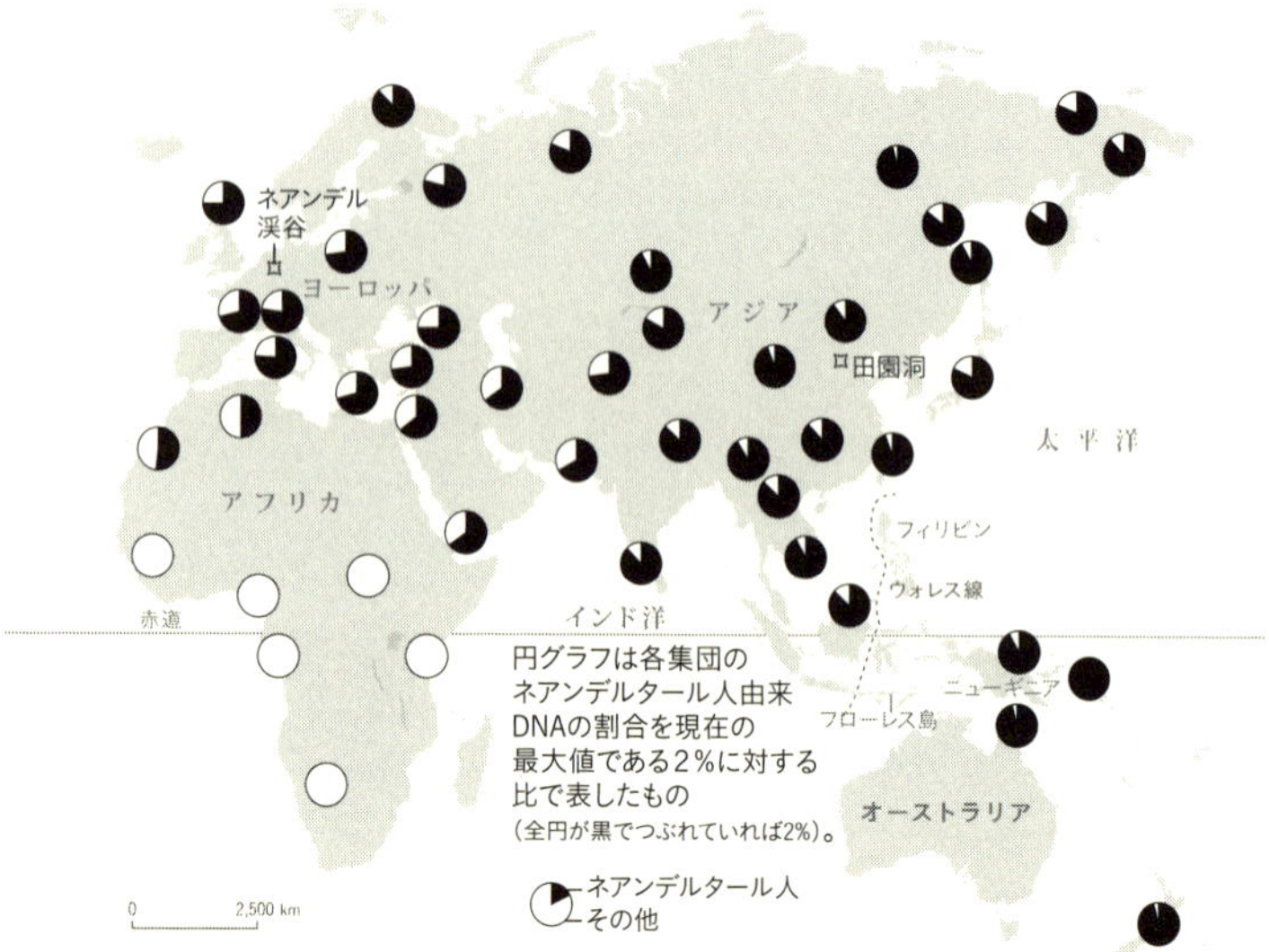

↘のDNAはウォレス線の東側に集中している。ウォレス線は海面がもっと低かった氷河期も含め、アジア本土とオーストラリアおよびニューギニアを常に隔ててきた深い海溝に一致する。

アのアワッシュ渓谷で300万年以上前の骨格が発見された有名な「ルーシー」〔アウストラロピテクス・アファレンシスに属する個体〕がそうだ。「ルーシー」は道具を使わず、体格の差を考慮して補正した後の脳の大きさはチンパンジーよりやや大きい程度だったが、直立歩行をしていた。こうして、骨格のわずかな情報から、デニソワ人がネアンデルタール人とも現生人類とも非常に異なっていたという考えが裏づけられた。

交配の原則

全ゲノム配列を手に入れたわたしたちは、現代人の集団の間でデニソワ人とのつながりに差があるかどう

現代人におけるデニソワ人由来DNAの比率

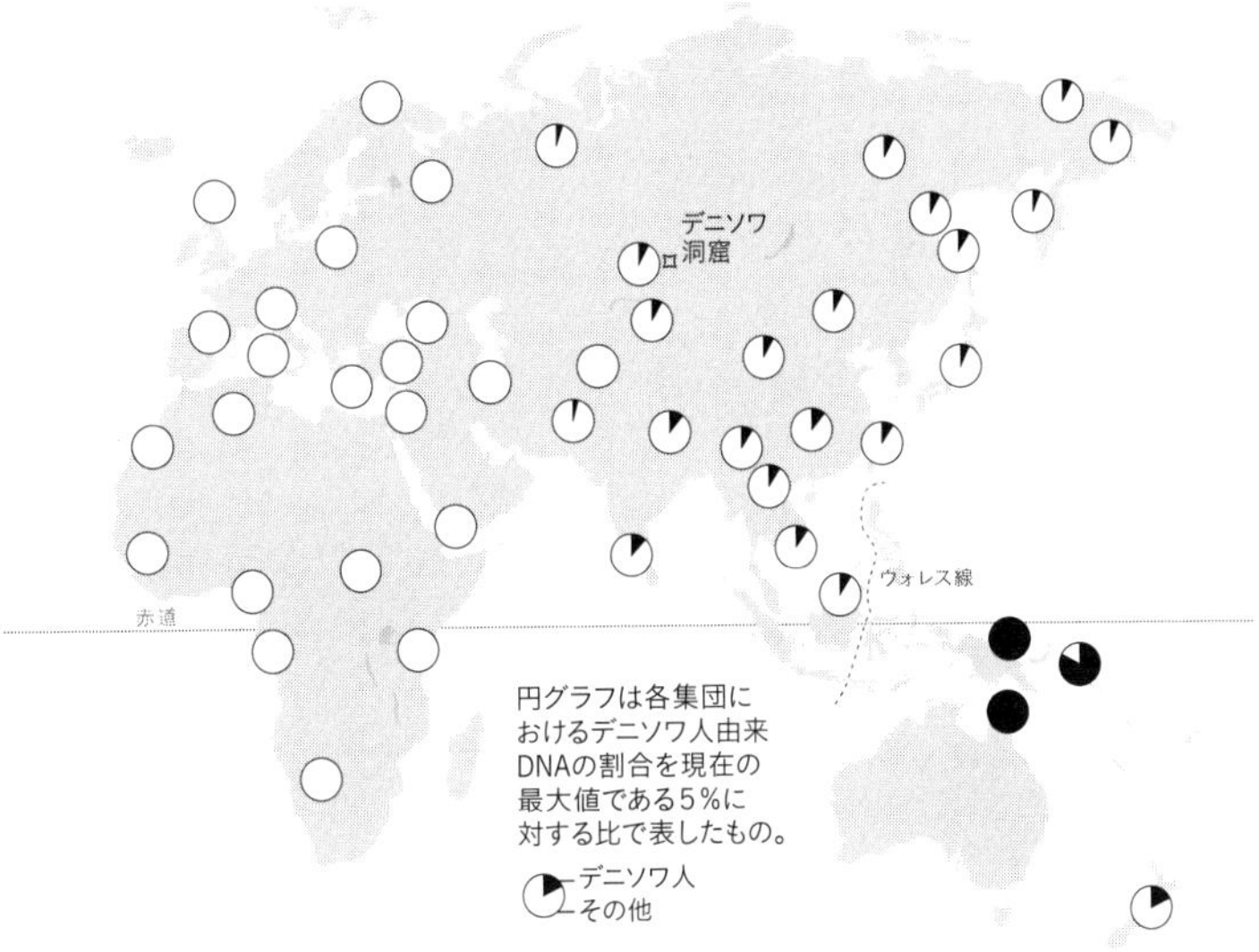

図10　現代の代表的集団におけるネアンデルタール人(右図)およびデニソワ人(左図)由来のDNAのおよその割合を、検出された最大値に対する比で示す。こんにち、デニソワ人由来↗

かの検証に取り掛かった。結果は非常に意外なものだった。

　デニソワ人は遺伝学的に、ユーラシア本土のどの集団よりもニューギニア人と、ほんの少し近い関係にあったのだ。ニューギニア人の祖先がデニソワ人と交配したのだろうか。しかしニューギニアはデニソワ洞窟と約9000キロも離れているうえ、アジア本土との間にはもちろん海がある。それに、熱帯にあるニューギニアの気候は極寒のシベリアとはまるで逆だ。片方の気候に適応した旧人類がもう片方の土地で繁栄できたとは考えにくい。

　結果に疑念を持ったわたしたちは別の説明を求めてあれこれ考えを巡らした。現生人類の祖先が何十万年か前にいくつかの集団に分かれ、その1つがデニソワ人と密接なつながりを持ったのち、ニューギニア人の系統により多く寄与したのだろうか？　ただしこのシナリオだと、現代のニューギニア人とデニソワ人が遺伝学的に近いのは、何十万年も前にニューギニア人の系統に取り込まれたＤＮＡによる、ということになる。現代のニューギニア人のゲノムの中にある無傷の旧人類ＤＮＡ領域の大きさを測定してみると、デニソワ人に関連のある領域は、ネアンデルタール人に関連のある領域より12パーセントも長かった。これはデニソワ人関連のＤＮＡが、平均してそれだけ最近に取り込まれたことを意味する。[8]

旧人類集団が現生人類集団と交配すると、旧人類由来のＤＮＡは組み換えというプロセスによってすぐに切り刻まれ、各世代で染色体1本当たり1～2か所の割で現生人類のＤＮＡと切り継ぎされる。第2章で述べたように、ネアンデルタール人由来のＤＮＡの長さは５万４０００～４万９０００年前の交配に相当する。[9]　ニューギニア人の持つデニソワ人由来のＤＮＡが、ネアンデルタール人由来のＤＮＡよりどれだけ長いかに基づいて計算すると、デニソワ人とニューギニア人の祖先の交配は5万４０００年前から4万４０００年前の間に起こったということがわかった。[10]

現代ニューギニア人のゲノムの何パーセントがデニソワ人由来なのだろうか？　ニューギニア人があらゆる非アフリカ人と比べてどれくらい多く、旧人類とゲノムを共有しているかを調べた結果、ニューギニア人のＤＮＡの3～6パーセントがデニソワ人由来であると推定された。ネアンデルタール人由来の約2パーセントという値より多い。つまりニューギニア人のＤＮＡのうち、合わせて5～8パーセントが旧人類から来ていることになる。これは旧人類の寄与として、現代の集団の中ではこれまでに知られている最大の値だ。

デニソワ洞窟での発見は、現生人類がアフリカや中東から移住する際に旧人類と交配したのは、例外的な出来事ではなかったことを示している。これまでのところ、ネアンデルタール人とデニソワ人という2つの旧人類集団から採取されたDNAがシークエンシングされており、いずれの場合もそのデータから、現生人類と旧人類とのこれまで知られていなかった交配が確認された。今後発見される旧人類集団のDNAをシークエンシングすれば、まだ知られていない交配がさらに明らかになるかもしれない。そうなっても不思議はないのだ。

ウォレス線を突破する

シベリアとニューギニアは遠く離れている。デニソワ人とニューギニア人の祖先との交配はどこで起こったのだろうか?

わたしたちが最初に考えたのはアジア本土だった。ひょっとすると、アフリカからニューギニアへの移住ルート上にあるインド、または中央アジアだったのかもしれない。そうだったとするなら、東および南アジア本土でデニソワ人由来DNAがあまり多くないのは、そのDNAを持たない現生人類の第二波がその後また押し寄せて、そのDNAを持つ集団に取って代わったと考えれば説明がつく。この第二の移住は今のニューギニア人のDNAにあまり寄与しなかったので、現在のニューギニア人集団ではデニソワ人由来DNAの比率が比較的高いのだろう。

現代の人々が持つデニソワ人由来DNAの地理的分布を見ると、一見この説明で合っているように思える。南西太平洋の島々、東アジア、南アジア、オーストラリアから現代人のDNAを集めて、それぞれデニソワ人由来DNAがどれくらい含まれているか概算した。すると東南アジアの沖合の島々、特にフィリピンやニューギニアの大きな島々、それにオーストラリアの土着の集団が最大値を示した（「土着」というのは農耕の拡散に伴う集団移動の前に、そこに先住していたという意味[11]）。これらの集団はおおむね、ニューギニア、オーストラリア、フィリピンと、インドネシア西部およびアジア本土とを分ける天然の境界線であるウォレス線の東側に住んでいる。この線は19世紀イギリスの博物学者アルフレッド・ラッセル・ウォレスによって記述されたもので、同時代の生物学者トマス・ヘンリー・ハクスリーがこの線を使って、その両側にすむ動物に違いがあることを強調した。たとえば、この線をおおまかな境界として、西側には有胎盤哺乳類が、東側には有袋類がいる。ウォレス線は深い海溝に一致しており、これが地理的障壁となって、海面が今より100メートルも低かった氷河期でさえ、動植物はウォレス線を越えて移動することができなかった。5万年前ごろの現生人類がこの障壁を越えたことは注目に値する。そうした先駆者たちがどうにかして越えたのは確かだが、困難な旅だったに違いない。この障壁は同時に防護壁でもあった。ウォレス線の東側に住み、デニソワ人由来のDNAを持っていた現生人類の祖先も、地形を共有する動物たちと同じように、アジアからやって来るその後の移住者から守られていたと考えられる。

しかし分布図をもっと詳しく見ると、集団がアジア中心部で混じり合ったというのは、最初の印象ほどうまい説明ではないような気がしてくる。ウォレス線の東側では一部の集団がデニソワ人由来のDNAを多く持つとはいえ、西側では状況がまったく違う。特に、インドとスマトラ島の沖合に連なるアンダマン諸島や、東南アジア本土のマレー半島の土着の狩猟採集民は、土着のニューギニア人やオーストラリア人の系統と同じくらい、他とは異なる系統の子孫なのだが、デニソワ人由来のDNAを少ししか持っていない。また、中国の北京近くの田園洞で発見された約4万年前のヒトから得られたゲノムワイドなデータは、ペーボの研究室で数年後にシークエンシングされたものだが、そこにも、デニソワ人由来のDNAが多く含まれる証拠は見当たらない。[12]交配がアジア本土で起こり、デニソワ人由来のDNAを持つ現生人類がその後至るところに拡散したなら、この地域の複数の集団はもちろん、東アジアの古代人も、デニソワ人由来のDNAを今のニューギニア人に匹敵するくらいの量で持っているはずだ。ところが実際はそうではない。

東南アジアの島々やニューギニア、オーストラリアにデニソワ人由来のDNAが大きな比率で見られることに対する最も単純な説明は、交配が島のあたり、島そのものか近くの東南アジア本土で起こったというものだろう。いずれにしても、デニソワ洞窟から遠く離れた熱帯地方であるのは同じだ。ところが、2011年の講演に同席した人類学者の海部陽介に、島の近くでの交配という仮説は考古学的な証拠とは合わないと指摘された。その地域には、ネアンデルタール人や現生人類の仲間である大きな脳を持つヒトの存在をうかがわせるような、考古学的な人工遺物はないと言う。さらに、この地域では今のところ、大きな頭蓋を持つ骨格がその時代の地層から見つかったことはないとも指摘された。そうなると、交配は中国南部または東南アジア本土で起こった可能性のほうが高いと考えられる。中国中北部陝西《せんせい》省の大荔《だいれい》、中国北東部遼寧《りょうねい》省の金牛山、中国南東部広東省の馬覇《まは》から旧人類の遺骨が発見されており、どれも20万年前ごろのもので、デニソワ人の骨だとしてもおかしくない。インド中央部のナルマダで見つかった旧人類の骨は、約7万5000年前ごろのものとされている。中国やインドでは政府の規則により骨格試料の国外持ち出しはやっかいだが、中国にはすでに世界的に通用する古代DNAラボが設立され、インドでも建設が始まっている。こうした試料のDNAが解析されれば、画期的な発見につながるだろう。

アウストラロ - デニソワ人に出会う

現生人類と交配していたネアンデルタール人は、わたしたちが試料を採取してシークエンシングしたネアンデルタール人とごく近い関係にあったと推測されるのに対して、ニューギニア人の祖先と交配した古代の人々は、シベリアのデニソワ人とはそれほど近い関係になかったようだ。現代のニューギニア人とオーストラリア人のゲノムを調べ、この両者とシベリアのデニソワ人のDNA文字の違いを数えて、彼らの祖先が共通祖先集団から分岐した時期を推定した。ゲノムのどの部位でも、違いの数は集団の分岐が少なくとも40万〜28万年前に起こった場合に予想される数値を示した。[13] つまり、シベリアのデニソワ人の祖先がニューギニア人のDNAに寄与したデニソワ人系統から分岐したのは、デニソワ人の祖先がネアンデルタール人と分かれた時期から3分の1だけ時代を下った時期ということになる。

遺伝的に近い関係になかったデニソワ人の2つのグループは、おそらく異なる適応形質を持っていて、まったく違う気候のもとで繁栄できたのだろう。このように、一口にデニソワ人と言っても非常に多様性に富む集団からなり、集団間の時間的な隔たりが現代の人口集団間の隔たりより大きかったことを思うと、デニソワ人を人類の広義のカテゴリーの1つと考えるのは理にかなっている。その枝の1つがニューギニア人と交配した古代集団の祖先となり、別の1つがシベリアのデニソワ人になったのだ。わたしたちがまだ試料を採取できていない別のデニソワ人集団がいる可能性は大いにある。もしかすると、ネアンデルタール人もこの幅広いデニソワ人系統の一員と考えるべきなのかもしれない。

東南アジア沖合の島々の現生人類と交配したデニソワ人集団には特に名前をつけていないが、南方に分布していることから、「アウストラロ（南の）－デニソワ人」と呼びたいと思う。人類学者のクリス・ストリンガーは「スンダ－デニソワ人」という呼び名を使っている。インドネシアの島々の大半と東南アジア本土がまだ分離していなかった古代の陸塊「スンダランド」に因んだ名称だが[14]、もし海部陽介が指摘したように交配が今の東南アジア本土あるいは中国やインドで起こった可能性が高いとすると、その呼び名は正確ではないかもしれない。

アウストラロ－デニソワ人、デニソワ人、ネアンデルタール人は最初にアフリカから拡散したホモ・エレクトス集団の子孫であり、現生人類はそのときアフリカに残ったホモ・エレクトス集団の子孫である――そう考えたい誘惑にかられるが、それは誤りだろう。アフリカの外で発見された最古のホモ・エレクトスとしては、ジョージア（旧グルジア）のドマニシ遺跡で見つかった約180万年前の骨格と、インドネシアのジャワ島で見つかったほぼ同年代の骨格がある。もしアフリカから最初に拡散したホモ・エレクトスがデニソワ人やネアンデルタール人の祖先なら、これらの集団と現生人類との分離は、少なくともそれらの骨格と同じくらい古いことになる。これでは古すぎて、遺伝学上の観察結果とは合わない。遺伝学的データから推定される分離の時期は77万～55万年前で、180万年前とはあまりにも違いが大きすぎる。

ところが、年代から言って妥当な祖先候補の化石が見つかっている。ホモ・エレクトスの出アフリカよりずっと後だが、ホモ・サピエンスの出アフリカより前の時代の化石だ。1907年にドイツのハイデルベルクの近くで見つかった頭蓋骨の大きな骨格は約60万年前のものとされ[15]、現生人類とネアンデルタール人の祖先種である可能性が高い[16]が、いろいろな点から見て、デニソワ人の祖先でもあると考えられる。このホモ・ハイデルベルゲンシスは西ユーラシアの種であると同時にアフリカの種でもあるとみなされるが、東ユーラシアの種とはみなされていない。しかし、アウストラロ－デニソワ人から得られた遺伝学的証拠は、ホモ・ハイデルベルゲンシス系統が、非常に古い時代に東ユーラシアでも確立していた可能性を示している。デニソワ人の発見が持つ大きな意味の1つは、東ユーラシアが人類の進化の中心的な舞台であり、西洋人がしばしば思い込んでいるような脇役ではないとわかったことだ。

こうして、極めて多様な人類集団のゲノムワイドなデータにアクセスできるようになったわけだが、彼らはいずれも大きな脳を持っていたらしく、またいずれも7万年前より現在に近い時代にまだ生きていた。その人類集団とは現生人類、ネアンデルタール人、シベリアのデニソワ人、アウストラロ－デニソワ人である。ここにもう1つ、今のインドネシアのフローレス島で見つかった小型の人類、「ホビット」も加えなければならない。初期のホモ・エレクトスの子孫と考えられ、70万年前以前にフローレス島にやって来て、深い海によって隔離状態になった人々だ。[17]これら5つのグループは進化の上で互いに何十万年も隔たっていた。おそらく、当時生きていたグループでまだ発見されていないものもあるだろう。こうしたグループの間の隔たりは、こんにち最も遠い関係にある人類系統、たとえば南アフリカの狩猟採集民サン族に代表される系統とその他すべての系統とが分離して以来の時間よりも長い。7万年前、世界には非常に多様な形態の人類が住んでいたのだ。そうした人々のゲノムの解析がますます増えるにつれ、人類が今よりも遥かに多種多様だった時代を垣間見ることができるようになるだろう。

古代の出会いがもたらしたメリット

デニソワ人と交配したわたしたちの祖先はどんな生物学的遺産を引き継いだのだろう？　現代の集団でデニソワ人由来のDNAの比率が最も高いのはニューギニア先住民とオーストラリア先住民、それにその子孫たちだ。[18]ところが、さらに高感度なテクニックが用いられるようになってデータの精度が上がると、比率はずっと低いものの、アジア本土でもデニソワ人由来のDNAがいくらか見つかった。[19]そしてこのアジア本土から、交配による生物学的な効果に関する手がかりが得られた。

東アジア人の持つデニソワ人由来のDNAはニューギニア人の約25分の1で、ゲノムの約0・2パーセントにあたる。南アジアの一部では0・3〜0・6パーセントに上昇する。[20] アジア本土と東南アジア沖合の島々のデニソワ人由来DNAが、同じ旧人類集団に由来するのか、それとも異なる集団に由来するのかは、まだ確認できていない。もし非常に異なる集団に由来するなら、旧人類と現生人類の交配の事例がもう1つ見つかったことになる。ともかく由来はどうであれ、交配で獲得されたデニソワ人由来DNAは生物学的に重要な意味を持っていた。

ゲノムに関するここ数年で最も驚くべき発見の1つは、赤血球細胞で活発に働く遺伝子に起こったある変異だろう。その変異のおかげで、海抜の高いチベットに住む人々は酸素の少ない環境でも普通に生活できるようになっている。ラスムス・ニールセンと共同研究者たちによれば、この変異の起こっているDNA区画は、ネアンデルタール人や現代アフリカ人のDNAよりも、シベリアのデニソワ人のゲノムとより密接にマッチする。[21] この事実から、アジア本土にいたデニソワ人の一部が高地への適応性を持っていて、チベット人の祖先がデニソワ人との交配を通じてそれを受け継いだのではないかと推測される。考古学的な証拠によると、チベット高原に人が住むようになったのは1万1000年前ごろで、最初は季節を選んで住み始め、農耕に基づく定住は3600年前ごろに始まったようだ。[22] 変異頻度が急速に上昇したのはこの時期以降である可能性が高く、それは古代チベット人のDNA解析によって直接確かめることができるだろう。

ネアンデルタール人との交配もデニソワ人との交配と同じように、現生人類が新しい環境に適応するのに役立った。これまでの研究によると、現代のヨーロッパ人や東アジア人では、ケラチンというタンパク質の働きに関わる遺伝子の部位に、その他の大半の部位に比べてネアンデルタール人のＤＮＡを平均してかなり多く受け継いでいる。[23] これは、ケラチンの働きに関わるネアンデルタール人由来の遺伝子が、自然選択によって非アフリカ人の中に保存されたことを示している。ケラチンは髪や皮膚の基本的な構成要素であり、現生人類が移動して行った先の寒冷な環境では、髪や皮膚が体温の維持に大事な役目を果たしたのだと考えられる。ネアンデルタール人はすでにその寒さに適応していたのだろう。

超旧人類

遺伝学的には、デニソワ人とネアンデルタール人の関係のほうが、それぞれと現生人類との関係よりも密接だ。したがって、これらの古代の集団のどちらからも遺伝子を直接受け継いでいない現代の集団、つまりサハラ以南のアフリカ人は、それぞれの集団と遺伝学的に等しい距離にあると考えるのが理にかなっている。ところが、サハラ以南のアフリカ人はデニソワ人よりネアンデルタール人のほうとわずかに近い関係にある。[24] これも、未知の交配のもう１つの実例を反映しているに違いない。わたしたちが観察したパターンは、デニソワ人が非常に異なる未知の旧人類集団と交配したと考えなければ説明がつかない。アフリカ人とネアンデルタール人のＤＮＡにほとんど寄与していないその集団は、現生人類、ネアンデルタール人、デニソワ人が互いに分離するずっと前に、彼らの共通祖先から分離したのだろう。

未知の旧人類がデニソワ人のDNAに寄与していることを示す証拠としては、全アフリカ人が共有している変異が、デニソワ人よりネアンデルタール人のほうによく見られることが挙げられる。これらは全アフリカ人が持つ変異なので、ずっと昔に起こったと考えられる。人間の場合、自然選択の影響下にない新しい変異が集団全体に広がって100パーセントの保有頻度を達成するには、100万年かそれ以上かかるのが普通だからだ。デニソワ人がこうした変異を共有していないのは、ほぼすべての現生人類が新しい変異を持つようになるほど長い時間をさかのぼった昔に、デニソワ人やネアンデルタール人や現生人類から分離した集団と、デニソワ人の祖先が交配したからだとしか考えられない。

現在のアフリカ人に100パーセントの頻度で見られる変異を調べ、デニソワ人ゲノムよりネアンデルタール人ゲノムにどれくらい多くマッチするか調べることによって、デニソワ人と交配した未知の旧人類が現生人類に至る系統から最初に分離したのは140万〜90万年前で、この旧人類集団のDNAが、デニソワ人由来のDNAの少なくとも3〜6パーセントに寄与したと推定した。人類の変異率〔時間あたり（一般には1世代あたり）の変異発生率〕はよくわかっていないので、年代の数字は確定的なものではない。しかし、たとえ変異率がはっきりしなくても、相対的な年代はかなり確実に推定できるので、これまで試料が採取されていないこの集団が、デニソワ人、ネアンデルタール人、現生人類の分離時期より2倍古い時代に分離したと断言できる。わたしはこのグループを、デニソワ人よりも古い時代に枝分かれした系統という意味で、「超旧人類」と考えている。混じり合っていない形での集団そのもののデータはなく、いわば「ゴースト」集団なのだが、のちの人々への遺伝学的な寄与から、過去に実際に存在していたとわかるのだ。

人類の進化のゆりかご、ユーラシア

考古学と遺伝学のデータを総合的に考察すると、現生人類と旧人類の系統の関わる主要な集団分離が、過去200万年の間に最低4回は起こったようだ。

骨格試料によると、少なくとも180万年前にホモ・エレクトスがアフリカから出て、ユーラシアへの最初の重要な移住をした。遺伝学的な証拠は、現生人類に至る系統から第2の系統がおよそ140万〜90万年前に分離したことを示している。このとき分離したのが、デニソワ人の祖先との交配を通じてその存在が知られる超旧人類グループだ。彼らはデニソワ人に独特のミトコンドリアDNA配列をもたらしたが、この時点では、その配列はネアンデルタール人や現生人類との共通祖先も共有していた。遺伝学的データによると、第3の大きな分離が77万〜55万年前に起こった。このとき現生人類の祖先がデニソワ人やネアンデルタール人と分かれ、続いて47万〜38万年前にデニソワ人とネアンデルタール人が分離した。

これらの遺伝学的年代は変異率の推定値に基づいたものなので、そうした推定値が今後さらに正確になれば変わるだろう。遺伝学的年代と考古学的記録との間にきちんとした対応関係を確立したい誘惑にかられるが、新しい変異率の推定値が登場するたびに年代をずらす羽目になるのがオチで、せっかく築いた堂々たる知的体系がまるごと崩れ落ちてしまうだろう。とはいえ、これらの分離の順序と集団の独自性は、遺伝学で十分に特定できる。

これら4回の分離がすべて、アフリカにいた祖先集団のユーラシアへの拡散に対応するとみなすのが慣例となっている。しかし本当にそうなのだろうか?

現生人類がアフリカから拡散したという考え方は、現代の人々の中で遺伝学的に最もかけ離れた系統の代表がアフリカの狩猟採集民(たとえば南アフリカのサン族や中央アフリカのピグミー族)であるという事実から来ている。現生人類の解剖学的な特徴を持つ最古の人骨もアフリカで見つかっており、30万年前ごろのものとされている。しかし、アフリカ起源の現代の集団を遺伝学的に比較しても、現代の集団の祖先が多様化した過去20万年間に生じた集団構造を探ることしかできない。では古代DNAについてはどうかと言えば、DNAデータがある4つの最古の系統のうち古く分岐したほうの3つ、つまりネアンデルタール人、デニソワ人、それにシベリアのデニソワ人に痕跡を残した「超旧人類」については、ユーラシアから発掘された人体試料のみをもとに分析するほかない。

こうした古い分岐系統がユーラシアで発見されている理由の1つは、データのバイアスにあるとも考えられる。古代DNA解析がほぼすべて、アフリカよりはむしろユーラシアの試料を対象に行われてきたため、自然に、ユーラシアで新しい系統が発見されることになったというわけだ。アフリカの試料からもユーラシアに負けないほど古代DNA配列が得られれば、超旧人類よりさらに古い時代に現生人類とネアンデルタール人の共通祖先から分岐した系統が見つかるかもしれない。

しかし別の可能性も考えられる。現生人類、ネアンデルタール人、デニソワ人の祖先集団が実はユーラシアに住んでいて、それはアフリカから最初に拡散したホモ・エレクトスの子孫だったという可能性だ。このシナリオでは、その後ユーラシアからアフリカへ戻る移住があって、それが、のちに現生人類に進化する集団の始祖となったと考えられる。この説の魅力はその無駄のなさにある。データを説明するために必要なアフリカとユーラシアの間の大規模な移住が1つ少なくてすむのだ。超旧人類集団と、現生人類・デニソワ人・ネアンデルタール人三者の祖先集団はどちらもユーラシア内で生まれたことになり、さらに2回も出アフリカ移住をする必要がなくなる。アフリカへ1回だけ戻って、現生人類との共通系統をそこで確立すればいい。

無駄のない理論だからといって、証明されたことにはならない。しかしもっと大事なことがある。多くの系統と多くの混じり合いが明らかになったことで、これまで大半の人が何の疑いも持たずに信じていた、人類の進化の中心地はアフリカだったという大前提が大きく揺らいだ。骨格試料に基づいて考えれば、アフリカが200万年前以前の人類の進化に中心的な役割を果たしたのは間違いない。ホモ属の何百万年も前にアフリカに住んでいた直立歩行の猿人が発見されて以来、それは常識となっている。また、解剖学的に現生人類の特徴を持つ少なくとも30万年前ごろの骨格がアフリカで発見されており、最近5万年の間にアフリカや中東からの拡散があったという遺伝学的な証拠もあるため、そうした現生人類の誕生にアフリカが中心的な役割を演じたのも確かだ。しかし、200万年前と約30万年前の間の期間については、どうなのだろう？　この期間の大部分については、アフリカで発見された骨格がユーラシアで発見された骨格に比べて明らかに現生人類に近いわけではない。[25] わたしたちの系統が200万年前と30万年前にアフリカにいたのだから、祖先もずっとアフリカにいたに違いないという考え方が、過去20年にわたって優勢だった。だがユーラシアは豊かで多様な巨大大陸であり、現生人類に至る系統がかなりの期間そこで過ごしてからアフリカに戻ったと考えても、大きな不都合はない。

現生人類の祖先が進化史のかなりの部分をユーラシアで過ごしたことを示唆する遺伝学的な証拠は、実はマリア・マルティノン＝トレスとロビン・デネルの唱えた説に一致する。[26] 考古学や人類学の分野では少数派だが、一定の評価は得ている説だ。彼らは、スペインのアタプエルカで発見された100万年前ごろの人骨をホモ・アンテセッソールと名づけ、ネアンデルタール人と現生人類両方の特徴が見られることから、共通祖先集団の骨であると指摘している。これは現生人類とネアンデルタール人の共通祖先がユーラシアで生きていた年代としては極めて古い。ヨーロッパのネアンデルタール人は祖先集団の出アフリカ拡散からの子孫だと考える多くの人たちは、2つの集団の祖先はその時代には当然まだアフリカにいたとみなすだろう。マルティノン＝トレスとデネルは、この証拠に石器の様式という考古学的な分析を組み合わせて、少なくとも140万年前から、現生人類とネアンデルタール人の共通祖先がいちばん現代

↖図11　現生人類の系統がアフリカの外に何十万年もの間とどまっていた可能性はあるだろうか？　従来のモデルでは人類の系統は常にアフリカで進化したことになっており、現在の骨格研究や遺伝学のデータを説明するには、少なくとも4回の出アフリカ移住が必要となる。しかし、わたしたちの祖先が180万年前から30万年前までアフリカの外に住んでいたと考えれば、大規模な移住は3回ですむ。

現生人類の祖先が継続して
アフリカにいたわけではないとする妥当なシナリオ

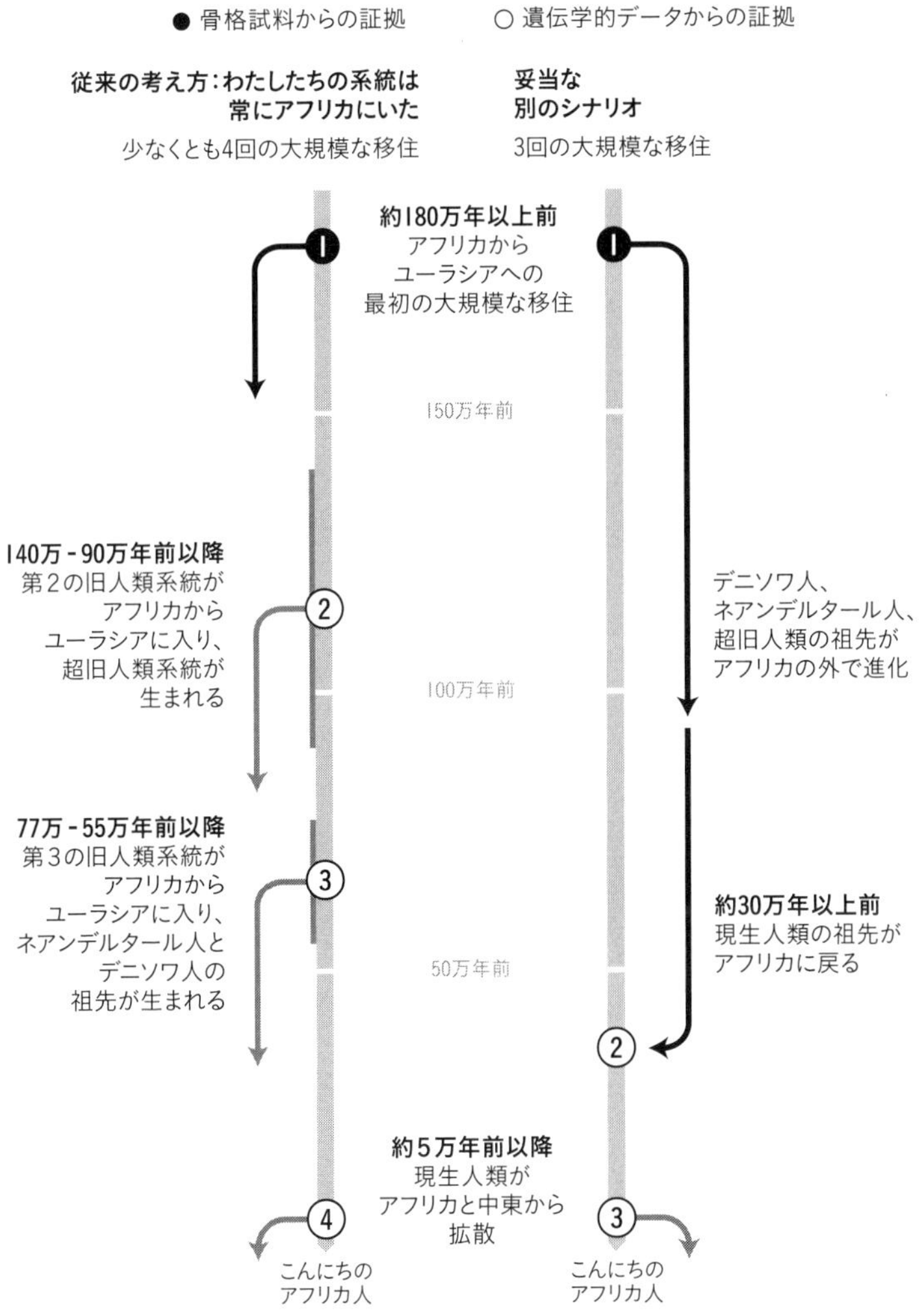

に近いころに存在していた80万年前以降まで、人類が継続してユーラシアに住んでいた可能性を指摘している。この時点で1つの系統がアフリカに戻り、現生人類に進化する系統になったのだという。[27] 彼らの説は新しい遺伝学的な証拠に照らして考えると、いっそう説得力が増す。

シンプルな考え方が、「出アフリカ説」の魅力と言える。アフリカ、特に東アフリカが常に人類の多様性のゆりかごであり、新しいことが生まれる場所であって、世界の残りの地域は進化の観点からすると活気のない受け身の場所だったというのだ。しかし本当にそう言い切れるだろうか。人類の進化上重要な出来事はすべて、1つの地域で起こったのだろうか。遺伝学的なデータは、旧人類の多くのグループがユーラシアに住み、その一部が現生人類と交配したことを示している。そうなるとどうしても、移住がなぜ常にアフリカから出てユーラシアに入るという向きなのか、時には逆向きの可能性もあったのではないかという疑問が湧く。

今のところ最も古いDNA

2014年の初めにライプツィヒのマティアス・マイヤー、スヴァンテ・ペーボ、並びにその共同研究者たちが最古のDNA解析の年代記録を約4倍に延ばした。スペインのシマ・デ・ロス・ウエソス洞窟群で見つかった40万年以上前のホモ・ハイデルベルゲンシスの個体から得られたミトコンドリアDNAをシークエンシングしたのだ。13メートルの縦穴の底からは28体の古代人の人骨が見つかった。[28] これらの骨には初期ネアンデルタール人らしい特徴があり、発掘した考古学者は、現生人類の祖先から分離した後、ネアンデルタール人に至る系統だろうと考えていた。シマ・デ・ロス・ウエソスのミトコンドリアDNAデータを発表した2年後、マイヤーとペーボはゲノムワイドなデータを発表した。[29] その解析によって、シマの人骨が単にネアンデルタール人に至る系統に属するだけでなく、デニソワ人よりもネアンデルタール人のほうに密接な関係があるとわかった。この結果は、ネアンデルタール人の祖先が少なくとも40万年前にはすでにヨーロッパで進化していて、ネアンデルタール人とデニソワ人の系統の分離がそのときまでにすでに始まっていたことを示す直接の証拠となった。

しかし、シマのデータには困惑させられる点もあった。ミトコンドリアDNAはネアンデルタール人よりデニソワ人のほうに近く、ゲノムワイドなデータとは逆の結果を示したのだ。[30] もしこれがたった1つの食い違いだったなら、統計的なゆらぎと考えてもよかったかもしれない。ところが、遺伝学的な関係には2つの食い違いがあった。1つは、シマ・デ・ロス・ウエソス個体が、残りのゲノムはネアンデルタール人に近いにもかかわらず、デニソワ人タイプのミトコンドリアDNAを持つこと。もう1つは、シベリアのデニソワ人個体が、残りのゲノムはネアンデルタール人のほうに近いにもかかわらず、ミトコンドリアDNAについては、現生人類とネアンデルタール人との違いより2倍もこの両者から隔たったタイプを持つことだ。[31] これら2つの観察結果が偶然の一致とはとても思えない。まだ明らかになっていないもっと深い背景があるのではないだろうか。

ひょっとすると、デニソワ人と交配した超旧人類がユーラシアの人類集団の歴史に、わたしたちが当初想像したより重要な役割を果たしたのかもしれない。現生人類に至る系統と140万〜90万年前ごろに分離した後、こうした旧人類がユーラシア中に拡散して、デニソワ人やシマ人に見られる古代型のミトコンドリア系統を進化させたとも考えられる。現在とその分離時期とのおよそ中ほどの時期に、現生人類に至る系統からもう1つのグループが分離し、ユーラシア中に広がった可能性もある。このグループが超旧人類集団と混じり合い、西ではネアンデルタール人に進化する集団に最大の寄与をし、東ではデニソワ人の祖先となる集団に、規模はより小さいがかなりの寄与をしたのだろう。このシナリオなら、古代に分岐した2つのミトコンドリアDNAタイプが、異なるグループに見つかることをうまく説明できる。また、わたしの未発表の奇妙な観察結果にも説明がつく。デニソワ人やネアンデルタール人のゲノムと現生人類のゲノムが遺伝学的な祖先を共有していた時代以降の変異を研究中に、デニソワ人に寄与し、ネアンデルタール人に寄与しなかった超旧人類集団のDNA上の証拠が見つからなかったのだ。代わりに見つけたのが、デニソワ人とネアンデルタール人両方が同じ超旧人類集団からのDNAを持ち、デニソワ人のほうがその比率が大きいことを示唆するパターンだった。

ヨハネス・クラウゼと共同研究者たちは別のストーリーを提案している。クラウゼの考えでは、数十万年前ごろに初期の現生人類集団がアフリカから出て、シマ・デ・ロス・ウエソスに住んでいたようなグループと混じり合い、そのグループのミトコンドリアDNAと共に残りのゲノムの一部も置き換えて交雑体集団を作り出した。それが真のネアンデルタール人に進化したのだという。[32]この説はややこしいように思えるかもしれないが、実は、ネアンデルタール人がシマ・デ・

ロス・ウエソス個体やシベリアのデニソワ人よりも、ずっと現生人類に近いミトコンドリア配列を持っていたという事実だけでなく、食い違う多くの観察結果をうまく説明できる。たとえば、ミトコンドリアDNA解析による現生人類とネアンデルタール人の共通祖先のいた推定時期(47万～36万年前)[33]が、全ゲノム解析に基づくこの2つの集団の推定分離時期(77万～55万年前)[34]よりも現在に近いという逆説を説明できる。また、中期石器時代または中期旧石器時代の複雑な造りの石器が最初に現れるのは、遺伝学的に推定されたネアンデルタール人と現生人類の系統の分離時期の何十万年も後であるにもかかわらず、ネアンデルタール人と現生人類の両方がこのタイプの石器造り法を用いていたわけも説明できる。[35]さらに、交配によって初期の現生人類系統からネアンデルタール人に最大2パーセントのDNAの寄与があったと指摘したセルジ・カステラーノ、アダム・シエペルらによる研究結果を考えると、いっそうこの説の信憑性《しんぴょう》が増す。[36]もしクラウゼの説が正しいなら、あらゆるネアンデルタール人に見つかるミトコンドリアDNAを広めたのは、この系統ということになる。

これらのパターンにどんな説明がつくにしろ、わたしたちにはまだまだ知るべきことがあるのは確かだ。5万年前以前のユーラシアは活気のある場所で、少なくとも180万年前以降、アフリカからさまざまな集団がやって来ていた。そうした集団が姉妹グループに分かれ、異なる進化を経たのち、ふたたび混じり合ったり、新しくやって来た集団と混じり合ったりした。そのようなグループのほとんどはやがて絶滅し、少なくとも「純粋な」形では残っていない。骨格や考古学的遺物によって、現生人類の出アフリカの前に非常に異なる人類がいたことが、しばらく前から知られている。ただし、古代DNAが抽出・解析される前は、ユーラシアがアフリカに匹敵する人類進化の地であることはわからなかった。こうした背景を考えると、現生人類とネアンデルタール人が西ユーラシアで出会ったときに交配したかどうかを巡る激しい論争も、いたずらに先走っていただけのように思える。今はもう最終的な決着がついており、交配があって、それがこんにち生きている何十億もの人々のDNAに寄与しているとわかっている。ヨーロッパはユーラシアから突き出たささやかな半島に過ぎない。デニソワ人やネアンデルタール人の多様性は、互いに遺伝学的に何十万年も隔たっているシベリアのデニソワ人、アウストラロ－デニソワ人、ネアンデルタール人という少なくとも3つの集団から採取されたDNA配列から、すでに明らかだ。その多様性を考えると、これらの集団は緩やかに結びついた家族の一員と見るのが正しいだろう。そうした緩やかな関係にある高度に進化した旧人類が、ユーラシアという広大な地域に住んでいたのだ。

古代DNAのおかげで、わたしたちは遥か遠い昔を覗き見ることができるようになった。それに伴って、果たして過去を正しく捉えているのかどうか、自問せざるを得なくなっている。2010年に公開された最初のネアンデルタール人のゲノムが、遠い過去についての知識というダムのささやかな水路を開いたとすれば、デニソワ人ゲノムとそれに続く古代DNAの発見の数々は水門を全開にしたようなものだった。さまざまな発見が激流のようにあふれて、これまでわたしたちがのんきに信じていた考え方の多くを引き裂き、押し流した。しかもこれはほんの始まりに過ぎなかった。

第2部

祖先のたどった道

ユーラシアの現生人類

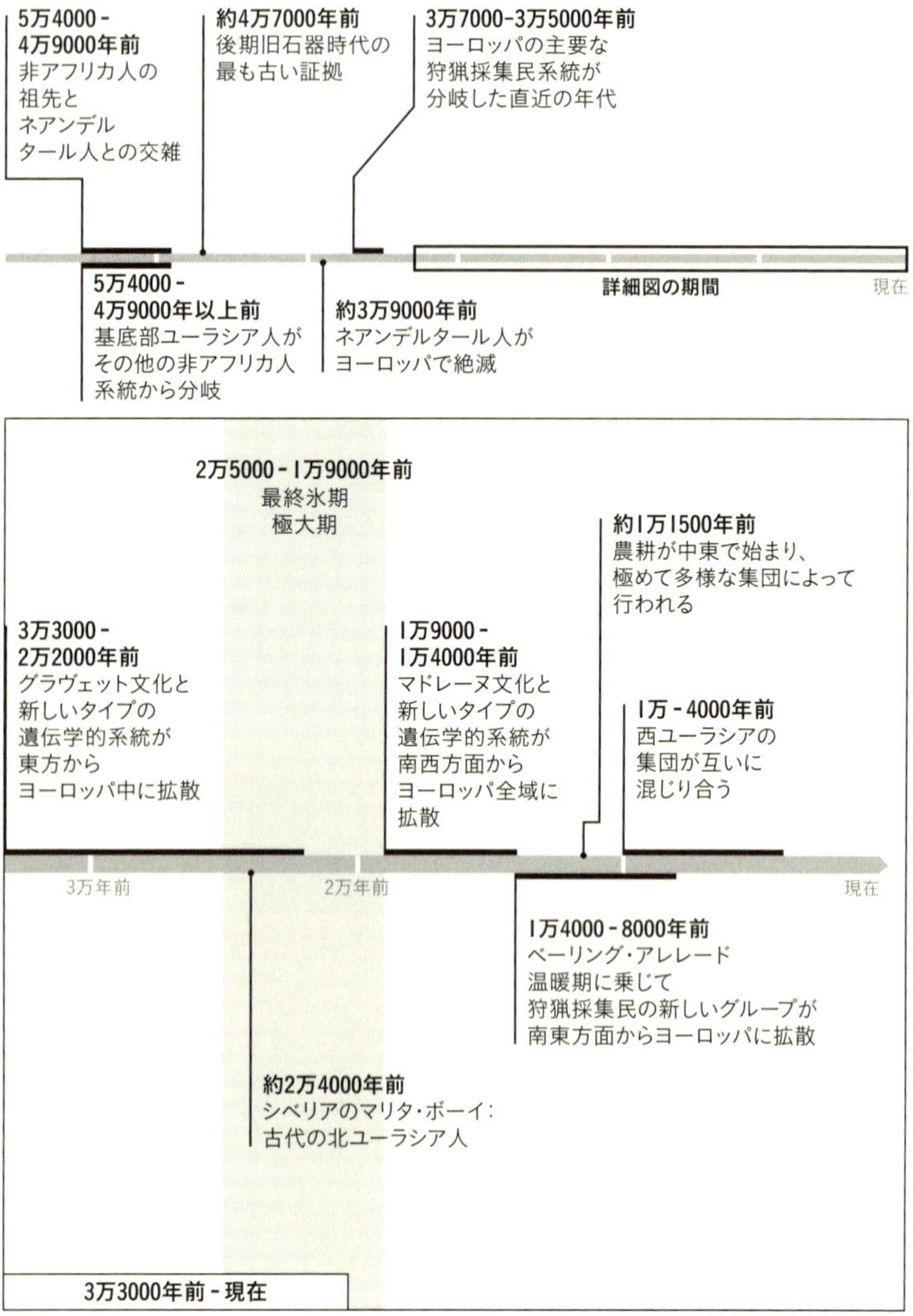
5万4000－4万9000年前
非アフリカ人の祖先とネアンデルタール人との交雑
約4万7000年前
後期旧石器時代の最も古い証拠
3万7000-3万5000年前
ヨーロッパの主要な狩猟採集民系統が分岐した直近の年代
5万4000－4万9000年以上前
基底部ユーラシア人がその他の非アフリカ人系統から分岐
約3万9000年前
ネアンデルタール人がヨーロッパで絶滅
詳細図の期間
現在
2万5000－1万9000年前
最終氷期極大期
約1万1500年前
農耕が中東で始まり、極めて多様な集団によって行われる
3万3000－2万2000年前
グラヴェット文化と新しいタイプの遺伝学的系統が東方からヨーロッパ中に拡散
1万9000－1万4000年前
マドレーヌ文化と新しいタイプの遺伝学的系統が南西方面からヨーロッパ全域に拡散
1万－4000年前
西ユーラシアの集団が互いに混じり合う
3万年前
2万年前
現在
1万4000－8000年前
ベーリング・アレレード温暖期に乗じて狩猟採集民の新しいグループが南東方面からヨーロッパに拡散
約2万4000年前
シベリアのマリタ・ボーイ：古代の北ユーラシア人
3万3000年前－現在

古代北ユーラシア人の発見

　生命の多様性を目の当たりにすると、進化生物学者はその相互関係を樹木にたとえたくなるものらしい。進化生物学の黎明期《れいめい》にチャールズ・ダーウィンは次のように書いている。「同じ綱に属する全生物の類縁関係は、ときに1本の樹木で表されてきた……芽を出している緑の小枝は現生種にあたる……太枝は大枝に分かれ、それがさらに細い枝へと分かれていく。しかしその太い枝も、樹木が小さかった当時は芽を出す小枝だった」〔『種の起源』渡辺政隆訳〕[1]。ヒトで言うなら、現在の集団は過去の集団から芽吹いたもので、その過去の集団はアフリカに根を下ろした同じ幹から枝分かれしたものとなる。樹木のたとえが正しいなら、こんにちの集団はどれも、過去のどこかの時点で1つの祖先集団に収束する。いったん分かれた集団は混じり合わないというのが、樹木にたとえる際の重要なポイントだ。樹木なら、分かれた枝先が再び融合することはありえない。

　ところが現生人類集団の相互関係を考える場合には、樹木にたとえるのは危険だ。その理由が、ゲノム革命を受けて利用できるようになった大量の新しいデータによって明らかになっている。わたしのいちばんの共同研究者である応用数学者のニック・パターソンが、現実の集団の関係を樹木のモデルで正確にまとめられるかテストする検定法を確立した。その筆頭である4集団テストでは、第1章で述べたように、ゲノム上で個人間に違いのある何十万もの位置を調べる。たとえば、ある人はアデニン（DNAの4つの塩基、つまり「文字」の1つA）なのにその他の人はグアニン（G）となっているような位置で、これは遠い昔に起こった変異を反映している。テストに用いる4つの集団の関係が樹木のモデルで記述できるなら、変異頻度〔集団内のどれだけの個体に変異が保有されているかの割合〕は単純な関係を示す。[2]

　樹木のモデルを検証する最も自然なやり方は、同じ枝から分かれたと仮定した2つの集団のゲノムについて、変異頻度を測定する方法だ。樹木のモデルが正しいなら、2つの集団がより遠い関係にあるほかの2つの集団から分かれた場合、その分岐以来ゲノムがランダムに変化するので、変異頻度の違いは統計的に独立した関係となる。逆に樹木のモデルが誤りなら、変異頻度の違いの間には相関関係があり、枝の間で混じり合いが起こった可能性がある。4集団テストは、ネアンデルタール人に関するわたしたちの研究でも中心的な役割を果たした。ネアンデルタール人が現代のアフリカ人よりも非アフリカ人と密接なつながりがあり、したがってネアンデルタール人と非アフリカ人との間に交雑があったことを立証した研究だ。[3]だが、旧人類と現生人類との交雑はこのテストで発見されたことのほんの一部に過ぎない。

　わたしの研究室で初めて4集団テストによる大きな発見があったのは、アメリカ先住民と東アジア人が「姉妹集団」であるという広く支持されている説を検証したときだった。両者が、ヨーロッパ人やサハラ以南のアフリカ人の祖先からずっと昔に分かれた同じ系統の子孫であるという説だ。驚いたことに、サハラ以南のアフリカ人とは共有していない変異部位で、ヨーロッパ人とアメリカ先住民との関係は、ヨーロッパ人と東アジア人との関係よりも密接であることがわかった。これは、過去500年の間に、アメリカ先住民にヨーロッパ人移住者のDNAがいくらか取り込まれたせいだと言ってしまいたい気もする。しかし、ヨーロッパ人との交配が一切なかったと証明できた集団も含め、あらゆるアメリカ先住民集団にこの同じパターンが見つかった。さらに、アメリカ先住民とヨーロッパ人が、東アジア人からずっと昔に分かれた共通祖先の子孫なのだというシナリオも、やはりデータと合わなかった。集団の関係を樹木にたとえるお馴染みのモデルは、どこかがひどく間違っていたのだ。

わたしたちは、こうした結果を述べたうえで、このパターンはアメリカ先住民のDNAに深く埋もれた交雑のエピソードを反映していると指摘する論文を書いた。アジアとアメリカ大陸の間のベーリング陸橋を渡る前に、ヨーロッパ人につながりのある人々と東アジア人につながりのある人々が出会ったのだろう。「アメリカ先住民の系統に見る古代の交雑」と題したこの論文をわたしたちは2009年に投稿した。ささいな修正を条件に受理されたが、結局わたしたちはその論文を取り下げた。

たとえその論文に最終的に修正を加えるつもりだったとしても、パターソンがさらに奇妙なことを見つけた結果、自分たちが物語のほんの一部しか理解していなかったのだと思い知らされた。[4]

パターソンの発見を説明するには、わたしたちが考案したもう1つの統計検定である「3集団テスト」に触れなければならない。これは「検定集団」に交雑の証拠があるかどうかを調べる方法だ。たとえばアフリカ系アメリカ人がヨーロッパ人と西アフリカ人との交雑でできたように、もし検定集団が異なる2つの比較集団系統の交雑でできたものなら、検定集団の変異頻度は2つの比較集団の頻度の中間に来ると予想される。逆に、もし交雑が起こらなかったのなら、変異頻度が中間に来ると予想すべき理由はない。つまり、交雑があったかなかったかで、質的にまったく異なるパターンが現れる。

3集団テストをさまざまな人類集団に適用してみると、集団が北ヨーロッパ人の場合は負の統計値が得られ、北ヨーロッパ人の祖先集団に交雑が起こったことがわかった。世界中の50を超える集団について、考えられるあらゆる比較集団ペアを試してみたところ、交雑の証拠が最も強く現れたのは比較集団の片方が南ヨーロッパ人、中でもサルデーニャ人で、もう片方がアメリカ先住民という組み合わせだった。明らかに、アメリカ先住民が負の数値の大半に関与していた。2番目の比較集団としてアメリカ先住民を選ぶと、東アジア人、シベリア人、ニューギニア人の場合よりも統計値が負になりやすかったからだ。わたしたちが見つけたのは、たとえばフランス人のような北ヨーロッパの人々は集団が混じり合ってできた交雑集団の子孫であり、そのもとの集団の1つが、こんにち生きているその他の集団のどれよりも、現代のアメリカ先住民と多くのDNAを共有していることを示す証拠だった。

3集団テストと4集団テストの両方の結果をどう考えればいいのだろう？　わたしたちの考え

では、1万5000年以上前の北ユーラシアには、現在そこに住んでいる人々の主な祖先集団ではない集団がいた。その集団の一部がシベリアを越えて東へ移住し、ベーリング陸橋を渡ってアメリカ先住民を生んだ集団のDNAに寄与した。その他は西へ移住して、ヨーロッパ人のDNAに寄与した。こう考えれば、祖先集団の代用としてアメリカ先住民を用いた場合、ヨーロッパ人では交雑の証拠が強く現れ、土着のシベリア人ではそれほど強くなかったことが説明できる。土着のシベリア人はおそらく、もっと最近、氷河期以降に東アジアのさらに南のほうからシベリアへ移住した人々の子孫だと考えられる。

わたしたちはこの想定上の新しい集団を「古代北ユーラシア人」と呼ぶことにした。想定当時、この集団は「ゴースト」だった。統計的な復元に基づいてその存在を推測したものの、そのままの形ではもう存在していないからだ。古代北ユーラシア人が今も生きていたら、間違いなく、独立した「人種」とみなされただろう。こんにちの「西ユーラシア人」や「アメリカ先住民」や「東アジア人」が互いに異なっているのと同じくらい、当時生きていた他のあらゆるユーラシア人集団とは遺伝的に異なった集団だったからだ。純粋な子孫は残っていないものの、実は彼らは非常な成功を収めている。もし現代の集団に寄与している彼らの遺伝物質をすべて集めたとしたら、何億人分ものゲノムに匹敵する量になるだろう。つまり、世界人口の半数以上が、ゲノムの5〜40パーセントを古代北ユーラシア人から受け継いでいる。

種間の交雑はめったに起こらず、それはちょうど、枝分かれした樹木の枝が再び一緒になることはないのと同じなので、種の間の関係を表すのに樹木は格好のたとえになる。[5] しかしヒトの集

図12　**北ユーラシアのゴーストを探す**

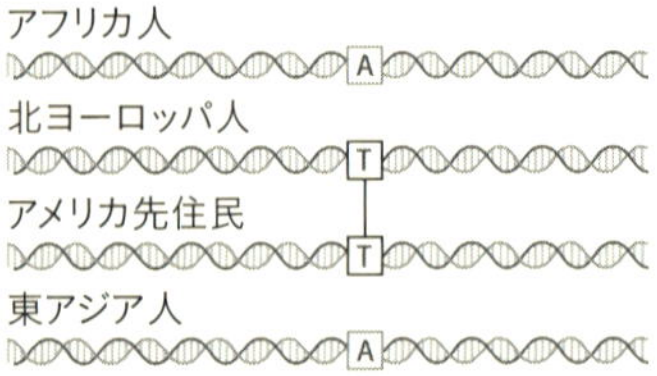

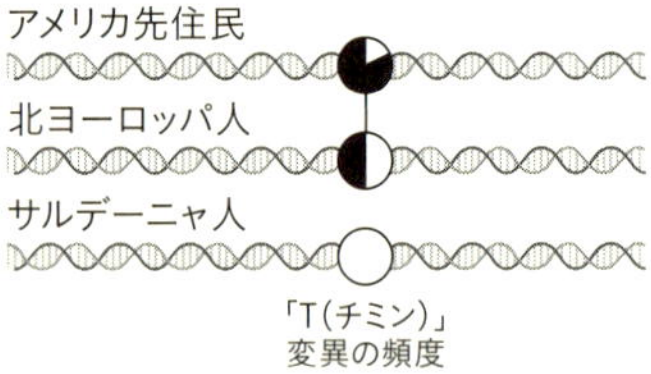

❶ 4集団テストは、北ヨーロッパ人がアメリカ先住民とつながりのある集団と交雑したか、アメリカ先住民がヨーロッパ人とつながりのある集団と交雑したことを示す。

❷ 3集団テストによって、北ヨーロッパ人の変異頻度がアメリカ先住民と南ヨーロッパ人の中間にあることが明らかになったことから、北ヨーロッパ人がアメリカ先住民とつながりのある集団と交雑したことがわかる。

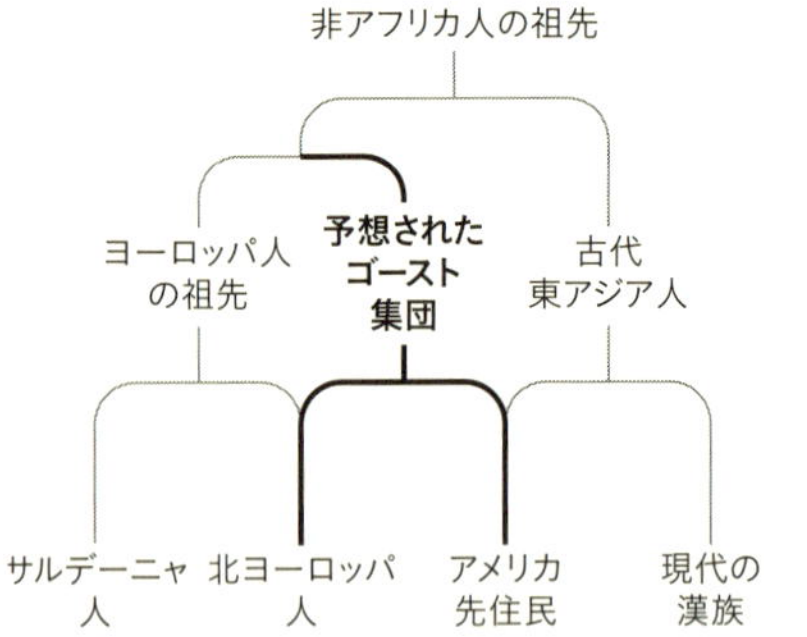

❸ 古代北ユーラシア人――すなわち過去に存在し、北ヨーロッパ人とアメリカ先住民の両方と交雑した集団――を想定すると、検定結果の説明がつく。

❹ ゴーストが見つかる：2万4000年前のマリタ・ボーイのゲノムが、予想された古代の北ユーラシア集団に一致。

団に関しては誤った思い込みにつながる危険なたとえであることが、古代北ユーラシア人のケースで明らかになった。ゲノム革命は、極めて多様な集団の大規模な混じり合いがくり返し起こったのだと教えてくれる。[6] 分かれては融合して遥かな過去までさかのぼるさまを表すなら、樹木よりも格子のほうがぴったりなのではないだろうか。[7]

ゴーストが見つかる

2013年の終わりにエスケ・ヴィラースレウと共同研究者たちが、シベリア南部中央のマリタ遺跡に2万4000年前ごろに住んでいた少年の骨から得たゲノムワイドなデータを発表した。[8] そのゲノムはヨーロッパ人およびアメリカ先住民と最も強い類縁関係を示し、こんにちその地域に住んでいるシベリア人とはごく弱いつながりしか示さなかった。これは、わたしたちがその存在を予測していた古代北ユーラシア人というゴースト集団にぴったりだ。このマリタ・ゲノムは今では古代北ユーラシア人の原型試料となっている。古生物学者なら、新しく発見されたグループを定義する際に基準の役目をする個体という意味で、「タイプ標本」と呼ぶだろう。

マリタのゲノムが手に入った結果、パズルの他のピースもうまくはまった。もう、現代の集団をもとに遠い昔の出来事を復元する必要はない。「ゴースト集団」から直接採取されたゲノムがあるからには、あたかも最近の歴史を紐解くように、何万年も昔の移住や集団の混じり合いを知ることができる。マリタのゲノムは、古代DNAの威力をまざまざと示した最高の実例と言える。

それまでは現代人のデータからぼんやりと把握するしかなかった歴史が、目の前に姿を現したのだ。

マリタのゲノムの解析で、アメリカ先住民のDNAの約3分の1が古代北ユーラシア人から来ており、残りが東アジア人から来ていることがわかった。ヨーロッパ人が遺伝的に東アジア人よりもアメリカ先住民のほうに近いわけは、この大規模な混じり合いで説明できる。アメリカ先住民が、東アジア人に関連のある系統と西ユーラシア人に関連のある系統の混じり合いでできた集団の子孫である、と指摘したわたしたちの未発表の論文草稿は正しかったのだ。だが話はそれで終わりではない。あの論文はすでに、古代DNAというめまぐるしく変化する分野の出来事に追い越されてしまっている。ヴィラースレウたちが、現代の集団だけに頼っていたわたしたちには不可能だったことをやり遂げたのだ。わたしたちは別のシナリオを除外できなかったため、アメリカ先住民が集団の混じり合いによって誕生したと証明できなかったのだが、ヴィラースレウのチームはその証明に成功しただけでなく、その混じり合いがもっと大きな物語の一部だったことも明らかにした。

こんにちアフリカの外にいる大きな集団のいくつかは深く混じり合った集団だとわかったわけだが、これは多くの科学者の予想とは違っていた。ゲノム革命以前、わたしも大半の科学者同様に、今わたしたちが目にする集団、つまり遺伝的にひとくくりにできる大きな一団は、遠い昔の分岐を反映しているのだと思い込んでいた。ところが実は、現代の大きな一団自体が、過去に存在した非常に異なる集団の混じり合いでできたものだった。ゲノム革命以降は集団の解析を行うたびに、同じようなパターンが検出されている。東アジア人、南アジア人、西アフリカ人、南アフリカ人、みなそうだ。人類の過去には1本の幹のような集団は存在しない。ずっと混じり合いが続いていたのだ。

中東のゴースト

2013年、わたしの研究室のヨシフ・ラザリディスは、古代DNAがなくてはどう理解したらいいかわからない分析結果にずっと悩まされていた。

ラザリディスを困らせていたのは、4集団テストで得られた奇妙な結果だった。東アジア人、現代ヨーロッパ人、農耕が伝わる前の約8000年前のヨーロッパの狩猟採集民が、樹木モデルによれば互いにつながりがない一方で、こんにちの東アジア人は平均して、現代ヨーロッパ人の祖先よりも古代ヨーロッパ狩猟採集民の祖先と遺伝的により近縁であるという結果になったのだ。この研究に先立つ古代DNA解析によって、現代ヨーロッパ人がその系統の一部を中東から移住した農耕民から受け継いでいることが、すでに明らかになっていた。この農耕民は、わたしの推定ではヨーロッパの狩猟採集民と共通の祖先集団に由来していた。ヨーロッパの最初の農耕民の系統は、何らかの事情でヨーロッパの狩猟採集民とは異なるのだとラザリディスは気づいた。何かもっと複雑な背景があるのだ。

ラザリディスは二通りの説明を比較検討した。1つは、古代のヨーロッパ狩猟採集民と古代の東アジア人双方の祖先が交配した結果、この2つの集団が遺伝的に結びついたというもの。ヨーロッパと東アジアとの間には乗り越えられないような地理的障壁はないので、十分にその可能性がある。もう1つの説明は、現代ヨーロッパ人のDNAの多くに寄与した初期のヨーロッパ農耕民が、ユーラシアに住む主要グループと早期に分離した集団からDNAの一部を受け継いだというもの。これだと、東アジア人は現代ヨーロッパ人よりも農耕以前のヨーロッパの狩猟採集民と遺伝的に近くなる。

マリタの試料からのゲノム配列が利用できるようになると、ラザリディスはマリタを加えたさまざまな組み合わせで4集団テストを行い、たちまち問題を解いてしまった。[9] マリタと農耕以前のヨーロッパの狩猟採集民は、東アジア人およびサハラ以南のアフリカ人からの分離後に生まれた共通祖先集団の子孫のように見えた。データはシンプルな樹木のモデルと整合した。ところがこの統計値で、古代ヨーロッパの狩猟採集民を現代ヨーロッパ人または初期のヨーロッパ農耕民と置き換えると、樹木のたとえではもはやデータを説明することができなかった。現代ヨーロッパ人と中東人は混じり合っている。彼らの中には、マリタ、ヨーロッパ狩猟採集民、東アジア人の3つの系統が互いに分離する前に分岐した、まったく別のユーラシア人系統由来のDNAが含まれているのだ。

ラザリディスはこの系統を、非アフリカ人に寄与している諸系統が拡散において最も古く分岐した系統を示す意味で「基底部ユーラシア人」と名づけた。基底部ユーラシア人は新しいゴースト集団で、子孫に残したゲノムの量の多さから見て、古代北ユーラシア人と同じくらい重要な存在だ。４集団テストの偏差の範囲は、集団が単純な樹木モデルでつながり合っている場合の０値からはかけ離れた値で、このゴースト集団が現代のヨーロッパ人と中東人のＤＮＡの約４分の１に寄与したことを示していた。またイラン人とインド人のＤＮＡにもかなりの割合で寄与していた。

基底部ユーラシア人のＤＮＡはまだ得られていない。ちょうど、マリタの発見前には古代北ユーラシア人を見つけることが目標だったように、基底部ユーラシア人のＤＮＡを採取できるような試料を見つけることは、今のところ古代ＤＮＡ分野の至高の目標の１つとなっている。だが基底部ユーラシア人が実在したのはわかっている。たとえ彼らの古代ＤＮＡがなくても、子孫に残したゲノム片についてはデータがあり、それに基づいて重要な事実がいろいろとわかっているからだ。

非アフリカ人に寄与したほかのあらゆる系統と比較した場合、基底部ユーラシア人の際立った特徴の１つは、ネアンデルタール人のＤＮＡをほとんど、またはまったく持っていないことだ。２０１６年にわたしたちは中東の古代ＤＮＡを解析して、その地域に１万４０００年前から１万年前にかけて住んでいた人々が、基底部ユーラシア人のＤＮＡを50パーセント近く持っていたことを明らかにした。こんにちのヨーロッパ人のほぼ2倍に当たる。基底部ユーラシア人のＤＮＡの割合をネアンデルタール人のＤＮＡの割合に対してプロットすると、非アフリカ人の場合、基底部ユーラシア人のＤＮＡが少ないほど、ネアンデルタール人のＤＮＡを多く持っている。したがって、基底部ユーラシア人のＤＮＡが０パーセントの非アフリカ人は、50パーセントの人の２

倍多いネアンデルタール人のDNAを持つ。そこから推定すると、100パーセントの基底部ユーラシア人はネアンデルタール人のDNAをまったく持たないことになる。[10] したがって、ネアンデルタール人との交配は、どこで起こったにしろ、基底部ユーラシア人から分岐した後に起こったと思われる。

基底部ユーラシア人はサハラ以北の現生人類による第2波の移住の子孫にあたり、ネアンデルタール人と交配した集団が拡散したずっと後になってアフリカを出たのだろうと考えたくなるが、そうではないだろう。基底部ユーラシア人系統は、5万年以上前にあらゆる非アフリカ人系統の始祖となった同じように小さな集団の子孫も含め、その他の非アフリカ人と長期間共存しているからだ。基底部ユーラシア人がかなり古くからユーラシアに存在していたのはまちがいない。なぜなら、今のイランとイスラエルに1万年以上前に住んでいた人々が、互いに何万年も隔たっていたという遺伝学的証拠があるにもかかわらず、[11] それぞれ基底部ユーラシア人のDNAを50パーセント前後持っていたからだ。[12] ということは、古代の中東では非常に多様な基底部ユーラシア人系統が共存していて、農耕が拡散するまでは移住者の交換があまりなかったのかもしれない。基底部ユーラシア人は明らかに人類の遺伝的多様性のおもな源で、多数の下位集団が長い時間にわたって存続した。

基底部ユーラシア人は、その他の非アフリカ人系統と分岐してから何万年も続いていたように思われるが、いったいどこに住んでいたのだろうか？　古代DNAがないので、推測しかできないが、北アフリカにとどまっていた可能性もある。北アフリカはサハラ砂漠という障壁のせいでアフリカ大陸南部との交流はむずかしく、生態学的には西ユーラシアとの結びつきのほうが強かっただろう。現代の北アフリカの人々のDNAは、ほとんど西ユーラシアからの移住者に由来しており、この地域の遥か昔の遺伝学的な歴史をたどるのはむずかしい[13]。とはいえ、考古学的な調査によって、この地域の古代文化が基底部ユーラシア人のものである可能性が出てきている。たとえばナイル渓谷には、こんにちのユーラシア人がサハラ以南にいた最も近縁の系統から分かれて以来、ずっと人が住んできた。

基底部ユーラシア人のふるさとに関するヒントとなったのは、1万4000年前以降に中東の南西部に住んでいた狩猟採集民であるナトゥフ人だった[14]。初めて恒久的な住居に住んだことが知られている人々で、狩猟採集民であるにもかかわらず食物を探してあちこち移動せず、大きな石造りの建物を建て、自生する野生の植物を積極的に育てた。そしてやがて彼らの後継者が、本格的な農耕民となった。石器だけでなく頭蓋骨の形も同時期の北アフリカ人のものと似ているため、ナトゥフ人は北アフリカから中東に移住した人々だろうと考えられている[15]。2016年に、わたしの研究室は、イスラエルから出土した6体のナトゥフ人の古代DNAを発表した。解析の結果、初期のイラン人狩猟採集民と共に、中東で最高比率の基底部ユーラシア人由来DNAを持っていることがわかった[16]。ただし、わたしたちの古代DNAデータをもってしても、ナトゥフ人の祖先がどこに住んでいたかまではわからない。比較できるような古代データが、当時またはそれ以前に北アフリカ、アラビア、あるいは中東南西部に住んでいた集団からはまだ得られていないからだ。それに、たとえナトゥフ人と北アフリカ人との遺伝的なつながりが確認されたとしても、それで終わりではない。それだけではまだ、なぜイランとコーカサス（カフカス）の古代狩猟採集民や農耕民にも、同じように高い比率の基底部ユーラシア人由来DNAが見られるのか、説明できない。

初期ヨーロッパ人のゴースト

まず古代北ユーラシア人、次は基底部ユーラシア人と、大きなゴースト集団が続けて発見されたことで、古代DNAは不要なのではないか、現代の集団からゴーストの存在が推定できるならそれでいいのではないか、と思われそうだが、統計的な復元にはおのずと限界がある。現代の人々から得られるデータだけでは、最新の交配イベントより古い時代を探るのはむずかしい。そのうえ人間はとても移動が好きな生き物なので、子孫のゲノムの解析をもとに、祖先集団がどこに住んでいたかを断言することは不可能だ。だが、ゴーストから直接抽出された古代DNAがあれば、さらに遠い過去を推定でき、現代のデータのみでは復元が不可能なさらに古いゴーストまで明らかにできる。マリタのゲノムがまさにそれだった。わたしたちはマリタのゲノムを統計数値上で推測したのだが、いったん実際のゲノム配列が利用できるようになると、さらに古いゴーストである基底部ユーラシア人を発見できたのだ。[17]

2016年、パンドラの箱を開けたかのように、古代のゴーストの群れがどっと飛び出してきた。わたしの研究室ではユーラシアの古代現生人類51体からゲノムワイドなデータを集めた。大半が、4万5000年前から7000年前の間にヨーロッパに住んでいた人々だった。[18] それらの試料は、2万5000年前から1万9000年前にかけての最終氷期極大期の全期間にわたっていた。このとき、ヨーロッパの北部と中緯度地帯は氷河に覆われ、人類は南の半島部に避難して暮らしていた。わたしたちの研究以前は、この期間についてはわずかな遺物から得られた遺伝学的なデータがあるだけで、その解析から浮かび上がってきた画像は動きがなくモノクロームだった。しかし、わたしたちの新しいデータは、この広大な時の流れの中で集団が幾度も変容し、置き換わり、移住し、交雑するさまを生き生きと描き出した。

古代DNAデータを解析するとき、通常は古代の個人と現代の個人とを比較するという方法を取る。現在の視点から過去への足掛かりをつかもうとするわけだ。だが、わたしの研究室の付《フー》巧《チャオ》妹《メイ》がその方法でやってみたところ、成果に乏しく、こうした古代の狩猟採集民の実態にほとんど迫ることができなかった。こんにちの人々の間の差は、彼女が調べていたような遠い昔にヨーロッパに存在していた人々の間の差とほとんど関連がなかったのだ。現代のデータ抜きで、古代のデータと向き合う必要があった。そのために、付はまず、古代の個人同士を比較することから始め、遺伝学的にも考古学的に決定された年代についても、似ている試料を多く含むように個人を4つのグループに分けた。あとはグループの間の関係を理解すればいいだけだ。グループにまとめられない試料も少しあって、特に最古の試料にその傾向が強かった。

このようなやり方で試料を整理した結果、現生人類が西ユーラシアで過ごした最初の3万5000年の物語を少なくとも5つの重要な出来事に分けることができた。

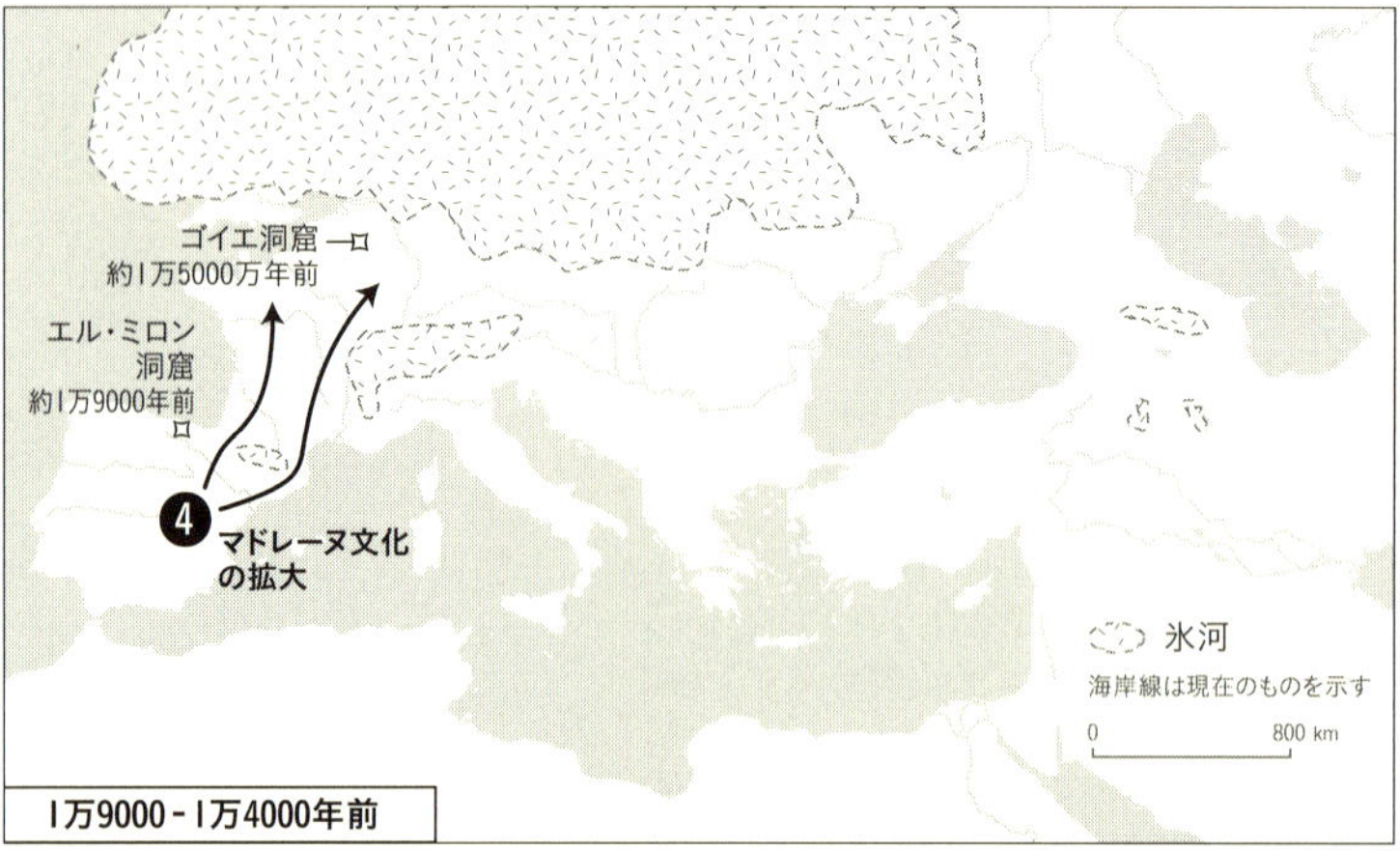

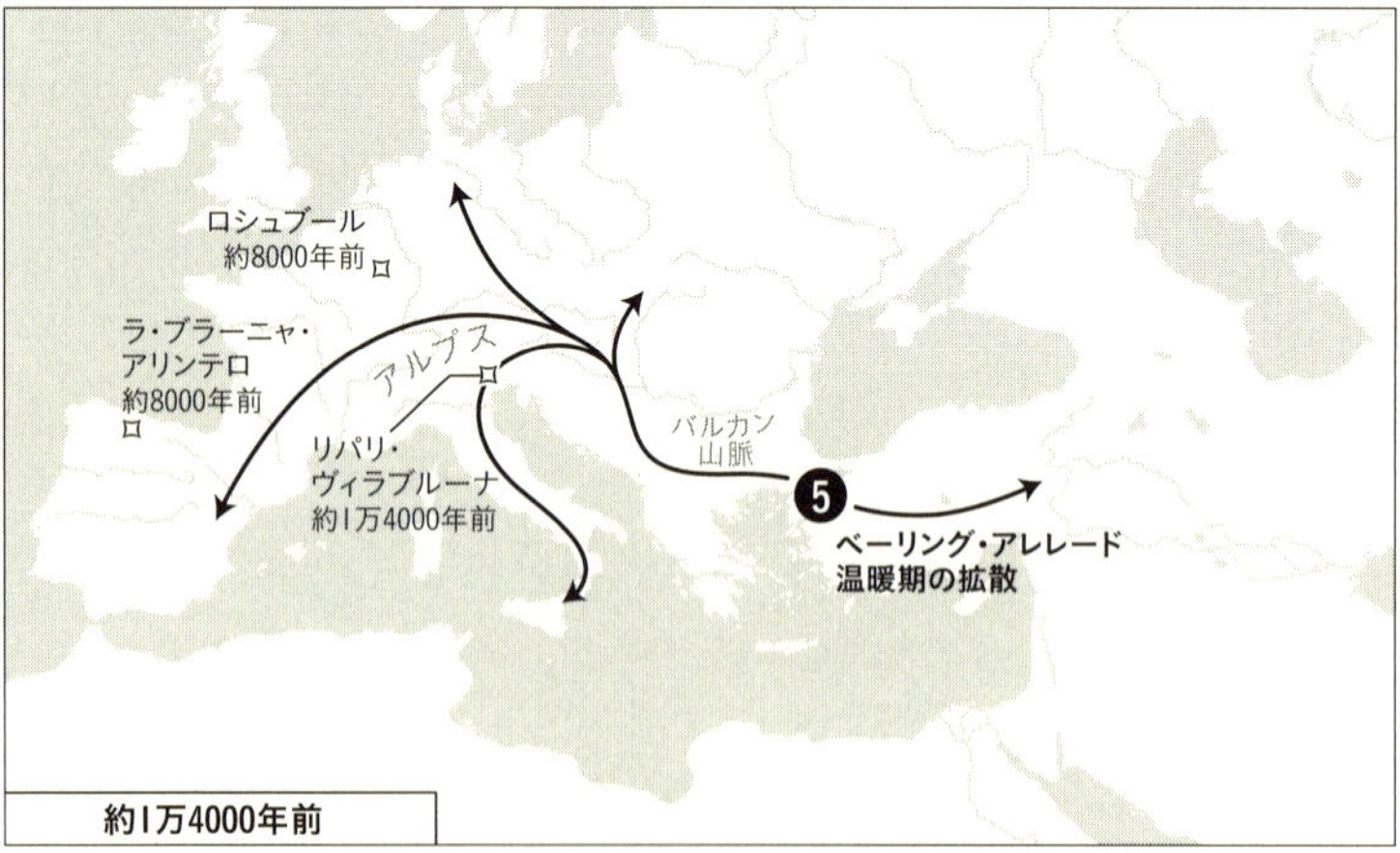

↘この集団は、生き延びていた場所から遥かに離れた西ヨーロッパで見つかった約3万5000年前の個体と同族だった。最初の強い温暖期に続くその後の移住は、南東方面からの拡散（❺）もあってさらに大きな影響があり、西ヨーロッパの集団を変容させただけでなく、ヨーロッパと中東の集団を均質化させた。ある1か所の遺跡（ベルギーのゴイエ洞窟）からは、こうした変容を反映するように、オーリニャック文化、グラヴェット文化、マドレーヌ文化を代表する2万年にわたる個体群の古代DNAが得られている。

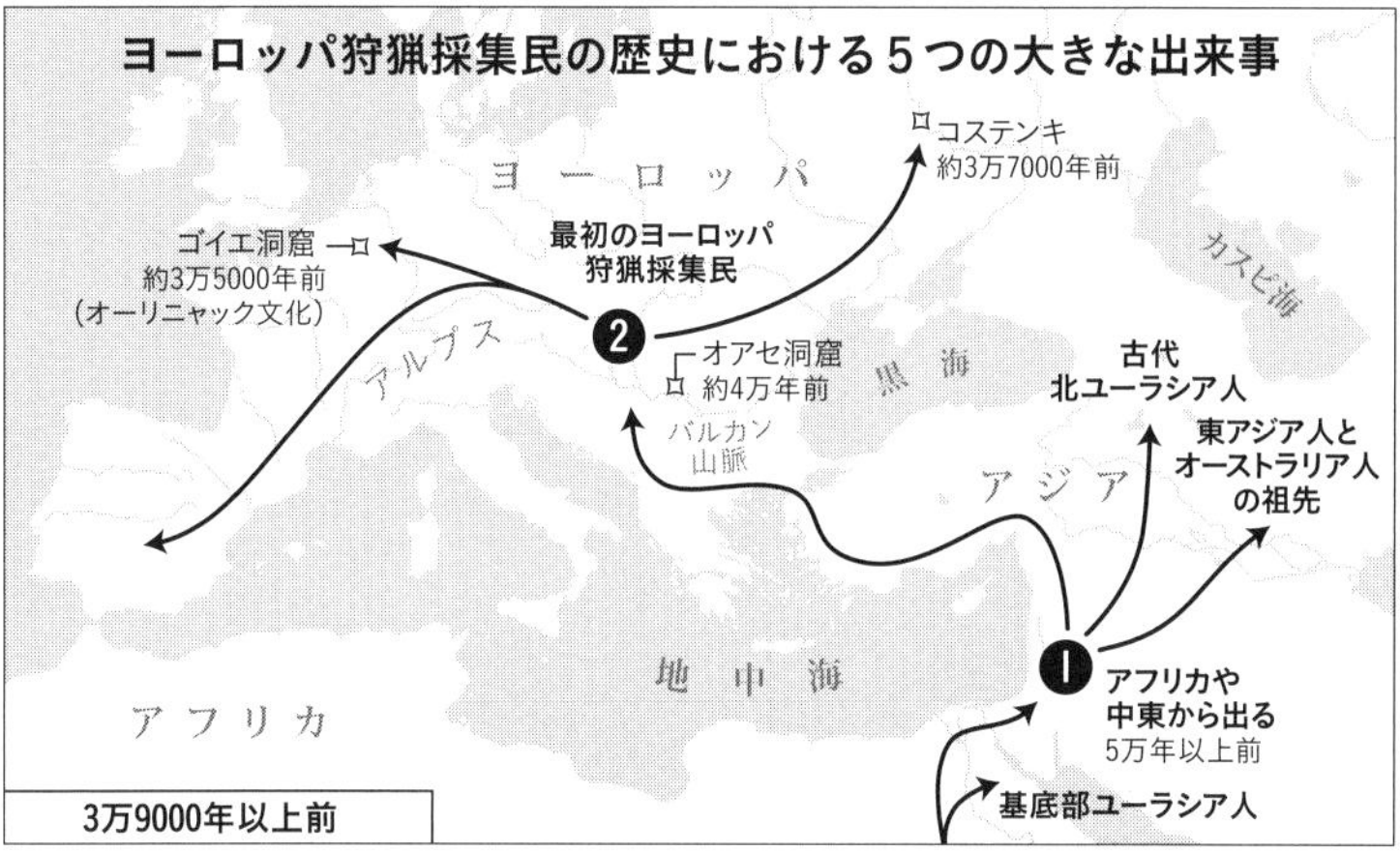

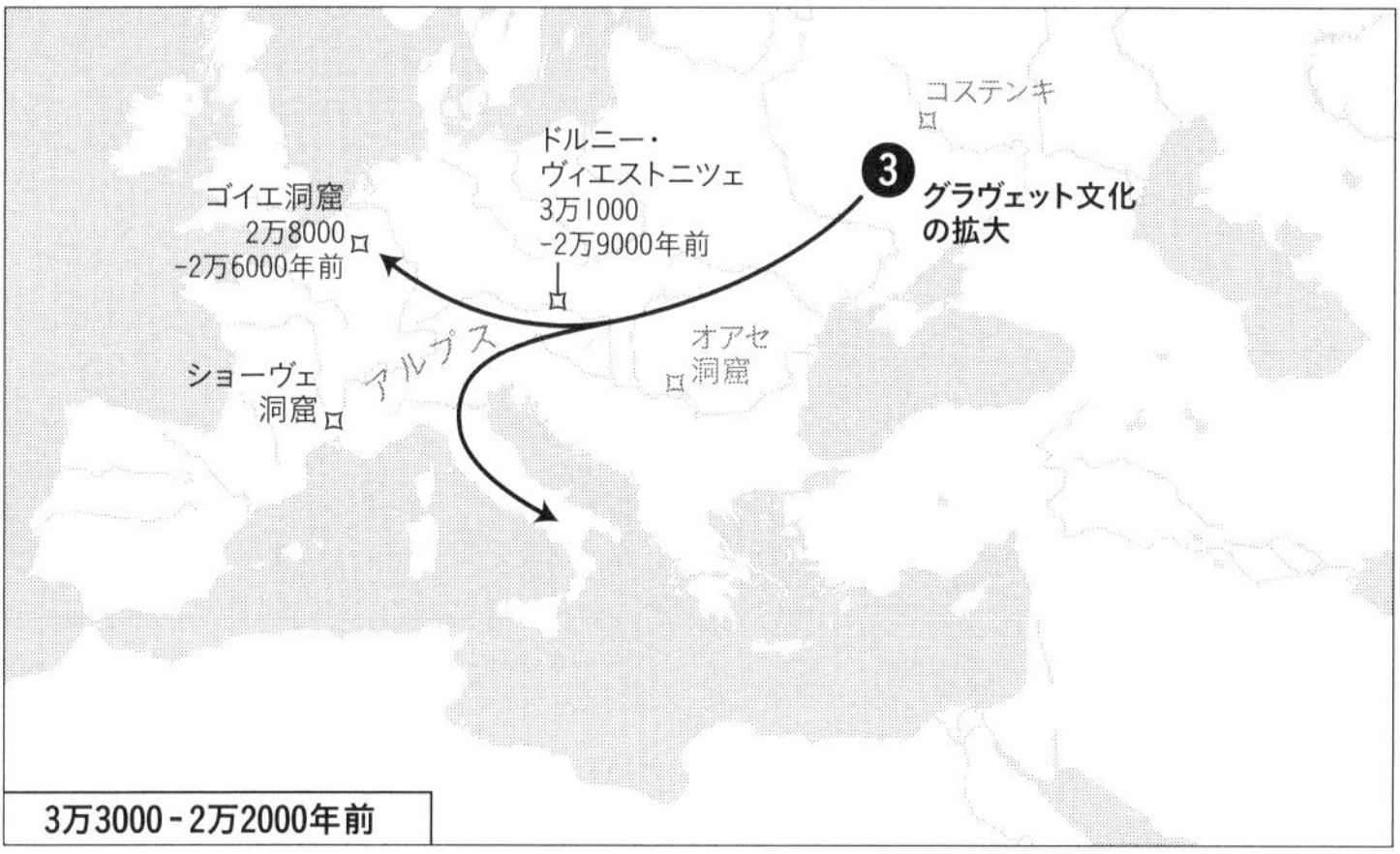

図13　アフリカや中東から出た現生人類の先駆者集団はユーラシア全土に拡散した（❶）。遅くとも3万9000年前ごろには1つのグループがヨーロッパ狩猟採集民の系統を創始しており、それが途切れずに2万年以上続くことになる（❷）。やがて、このヨーロッパ狩猟採集民創始集団の東方分岐に由来するグループが西方に拡散し（❸）、すでにいたグループに取って代わったが、その後このグループ自体も氷河の拡大につれて北ヨーロッパから押し出された（氷河の最大域を右ページ上図に示す）。氷河が後退するにつれ、西ヨーロッパには、数万年にわたって首尾よく存在し続けていた集団が南西方面から戻って来て再び住むようになった（❹）。↗

1つ目の出来事（図13の❶）は現生人類のユーラシアへの拡散だった。その証拠となる最古の試料として、西シベリアの川岸の浸食で脚の骨が見つかった約4万5000年前の個体[19]と、ルーマニアの洞窟で下顎骨が見つかった約4万年前の個体[20]の2つがある。どちらの個体も、こんにちの東アジア人とは近い関係になく、同様にその後のヨーロッパの狩猟採集民とも近縁関係にならなかった。これは、彼らが現生人類の先駆者集団の一員で、最初は栄えたものの子孫がほとんど残らなかったことを示している。そうした先駆者集団がいたという事実から、過去がそのまま一直線に現在に続いているのではないとわかる。人類の歴史には至るところに行き止まりの道がある。過去にある場所に住んでいた人々を、今そこに住んでいる人々の直接の祖先だろうと考えてはならないのだ。3万9000年前ごろ、今のイタリアのナポリの近くにある巨大火山が推定300立方キロメートルの火山灰をヨーロッパ中に降らせ、古代の地層にくっきりした境界線を残した。[21]この層の上ではネアンデルタール人の遺骨も道具もほとんど見つかっていない。火山が引き起こした気候の激変によって冬が何年も続き、それが現生人類との生存競争に拍車をかけて、ネアンデルタール人を絶滅に追い込んだのではないかと思われる。しかし、危機に瀕していたのはネアンデルタール人だけではなかった。火山灰の層の下には現生人類の考古学的文化の遺物が見られるが、そうした文化の大半については、層の上には何も残っていない。多くの現生人類が、同時代のネアンデルタール人と同じように劇的な最期を迎えたのだ。[22]

2つ目の出来事（❷）は、その後のヨーロッパのあらゆる狩猟採集民を生んだ系統の拡散だった。付の4集団テストによって、東ヨーロッパ（今のヨーロッパロシア）の約3万7000年前の個体[23]と西ヨーロッパ（今のベルギー）の約3万5000年前の個体が、現代人も含めその後のあらゆるヨーロッパ人に寄与した集団の一員であるとわかった。[24]付はさらにこのテストを用いて、3万7000年前ごろから1万4000年前ごろの全期間を通じて、解析したヨーロッパの個体すべてが、非ヨーロッパ集団との交雑を経験していない単一の共通祖先集団の子孫らしいことも明らかにした。考古学分野では、3万9000年前ごろの噴火の後、オーリニャック文化として知られる様式の石器を作る現生人類文化がヨーロッパ中に広がり、既存のさまざまな石器作り様式に取って代わったことが知られている。こうして、遺伝学と考古学双方の証拠から、初期の現生人類先駆者による独立した複数回のヨーロッパ移住が確かめられた。そのうちのいくつかは絶滅し、より均質な集団と文化に置き換わったのだ。

3つ目の出来事（❸）はグラヴェット様式の道具を作った人々の到来で、彼らは3万3000年前から2万2000年前にかけてヨーロッパの大半を支配した。彼らが残した遺物には官能的な女性像のほか、楽器やみごとな洞窟絵画がある。その前のオーリニャック文化に比べると、グラヴェット文化では死者を入念に埋葬しているため、この期間からは多くの骨格試料が得られている。わたしたちは今のベルギー、イタリア、フランス、ドイツ、チェコ共和国に埋葬されていたグラヴェット文化時代の個体からDNAを抽出した。地理的には非常な隔たりがあるにもかかわらず、遺伝学的にはすべて非常に似通っていた。付の解析で、彼らのDNAのほとんどは、遥か東ヨーロッパの3万7000年前の個体のように、ヨーロッパ狩猟採集民の同じ下位系統に由来するとわかった。また、その後彼らが西へ広がったこともわかった。オーリニャック様式の道具を使っていたベルギー（ゴイエ洞窟）の3万5000年前の個体に代表される下位系統に取って代わったのだ。グラヴェット文化の登場に伴う人工遺物の様式の変化は、このように新しい人々の拡散によって促進された。

4つ目の出来事（❹）の先触れとなったのは、今のスペインで見つかったおよそ1万9000年前の骨格で、これはマドレーヌ文化に関連があるとわかった最初の個体の1つだった。マドレーヌ文化の人々はその後5000年にわたって温暖な避難地から北東方面へ移住し、後退する氷床を追うように今のフランスやドイツに達した。ここでも、考古学上の文化と遺伝学的な発見が一致し、先行するグラヴェット文化の直接の子孫でない人々が中央ヨーロッパに拡散したことが裏づけられた。驚くべき発見もあった。マドレーヌ文化を担っていた個体のDNAの大半は、オーリニャック様式の道具を使っていたベルギーの3万5000年前の個体に代表される下位系統に由来するものだった。ところが、このベルギーの個体の後を同じ遺跡で継いだ人々はグラヴェット様式の道具を使い、東ヨーロッパ起源のグラヴェット文化を担っていたヨーロッパのその他の人々とよく似たDNAを持っていた。ここにも、交雑という形で後のグループに寄与したゴースト集団がもう1つ存在していたのだ。オーリニャック文化の系統は消えず、一種の地理的なポケット、おそらくは西ヨーロッパにある「飛び地」で存続し、氷河期の終わりにマドレーヌ文化として復活したのだろう。

5つ目の出来事（❺）は1万4000年前ごろ、最後の氷河期が終わって初めての強い温暖期に起こった。この大規模な気候変動はベーリング・アレレード温暖期として知られている。地質学分野での復元によれば、このとき、地中海へ向けて今のニース付近まで南下していたアルプスの氷河壁がついに解けた。ヨーロッパを東西に1万年も分断していた障壁が消えた結果、動植物が南東ヨーロッパ（イタリア半島とバルカン半島）から南西ヨーロッパに大量に流れ込んだ。[25] わたしたちが持っていた古代DNAデータでの4集団テストによると、人間も同じような動きをしたようだ。1万4000年前ごろ以降、先行するマドレーヌ文化を担っていた人々とはまったく違うDNAを持つ狩猟採集民のグループがヨーロッパ中に広がり、彼らの大部分に取って代わった。3万7000年前から1万4000年前の間にヨーロッパに住んでいた人はすべて、今の中東の人々に代表される系統の祖先から早期に分離した共通祖先集団の子孫と考えていいだろう。だが1万4000年前ごろ以降は、西ヨーロッパの狩猟採集民は現代の中東人と遥かに密接なつながりを持つようになった。これは中東とヨーロッパの間でこのころに新たな移住があったことを示している。

南東ヨーロッパと中東からは、1万4000年前より古い古代DNAはまだ得られていない。したがって、この時代の集団移動については推測するしかない。氷河期が終わるのを南ヨーロッパで待っていた人々が、アルプスの氷河壁の融解後にヨーロッパ大陸全土で優勢になったと考えられる。[26] ひょっとすると、この人々が東へも広がってアナトリアに入り、その子孫がさらに中東に広がってヨーロッパと中東の遺伝学的遺産を1つにまとめたのかもしれない。それは、農耕民が逆方向に移住して、中東のDNAを再びヨーロッパにもたらす5000年以上も前のことだった。

現代西ユーラシア人の遺伝的構成

現在、西ユーラシアの人々、つまりヨーロッパ、中東、それに中央アジアの大部分にまたがる広大な地域の人々は遺伝学的に非常に似通っている。西ユーラシア集団の身体的な類似に気づいた18世紀の学者がこの人々を「コーカソイド」と呼んで同じグループに分類し、東アジアの「モンゴロイド」、サハラ以南アフリカの「ネグロイド」、オーストラリアおよびニューギニアの「アウストラロイド」と区別した。そうした身体的な特徴よりも強力な分類手段となるのが、2000年代に登場した全ゲノムデータだ。

全ゲノムデータは当初、古い分類の正当性を一部裏づけるように思われた。2つの集団の遺伝的な類似性を測定する最も一般的な方法では、それらの集団間の変異頻度の差の2乗を求め、次にゲノム中の何千という独立した変異についてその平均をとる。この方法で測定すると、西ユーラシア内の集団はたいてい、お互い同士のほうが東アジア人とよりも7倍くらい類似性が高い。変異頻度を地図上にプロットすると、ヨーロッパの大西洋側から中央アジアのステップ地帯まで、西ユーラシアは均一に見える。そして中央アジアで急勾配の変化があり、東アジアはまた別の均一な地域となる。[27]

現在の集団構造は、遥か昔に存在した構造からどのようにして生まれたのだろうか？　わたしの研究室も含めた古代DNA研究室は2016年に、西ユーラシア集団が今のような構造になったのは、食物の生産者が拡散したためであることを発見した。1万2000年前から1万1000年前の間にトルコ南東部とシリア北部で農耕が始まり、その地域の狩猟採集民が小麦、大麦、ライ麦、えんどう豆、牛、豚、羊など、今も西ユーラシアの多くの人々が頼りにしている動植物の大半を栽培したり家畜化したりし始めた。9000年前ごろ以降に農耕が西に広がって今のギリシャに達し、だいたい同じころに東にも広がって、現在のパキスタンにあるインダス渓谷に達した。ヨーロッパでは地中海沿岸を西のスペインまで広がり、北西へはドナウ川流域を通ってドイツに達し、ついに北はスカンディナヴィア半島、西はイギリス諸島と、このタイプの経済活動が成り立つ極限の地にまで広がった。

考古学的な資料からうかがわれるこうした変化が、どの程度、人々の移動によって推し進められたものなのか、中東からのゲノムワイドなDNAによって見極めようとしていたものの、2016年までは失敗に終わっていた。温暖な中東では化学反応が促進されてDNAの分解が早まるからだ。こうした状況に突破口を開いたのが、技術上の2つの躍進だった。1つはマティアス・マイヤーが開発した方法で、古代の骨から抽出されたDNAに含まれるヒトの配列を増やす方法だ。[28] これによって古代DNA解析にかかるコストが1000分の1になると共に、得られるDNAが少なすぎて解析できなかったような試料も解析対象に含められるようになった。マイヤーと共に、わたしたちはこの方法を応用して多くの試料のゲノムワイドな解析を可能にした。[29] もう1つは、頭蓋の内耳部分にある錐体骨《すいたい》と呼ばれるものには、骨格のその他多くの部分に比べて高濃度のDNAが保存されているとわかったことだった。骨粉1ミリグラム当たり、100倍も多く含まれている。ダブリンの人類学者ロン・ピンハシによれば、錐体骨内のDNAはカタツムリの形をした聴覚器官の蝸牛《かぎゅう》におもに集まっている。[30] 2015年と2016年に行われた錐体骨の古代DNA解析により次々と障害が取り除かれ、温暖な中東で古代DNAを得ることが初めて可能になった。

ピンハシとの共同研究でわたしたちは、農耕の生まれた地域の大部分にわたって見つかった古代中東人44体から古代DNAを得た。[31] その結果、1万年前ごろに農耕が広がり始めたときの西ユーラシアの集団構造は、こんにち目にする遺伝的な単一構造とはほど遠いものだったとわかった。イランの西部山脈地帯の農耕民はヤギを最初に家畜化した人々と考えられるが、遺伝的には先住の狩猟採集民の直接の子孫だった。同じように、今のイスラエルやヨルダンに住んでいた最初の農耕民は、先住の狩猟採集民であるナトゥフ人の子孫がほとんどだった。ところがこの2つの集団は遺伝的には非常に異なっていた。わたしたちや他の研究グループ[32]の解析結果によると、中東の西部（トルコ中部アナトリアとレヴァントを含む肥沃な三日月地帯）の最初の農耕民と東部（イラン）の最初の農耕民とは、遺伝的に見て、現代のヨーロッパ人と東アジア人と同じくらいに違っていた。中東ではヨーロッパと違って、農耕の拡散は単に人々の移動によって行われたのではなかった。遺伝的に非常に異なるグループの垣根を越えて、共通の知識が広がることによって成し遂げられたという側面もあったのだ。

1万年前に東の人類集団の間に見られた大きな差異は、西ユーラシアの広大な地域全体にわたってもっと広範囲に見られたパターンの一例だった。わたしたちのデータを解析したヨシフ・

ラザリディスが、およそ1万年前に西ユーラシアには少なくとも4つの主要な集団がいたことを発見したのだ。肥沃な三日月地帯の農耕民、イランの農耕民、中央および西ヨーロッパの狩猟採集民、東ヨーロッパの狩猟採集民の4つだ。これらの集団はどれも、現代のヨーロッパ人と東アジア人くらい、互いに異なっていた。系統に基づく人種の分類に関心のある学者がもし1万年前に生きていたなら、これらのグループも「人種」として分類しただろう。ただし、これらのグループはどれも、そのままの形では、もはや生存していない。

植物の栽培や動物の家畜化の技術の目覚ましい進歩によって、狩猟や採集に頼っていた時代より遥かに高い人口密度を維持できるようになったため、東の農耕民は移住や近隣集団との交流を活発に行うようになった。しかし、1つのグループが他のすべてを押しのけて絶滅に追いやるという、かつてヨーロッパでの狩猟採集民の拡散の際に一部で見られた図式とは違い、中東では、拡散するあらゆるグループが、先住のグループと混じり合い、のちの集団のDNAに寄与した。今のトルコにいた農耕民はヨーロッパにまで広がった。今のイスラエルやヨルダンにいた農耕民は東アフリカに広がり、彼らの遺伝的遺産は今のエチオピアに最も多く残っている。今のイランにいた農耕民と同族の農耕民は、黒海やカスピ海の北のステップ地帯はもちろんインドにまで達し、地元の集団と混じり合って牧畜に基づく新しい経済圏を打ち立てた。そしてこの農業革命によって、農作物の栽培に適さない地域にまで農業が広がった。異なる食物生産集団が互いに混じり合うこともあり、5000年前ごろ以降の青銅器時代にいろいろな技術が発展してくると、交雑はさらに盛んになった。西ユーラシアの集団が互いに交雑した結果、青銅器時代には、遺伝的な差異が現在見られるような非常に小さいレベルにまで下がった。これは技術――この場合は栽培や家畜化という技術――が、単に文化的な均一化だけでなく遺伝的な均一化にも影響したことを示す驚くべき例と言える。産業革命や情報革命によってわたしたち自身の時代に起こっている変化は、人類の歴史において決して特異な出来事ではないのがわかる。

こうした非常に異なった集団が融合してこんにちの西ユーラシア人になったことは、青い目に白い肌、金髪という典型的な北ヨーロッパ人の風貌とみなされるものにはっきり表れている。古代DNAの解析によって、8000年前ごろの西ユーラシアの狩猟採集民は青い目に濃い色の肌、黒っぽい髪という、今では珍しい組み合わせの風貌だったと判明した。[33] ヨーロッパの最初の農耕民のほとんどは、肌の色は明るかったが髪は暗い色で茶色の目をしていた。つまりヨーロッパ人の明るい肌色は、おもに移住してきた農耕民から来ている。[34] 典型的なヨーロッパ人の金髪をもたらした変異の最古の例として知られているのは、シベリア東部のバイカル湖地帯で見つかった1万7000年前の古代北ユーラシア人だ。[35] こんにちの中央および西ヨーロッパにはこの変異のコピーが何億も存在するわけだが、その起源は古代北ユーラシア人のDNAを持つ人々の大規模移住だった可能性が高い。[36] この出来事については次の章で紹介する。

人種という概念に対する批判はこれまでにもあったが、しっかりした科学的な根拠に基づくものではなかったため、それほど注目を集めていなかった。[37] ところが、ゴースト集団が広く拡散して交雑に寄与していたことが古代DNA革命によって発見された結果、驚いたことに、そうした批判にまた火がついている。1万年前から4000年前にかけての西ユーラシアの遺伝的な断層線が現在とはまったく違うものだったとわかり、人種というこんにちの分類が生物学の「純粋な」基本単位を反映していないことが明らかになったためだ。今わたしたちが目にするさまざまな区分は最近現れた現象で、その起源はくり返し起こった交雑と移住にある。古代DNA革命で明らかになった事実からすると、交雑はこれからも続くだろう。それは「わたしたちは何者なのか」という問いに答えるために欠かせない要素なのだ。起こったという事実を否定するのではなく、受け入れる必要がある。

ヨーロッパの3つの祖先集団はどのようにして1つにまとまったのか

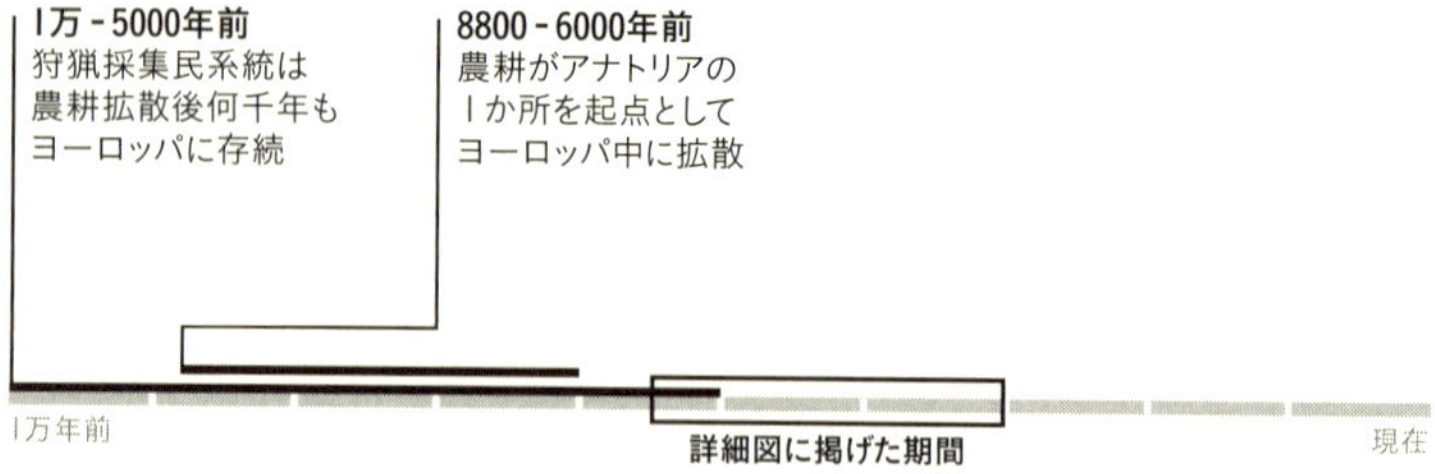

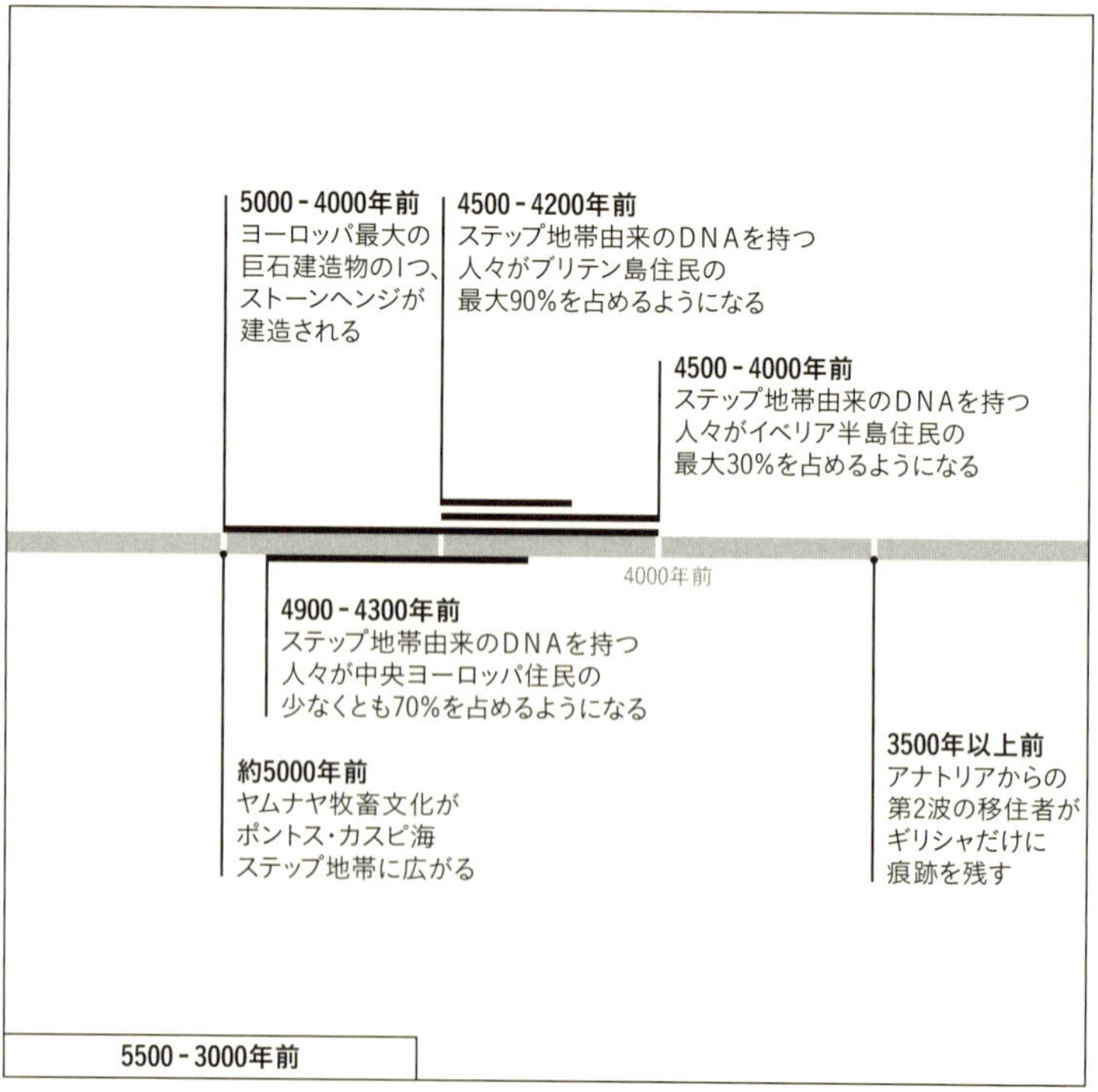

第5章　現代ヨーロッパの形成

奇妙なサルデーニャ

2009年、ヨアヒム・ブルガー率いる遺伝学者たちが、古代ヨーロッパの狩猟採集民とヨーロッパ最古の農耕民のミトコンドリアDNAをシークエンシングした[1]。ミトコンドリアDNAはゲノム全体から見ればその何十万分の1の長さしかないが、世界中の人々をいくつかの型にはっきり分類できるだけの多様性を含んでいる。古代の狩猟採集民はほぼすべて、あるミトコンドリアDNAタイプを持っていた。ところが、その後を継いだ農耕民はそうしたタイプを最大でも数パーセントしか持っていなかったうえ、そのDNAは南ヨーロッパおよび中東で現在見られるタイプに近かった。つまり、これらの農耕民は明らかに、ヨーロッパの狩猟採集民の子孫ではないのだ。

ただし、ミトコンドリアDNAはゲノムのほんの一部でしかない。この研究に続くいくつかの全ゲノム解析では奇妙な結果が得られた。2012年、遺伝学者のチームが「アイスマン」のゲ

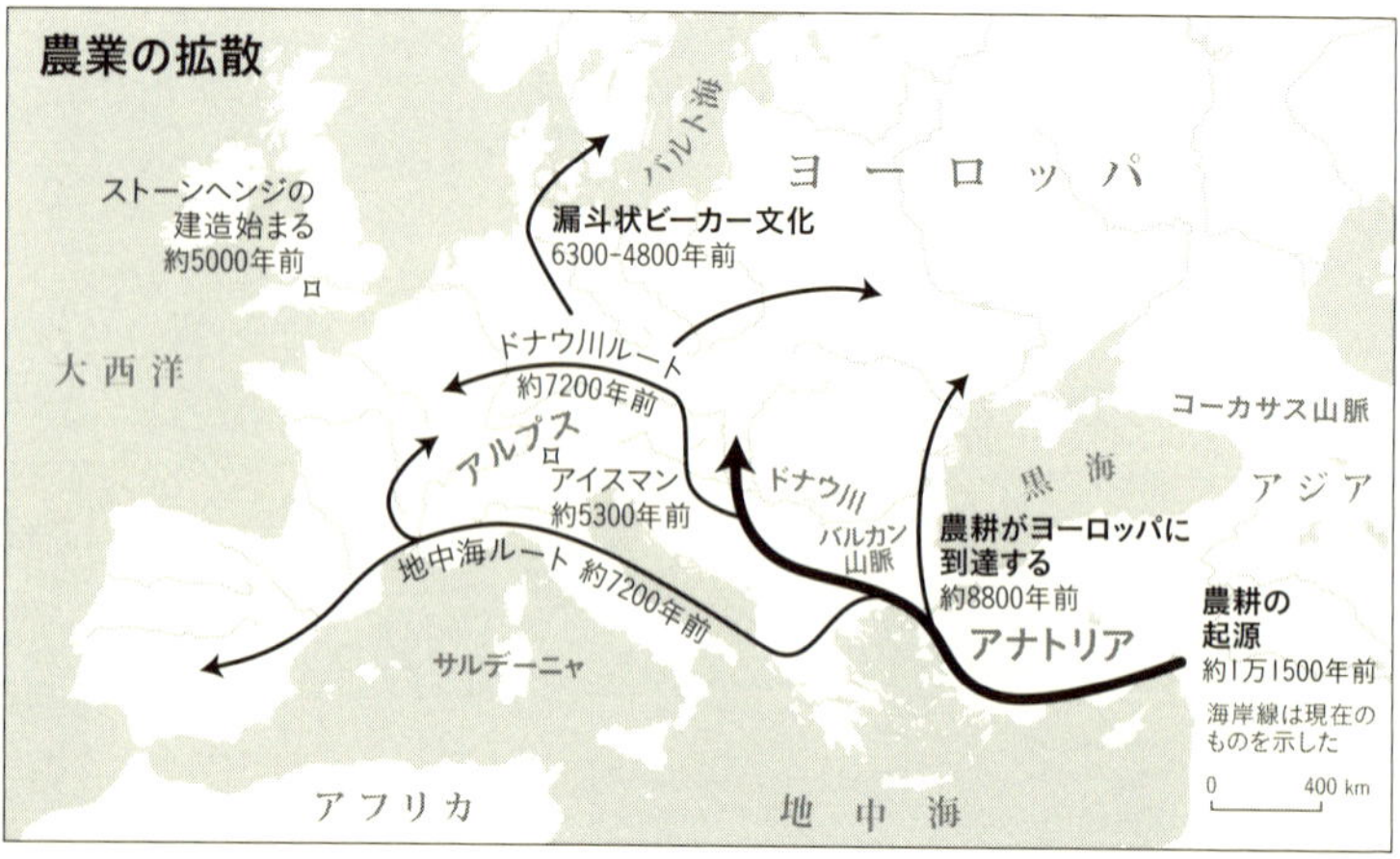

図 14a　考古学と言語学から、人類の文化に大規模な変容があった証拠が得られている。考古学的には、約 1 万 1500 年前から 5500 年前の間に農耕が中東からヨーロッパの遠い北西部まで広がり、この地域の経済活動に転換をもたらしたことを示す証拠がある。

ノムをシークエンシングした。1991年にアルプスの解けかかった氷河上で見つかったおよそ5300年前の天然のミイラである。[2]低温で体や装備が保存されていたおかげで、文字が伝わる何千年も前に驚くほど複雑な文化があったことを、まるでスナップ写真のように鮮明に見せてくれる。皮膚はたくさんの刺青《いれずみ》で覆われ、草を編んで作った上着と精巧に縫い上げた靴を身につけていた。銅の刃がついた斧と火をおこすための道具も携えていた。肩に食い込んだ矢尻と裂けた動脈から、矢で射られ、よろめきながら山道を登りつめて、そこで倒れたのだろうと推測される。歯のエナメル質に含まれるストロンチウム、鉛、酸素といった元素の同位体分析によって、同位体（その地域の岩石に由来し、地下水や植物に含まれる）が同様の比率で存在する近くの谷で育った可能性が高いと考えられた。[3]だがアイ

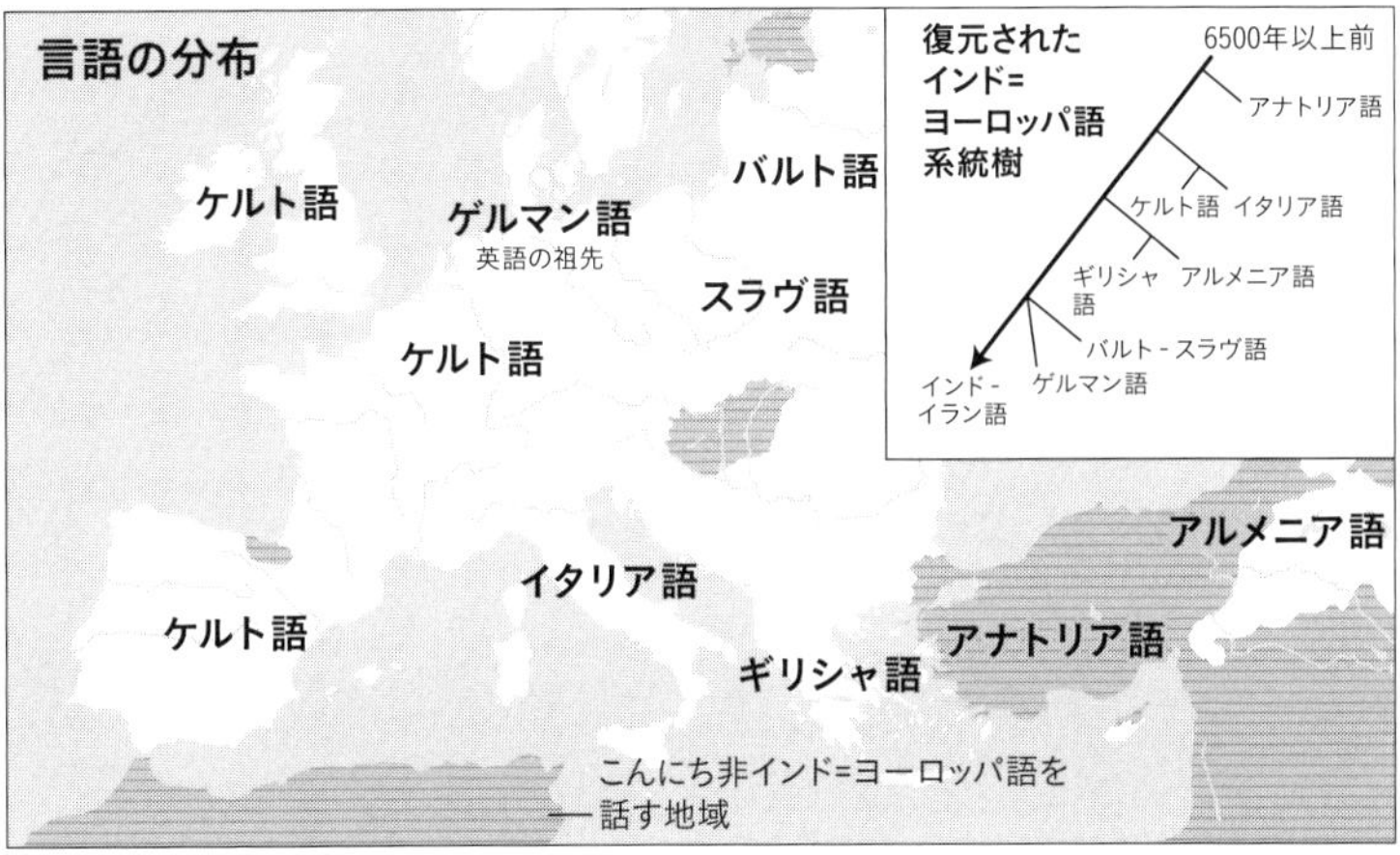

図 14b　ヨーロッパの言語は、約 6500 年前という比較的最近になって共通祖先言語から派生したインド=ヨーロッパ語族の大部分を占める（地図上の名称はインド=ヨーロッパ語のローマ帝国以前の分布を示す）。

スマンのＤＮＡデータによると、遺伝的にいちばん近い現代の親戚はアルプスの住人ではなく、地中海の島、サルデーニャの人々だった。

現代のサルデーニャ人とのこの奇妙なつながりが、その後もあちこちで顔を出す。アイスマンのゲノムが発表されたのと同じ年に、スウェーデン、ウプサラ大学のポントス・スコグルンド、マティアス・ヤーコブソーン、ならびに共同研究者たちが、およそ５０００年前のスウェーデンに住んでいた人のゲノム配列４つを発表した。[4] この研究以前は、この時代のスウェーデンの狩猟採集民はその数千年前に北ヨーロッパ（スウェーデンも含め）に住んでいた狩猟採集民の直接の子孫ではなく、バルト海の豊かな漁業資源を利用するために狩猟採集民の生活様式に順応した農耕民の子孫であるという説が主流だった。ところが古代DNAによって、この説が誤りであることが証明された。農耕民とこの時代の狩猟採集民は遺伝的に近い関係にあるどころか、現代のヨーロッパ人と東アジア人が違っているのとほぼ同じくらい、互いに違っていたのだ。そして農耕民はまたしても、サルデーニャ人とのあの奇妙なつながりを示した。

スコグルンドとヤーコブソーンは、この結果を説明するための新しいモデルを提案した。中東起源の祖先を持つ農耕民がヨーロッパ中に広がったが、途中で出会った狩猟採集民とはわずかしか混じり合わなかったというモデルだ。これはこのときまで一般的だったルカ・カヴァッリ＝スフォルツァによる農耕拡散モデルとはまったく違う。カヴァッリ＝スフォルツァのモデルでは、農耕の拡散中に地元の狩猟採集民との間で広範囲の交雑と交流があったことを強調していた。[5] 新しいモデルを使えば、5000年前ごろのスウェーデンの狩猟採集民と農耕民の間の遺伝的な著しい不一致を説明できる。それだけでなく、古代の農耕民が現代のサルデーニャ人と遺伝的に似通っている理由も説明できる。サルデーニャ人はおそらく、8000年前ごろにこの島に移住してきて先住の狩猟採集民のほとんどに取って代わった農耕民の子孫なのだ。彼らはサルデーニャ島にいて地理的に隔離されていたため、のちにヨーロッパ本土の集団を変容させた人口学的な出来事にほとんど影響されなかったのだろう。ここまではいい。この新しいモデルで5000年前ごろまでのヨーロッパ人の遺伝的構成はだいたい説明できる。しかし、スコグルンドとヤーコブソーンはさらに一歩進めて、狩猟採集民と農耕民というこの2つの源が、現代ヨーロッパ人のほぼあらゆる系統に寄与した可能性があると主張した。ここで彼らは非常に重要なことを見落としていた。

水平線上の雲

2012年には、現代ヨーロッパ人の祖先はどこから来たのかという大きな疑問に答えが出たかに思われた。ただし、うまく当てはまらない観察結果が1つあった。

この年、ニック・パターソンが3集団テストで得た結果を発表したのだが、それは当惑させられるようなものだった。前の章で述べたように、現代北ヨーロッパ人の変異頻度が、南ヨーロッパ人とアメリカ先住民の中間に来たのだ。そこで彼は、この結果は「ゴースト集団」、つまり古代北ユーラシア人の存在によって説明できるという仮説を立てた。古代北ユーラシア人が1万5000年以上前にユーラシアの北部一帯に広がって、ベーリング陸橋を渡ってアメリカ大陸に移住した集団と北ヨーロッパ人の両方に寄与したというのだ。[6] その1年後、エスケ・ヴィラースレウと共同研究者たちが、予想された古代北ユーラシア人にぴったりの古代DNAをシベリアの試料から取得した。そのマリタの個体の骨格は約2万4000年前のものだった。[7]

古代北ユーラシア人がこんにちの北ヨーロッパ人に寄与したという発見と、先住のヨーロッパ狩猟採集民とアナトリアから流入した農耕民が混じり合ったという、古代DNA解析で直接得られた結果を、どうすればうまく調和させることができるのだろう？　8000年前から5000年前の間の狩猟採集民と農耕民の古代DNAデータがさらに追加されるにつれ、状況はますます不透明になっていった。そうしたデータは先住のヨーロッパ狩猟採集民とアナトリアから流入した農耕民の混じり合いというモデルによく合致し、古代北ユーラシア人のＤＮＡの寄与を示す証拠はまったくなかったのだ。[8] 何か根本的な変化をもたらすようなことがその後起こったに違いない。移住者の新しい流れがやって来て古代北ユーラシア人のＤＮＡをもたらし、ヨーロッパを変容させたとしか考えられない。

２０１４年から２０１５年にかけて、古代ＤＮＡの研究仲間、特にわたしの研究室が、ドイツやスペイン、ハンガリー、それに遠い東ヨーロッパのステップ地帯の古代ヨーロッパ人と、アナトリアの最初期の農耕民から採取された２００体以上のデータを発表した。[9] このデータをもとに、わたしの研究室のヨシフ・ラザリディスが古代の人々と現代の西ユーラシアの人々を比較して、古代北ユーラシア人のＤＮＡがこの５０００年の間にどのようにしてヨーロッパに入ったのかを解明した。

まず主成分分析という統計的解析手法を行って、試料間の差異を最も効果的に検出できる変異頻度の組み合わせを特定した。分析に当たって、幸いなことにわたしたちはゲノム上の60万前後の変異箇所に関する極めて解像度の高いデータを利用できた。カヴァッリ＝スフォルツァが１９９４年の著書に記したのより１万倍も多い。[10] カヴァッリ＝スフォルツァは各個人の主成分〔個人の特徴を総合的に示す少数の指標〕の数値を世界地図に記入し、そこから遺伝的多様性の主成分の概要を理解しようとしたわけだが、わたしたちにはもっと詳細な解析が可能だった。各個人に１つの点を割り当て、２つの主成分に対してどの位置に来るかに応じてプロットしたのだ。現代の西ユーラシア人

800人近くをプロットした散布図上には2組の平行な帯状分布域が現れた。左側の帯にほぼすべてのヨーロッパ人が含まれ、右側の帯にほぼすべての中東人が含まれていて、その間には明確な隔たりがあった。古代試料もすべて同じ図上にプロットすると、その位置が時と共に変わっていくのが見て取れた。過去8000年のヨーロッパ史が目の前に展開し、超スローモーション撮影ビデオを再生したように、現代ヨーロッパ人が、今の自分たちとはほとんど類似性のない系統の集団からどのようにして形成されたのかを見せてくれたのだ。[11]

最初に移動して来たのは狩猟採集民で、彼ら自身が、前の章で述べたように先行する3万5000年にわたる一連の集団変容の産物だった。その最後の出来事が、1万4000年前ごろに南東ヨーロッパから押し寄せて、先に居住していた集団の大部分に取って代わった人々の大規模な拡散だ。[12] 主成分分析図では、この時代にヨーロッパに住んでいた狩猟採集民は、ヨーロッパと中東の差を測定する軸に沿って現代ヨーロッパ人の上方に来た。これは彼らが現代ヨーロッパ人のDNAに寄与したが、現代中東人のDNAには寄与しなかったことと辻褄《つじつま》が合う。

2番目に来たのが最初の農耕民で、およそ8800年前から4500年前にかけてドイツ、スペイン、ハンガリー、アナトリアに住んだ。これらの地域の古代農耕民はすべて現代のサルデーニャ人と遺伝的に近縁で、これは次のようなことを示しているようだ。最初の農耕民集団がおそらくアナトリアからギリシャに移住し、そこから西のイベリア半島と北のドイツに広がったが、最初の移住者のDNAを少なくとも90パーセント保持したままだった。つまり途中で出会った狩猟採集民とはほんのわずかしか混じり合わなかった。ところがさらに詳しく調べると、それほど単純な話ではないことがわかった。6000年前ごろにギリシャ南部のペロポネソス半島に住んでいた農耕民は、そのDNAの一部をアナトリアの別の集団から受け継いでいた可能性があることも判明したのだ。この集団は、ヨーロッパのその他の農耕民の原集団と考えられる北西アナトリアの農民に比べて、イラン人とつながりのある集団から多くのDNAを受け継いでいた。[13] ヨーロッパで最初に農耕を行ったのはペロポネソス半島および付近のクレタ島の人々だが、彼らは土器を使わなかった。そのため、彼らはまた別の移住者なのではないかと考える考古学者もいる。[14] わたしたちの古代DNA解析はこの考えに合致し、この集団が何千年も存続した可能性を示唆している。

3番目に、わたしたちは6000年前から4500年前にかけて生きていた農耕民に新たな展開があったことを突きとめた。これらの後期の農耕民の多くに、狩猟採集民ゲノムへの偏移が20パーセント程度多く観察されたのだ。こうした偏移は初期の農耕民にはなく、先に居住していた人々と新しくやって来た人々との間で、2000年の遅れはあったものの遺伝的な混じり合いが始まったことを意味していた。[15]

狩猟採集民の文化は農耕とどのように共存していたのだろうか？そのヒントとなったのが、墓から出土した装飾のある粘土の壺に因ん

↖図15　この散布図は現代人（灰色の点）と古代西ユーラシア人（黒点および白抜き点）の遺伝的多様性の主成分勾配の統計分析を示す。1万年前、西ユーラシアはこんにちのヨーロッパ人と東アジア人ほども差のある4つの集団のふるさとだった。9000年前から5000年前のヨーロッパと西アナトリアの農耕民は、西ヨーロッパ狩猟採集民（Ⓐ）、レヴァント人農耕民（Ⓒ）、イラン人農耕民（Ⓓ）が混じり合ってできた集団だった。一方で、5000年前ごろの黒海およびカスピ海北方のステップ地帯の牧畜民は、東ヨーロッパ狩猟採集民（Ⓑ）とイラン人農耕民（Ⓓ）の混じり合いでできた集団だった。青銅器時代にこれらの交雑集団がさらに混じり合って、こんにちの人々と似たDNAの集団を形成した。〔＊図中の「クライン」は、形質や遺伝的構成において、連続的でゆるやかな勾配が見られる地理的領域のこと〕

こんにちの西ユーラシア人の遺伝的起源

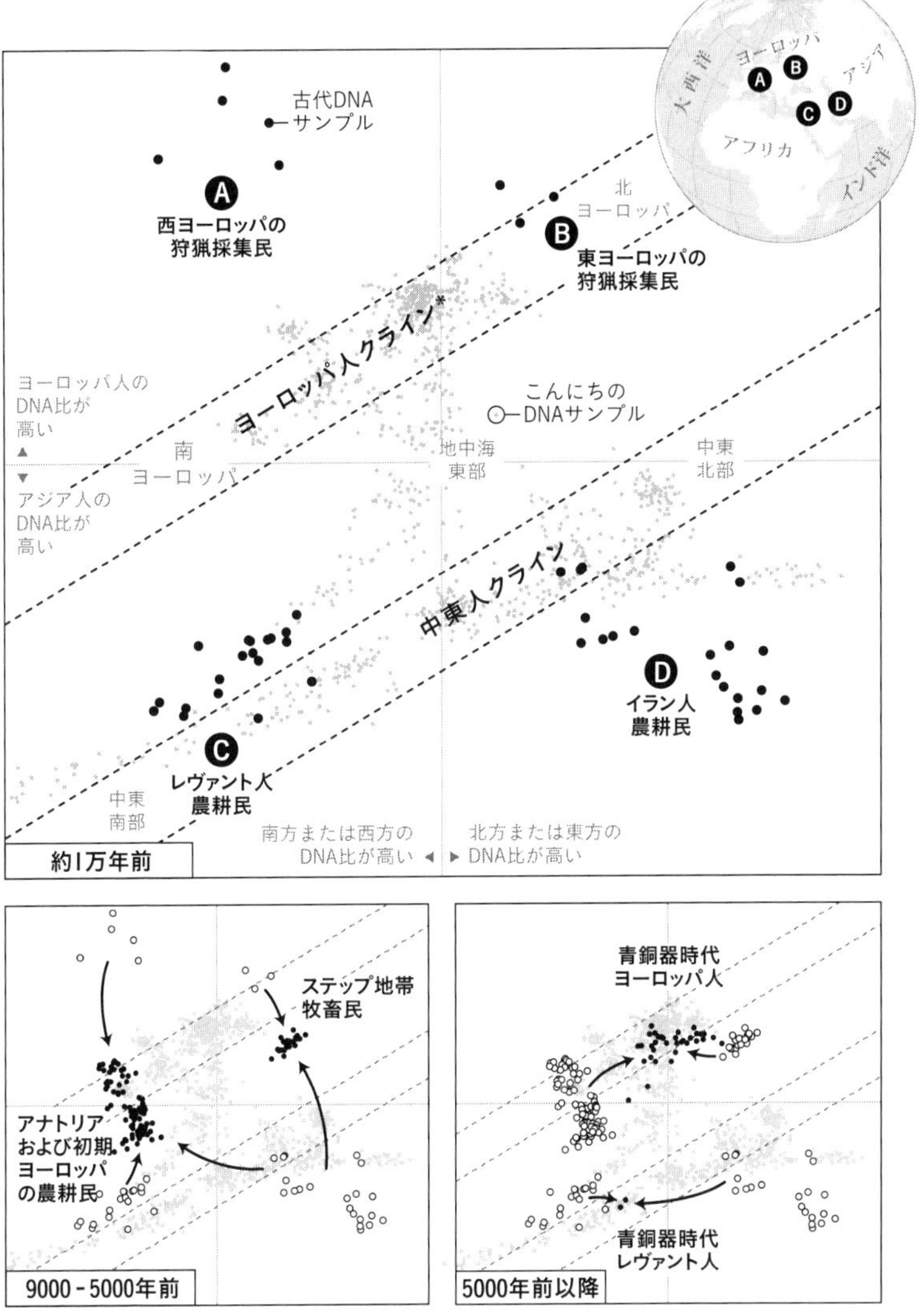

で名づけられた漏斗状ビーカー文化だ。この文化はおよそ6300年前ごろに、バルト海から数百キロ離れた帯状の地域で起こった。この地域に農耕民の第一波が到達しなかったのは、彼らの農法が北ヨーロッパの重い粘土質土壌には適さなかったからだろう。北の狩猟採集民は、農耕がむずかしい環境という砦に守られ、バルト海地域の魚と動物を糧としていたため、農耕という新しい波に順応するための時間を1000年以上持てたのだ。彼らは南方の隣人から家畜化された動物、次いで農作物を導入したが、狩猟採集民の生活様式の多くは手放さなかった。漏斗状ビーカー文化では巨石建造物が造られ、動かすには何十人もの人手が必要だったと思われるような巨大な石でできた集団墳墓もある。考古学者のコリン・レンフルーによれば、巨石建造物自体が、南方の農耕民と、農耕民に転じた狩猟採集民との間の境界線を示すとも考えられるという。縄張りを主張し、自分たちの仲間と文化をよその集団と文化から区別する1つの方法だったのだろう。[16]おそらく、そうした交流の証拠となるのが、交雑集団への新たな移住者の流入をはっきり示す遺伝学的データだ。6000年前から5000年前にかけて、北方の遺伝子プールは大部分が農耕民の系統に置き換わっている。ささやかな量の狩猟採集民のDNAと大量のアナトリア農耕民のDNAが混じり合ったのだ。狩猟採集民文化の要素をほぼ保ったままの集団内で起こったこの混じり合いが、漏斗状ビーカー文化の土器製作者とその他多くの同時代のヨーロッパ人の特徴となっている。

ヨーロッパは新たな平衡状態に達していた。交雑しなかった狩猟採集民は姿を消していき、スウェーデン南部の島々のような孤立地帯でのみ、存続した。南東ヨーロッパでは、定住した農耕民集団が当時としては最も社会階層の発達した社会を作り上げた。考古学者のマリヤ・ギンブタスによれば、女性を中心とする儀式が行われたという点で、その後に続く男性中心の儀式の社会とは大きく違っていた[17]。遠く離れたブリテン島では、人の手によるそれまでで最大の遺物となる巨石建造物が造られていた。それがストーンヘンジの列石群で、ブリテン島の遠い片隅からもたらされた品物が示すように、ブリテン島全域から人々が訪れる巡礼の地となった。ストーンヘンジの建造者のような人々は、神々に捧げる壮大な神殿や死者のための墓所を建てていたのだが、数百年もしないうちに子孫がいなくなり、自分たちの土地が侵略されることになろうとは知る由もなかっただろう。古代DNAから浮かび上がってくるのは、現存する北ヨーロッパ人すべてのおもな祖先が、わずか5000年前にはまだやって来ていなかったという驚くべき事実だ。

東からの潮流

ステップの草原地帯は、中央ヨーロッパから中国へ約8000キロにわたって延びている。5000年前より前については、考古学的な証拠から、川の流域から離れたところには人が住んでいなかったことがわかっている。雨が少なすぎて農業ができず、動物が水を飲める場所が少なすぎて牧畜もできなかったからだ。ステップのうちヨーロッパ側3分の1には、それぞれ独自の様式の土器を持つ地方文化がごちゃごちゃと入り乱れ、水が見つかる場所に点々と広がっていた[18]。

こうした風景も、5000年前ごろのヤムナヤ文化の登場で一変する。ヤムナヤ文化の経済活動は羊と牛の牧畜の上に成り立っていた。この文化は、ステップとその周辺にすでにあったさまざまな文化から生まれたのだが、それらよりも遥かに効率よくステップの資源を利用している。ヨーロッパのハンガリーから中央アジアのアルタイ山脈のふもとまで広がり、先行した異質な要素を含む文化にあちこちで取って代わって、均一な生活様式を普及させた。

ヤムナヤ文化の拡散を推し進めた原動力の1つは車輪の発明だった。この文化の隆盛の少なくとも数百年前に発明されたが、いったん現れるとユーラシア中にあっという間に広まったため、正確にどの地域で生まれたのかはわからない。車輪を用いた荷車は、南方の隣人、つまり黒海とカスピ海の間のコーカサス地域のマイコープ文化から、ヤムナヤ文化に取り入れられたのかもしれない。ユーラシアの多くの文化と同じように、マイコープ文化にとっても車輪は非常に重要だったが、ステップ地帯の人々にとってはさらに重要な意味を持っていた。まったく新しい経済活動と文化をもたらしたからだ。荷車に動物をつなぐことによって、ヤムナヤの人々は水や補給物資を開けたステップまで運搬できるようになり、それまでは手が出せなかった広大な土地を利用できるようになった。もう1つの新機軸が、ステップのさらに東部でそのころ家畜化されていた馬の導入だった。馬の乗り手が1人いれば、徒歩で追うより何倍も多くの家畜を管理できるため、牧畜の効率が高まった。ヤムナヤ文化では生産性も飛躍的に向上したのだ。[19]

ヤムナヤ文化と共に文化の全面的な変容が始まったことは、ステップ地帯を研究する多くの考古学者にとって疑う余地のない事実だ。ステップの土地がいっそう効果的に利用されるようになるのと同時に、恒久的な住居がほぼ完全に姿を消した。ヤムナヤ文化が遺した建造物はほぼすべてが墓、つまりクルガンと呼ばれる巨大な土の塚だ。クルガンには荷車と馬も一緒に埋められている場合があり、彼らの生活にとって馬が重要な存在であったことがしのばれる。車輪と馬が経済活動をあまりにも大きく変えたため、人々はついに村落での生活を捨て、移動しながら暮らすようになった。古代版トレーラーハウスというわけだ。

2015年に古代DNAデータ量が爆発的に増加するまでは、大半の考古学者が、ヤムナヤ文化の拡散によって起きた遺伝的変化は、考古学的変化ほど劇的ではないと考えていた。デイヴィッド・アンソニーは、ヤムナヤ文化の拡散がユーラシアの歴史を一変させたという説を唱えた代表的な考古学者だが、その彼でさえ、この文化の拡散が大規模な移住によって進行したとまでは言っていない。代わりに彼は、ヤムナヤ文化は大半が知識の伝播《でんぱ》と模倣を通じて広がったと提唱した。[20]

ところが遺伝学によって、そうではなかったことが立証された。ヤムナヤ文化の遺跡から得られたDNAをわたしの研究室のヨシフ・ラザリディスの主導で解析したところ、それ以前の中央ヨーロッパには存在しなかったDNAの組み合わせが見つかったのだ。このヤムナヤのDNAこそ、欠けていた材料だった。こんにちヨーロッパで観察される系統を作るには、まさにこのタイプの系統を、初期ヨーロッパの農耕民と狩猟採集民に加える必要があったのだ。[21]この古代DNAデータは、ヤムナヤ自体がそれ以前の集団からどのようにして形成されたのかも教えてくれた。7000年前から5000年前まで、ステップには南方に起源を持つ集団が着実に流入し続けるのが観察される。南方起源であることは、その集団と古代および現代のアルメニアとイランの人々との遺伝的類似から明らかだった。やがてヤムナヤ文化となって実を結んだ集団には、この2つの祖先からのDNAがほぼ1対1で含まれていた。[22]移住は黒海とカスピ海の間のコーカサス地峡を介して行われたと考えていいだろう。ヴォルフガング・ハーク、ヨハネス・クラウゼ、それに共同研究者たちの作成した古代DNAデータによって、北コーカサスの集団がこのタイプのDNAを、ヤムナヤ文化の前のマイコープ文化の時代まで持ち続けたことが立証された。

マイコープ文化の人々あるいは彼らに先行するコーカサスの人々がヤムナヤに遺伝的な寄与をしたという証拠は、マイコープ文化がヤムナヤに与えた文化的な影響を考えると、別に驚くには当たらない。マイコープはヤムナヤに荷馬車の技術を伝えただけではない。その後何千年にもわたってステップ文化を特徴づけるクルガンを最初に造ったのも彼らだった。マイコープ文化の土地にイラン人とアルメニア人に関連のある系統が南方から進入したことは、マイコープ文化の人工遺物に、南方のメソポタミアのウルク文明の影響が色濃く見られることからも間違いないと思われる。メソポタミアには鉱物資源が乏しく、ウルク文明では北方との交易や交換が行われていた。その証拠に、北コーカサスの定住地でウルクの人工遺物が見つかっている。[23]こうした南方からの人の流入が、どのような文化的プロセスで集団の構成に影響を与えたにしろ、いったんヤムナヤが形成されるとその子孫があらゆる方角に拡散した。[24]

中央ヨーロッパにやって来たステップ集団

ステップの集団が到達する直前の5000年前ごろは、中央ヨーロッパに住む人々の遺伝的系統は、9000年前から始まった移住でアナトリアからヨーロッパに入り込んだ最初の農耕民にほぼ由来するものだった。さらに、その農耕民と交雑した土着のヨーロッパの狩猟採集民からの寄与もわずかにあった。遠い東ヨーロッパでも、やはり5000年前ごろ、ヤムナヤの遺伝子構造にまた別の交雑が反映されていた。イラン人とつながりのある集団が東ヨーロッパの狩猟採集民と、ほぼ同じ割合で混ざり合ったのだ。ヨーロッパ農耕民と、ヤムナヤにつながりのあるステップのグループとの交雑による集団はまだ形成されていなかった。

中央ヨーロッパへのステップ集団の流入は、縄目文土器文化と呼ばれる古代文化の一翼を担う人々という形でやって来た。より合わせた紐を軟らかい粘土に押しつけて装飾を施した壺に因んで、こう呼ばれている。縄目文土器文化の特徴を持つ人工遺物は、およそ4900年前以降、スイスからヨーロッパロシアに至る広大な地域に広がり始めた。古代DNAデータによって、縄目文土器の始まりと共に、現代ヨーロッパ人に似たDNAを持つ個体が初めてヨーロッパに現れ始めたことが確認された。[25] ニック・パターソンとヨシフ・ラザリディスとわたしは新しい統計手法を考案して解析を行い、ドイツで縄目文土器と共に埋葬された人々が、そのDNAの約4分の3をヤムナヤとつながりのあるグループから受け継ぎ、残りをその地域の以前の住人だった農耕民とつながりのある人々から受け継いでいると推定した。流入したステップ集団の系統がそのときから今まで続いていることは、これ以降の北ヨーロッパのあらゆる考古学的文化に縄目文土器文化の影響が見られるだけでなく、現代のあらゆる北ヨーロッパ人にステップ集団のDNAが見つかることからも明らかだ。

こうした遺伝学的データによって、縄目文土器文化とヤムナヤ文化のつながりについて長く続いてきた考古学分野の論争に終止符が打たれた。この2つには、巨大な埋葬塚の建造、馬の重用や牧畜、それに、副葬品の大きなメイス（斧）に反映されるように暴力を礼賛する極めて男性中心的な文化など、驚くような類似点が多々ある。その一方で大きな違いもあり、特に目立つのがまったく異なるタイプの土器を作っていたことだ。縄目文様式の重要な要素は、それ以前の中央ヨーロッパの土器作りの様式を継承していた。だが遺伝学によって、縄目文土器文化とヤムナヤ文化の間のつながりが、人々の大規模な移動によるものであることが立証された。縄目文土器の作り手は少なくとも遺伝学的な意味では、ヤムナヤ文化の西方への拡張部分に当たるわけだ。

縄目文土器文化が、ステップ地帯から中央ヨーロッパへの大規模な移住を反映しているという発見は、単に無味乾燥な学問の世界での出来事には終わらなかった。政治的、歴史的に重要な意味を持っていたのだ。20世紀初頭のドイツの考古学者グスタフ・コッシナは、地理的に大きな範囲に広がっていた過去の文化は、人工遺物の様式の類似性によってその広がりを確認できるという考えを初めて述べた1人だった。彼はさらに考古学上の文化と人々を同義とみなして、物質的な文化の広がりを用いて古代の移住をたどることができるという考え方を初めて提唱し、この手法を「居住地考古学」と呼んだ。縄目文土器文化の地理的分布とゲルマン語を話す地域とが重なることを根拠に、ドイツ人とこんにちのゲルマン語派言語の文化的ルーツが縄目文土器文化にあると、コッシナは示唆した。小論「ドイツ東部の国境地方——ドイツ人固有の領土」で彼は、縄目文土器文化が当時のポーランド、チェコスロヴァキア、それにロシア西部にも広がっていたことから、ドイツ人にはそれらの地域を自分のものだと主張する権利があり、それは道徳的に正しいものだと述べた[26]。

コッシナの考え方に飛びついたのがナチだった。コッシナはナチが権力を握る前の1931年に死亡していたにもかかわらず、彼の学問的権威がナチのプロパガンダの根拠となり、東方に対する領有権の主張を正当化するために利用された[27]。考古学的記録に現れた変化は何よりも移住によって説明できるというコッシナの示唆も、ナチには魅力的だった。移住は、一部の人々の生まれながらの生物学的な優越性によって行われたのだと主張しやすく、彼らの人種差別的な世界観にとっては思うつぼだったからだ。第二次世界大戦後、考古学の政治利用に懲りたヨーロッパの考古学者は、コッシナやその共同研究者たちの主張をこき下ろすようになり、物質文化における変化が人の移動ではなく、地域の発明や模倣によってもたらされた例を熱心に挙げ始めた。そして、考古学記録に現れた変化を説明する際に、移住を持ち出すことを極端に警戒するようになった。今では、過去の文化的な変化に関しては、移住は多くの説明の1つに過ぎないというのが考古学者の共通認識となっている。遺跡で文化上の大きな変化の証拠が見つかった場合、その変化はアイディアのやり取りや地元での発明を反映しているのであって、必ずしも人々の移動を反映しているのではない――そうした前提に立って研究を進めるべきだと、多くの考古学者がいまだに主張している[28]。

縄目文土器文化について述べたすぐ後に移住について言及すると、特に大きな警報が鳴り響く。

その原因はコッシナとナチが縄目文土器文化を利用して、ゲルマン民族のアイデンティティを構築しようとしたことにある。[29] わたしたちが2015年に論文提出の最後の詰めをしていたとき、骨格標本を分けてくれたドイツの考古学者の1人が、論文の共同執筆者全員に次のような手紙を送ってよこした。「われわれは、いわゆる『居住地考古学』と同列に見られることを断じて避けなければならない(!)」。彼をはじめ数人の協力者は結局、論文の執筆者として名を連ねることを辞退した。その後わたしたちは論文を修正し、コッシナの主張とわたしたちの研究結果との違いを強調した。つまり、縄目文土器文化は東方からやって来たのであって、その文化の担い手だった人々はそれ以前から中央ヨーロッパに定住していたわけではない、と念を押したのだ。

縄目文土器文化が移住を通じて東方から広がったとする正しい説は、コッシナと同じ時代の考古学者V・ゴードン・チャイルドによって、すでに1920年代に提唱されていた。[30] けれども第二次世界大戦の影響が残る中では、とても持ち出せるような雰囲気ではなかった。ナチによる考古学の悪用に対する反動から、移住に肩入れする主張は何であれ、極端な疑いの目で見られたのだ。[31] こうしたなかにあって、ヤムナヤ文化と縄目文土器文化との遺伝学的なつながりを立証したわたしたちの解析結果は、古代DNAの圧倒的なパワーをまざまざと見せつけるものだった。古代DNAには人々の過去の移動を証明する力がある。このケースでは、たとえ移住説の最も熱心な支持者であっても、現代の考古学者があえて口にはしないような大規模な集団の置き換えを実証することができた。ステップ集団の遺伝的系統と、墓や人工遺物を通じて縄目文土器文化と関連づけられる人々とのつながりは、もはや単なる仮説ではない。今や証明済みの事実なのだ。

ステップにまばらに住んでいた羊飼いがどのようにして、中央および西ヨーロッパに密集して定住していた農耕民に取って代わることができたのだろうか？　考古学者のピーター・ベルウッドは、密集した農耕集団の定住地がいったんヨーロッパで確立されると、他のグループがそこに食い込んで人口統計学上の変化を起こすことは事実上不可能だったと指摘している。すでに定住している集団からすれば、比較にならないほど少人数だったと考えられるからだ。[32]　たとえば、英国あるいはムガール帝国によるインドの占領を考えてみるといい。どちらの勢力もインド亜大陸を何百年も支配したが、こんにちそこに住んでいる人々にその痕跡はほとんど残っていない。しかし古代DNAは、およそ4500年前にヨーロッパで大規模な集団置換が起こったことをはっきり示している。

ステップのDNAを持つ人々はいったいどうやって、すでに定住者のいる地域にそのような大きな影響を与えることができたのか？　1つの可能性として、彼らに先行した農耕民が、中央ヨーロッパで利用できる経済資源をすべて占有していたわけではないことが考えられる。ステップの人々の広がる余地を残していたのかもしれない。考古学的な証拠から集団の規模を推測することはむずかしいが、2000年前以前の北ヨーロッパの人口は、こんにちの100分の1以下だったと考えられる。今より農業の効率が悪く、殺虫剤や化学肥料もないうえに収量の多い改良品種もなく、乳児の死亡率が高かったためだ。[33]　縄目文土器文化が到来したころ、中央ヨーロッパの耕作地の多くは処女林に囲まれていた。だが、デンマークなどでの花粉遺物の分析から、このころ、北ヨーロッパの多くは森林の混じった土地から草原に転換されていたことがわかった。縄目文土器と共にやって来た人々が、森を伐り倒して風景の一部をステップに似たものにつくり替えたのかもしれない。それまでの住人が全面的に所有権を主張していたわけではない土地を切り開いて、自分たちが生きられる場所をつくったのだ。[34]

もう1つの理由として考えられるのが、古代DNAの解析以前には誰もそんなことがありうるとは思わなかったような説明だ。考古学者のクリスチャン・クリスチャンセンと共同研究をしていたエスケ・ヴィラースレウとシモン・ラスムッセンが、ヨーロッパとステップから採取した101件の古代DNA試料を対象に病原体の検査をすることを思いついた。[35] すると7件の試料から、700年前ごろにヨーロッパ、インド、中国の人口の推定3分の1を死滅させた黒死病の原因であるペスト菌のDNAが見つかった。歯からペスト菌の痕跡が検出されたのだから、その人がペストで死んだことはほぼ確実だ。シークエンシングしたペスト菌のゲノムには、ノミを介して広がる腺ペストを引き起こすのに必要な遺伝子がいくつか欠けていた。だが、インフルエンザのように咳やくしゃみで広がる肺ペストを起こすのに必要な遺伝子はそろっていた。無作為に選んだ墓の個体からかなりの割合でペスト菌が検出されたことは、この病気がステップの風土病だったことを示している。

ステップの人々がペストに感染して抵抗力をつけていたということは考えられないだろうか。彼らの持ち込んだペストによって免疫のない中央ヨーロッパの農耕民の数が激減した結果、縄目文土器文化の広がる道が開かれたという可能性はあるだろうか？　そうだとすれば、皮肉としか言いようがない。アメリカ先住民の人口が、1492年以降に壊滅状態となった大きな原因の1

つは、ヨーロッパ人が広げた感染症だった。家畜と密接な関わりを持って生きてきたヨーロッパ人はそうした病気に何千年もさらされたおかげで、ある程度免疫ができていたらしい。だが、家畜化された動物とはあまり縁のなかったアメリカ先住民は、抵抗性が非常に低かったのだろう。東方からもたらされた疫病によって、北ヨーロッパの農耕民が5000年前以降に同じように全滅に追い込まれ、ステップのDNAがヨーロッパ中に広がる下地ができたのだろうか。

ブリテン島が屈した経緯

中央ヨーロッパに押し寄せた後も、ステップのDNAは前進を続けた。縄目文土器文化が中央ヨーロッパを席巻した200年ほど後の4700年前ごろ、おそらく今のイベリア半島から、鐘状ビーカー文化が同じように劇的な拡大を始めた。その名前のもととなった鐘形の杯は、凝ったボタンや弓の射手の手首ガードといったその他の人工遺物と共に、西ヨーロッパの広大な地域に急速に広まった。物質に含まれるストロンチウムや鉛、酸素といった元素の同位体の比率は世界各地で特徴があるので、それを調べれば人や物の移動をたどれる。歯の同位体組成の調査から、鐘状ビーカー文化では一部の人々が生まれ故郷から何百キロも移動したことがわかっている。[36] 鐘状ビーカー文化は4500年前以降にブリテン島に広がった。

この文化の拡散に関しては、それが人の移動によって促進されたのか、それともアイディアの普及によって促進されたのかが常に問題となり、未解決の疑問として残っていた。20世紀初頭、鐘状ビーカー文化の大規模な影響が知られるようになると、「ビーカー民」というロマンチックな考えが生まれた。新しい文化と、おそらくはケルト語も広めた人々を指し、当時の愛国主義的な風潮に呼応するものだった。だが、縄目文土器文化に対してなされた主張と同じように、この概念も第二次世界大戦後は嫌われるようになった。

2017年、わたしの研究室では、鐘状ビーカー文化と結びつけられるヨーロッパ中の200体以上の骨格標本から、古代DNAの全ゲノムデータを集めることに成功した。[37] 博士研究員のイニゴ・オラルデによる解析で、イベリア半島の鐘状ビーカー文化の個体は、この文化の様式で埋葬されていなかったそれ以前の人々と遺伝学的に区別がつかないことが明らかになった。ところが鐘状ビーカー文化と結びつけられる中央ヨーロッパの個体はまったく違っていた。そのDNAの大部分はステップ由来で、イベリア半島の鐘状ビーカー文化の個体とはほとんど共通点がなかったのだ。つまり、東方からの縄目文土器文化の拡散のときとは違って、ヨーロッパでの鐘状ビーカー文化の最初の拡散は、移住ではなくアイディアの移動が仲立ちとなったらしい。

しかし、アイディアの普及によっていったん中央ヨーロッパに達すると、今度は移住を通じてさらに遠くまで広がった。この文化がブリテン島に広がる前は、わたしたちが解析したイギリスの何十もの古代DNA試料はどれ1つとして、ステップのDNAを持っていなかった。ところが4500年前以降は、何十もの古代イギリス人の試料はどれも大量のステップ由来DNAを持ち、イベリア半島の個体との特別な類縁関係はまったく示さなかった。ステップ由来DNAの含有率を測定してみると、ブリテン島の何十体もの鐘状ビーカー文化の骨格標本から抽出されたDNA

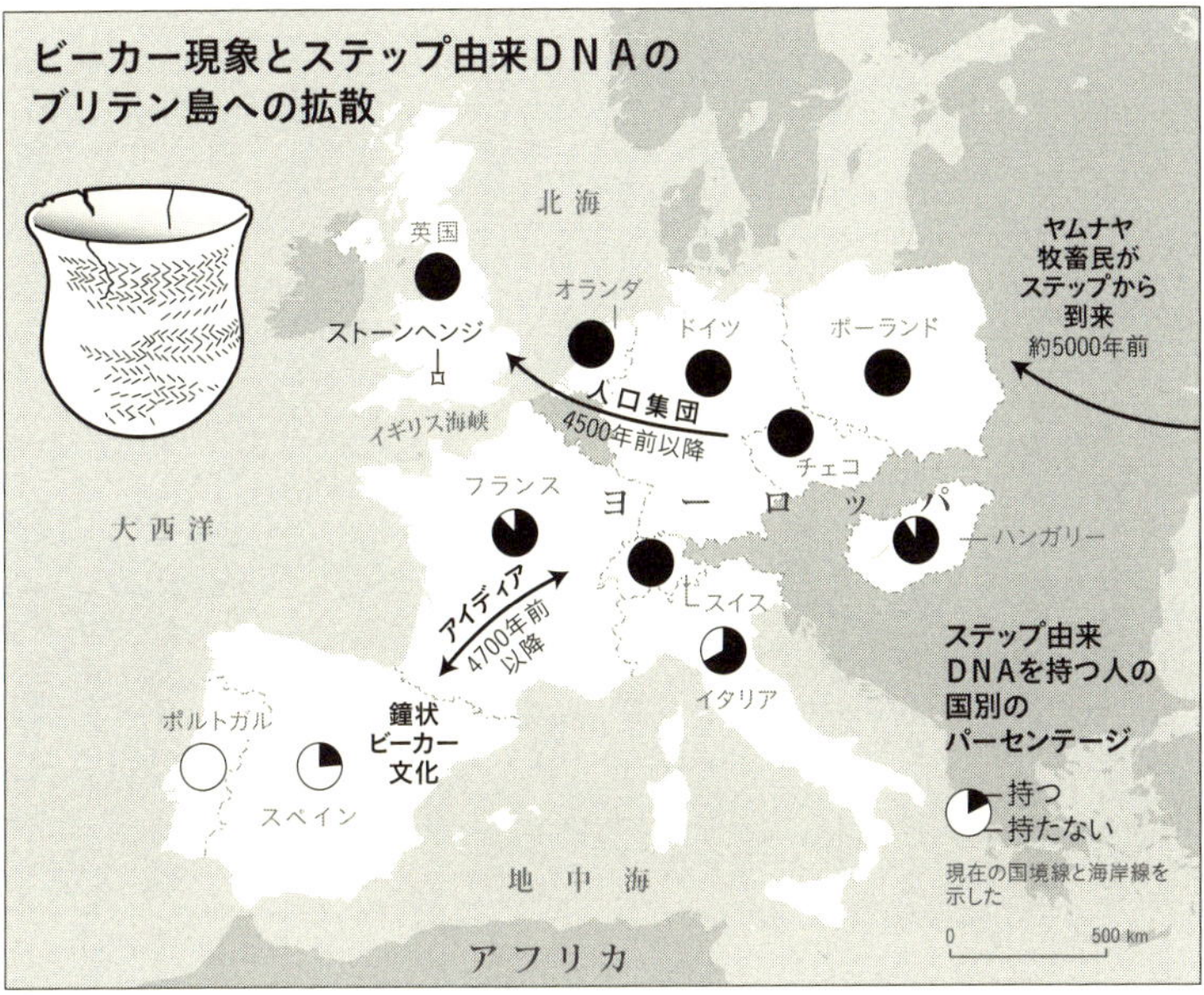

図16　現在のスペイン、ポルトガル、中央ヨーロッパでのビーカー様式杯の拡散は、DNAパターンの違いに反映されているように、人の移動によるものではなくアイディアの移動によるものだ。しかしイギリス諸島への拡散は大量移住を伴っていた。ストーンヘンジを造った集団（ヤムナヤ由来のDNAを持たない人々）の約90％が、そうしたDNAを持っていたヨーロッパ大陸からの人々に置き換わったことから、それがわかる。

における含有率は、イギリス海峡の対岸にある鐘状ビーカー文化の墓から出た骨格標本の含有率とよく一致した。この時代に大陸からイギリス諸島に流れ込んだ人々による遺伝学的な影響は恒久的なものだった。鐘状ビーカー時代に続く青銅器時代のイギリス人およびアイルランド人骨格は、[38]これらの島の最初の農耕民由来のDNAをせいぜい10パーセント前後しか持たず、残り90パーセントはオランダの鐘状ビーカー文化と結びつけられるような人々に由来するものだった。少なくとも縄目文土器文化の拡散に伴う置換と同じくらい、劇的な集団置換だったのだ。

すっかり評判を落とした「ビーカー民」という考え方がブリテン島については正しかったと判明したわけだが、ヨーロッパ大陸全体への鐘状ビーカー文化の拡散に対する説明としては間違っていた。このように古代DNAのおかげで、先史時代の文化の変遷についてはこれまでより微妙な差異も捉えられるようになっている。古代DNA研究の結果を受けて幾人かの考古学者が、鐘状ビーカー文化は一種の古代宗教とみなせるのではないかと指摘している。異なる背景を持つ人々に新しい世界観を持たせ、いわば思想的な溶媒として働いて、ステップのDNAと文化を中央および西ヨーロッパに拡散させて統合する役目を担ったのではないかというのだ。ハンガリーの鐘状ビーカー文化遺跡でわたしたちは、この文化が多様なDNAを持つ人々を幅広く受け入れた直接の証拠を発見した。鐘状ビーカー文化の様式に則って埋葬された人々の持つステップ由来DNAの割合が、0から75パーセント（縄目文土器文化と関連づけられた人々と同じくらい高い）と、実にさまざまだったのだ。

鐘状ビーカー文化の担い手たちが北西ヨーロッパにこれほど劇的に広がって、先に定住していた極めて洗練された集団を駆逐できたのはなぜだろう？　考古学者は鐘状ビーカー文化を縄目文土器文化とは非常に異なるものと見ている。縄目文土器文化もまた、ヤムナヤ文化とは非常に異なっていた。しかしながらこれら3つの文化はすべて、ステップ由来系統の東から西への大規模な拡散に関与しており、極めて異なった特性にもかかわらず、イデオロギーという面で何か共通点があったのかもしれない。

互いに何百キロも離れていた文化に共通の特性があったのではないかという推測は、科学者や考古学者を落ち着かない気分にさせる。だが、考えてみてほしい。遺伝学的な発見の前は、ヤムナヤ、縄目文土器、鐘状ビーカーのように、考古学的に見て互いに異なる文化が新しい世界観を共有した可能性があるなどと言おうものなら、絵空事としてきっぱりしりぞけられたに違いない。ところが今では、これらの文化を担った人々が大規模な移住によって結びついていたことがわかっている。また、その一部が前の文化を制圧した証拠が残っているため、そうした移住が大きな影響を与えたことが判明している。文化の直接の表れである言語の拡散にも、改めて目を向ける必要があるだろう。現在、ヨーロッパ人のほとんどが、密接なつながりのある言語を使っている。これは、いちどきにヨーロッパ中を席巻した新しい文化があったという証拠だ。共通の言語のヨーロッパ全域への拡散は、古代DNAによって実証された人々の拡散によって推進されたのだろうか?

インド=ヨーロッパ語の起源

インド=ヨーロッパ語の起源は先史時代の大きな謎の1つだ。密接なつながりを持つ言語が今、ヨーロッパのほぼ全域のほか、アルメニア、イラン、北インドで話されていて、中東に大きな断絶が見られる。中東ではそうした言語がこの5000年間、周辺部にしか存在しなかったことが、文字がこの地域で発明されたがゆえに(その文字の解読によって、話されていた言語がインド=ヨーロッパ語とはまったく異なることが判明したために）明らかになっている。

インド＝ヨーロッパ語族の間の類似性に初めて気づいた1人に、英領インドのコルカタ（旧カルカッタ）で判事をしていたウィリアム・ジョーンズがいる。ギリシャ語とラテン語を学生時代に習得し、古代インドの聖典の言語であるサンスクリット語にも造詣が深かった彼は、1786年に次のように述べている。「サンスクリット語は非常に古い言語かもしれないが、すばらしい構造を持っている。ギリシャ語より完璧で、ラテン語より豊かなうえ、そのどちらよりも端正でありながら、どちらに対しても、動詞の語根においても文法形式においても、偶然に生じたとは考えられないほど強い類似性を示す。あまりにもよく似ているため、これら3つの言語を調べた学者なら誰でも、何らかの共通の起源から派生したに違いないと考えるだろう。おそらくその起源となったものは、もう存在していないだろうが」[39]。これほど似た言語がどのようにしてこれほど広大な地域にわたって発達したのだろうかと、200年以上も前から学者は首をひねってきた。

1987年、コリン・レンフルーはインド＝ヨーロッパ語が現在のような地理的分布を達成した経緯についての統一理論を提示した。自著の『ことばの哲学』で彼は、こんにちのユーラシアのような広大な地域にわたって言語の均質化が見られることは、まったく同じ出来事がその全域に起こったと考えれば説明がつくと示唆した。それは農業をもたらした人々が9000年前以降にアナトリアから広がったことを指していた[40]。その根拠は、農耕がアナトリア人に経済的な強みを与え、ヨーロッパに大々的に広がることを可能にしたというものだった。人類学分野の研究では終始一貫して、小規模な社会であっても言語の変化を起こさせるには人々が大量に移住する必要があり、したがってインド=ヨーロッパ語の拡散のような大がかりな現象は大量移住によって促進された可能性が高いとされている。[41] アナトリアからの農耕の拡散後に、ヨーロッパへの大規模な移住があったことを示す確かな考古学的証拠はなく、密集して定住する農耕集団がいったん確立した後で他のグループがそこに足がかりを得られたとは思えないため、レンフルーとその同調者たちは、おそらく農耕の拡散がインド=ヨーロッパ語をヨーロッパにもたらしたのだと結論づけた。[42]

当時利用できたデータを考えれば、レンフルーの論理は称賛に値する。だが、アナトリアからの農耕の拡散がヨーロッパへのインド=ヨーロッパ語の拡散をもたらしたという説は、古代DNAの解析から得られた結果によってくつがえされている。縄目文土器文化の拡散に伴って、中央ヨーロッパへの大規模な人の移動が5000年前以降に起こったことが立証されたのだ。レンフルーは、人口学的に見て、ヨーロッパへの農耕の拡散後に言語の変換を引き起こすような規模の移住がもう一度起こったとは考えにくいという原理的確信に基づき、アナトリア仮説の魅力的な擁護論を組み立てて、多くの賛同者を得た。とはいえ、理論はデータに打ち負かされるのが常だ。ヤムナヤも大規模な人口学的影響を与えたことが、データによって立証されている。それどころか、こんにちの北ヨーロッパ全域にわたる遺伝的系統の唯一最大の源は、明らかにヤムナヤまたはそれと密接なつながりのあるグループなのだ。これはヤムナヤの拡大によってヨーロッパ中に新しい大きな言語グループが広がった可能性が高いことを意味する。ここ数千年にわたってヨーロッパにはインド=ヨーロッパ語が広く存在したこと、それにヤムナヤに関連した移住のほうが農耕に関連した移住よりも最近の出来事であることから、少なくともヨーロッパのインド＝ヨーロッパ語の一部、ひょっとすると全部が、ヤムナヤによって広がった可能性が高いと考えられる。[43]

アナトリア仮説のおもな対抗馬が、インド＝ヨーロッパ語は黒海およびカスピ海の北のステップから広がったとするステップ仮説だ。遺伝学的データが利用できるようになる前、ステップ仮説の代表的な擁護論は、デイヴィッド・アンソニーによって組み立てられた理論だった。彼は、現在のインド＝ヨーロッパ語の大多数に共通する語彙《ごい》が、約6000年前よりも遥か昔に起源を持つとは考えられないと指摘している。そのおもな根拠は、いちばん早く分岐したアナトリア語派を除き、インド＝ヨーロッパ語族の現存する分枝にはすべて、車軸、引き具棒、車輪など荷車に関する共通の凝った語彙があるという事実だ。アナトリア語派は古代ヒッタイト語のように、今はもう残っていない。アンソニーによれば、こうした語彙の共有は、東はインドから西は大西洋岸まで、こんにち話されているインド＝ヨーロッパ語がすべて、荷車を使っていた古代の集団が話していた言語の血を引いている証拠だという。その集団が約6000年前よりずっと昔に生きていたはずはない。考古学的な証拠から、車輪や荷車が広まったのはそのころだったことがわかっているからだ。[44]したがって時期的に見て、現在のインド＝ヨーロッパ語の大半を広めた候補から、9000年前から8000年前にかけてのアナトリア農耕民のヨーロッパへの拡散は除外される。というわけで、最も確実な候補は、5000年前ごろに普及した荷車と車輪というテクノロジーを重用したヤムナヤとなる。

ステップの牧畜民が、定住していた農業集団に取って代われるほど大規模な移住をして新しい言語を拡散させたという主張は、インドに関しては一見、ヨーロッパ以上に信じがたいように思える。インドはアフガニスタンの高い山脈でステップから守られていたのに対して、ヨーロッパにはそのような障壁はなかった。それでもステップの牧畜民はインドにも進出した。次章で述べるように、インドではほぼ全員が2つの非常に異なった祖先集団の混じり合いで生まれた集団の子孫で、祖先集団の片方はそのDNAの半分が直接ヤムナヤに由来する。

遺伝学的な発見によって、インド＝ヨーロッパ語の拡散にヤムナヤが中心的な役割を果たしたことが明らかとなり、ステップ仮説をいくらか変形させた説のほうが断然有利になったわけだが、そうした発見によってもまだ解けない疑問がある。インド＝ヨーロッパ語の祖語の発祥の地、すなわち、ヤムナヤが劇的に拡大する前にそうした言葉が話されていた場所はどこかという疑問だ。アナトリア諸語は、ヒッタイト帝国や隣接する古代文化の遺跡から見つかった4000年前の銘板によって知られているが、こんにち話されているあらゆるインド＝ヨーロッパ語に見られる荷車や車輪に関する語彙を完全に共有しているわけではない。この時代のアナトリアについて利用できる古代DNAには、ヤムナヤと似たステップ由来DNAはまったくない（ただし、ヒッタイトそのものからの古代DNAはまだ1つも発表されていないので、この点は今後変わるかもしれない）。このことから、わたしには、インド＝ヨーロッパ語を最初に話した集団のいた場所として最も可能性が高いのは、コーカサス山脈の南だったように思われる。たぶん今のイランまたはアルメニアではないだろうか。そのあたりに住んでいた人々から得られた古代DNAが、ヤムナヤおよび古代アナトリア人両方の祖先として推定される集団のDNAに適合するからだ。もしこのシナリオが正しいなら、その集団が分枝の1つをステップに送り出し、前にも述べたようにステップの狩猟採集民と1対1の比率で混じり合ってヤムナヤとなったのだろう。そして別の分枝がアナトリアに送り出されて、ヒッタイト語のような言葉を話す人々の祖先となったのだろう。

この分野に縁のない人からすれば、言語を巡る論争にDNAが決着をつけるなんて意外に思えるかもしれない。もちろん、人がどんな言葉を話しているかがDNAでわかるわけではない。だがDNAには、移住が起こったことを立証する力がある。人が移動すれば、それは文化の接触も起こったことを意味する。つまり、移住を遺伝学的に追跡すれば、文化と言語の拡散も追跡できるのだ。こうして、古代DNAによって、可能性のある移住ルートを追跡し、その他のルートを除外できたため、10年にも及ぶ膠着《こうちゃく》状態に決着がついて、インド＝ヨーロッパ語の起源に関する議論に終止符が打たれた。アナトリア仮説はいちばんの証拠を失い、ステップ仮説の最も一般的な型、つまり古代アナトリア諸語を含め、あらゆるインド＝ヨーロッパ語の究極の起源はステップにあるという説も、修正を迫られることとなった。DNAは遺伝学と考古学と言語学の新しいジンテーゼ（対立するものの統合）の中心となり、そのジンテーゼが今や時代遅れの理論に取って代わろうとしているのだ。

古代DNA革命による解析結果に基づいて人の移住を組み立てると、ほぼ常に、既存のモデルとは非常に異なるものになる。それを見ると、この新しいテクノロジーの発明前、わたしたちが人の移住や集団の形成について実はどれほど無知だったかを思い知らされる。インド＝ヨーロッパ人すなわち「アーリア人」を「純血」グループとみなす考え方が、19世紀以降のヨーロッパで民族主義的な感傷に火をつけた。[45] 真の「アーリア人」はケルト人か、チュートン人か、それとも別のグループかを巡って議論が交わされ、ナチの人種差別主義をますます煽ることとなった。遺伝学的データは一見、そうした考えの一部を支持するように思えて落ち着かない気持ちになるかもしれない。遺伝的に統一のとれた単一のグループが、インド＝ヨーロッパ語の多くを広げたと示唆しているからだ。ただしデータは、遺伝的系統の純粋さを前提としているという点において、そうした初期の議論が間違っていたことも明らかにした。インド＝ヨーロッパ語の最初の話し手が中東に住んでいたにしろヨーロッパに住んでいたにしろ、この言語を世界の広大な地域に広めた主導的なグループとされるヤムナヤは交雑によってできた集団だった。縄目文土器文化の担い手はさらに交雑が激しく、鐘状ビーカー文化と結びつけられる北西ヨーロッパ人はそれに輪をかけて交雑が進んでいた。人類の先史時代を形づくった重要な推進力は、極めて多様な集団の間の大規模な移住と交雑だったことが、古代ＤＮＡによって疑問の余地なく証明されたのだ。厳密な科学の前に、純血信仰への回帰をめざすイデオロギーは退散するほかないだろう。

南アジアの人口集団の歴史

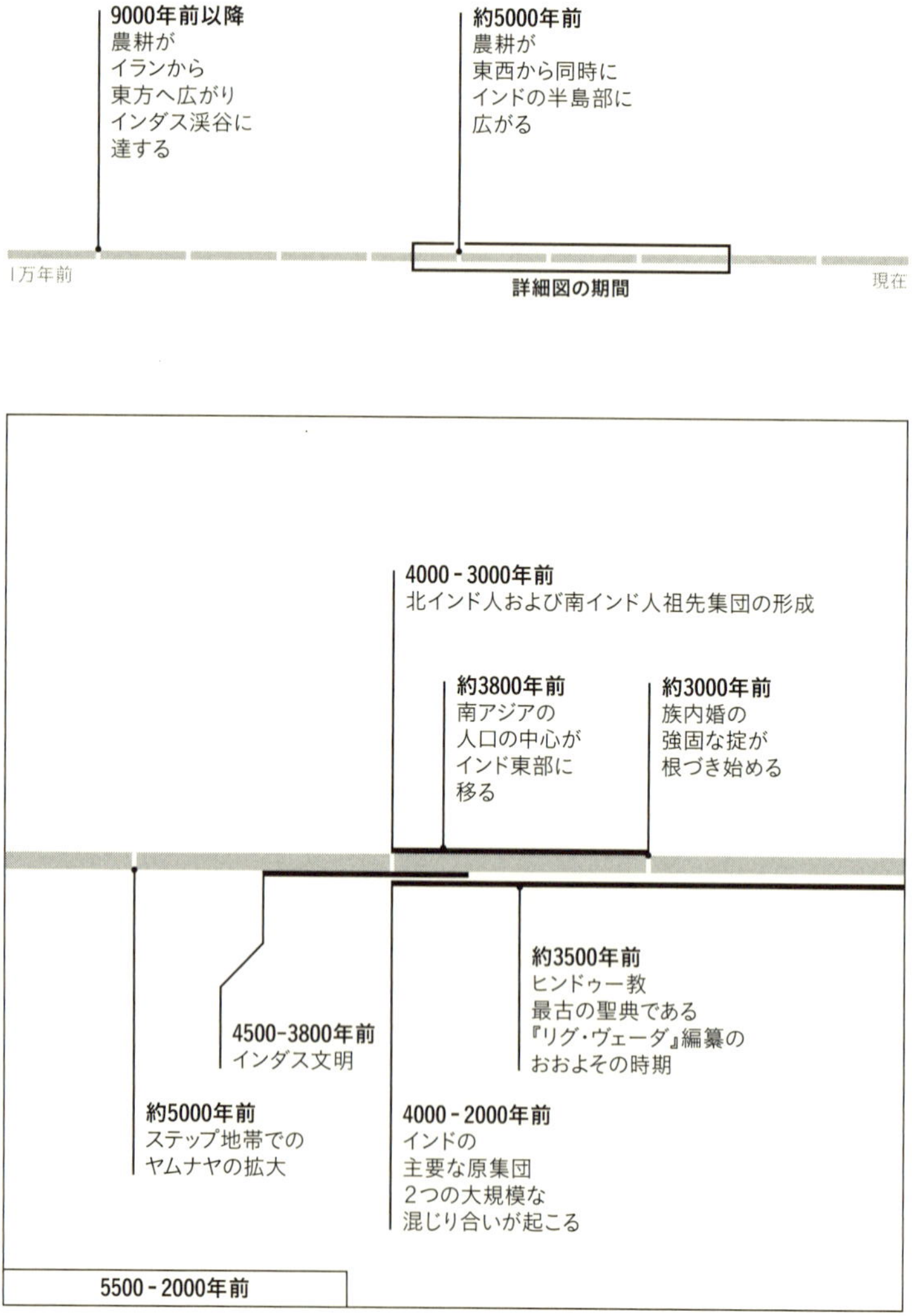

…第6章　インドをつくった衝突

インダス文明の没落

ヒンドゥー教最古の聖典『リグ・ヴェーダ』では、戦の神インドラが不純な敵「ダーサ」のもとに馬の引く戦車で乗りつけ、彼らの砦「プル」を破壊して、みずからの民「アリヤ」すなわちアーリア人のために土地と水を確保する。[1]

『リグ・ヴェーダ』は4000年前から3000年前ごろに古サンスクリット語で編纂《へんさん》されたが、その前の2000年ほどは口承で伝えられた。その数百年後に別の初期インド＝ヨーロッパ語で編纂された古代ギリシャの『イリアス』と『オデュッセイア』も、同じように最初は口承だった。[2]『リグ・ヴェーダ』は過去を覗く比類のない窓で、インド＝ヨーロッパ語が共通の源から拡散したころのインド＝ヨーロッパ文化がどのようなものだったのかを垣間見せてくれる。しかし、『リグ・ヴェーダ』の物語は現実の出来事とどの程度関連があるのだろう。「ダーサ」や「アリヤ」とは何者で、砦はどこにあったのだろう。そのようなことが本当に起こったのだろうか？

1920年代から1930年代にかけて、考古学によってそうした疑問に答えが出せるのではないかという期待が非常に高まり、盛んに発掘調査が行われた。古代文明の遺跡の発掘では、ハラッパーやモヘンジョダロをはじめ、パンジャブ州やシンド州のほかの場所でも、壁を巡らした4500年前から3800年前の都市の跡が発見された。今のパキスタンとインドの一部を流れるインダス川流域に点在するそうした都市や大小の町や村の中には、何万人もの人々が住んでいたところもあった。[3] ひょっとするとそれらが『リグ・ヴェーダ』の砦、つまり「プル」だったのだろうか？

インダス文明の都市は周囲を壁に囲まれ、碁盤の目のように街路が走っていた。周囲の沖積平野の農地からとれた穀物を蓄えるための広大な倉庫を備え、粘土、金、銅、貝殻、木材を加工する熟練した職人がいた。交易や商業活動も盛んで、石の重りや物差しが残っており、アフガニスタンやアラビア、メソポタミア、アフリカといった遠方との交易も行われていたようだ。[4] 人間や動物の姿を刻んだ装飾的な印章には、しばしば記号あるいはシンボルがついているが、その意味はまだ解読されていない。[5]

発掘が始まって以来、インダス文明については手書き文字のほかにも多くの謎が残っている。最大の謎はその没落の経緯だ。3800年前ごろ、インダス文明の定住地は縮小し、人口の中心が東方のガンジス川の平野に移った。[6] このころ、こんにち北インドで話されている大多数の言語の祖先にあたる古サンスクリット語で、『リグ・ヴェーダ』が編纂された。サンスクリット語は『リグ・ヴェーダ』編纂の何千年も前に、イランで話されていた言葉から派生した。インド＝イラン語派もヨーロッパで話されるほぼすべての言葉と近縁で、それらと共に大きなインド＝ヨーロッパ語族をつくり上げている。『リグ・ヴェーダ』には自然を支配し社会を統制する神々が登場し、イラン、ギリシャ、スカンディナヴィアなどインド＝ヨーロッパ語を話すユーラシアの他の地域の神話と明らかな類似が見られる。これもユーラシアの広大な地域にまたがる文化的なつながりのさらなる証拠と言える。[7]

インダス文明の崩壊は、インド＝ヨーロッパ語を話す移住者、いわゆるインド＝アーリア人が北と西からやって来たためだという説がある。『リグ・ヴェーダ』では、侵略者は戦闘用の二輪馬車に乗っていた。考古学調査によると、インダス文明は馬の使用が始まる前の社会だった。遺跡には馬の存在を示すはっきりした証拠がなく、スポークのある車輪のついた乗り物の遺物もないが、家畜に引かれた車輪つきのカートを模した粘土像がある。[8] 戦闘用の二輪馬車は青銅器時代のユーラシアの大量破壊兵器だった。インド＝アーリア人が新しい軍事技術で古いインダス文明に終焉《しゅうえん》をもたらしたのだろうか？

ハラッパー遺跡での最初の発掘以来、ヨーロッパとインド両方の民族主義者が「アーリア人侵略説」に飛びつき、客観的な視点での検証をむずかしくしている。ナチをはじめヨーロッパの人種差別主義者は、北ヨーロッパ人を思わせる白い肌の戦士が黒い肌の住民を征服してカースト制度を押しつけ、階層を超えた結婚を禁ずるというインド侵略説に魅力を感じた。ナチなどにとって、ヨーロッパをインドに結びつけ、しかもユダヤ人の住む中東とはほとんど関わりを持たないインド＝ヨーロッパ語族の拡散は、祖国から遠征して他の地域の人々を駆逐し従属させた古代の征服物語だった。いわば手本にしたい出来事だったのだ。[9] インド＝アーリア人の故郷はドイツを含む北ヨーロッパであると考える人たちもいた。また、ヴェーダ神話の特徴を自分たちのものとして取り入れ、『リグ・ヴェーダ』に出てくる言葉に因んで自分たちをアーリア人と呼び、ヒンドゥー教の幸運のシンボルである鉤十字も盗用した。[10]

ナチが移住とインド＝ヨーロッパ語の拡散に関心を持ったせいで、ヨーロッパには、移住によってインド＝ヨーロッパ語が広まった可能性を真面目に論じにくい雰囲気がある。[11] 同じようにインドでも、北からやって来たインド＝ヨーロッパ語を話す人々の手でインダス文明が倒された可能性に言及することがタブーとなっている。南アジア文化の重要な要素が、外部の影響を受けているかもしれないとほのめかすことになるからだ。

北方からの大量移住という考えが人気を失ったのは、行きすぎた政治利用だけが原因ではない。考古学的な遺物に表れた大きな文化上の変化が、必ずしも大規模な移住を意味するとは限らないと考古学者が気づいたせいでもある。実際、そうした集団移動が起こったことを示す考古学的な証拠はわずかだ。3800年前ごろの地層には、インダスの都市の炎上や略奪をうかがわせるような灰や破壊の跡をはっきりとどめた層はない。インダス文明の衰退はどちらかと言えば長い時間をかけて進行したらしく、何十年にもわたって人口の流出や環境の悪化が続いた証拠がある。しかし、考古学的な証拠がないからといって、外部からの大規模な侵入がなかったということにはならない。1600〜1500年前に、西ローマ帝国は拡大するゲルマン人の圧力に屈して崩壊した。西ゴート族とヴァンダル人がそれぞれローマを略奪し、ローマの属州を政治的に支配して、巨大な政治的・経済的打撃を西ローマ帝国に与えたのだ。とはいえ、今のところ、この時代のローマの都市の破壊を示す考古学的な証拠はほとんどなく、もし詳細な記録がなかったとしたら、そのような重要な出来事が起こったことはわからないままだったかもしれない[12]。インダス文明の場合も、人口の流出があったようには見えるものの、突然の変化をなかなか検出できないという考古学上の限界のせいで、真相が見えていない可能性もある。考古学によって明らかになった構図が邪魔をして、突然起こった出来事がかえって見えにくくなっているのかもしれない。

遺伝学に何かできることがあるだろうか？　遺伝学には、インダス文明の終わりに何が起こったのか示すことはできない。しかし、非常に異なる遺伝的系統を持った人々の衝突があったのかどうかは、遺伝学でわかる。DNAの混じり合いそのものが移住の証拠になるわけではないが、混じり合いを示す遺伝学的な証拠が見つかれば、集団の構成に劇的な変化があったことの証明となり、ハラッパーの衰退時期のあたりで文化的な変化が起こった可能性を証明できるのだ。

衝突の地

ヒマラヤの高い峰々は、1000万年前ごろにインドプレートがインド洋を北上してユーラシアに衝突した結果、形成された。現在のインドも文化と人々の衝突の産物だ。

農耕を考えてみよう。インド亜大陸は世界の穀倉地帯の1つで、現在、世界人口の4分の1を養っている。また、現生人類が5万年前以降にユーラシアに広がって以来の人口密集地の1つでもある。だが農耕はインドで生まれたわけではない。今のインド農業は、ユーラシアの2大農業システムがぶつかり合って生まれたものだ。中東の冬季降雨に適した穀物である小麦や大麦の栽培がインダス渓谷に普及したのは9000年前ごろ以降で、たとえばインダス渓谷の西端、今のパキスタンにあった古代のメヘルガル遺跡にその証拠が残っている。[13] 5000年前ごろに、地元の農耕民がモンスーン地帯の夏季降雨パターンに合うように改良することに成功した結果、これらの穀物がインドの半島部に広まった。[14] 中国のモンスーン型夏季降雨に適した穀物である米と雑穀も、5000年前ごろにはインドの半島部に達した。インドは中東と中国の穀物栽培システムが出合った初めての場所かもしれない。

言語も混じり合った。インド北部のインド=ヨーロッパ語は、イランおよびヨーロッパの言語と関連がある。南インドでおもに話されるドラヴィダ語は、南アジアの外の言語とは密接な関連がない。インド北部に並ぶ山岳地帯に住むグループが話すシナ=チベット語もあるし、東部や中央部にはカンボジア語やヴェトナム語に関連のあるオーストロアジア語を話す部族の住む小さな孤立地帯もある。これは、南アジアと東南アジアの一部に初めて稲作をもたらした人々の言葉に由来すると考えられる。『リグ・ヴェーダ』には、典型的なインド=ヨーロッパ語ではないため、古代ドラヴィダ語やオーストロアジア語から拝借したと思われる言葉がある。インドではこうしたいくつもの言語が、少なくとも3000〜4000年にわたって接触を持っていたようだ。[15]

インドの人々は外見もさまざまで、過去の交雑が一目瞭然だ。都市の通りをちょっとぶらついただけで、インド人がいかに多様な人々かよくわかる。肌の色は濃い色から薄い色までさまざまで、ヨーロッパ人のような顔つきの人もいれば、中国人に近い人もいる。このような違いは過去のある時点で起きた衝突による交雑を反映していて、交雑のさまざまな比率がこんにちのさまざまなグループとなって表れているのだろうと考えたくなる。だが外見の違いを過大解釈している可能性もないとは言えない。環境や食事によって、そうした違いが生じることもある。

インドでの最初の遺伝学的な調査では、一見矛盾する結果が出ている。母親から伝えられるミトコンドリアDNAを調べた研究者は、インド人のミトコンドリアDNAの大多数がこの亜大陸独特のものであることを発見した。また彼らの推定によると、インド人のミトコンドリアDNAのタイプと祖先を共有するのは、何万年も前に南アジアの外部で優勢だったタイプだけだった。[16]これは、母系についてはインド人の祖先が亜大陸の内部に長い間隔離されていて、西や東、北の隣接する集団と混じり合わなかったことを示唆している。ところが、それとは対照的に、父から息子に受け継がれるY染色体のかなりの部分は西ユーラシア人との密接な関係を示し、ヨーロッパ人や中央アジア人、中東人との交雑をうかがわせた。[17]

インドの歴史学者の中には、こうした一見矛盾する結果にあきれ果てて、遺伝学的情報などあてにならないとあきらめてしまう人もいる。遺伝学者が考古学や人類学、言語学といった分野の系統的な教育を受けているわけではないことも相互の誤解を助長している。遺伝学者は、人類の先史時代の研究を主導してきたそうした分野の研究データをまとめて結論を導き出す際に、初歩的な誤りを犯したり、すでに誤りと判明している考えにつまずいたりしがちだ。しかし、遺伝学を無視するというのは行き過ぎだろう。人類の過去を研究する分野では、わたしたち遺伝学者は新参の野蛮人かもしれないが、野蛮人を無視するとろくなことにならないものだ。わたしたちはこれまで誰も手にしたことがないようなタイプのデータに近づくことができる。そうしたデータを巧みに操って、古代の人々がどんな素性の人たちだったのかという、以前は手が出せなかった疑問に答えようとしているのだ。

小アンダマン島の孤立した人々

わたしが2007年にインドの先史時代を調べ始めたきっかけは1冊の本と手紙だった。

その本とはルカ・カヴァッリ＝スフォルツァの代表作『ヒトの遺伝子の歴史と地理』で、その中で彼は本土から数百キロのベンガル湾に浮かぶ島、アンダマン諸島に住む「ネグリト」に言及していた。アンダマン諸島は深い海という障壁により、現生人類がユーラシアに拡散した長い歴史の大半、隔離された状態だった。ただしいちばん大きな南アンダマン島はここ数百年の間に本土からの大きな影響を受けている（イギリスが植民地の刑務所として使った）。北センチネル島には、石器時代のまま取り残された世界最後のグループの1つが住んでいる。数百人規模で、現在はインド政府によって外部の干渉から守られているが、あまりにも世界から取り残されているため、2004年のインド洋大津波の際にはインドの救援ヘリに矢を射かけたほどだ。アンダマン人の話す言語はユーラシアのどの言語とも非常に異なっており、互いのつながりをたどれるような類似は一切ない。また外見も近くに住む人々とはまったく違っていて、体つきが華奢《きやしや》で髪がきつく縮れている。カヴァッリ＝スフォルツァは著書の一節で、「アンダマン人は、アフリカから最初に拡散し、隔離された状態で生きてきた人々の子孫ではないだろうか」と述べている。こんにちの非アフリカ人のほとんどの祖先のもととなった5万年前ごろの移住より前に、アフリカを出たのかもしれない。

これを読んで、わたしたちはインドのハイデラバードにある細胞・分子生物学センター（CCMB）のラジ・シンとクマラサミ・タンガラジに手紙を書いた。その数年前にシンとタンガラジが、アンダマン諸島の人々から得たミトコンドリアとY染色体のDNAについての論文を発表していたのだ。[18] 彼らの研究は、小アンダマン島の人々が何万年もユーラシア本土の人々から隔離されてきたことを立証していた。そこでわたしは、アンダマン人の全ゲノムの解析は可能かどうか尋ねてみた。それができれば、アンダマン人のさらに完全な像を描くことができる。

シンとタンガラジは共同研究に大いに乗り気で、すぐに、本土のインド人も含めたもっと大規模な研究を提案し、収集した膨大なDNAサンプルを使わせてくれることになった。彼らは、CCMBのフリーザーにインドの驚くほど多様な人を代表するサンプルを集めていた。わたしが最後にチェックしたときには、300以上のグループの1万8000人以上のDNAサンプルがあった。学生がインド全土の村々を回って、祖父母が同じ地域かつ同じグループ出身の人から血液サンプルを集めたのだ。CCMBのサンプルからわたしたちは、地理的、文化的、言語学的にできるだけ多様な25のグループを選んだ。インドの伝統的な制度であるカーストにおいて高位のグループだけでなく低位のグループも含まれるようにし、カースト制度の完全な枠外にいる部族もいくつか含めた。

数か月後、タンガラジがこのユニークで貴重なDNAサンプルのセットを持って、ボストンにあるわたしたちの研究室にやって来た。解析に用いた一塩基多型（SNP《スニップ》）マイクロアレイ〔SNP（一塩基多型）とは、数百～数万の塩基配列からなる遺伝子の中の1つの塩基に個体差（多型）がある現象をいう〕とは最近米国で使えるようになったばかりの技術で、まだインドでは利用できなかった。そのためタンガラジはDNAを国外に持ち出す許可をインド政府から得ていた（インドには調査が国内で可能な場合は、生体物質の国外持ち出しを制限する法令がある）。

SNPマイクロアレイには何十万もの微小なピクセルがあり、分析対象として選んだゲノム上の位置に従って人工的に合成したDNA片でそれぞれのピクセルが覆われている。DNAサンプル液をマイクロアレイ上に流すと、合成DNA配列と相補関係にある断片はしっかり結合し、結合しなかった断片は流れ去る。ベイト配列〔餌配列。「釣り上げる」目標となる配列と相補関係にあるマイクロアレイ上の配列〕への相対的な結合強度に基づく蛍光発光をカメラで検出し、その人のゲノムに含まれる可能性のある遺伝的タイプを特定する。わたしたちが解析に用いたSNPマイクロアレイを使えば、ゲノム上の何十万もの変異の位置を調べることができる。そうした変異は持つ人もいれば持たない人もいるので、それを調べれば、どの人がどの人と最も密接な関係にあるかがわかる。この方法では関心のある位置に照準を合わせられるので、全ゲノムのシークエンシングより遥かにコストがかからない。人々の間で違いのある位置に的を絞ることで、集団の歴史について最大限、中身の濃い情報が得られるのだ。

まず、サンプル相互がどのような関係にあるのか知るために、主成分分析という数学技法を用いた。前の章で西ユーラシアの集団の歴史を調べる際にも用いたが、人々の間の差異を最もよく表すＤＮＡ1文字の変化の組み合わせを見つけることができる。この方法を用いてインド人の遺伝的データを2次元グラフ上に表示すると、サンプルが1本の線の周辺に集まった（図17b）。その線の左上方の遠い端には、比較のために分析に加えた西ユーラシア人、つまりヨーロッパ人、中央アジア人、中東人が集まった。線上の非西ユーラシア人部分を「インド人クライン」（クラインは、形質や遺伝的構成において、連続的でゆるやかな勾配が見られる地理的領域）と呼ぶことにした。これはインド人グループの間の多様性の勾配を表す線で、散布図上で矢のようにまっすぐに西ユーラシア人を指していた。[19]

　主成分分析の散布図上に勾配が現れても、それで原因が特定されるわけではない。そうした勾配を引き起こしうるまったく異なる歴史がいくつか考えられる。しかし、このような顕著なパターンを目にすると、現代のインド人グループの多くは、西ユーラシア人関連ＤＮＡの集団とまったく異なる集団とが、さまざまな比率で混じり合ってできた集団ではないかと思えてくる。インドの最も南のグループはドラヴィダ語を話すグループでもあるが、このグループが散布図上では西ユーラシア人から最も遠い位置にある。これを見てわたしたちは、こんにちのインド人が2つの祖先集団の交雑によって形成されたというモデルを考え、そのモデルとデータとの適合度を見ることにした。

　交雑が起こったかどうかを検証するには、新しい方法を考案する必要があった。[20] ２０１０年にネアンデルタール人と現生人類との交配が起こったかどうかを見る際に使った方法は、実はもともとインド人集団の歴史を分析するために考案したものだ。

図 17a　北部の人々はおもにインド=ヨーロッパ語族の言語を話し、西ユーラシアにつながりのあるDNAを比較的高い比率で持つ。南部の人々はおもにドラヴィダ語族の言語を話し、西ユーラシアにつながりのあるDNAの比率は比較的低い。北部と東部の多くのグループがシナ=チベット語族の言語を話す。中央部と東部の孤立部族グループはオーストロアジア語族の言語を話す。

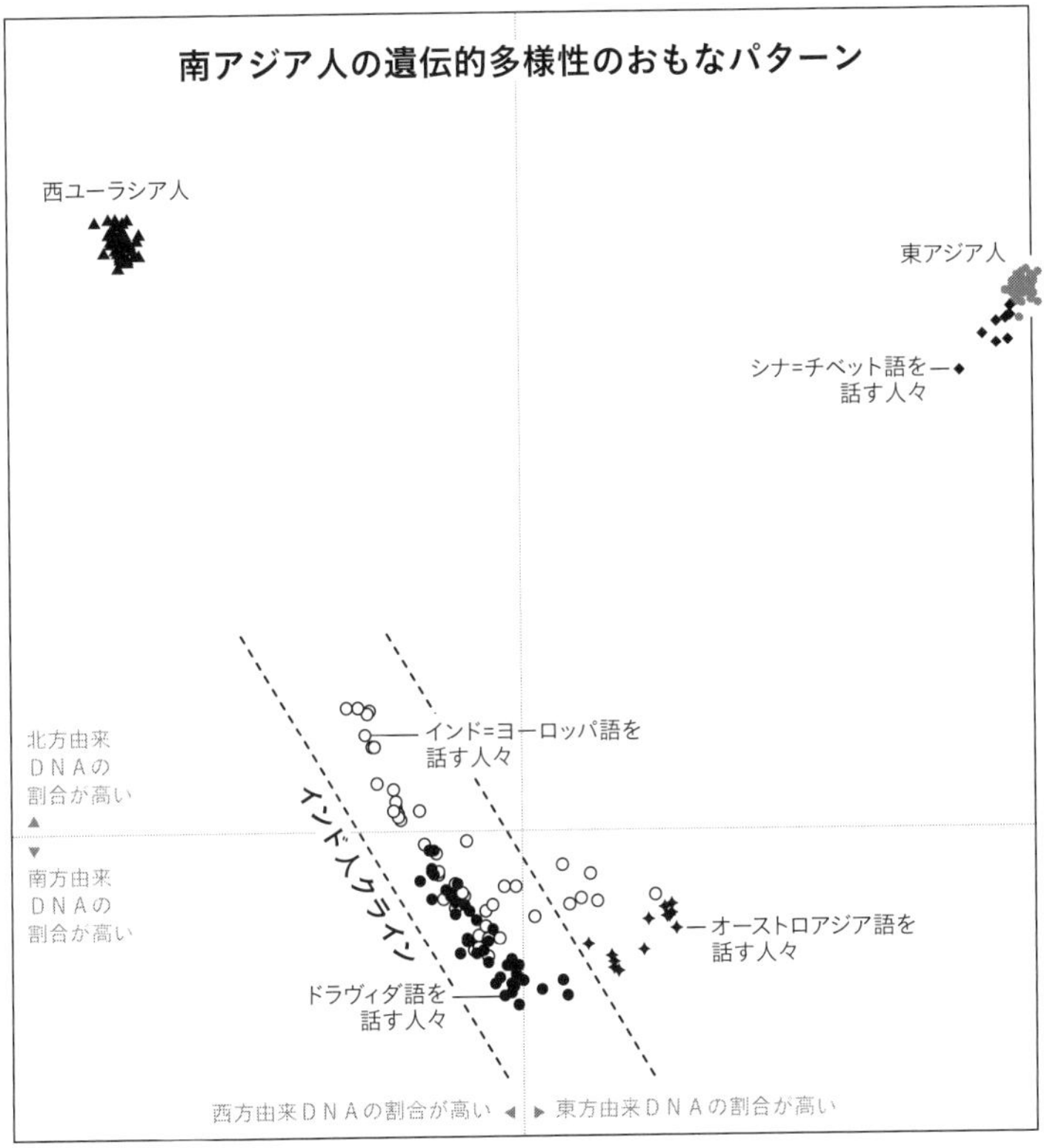

図17b　南アジアにおける遺伝的多様性のおもなパターンを分析すると、インド人の大多数のグループが、インド=ヨーロッパ語を話す北方の人々が一方の端に、ドラヴィダ語を話す南方の人々がもう一方の端に位置するような遺伝的構成の勾配を示す。

最初に、ヨーロッパ人とインド人が、中国の漢族のような東アジア人の祖先から早い時期に分岐した共通祖先集団の子孫であるという仮説を検証した。ヨーロッパ人とインド人のゲノム上で異なっているDNA文字を特定し、中国人サンプルが、ヨーロッパ人またはインド人に見られる遺伝的タイプをどの程度持っているかを測定した。すると中国人は明らかに、ヨーロッパ人よりもインド人と、より多くのDNA文字を共有していた。この結果から、ヨーロッパ人とインド人が、中国人の祖先から分かれた後の均質な共通祖先集団の子孫である可能性はなくなった。

次に、中国人とインド人が、ヨーロッパ人の祖先から分かれた後の共通祖先集団の子孫であるという仮説を検証した。しかし、このシナリオも検証に堪えられなかった。ヨーロッパ人グループは、全中国人よりも全インド人のほうと近い関係にあったのだ。

あらゆるインド人が持つ遺伝子変異の頻度は、平均してヨーロッパ人と東アジア人の頻度の中間にあることがわかった。こうしたパターンは、片方がヨーロッパ人、中央アジア人、中東人に関連のある集団で、もう片方が東アジア人と遠い関係にある集団という、古代の集団の混じり合いでしか生じないはずだ。

わたしたちは当初、前者の集団を「西ユーラシア人」と呼んだ。ヨーロッパ、中東、中央アジアの集団を大きくまとめたものを指すためで、それらの集団の間では変異頻度の差はあまり目立たず、たいてい、ヨーロッパ人と東アジア人との間の差異の10分の1くらいだった。こんにちのインド人のDNAに寄与している2つの集団のうち、片方が西ユーラシア人と同じグループに属するというのは、非常に興味深い結果だ。古代に拡散した西ユーラシア人の系統が、遠い東の端で極めて異なる人々と混じり合ったのだという印象を受ける。もう片方の集団は中国人のような東アジア人のほうに近いが、そうした人々とは明らかに何万年か隔たっていることもわかった。つまり、早期に分岐した系統で、現在南アジアに住んでいる人々には寄与しているが、それ以外のところに住んでいる人にはそれほど寄与していない系統なのだ。

混じり合いがあったことを突きとめられたので、現代のインド人集団で、混じり合いに関わらなかったかもしれない集団を探した。本土の集団はすべて西ユーラシア人関連のＤＮＡをいくらか持っている。ところが小アンダマン島の人々は全然持っていなかった。アンダマン人は、南アジア人のＤＮＡに寄与した後に隔離状態にあった古代の東アジア人関連集団の子孫にぴったりだった。小アンダマン島の土着の住民は、１００人に満たない人口にもかかわらず、インドの集団の歴史を理解する鍵なのだ。

東西の混じり合い

わたしの科学者人生で最高に緊迫した一日といったら、２００８年10月に共同研究者のニック・パターソンとハイデラバードに赴き、こういった最初の結果をシンとタンガラジと共に検討した日だろう。

10月28日の会合はなかなか骨の折れるものだった。シンとタンガラジはプロジェクト全体を阻止しようとしているのではないか――そんな気がしてくるほどだった。会合に先立って、彼らには解析結果の要約を渡してあったが、それは、こんにちのインド人が非常に異なる2つの集団の交雑でできた集団の子孫で、片方は「西ユーラシア人」であるというものだった。シンとタンガラジはそうした明確な表現に反対した。西ユーラシア人が大挙してインドに移住したように受け取れるというのだ。わたしたちのデータにはそう結論づける直接の証拠がないと言う。確かにその通りだ。彼らはさらに、インド人の方が中東やヨーロッパへ移住したというように、逆方向の移住の可能性もあるとまで言い出した。自分たちが行ったミトコンドリアDNAの解析によると、今インド人が持っているミトコンドリアDNA系統の大部分が何万年もインド亜大陸内にあったのは明らかだと言う。[21] 全ゲノムデータと自分たちのミトコンドリアDNAの結果にどう折り合いがつけられるのか、完全に納得できないうちは、西ユーラシア人のインドへの大量移住を示唆するような研究には名を連ねたくないらしい。西ユーラシアからの移住を示唆すれば、政治的な問題に発展する危険があるともほのめかした。あからさまにそう言ったわけではないが、外部からの移住があったなどと言おうものなら、インド社会にとんでもない衝撃が走ると考えているのが感じとれた。

シンとタンガラジは、「遺伝子の共有」という言葉で、西ユーラシア人とインド人の関係を説明するよう提案した。1つの祖先集団から同じように生じたという意味を表せるから、と。しかし、わたしたちの遺伝学的解析から、2つの異なる集団の間で現実に大規模な混じり合いが起こって、こんにち生きているほぼすべてのインド人のDNAに寄与したことは明らかだ。それに対して彼らの提案は、混じり合いがまったく起こらなかった可能性を残している。どこまで行っても平行線だ。政治的な配慮から、わたしたちの解析結果を発表させまいとしているのではないかという気がしてきた。

その晩はヒンドゥー教のいちばん大事な祭りであるディワーリーで、わたしたちの宿舎の外では花火が上がり、走っているトラックの車輪の下に少年たちが爆竹を投げ込んでいた。パターソンとわたしはシンとタンガラジの研究所のゲストルームに閉じこもって、事態を理解しようとしていた。やがてゆっくりと状況が見えてきた。わたしたち西洋人にとっては、インド人の起源に関する議論は何ら感情的な反応を呼び覚ますものではなかった。その理解が足りなかったのだ。そこでわたしたちは、科学的に正確であるだけでなく、インドの共同研究者の懸念にも配慮した表現を模索した。

翌日、シンの研究室にグループ全員が再び集まった。1つのテーブルを囲んで古代インド人グループの新しい名称を考え出し、次のように書くことにした。こんにちのインドの人々は2つの非常に異なった集団である「祖型北インド人（ANI）」と「祖型南インド人（ASI）」の間の混じり合いの結果、生まれた。混じり合う前の2つの集団は、今のヨーロッパ人と東アジア人と同じくらい、互いに異なっていた。ANIはヨーロッパ人、中央アジア人、中東人、コーカサスの人々と関連があるが、彼らの故郷の場所や移住については、論文では言及しないことにする。ASIは、インドの外にいる現代のいかなる集団とも関連のない集団の子孫である。ANIとASIがインドで劇的な混じり合いをしたことが立証された。結論としては、こんにちのインド本土住民の全員が、比率はさまざまながら、西ユーラシア人関連のDNAと、多様な東アジアおよび南アジア関連のＤＮＡが混じり合ったＤＮＡを持つ。インドのどのグループも遺伝学的に純系とは言えない。

ＤＮＡと権力と性的な優位性

こうしてようやく結論に漕ぎ着け、インド人の各グループに西ユーラシア人関連のＤＮＡがどのくらい保持されているのかを推定する作業に取りかかれるようになった。

その推定のため、西ユーラシア人ゲノムが、インド人ゲノムと小アンダマン島人のゲノムと、それぞれどのくらい一致するのか測定した。小アンダマン島人がここで重要な役割を果たす。彼らはＡＳＩとはつながりがある（遠い関係ではある）が、本土のインド人全員が持っている西ユーラシア人関連のＤＮＡを持たないので、分析の基準点として使えるのだ。次にインド人ゲノムをコーカサス人のゲノムに替えて分析をくり返し、ゲノムが完全に西ユーラシア人関連のものだったと想定される場合の一致率を測定した。２つの数値の比較によって、「各インド人集団はそれぞれ、西ユーラシア人系統のみの集団からどれくらい遠くにあるか」を割り出し、それをもとに、各インド人集団が持つ西ユーラシア人関連のＤＮＡの比率を推定した。

この最初の分析と、続いて行ったより多くのインド人グループの分析で、インドでの西ユーラシア人関連ＤＮＡの混合率は20パーセントから80パーセントと幅のあることがわかった。[22] このように連続して変化していることが、インド人クライン、つまり主成分分析の散布図上に見られる勾配が生じた理由だ。カーストの高い低いにかかわらず、混じり合いの影響を受けていないグループはなく、カーストとは無縁の非ヒンドゥー教徒部族集団も例外ではなかった。

DNAの混合比率は過去の出来事を知る手がかりとなる。たとえば、ANIとASIが話していた言葉についてのヒントが得られた。インド=ヨーロッパ語を話すグループはANI由来DNAを多く持ち、ドラヴィダ語を話すグループはASI由来DNAを多く持っているのが普通だった。これは、ANIがおそらくインド=ヨーロッパ語を広め、ASIがドラヴィダ語を広めたことを示唆している。

遺伝的データからは、ANIとASIの社会的地位も推測された(平均して前者が高く、後者が低い)。インドの伝統的なカースト制度において社会的地位の高いグループは、社会的地位の低いグループよりもANI由来DNAの比率が高いのが普通で、誰もが同じ言葉を話している同じ州の中であってもそれは変わらない。[23] たとえば、聖職者階級であるバラモンは、たとえ話す言葉は同じであっても、自分の周囲にいるグループより多くのANI由来DNAを持っている傾向がある。ただしインドにはこうしたパターンの例外もあり、グループ全体の社会的地位が変わったケースが詳細に記録されている。[24] それでも、わたしたちが得た結果は統計的に見て疑う余地がなく、古代インドでのANIとASIの混じり合いが社会的な階層構造という背景のもとで起こったことを示している。

現代のインド人から得られた遺伝的データから、社会的権力をめぐる性差の歴史についても、ある事実が明らかになった。インド人男性の約20から40パーセントと、東ヨーロッパ人男性の約

30から50パーセントが、あるY染色体タイプを持っている。変異の密度をもとに解析すると、そのタイプは過去6800年から4800年の間に同じ男性祖先から受け継いだものらしい[25]。対照的に、女系に沿って受け継がれるミトコンドリアDNAは、ほぼすべてインド国内に限定されていて、たとえ北部であってもほぼすべてがASIから来ているようだ。こうした結果に対する唯一可能な説明は、青銅器時代またはその後の西ユーラシアとインドの間での大規模な移住だ。このY染色体タイプを持つ男性移住者が極めて多くの子孫を残したのに対して、女性の移住者のほうはごくわずかしか遺伝子の寄与をしなかったのだ。

Y染色体とミトコンドリアDNAのパターンの間に見られる食い違いに、歴史家は最初、困惑を見せた[26]。しかし、インドへのANI由来DNA流入の大半が男性によって行われたと考えれば説明がつく。集団の混じり合いにこうした性的な非対称性（バイアス）が見られるのは、気味が悪いほどよくあるパターンなのだ。アフリカ系アメリカ人を考えてみよう。彼らのゲノムにはヨーロッパ人由来DNAが約20パーセント含まれているが、それは約4対1の比率で男性側から来ている[27]。コロンビアのラテンアメリカ人の場合、約80パーセント含まれているヨーロッパ人由来DNAはさらにアンバランスな比率で男性から来ている（50対1の比率）[28]。第3部で、これが集団の関係や男性と女性の関係においてどのような意味を持つか探るが、共通するテーマは、力のある集団の男性が力の弱い集団の女性と交配する傾向があるという事実だ。遺伝的データが過去の出来事の社会的な性質について、これほど深い意味を持つ情報をもたらすことは興味深い。

ハラッパーのたそがれに起こった集団の混じり合い

このような研究結果がインドの歴史においてどのような意味を持つのか理解するには、混じり合いが起こったということだけでなく、いつ起こったのかも知る必要がある。

まず考えたのは、最後の氷河期の終わり、およそ1万4000年前の大規模な移住で混じり合いが起こった可能性だ。気候がよくなって砂漠に人が住めるようになっただけでなく、その他の環境も改善したため、ユーラシアのあちこちで人々が移動し始めたと思われる。

次に考えたのが、中東起源の農耕民が南アジアへ移住した結果、混じり合いが起きた可能性だ。9000年前以降に中東の農耕がインダス渓谷に拡散したことも、この移住で説明できる。

3つ目の可能性として考えたのが、混じり合いが過去4000年の間にインド＝ヨーロッパ語の拡散に伴って起こった可能性だ。これは『リグ・ヴェーダ』に書かれている出来事を思い起こさせる。とはいえ、たとえ混じり合いが4000年前以降に起こったとしても、それがすでに住んでいた集団の間で起こったとも考えられる。その片方が西ユーラシア人で、何百年かあるいは何千年か前に移住してきていたものの、ASIとはまだ交配していなかったのかもしれない。

この3つの可能性にはどれも、どこかの時点で、西ユーラシアからインドへの移住が関わっている。シンとタンガラジは、インドから遠くヨーロッパにまで達する逆方向の移住の可能性を持ち出して、ANIと西ユーラシア人集団とのつながりを説明しようとしたが、わたしの考えは変わらなかった。共通の系統は、北または西から南アジアへの古代の移住を反映しているとしか考えられない。その根拠は、現代の西ユーラシア人の大多数にASI由来DNAの痕跡がまったくないことと、インドがその地理的位置からして、西ユーラシア人関連DNAを持つ人々の現在の分布範囲の端にあることだ。混じり合いの時期が特定できれば、もっとはっきりしたことが言えるだろう。

時期の特定というむずかしい課題に挑戦するには、新しい方法を開発する必要があった。ANIとASIが交雑した第1世代の子供は、各染色体のペアのうち、一方が完全にANI由来、他方が完全にASI由来となっている。子供に伝える染色体（精子・卵子の染色体）を作る際には母親からの染色体と父親からの染色体を組み合わせ、そのとき前述した「組み換え」が起きるので、その後の世代ではそれぞれ、ANIとASI由来の染色体は切断され、1世代あたり1染色体につき1か所か2か所の切断点ができる。わたしたちはこうした事実を利用することにした。現代インド人の持つANIまたはASI由来DNAの典型的な長さを測り、その長さになるまで切断するには何世代必要だったかを算出したのだ。こうして、わたしの研究室の大学院生プリヤ・ムールジャニが時期の推定に成功した。[29]

分析したすべてのインド人グループが、4000年前から2000年前の間にANIとASIの交雑があったという結果を示した。さらに、インド＝ヨーロッパ語を話すグループのほうが、ドラヴィダ語を話すグループよりも平均して交雑時期が現在に近かった。ドラヴィダ語を話すグループのほうが古い時期を示したことは意外だった。いちばん古い時期を示すのは、交雑が最初に起こったと推測されるインド＝ヨーロッパ語を話すグループだろうと予想していたからだ。その後、この結果が実は理にかなったものであるとわかった。現在の居場所と過去の居場所が同じとは限らない。インドでの最初の交雑が4000年前ごろに北で起こり、続いて、以前から定住していた集団と西ユーラシア人関連DNAを多く持つ集団とが境界地帯でくり返し接触して、インド北部で何度も交雑が起こったと考えてみよう。インド北部での最初の交雑で生まれた人々が何千年にもわたって南インドの人々と交雑したり移住したりした結果、現在の南インド人のDNAが最初の交雑の時期を示すようになったことは十分に考えられる。その後も西ユーラシア関連の人々と北インド人グループとの交雑が続いたため、現在の北インド人において推測された平均交雑時期が、南インド人より最近であるという結果が出たのだろう。遺伝的データを厳密に見ると、ANIの関わる交雑が北部で幾度も起こったという説がいっそう確かなものに思われる。北インド人では、ANI由来DNAの短い断片に混じって、ANI由来DNAのかなり長い断片も見つかっている。これはASI由来DNAをほとんど持たないか、まったく持たない人との最近の交雑を反映しているに違いない[30]。

わたしたちの分析結果は、現代のインド人グループの一部について、過去のANIとASIの系統の交雑がすべてここ4000年の間に起こったという仮説と見事に一致した。これは、4000年前ごろまでのインド人の集団構造が、今とは根本的に違うものだったことを意味する。それ以前は交雑していない集団が存在したが、その後はくり返し交雑が起こり、それがほぼすべてのグループに影響を与えたのだ。

つまり、4000年前と、インダス文明が滅び、『リグ・ヴェーダ』が編纂された3000年前との間に、それまでは離れていた集団の間で大規模な交雑があったのだと考えられる。現在のインドでは、話す言葉や出身階級が異なる人は異なる比率のANI由来DNAを持つ。そして現在のインド人のANI由来DNAは、女性よりは男性に由来している。このパターンはまさに、インド=ヨーロッパ語を話す人々が4000年前以降に政治的・社会的権力を掌握し、階層化された社会において先住の人々と混じり合った場合に予想されるパターンだ。権力を持つグループの男性が、権利を剝奪されたグループの男性よりも配偶者をうまく確保できたのだ。

古代から続くカースト制度

こうした古代の出来事が、何千年もの歴史を経てもなお、ゲノムにはっきりとしたしるしを残しているのはなぜだろう。

伝統的なインド社会の最も際立った特徴はカースト制度だ。この社会的な階層化のシステムが、誰と結婚していいか、社会でどんな特権を享受し、どんな役割を果たすかを決める。カーストの抑圧的な性質への反発から、ジャイナ教、仏教、シーク教といった主要な宗教が生まれた。どの宗教もカースト制度からの避難所を提供したのだ。インドでイスラム教が盛んになったのもやはり避難所を提供したからで、低いカーストのグループがムガール帝国支配者の新しい宗教であるイスラム教に大挙して改宗した。カースト制度は民主国家インドの誕生に伴って1947年に非合法化されたが、いまだに、結婚相手や交流する相手の選択を支配している。

カーストを社会学的に定義すると、外部の人々と経済的相互作用（特殊な経済的ルールに従う）を行うが、族内婚（外部の人間との結婚を阻む）を通して社会的にみずからを隔離するグループ、ということになる。わたしには北東ヨーロッパのユダヤ人の血が流れているが、彼らも18世紀後半に「ユダヤ人解放」が始まる前は、はっきりそれとわかるカースト制度のない土地に住みながら、自分たちだけで一種のカーストを形成していた。金貸しや酒売り、商人、職人として社会に経済的なサービスを提供したが、敬虔なユダヤ教徒は当時も今と同じく、食事の決まり（コーシャー戒律）、独特の服装、身体的な改造（男児の割礼）、よそ者との結婚に対する非難などによって、みずからを社会的に隔離していた。

インドのカースト制度にはヴァルナとジャーティーという2種類のしくみがある。[31] ヴァルナは社会全体を少なくとも4つの階級に分ける。いちばん上が聖職者（バラモン）、次が戦士（クシャトリヤ）、その下が商人や農民や職人（ヴァイシャ）、いちばん下に労働者（シュードラ）が来る。そのほかにチャンダーラまたはダリットと呼ばれるいわゆる「指定カースト」もあって、あまりにも下層階級であるために「不可触民」とされ、一般社会から締め出されている。最後に「指定部族」というものがあるが、これはインド政府による公式の名称で、ヒンドゥー教の枠組みの外にいるけれども、ムスリムでもキリスト教徒でもない人々を指す。カースト制度は伝統的なヒンドゥー教社会を根底から支えるもので、『リグ・ヴェーダ』に続いて編纂された聖典（ヴェーダ）に詳細に記されている。

ジャーティーはインド人以外にはほとんど理解できない複雑な制度で、最低でも4600、数え方によっては4万にも上る族内婚グループからなる。[32] それぞれヴァルナの特定の階級に割り振られているが、強い力を持つ複雑な族内婚規則によって、たとえ同じヴァルナ階級であっても、異なるジャーティー同士の結婚はたいてい許されない。とはいえ、過去に多くのジャーティーグループがヴァルナの階級を変更していることも事実だ。たとえばグジャール・ジャーティー（インド北西部のグジャラート州の名前のもととなった）はインドのどこに住んでいるかによってヴァルナの階級がさまざまだが、これは地域によってはグジャールがヴァルナ階層内での自分たちのジャーティーの地位をうまく引き上げたためだろうと考えられる。[33]

ヴァルナとジャーティーがどのような関係にあるのかは、さんざん議論が交わされてきたが、いまだによくわかっていない。人類学者のイラワティ・カルヴェの仮説によれば、何千年も前、インドの人々はこんにち世界の多くの地域の部族がそうであるように、族内婚の部族グループを作って、互いに交わることなくうまく暮らしていた。[34] その後、政治的なエリートが自分たちを社会システムの頂点に据え（聖職者や王族、商人として）、階層システムを作り出した。そして、複数の部族グループが労働グループとしてシステムに組み込まれ、シュードラおよびダリットとして社会の底辺に残った。部族という組織はこうして社会的な階層化のシステムと融合して初期のジャーティーを形成し、やがてジャーティー構造が社会の上層階級に浸透していったため、今では多くのジャーティーが、下のカーストだけでなく上のカーストにも存在するようになった。こうした古代の部族グループが、カースト制度と族内婚規則を通じて自分たちの独自性を保持しているのだという。

別の仮説では、強力な族内婚規則はそれほど古いものではないという。カースト制度についての理論は、『リグ・ヴェーダ』の何百年か後に編纂されたヒンドゥー教の聖典である『マヌ法典』に記述されていることからして、紛れもなく古いものだ。『マヌ法典』には社会的な階層化システムであるヴァルナとその中にある無数のジャーティーについての詳細な記述がある。システム全体を宗教的な枠組みの中に収め、現世の自然な秩序の一部として、その存在を正当化している。ところが人類学者のニコラス・ダークスが主導する修正主義歴史学者〔ここでは、新発の史料や史実の解釈に基づき、歴史の抜本的見直しを図る歴史学の流派をさす〕たちの主張によると、実は古代インドでは強制的な族内婚は行われておらず、イギリスの植民地政策の一環として作られた側面が大きいという。[35] ダークスと共同研究者たちは、18世紀に始まったイギリスの政策によって、インドを効率的に支配する1つの方法としてカースト制度が強化された経緯を明らかにしている。自分たちを新しいカーストグループと位置づけることによってインド社会の中に自然な居場所を作ろうと考え、カースト制度があまり重視されていなかった地域では制度を強化し、さまざまな地域のカースト規則の統一に尽力したのだという。そうしたことを考えると、こんにちのカースト制度に見られるような強い族内婚規制は、実は見かけほど古くはないかもしれないとダークスは言う。

ジャーティーによるグループ化と実際の遺伝的パターンにどの程度の一致があるのか知るため、変異頻度の差をもとに、データのあるジャーティーについて、その他すべてのジャーティーとの違いを調べた。[36] 各ジャーティー間の違いの程度は、同じような地理的距離で隔てられたヨーロッパ人グループ同士に比べ、少なくとも3倍だった。これはジャーティーグループの間でのANI由来DNAの割合の差や、インド国内での地域差、社会的な地位の差によっては説明がつかない。そうした差がなくなるように選んだグループ同士を比べた場合でさえ、インド人グループ間の遺伝的な違いはヨーロッパの何倍もあった。

このような結果から、こんにちのインド人グループの多くは、その形成に人口ボトルネックが関わっているのではないかと思われる。これは比較的少数の個体が多くの子供を持ち、その子孫もまた多くの子供を持つと同時に、社会的または地理的な障壁によって周囲の人々から遺伝的に隔離され続けたときに起こる現象だ。ヨーロッパ人の場合、歴史上の有名なボトルネック事例には、フィンランド人のDNAの大半に寄与した集団（2000年前ごろ）や、現在のアシュケナージ系ユダヤ人（600年前ごろ）、宗派対立から北米に移住したフッター派教徒やアーミッシュのような信仰集団（300年前ごろ）などがある。いずれの例でも、少数の個体間での高い生殖率によって、そうした個体の持っていた珍しい変異の頻度が子孫の世代で上昇している。[37]

インドでのボトルネックのしるしを探したところ、いくつか見つかった。同じグループ内に、同一の長いDNA片を持つ人々が何組かいたのだ。これは、その2人がこの数千年の間にそのDNA片を持っていた祖先の子孫だと考えなければ説明がつかない。さらに、共有するDNA片は組み換えを通じて世代ごとに一定の割合で切断されていくので、その平均サイズを測れば、共通祖先がどれくらい昔に生きていたのかがわかる。

遺伝的データの語る物語は明確そのものだった。インド人グループの約3分の1が、フィンランド人やアシュケナージ系ユダヤ人に起こったのと同程度、またはそれより強力なボトルネックを経験していた。その後、タンガラジとの共同研究でインド全土に散らばる250以上のジャーティーから遺伝的データを取得できたため、さらに大規模なデータセットでこの結果を確認できた。[38]

インドでのボトルネックの多くは、非常に古いものでもあった。驚くべき例の1つに、インド南部のアンドラプラデシュ州のヴァイシャについての発見がある。このおよそ500万人からなる中間カーストグループのボトルネック現象が、3000～2000年前の間に起こったと判明したのだ（同じ集団の個人が共有するDNA片のサイズから）。

このような強力なボトルネックが観察されたのは驚きだった。これは、ボトルネックの後、ヴァイシャの祖先が族内婚を厳格に守って、何千年もの間、自分たちのグループに他グループの遺伝子を一切受け入れなかったことを示している。流入率が、平均してたとえわずか1世代につき1パーセントであっても、ボトルネックの遺伝的シグナルは消えてしまっただろう。ヴァイシャの祖先は地理的に隔離されて生きていたわけではない。それどころか、インドの人口稠密《ちゅうみつ》地帯に他のグループと密接して暮らしていた。それにもかかわらず、ヴァイシャ内での族内婚の決まりとグループのアイデンティティがあまりにも強力だったため、隣人とはあくまでも社会的な距離を保ち、その社会的な隔離の文化を後のあらゆる世代に伝えたのだ。

それに、ヴァイシャが特例というわけではなかった。分析したグループの3分の1に同じようなシグナルが見られ、インドでは何千というグループがこのような状況にあることを示していた。

実際には、長期にわたる強力な族内婚の影響を受けたグループの割合を過小評価していた可能性さえある。シグナルを示すには、そのグループがボトルネックを経験している必要がある。もっと大人数の創始者集団の血を引くグループなら、それ以来強固な族内婚を維持してきたとしても、わたしたちの統計法ではシグナルを検出できない。今もなおインドのカースト制度の中に存在する族内婚は、その古さからして、ダークスが示唆したような植民地政策の発明品などではなく、何千年にもわたって、インドでは圧倒的に重要な意味を持っていたのだと考えられる。

インドの歴史のこうした側面を知るにつれ、わたしは強烈な共感を覚えずにはいられなかった。インド人グループに関する研究を始めたとき、わたしは自分がアシュケナージ系ユダヤ人、つまり西ユーラシアの古いカーストの一員であることをそれほど意識していなかった。その一員であることに居心地の悪さを感じていたが、それがどこから来るのか、よくわからなかった。インドでの仕事で、その落ち着かない気持ちの正体がはっきりした。ユダヤ人としてのバックグラウンドから逃れる道はないということなのだ。わたしの両親は世俗の世界を受け入れることを何よりも大事にしていたが、彼ら自身は極めて敬虔なコミュニティで育てられ、ヨーロッパでの迫害を逃れた亡命者の子供でもあったため、ユダヤ民族の独自性を強烈に意識していた。わたしの子供時代、わが家ではユダヤの食事の規則を守っていた。それぞれの親族がわが家で気持ちよく食事ができるようにという気持ちもあったからだろう。わたしはユダヤ人学校に9年通い、夏はよくエルサレムで過ごした。両親だけでなく祖父母やいとこたちからも強烈な差異性の意識、つまり自分たちのグループは特別だという気持ちが感じとれた。また、もし非ユダヤ人と結婚したら失望と困惑を引き起こすことになるのだと学んだ（この信念はわたしのきょうだいたちにも大きな影響を与えた）。もちろん、家族を失望させるのではないかというわたしの懸念など、グループ外のパートナーを選んだ場合にインド人の多くが覚悟しなければならない恥辱や孤立、暴力に比べたら、何でもない。それでも、ユダヤ人としての視点があるからこそ、インド史上何千年にもわたって、民族《エスニック》グループを超えた愛がカーストによって阻まれたに違いないロミオとジュリエットたちに、強い共感を覚えるのだろう。カースト制度がこれほど長い間続いているわけを直感的に理解できるのも、わたしのユダヤ人としてのアイデンティティゆえだと思う。

データから読みとれるのは、多くの場合、ジャーティーグループの間には現実に遺伝的な違いがあるということだ。そうした差異ができたのは族内婚の長い歴史のせいだった。13億以上の人口を抱えるインドを、わたしたちはとてつもなく大きな集団と考えがちだ。外国人だけでなくインド人の多くもそう考えている。ところが遺伝学的には、それは正しい捉え方ではない。たとえば漢族は何千年も自由に混じり合って均一化されており、真の意味で大きな集団と言える。それに対してインドでは、人口統計学的に非常に大きなグループは、たとえあるとしてもごくわずかだし、同じ村で隣り合って暮らしているジャーティーグループ間の遺伝的な差異は、北ヨーロッパ人と南ヨーロッパ人との差の2～3倍もあるのが普通だ[39]。実はインドは多数の小さな集団で構成された国なのだ。

インド人の遺伝学と歴史と健康

強烈なボトルネック現象を経験したヨーロッパ人系統のグループ、たとえばアシュケナージ系ユダヤ人、フィンランド人、フッター派信徒、アーミッシュ、サグネイ・ラック・サン・ジャン地域のフランス系カナダ人などは、医学研究者にとって実り多い永遠の研究テーマとなっている。集団の創始者がたまたま持っていた珍しい病気を引き起こす変異の頻度が、ボトルネックのせいで劇的に増加しているからだ。片親からしかコピーを受け継がない場合は無害な変異は、病気を引き起こすのに2つのコピーを必要とするという意味で潜性〔従来「劣性」と呼ばれていた〕遺伝と呼ばれる。もし、両方の親から同じ変異を持つコピーを受け継ぐと、致命的な病気をもたらすことがある。ところがボトルネックのせいでそうした変異の頻度が増加すると、両方の親から同じ変異を受け継ぐ確率がかなり高くなる。たとえばアシュケナージ系ユダヤ人では、脳が変性して生後数年以内に死ぬテイ＝サックス病という深刻な病気の発生率が高い。わたしのいとこの1人もツェルウェガー症候群と呼ばれるアシュケナージ創始集団の病気によって生後数か月で死に、母のいとこの1人はライリー＝デイ症候群、つまり家族性自律神経障害で若くして亡くなっているが、これもやはりアシュケナージ創始集団の病気だ。そういう病気が何百も確認されており、その原因となる変異がアシュケナージ系ユダヤ人を含めヨーロッパ人創始者集団で特定されている。こうした発見が重要な生物学的知見をもたらし、いくつかのケースでは損傷を受けた遺伝子の影響を相殺する薬の開発につながった。

インドではもちろん、強いボトルネックを経験したグループに属する人の数が遥かに多い。人口が巨大なうえ、ジャーティーグループの3分の1前後が、アシュケナージ系ユダヤ人やフィンランド人の場合と同じかそれ以上に強いボトルネックの子孫だからだ。したがって、こうしたインド人グループの病気の原因となっている遺伝子を探せば、何千もの危険因子を特定できる可能性がある。誰もまだ系統的に探してはいないにもかかわらず、そうした例がすでにいくつか知られている。たとえばヴァイシャは、外科手術の前に投与される筋弛緩薬に反応して長期の筋麻痺を起こす率が高い。そのため、インドの臨床医はヴァイシャの系統の人々にはそうした薬剤を投与しない。ヴァイシャの一部はブチルコリンエステラーゼというタンパク質のレベルが低いため、そうした症状が出るのだ。遺伝学的な研究によって、これは潜性遺伝する変異のせいであることがわかっているが、ヴァイシャは約20パーセントの頻度でその変異を持っている。その他のインド人グループよりかなり高い割合であるため、ヴァイシャの創始集団の1人がその変異を持っていたのだろうと推測される。[40] 20パーセントという頻度はかなり高いので、ヴァイシャの約4パーセントでは2つのコピーの両方に変異が含まれ、麻酔の際に不幸な反応を起こす。

ヴァイシャの例が示すように、歴史的な経緯のおかげで、インドには生物学的な発見の貴重な機会がある。最新の遺伝学テクノロジーを使えば、潜性遺伝の珍しい病気を引き起こす遺伝子を安価な費用で見つけられるからだ。必要なのは、病気を持つジャーティーグループの数人に接触して、そのゲノムをシークエンシングしさえすればいい。遺伝学的な方法によって、インドの何千ものグループの中で、どのグループが強いボトルネックを経験しているか突き止められる。地域の医師や助産師なら、あるグループに高い割合で見られる症状を特定できるだろうし、何千人もの赤ん坊を取り上げているので、特定の病気や奇形のよく見られるグループを知っているだろう。その情報さえあれば、遺伝子解析のための血液試料をいくつか集めることができる。試料が手に入れば、遺伝子解析をして原因となっている変異を見つけるのは簡単だ。

インドでは見合い結婚がごく普通に行われているため、潜性遺伝するまれな病気の調査を通してかなりの医学的な成果をあげられるだろう。欧米人に、結婚に制約が課せられると言うと当惑したような顔をされるが、インドの無数のコミュニティで見合い結婚が行われていることは事実だし、超正統派ユダヤ教徒の社会でもそうだ。わたしのいとこもそうやって配偶者を見つけている。アシュケナージ系正統派ユダヤ教徒の社会では、自分の子供４人をテイ＝サックス病で亡くしたラビのジョーゼフ・エクスタインによって1983年に遺伝子検査機関が設立されて以来、多くの潜性遺伝疾患の根絶に成功した。[4] 米国やイスラエルの正統派ユダヤ教徒のハイスクールの多くでは、ほぼすべてのティーンエイジャーを対象に、アシュケナージ系ユダヤ人社会によく見られる潜性遺伝病を引き起こす変異の有無を検査している。もし持っているとわかれば、同じ変異を持つティーンエイジャーに引き合わせることは決してない。インドでも同じようにできる可能性は大いにあるし、もしそうなれば、恩恵を受けるのは数百人どころではない。１億人以上に大きな影響を与えることができる。

222

2つの亜大陸の物語――インドとヨーロッパのよく似た歴史

2016年までは、インド人グループの遺伝学的研究の中心はANIとASIだった。この2つの集団がさまざまな比率で混じり合って、現代のインドでいまだに続いている多様な族内婚グループを作り出したと考えられていた。

だが、それも2016年に変わった。この年、わたしのところも含めいくつかの研究室が、1万1000年前から8000年前にかけて今のイスラエル、ヨルダン、アナトリア、イランに住んでいた世界最古の農耕民のゲノムワイドな古代DNAを発表した。[42] この中東の初期の農耕民が現代人とどのような関係にあるか調べたところ、現代ヨーロッパ人はアナトリアの初期の農耕民と遺伝的に強い類縁関係にあった。これは9000年前以降に起こったアナトリアの農耕民のヨーロッパへの移住と合致する。現代のインドの人々は古代イランの農耕民と強い類縁関係を示し、9000年前以降に中東の農耕が東方のインダス渓谷にまで拡散したことが、インドの集団に同じように大きな影響を及ぼしたことがうかがわれる。[43] しかしわたしたちの解析では、現代のインドの人々と古代のステップ地帯の牧畜民が遺伝的に強い類縁関係にあることも明らかになった。イランからの農耕の拡散がインドの集団に大きな影響を及ぼしたことを示す遺伝学的証拠と、ステップ地帯からの拡散の証拠とはどのように折り合いがつくのだろうか？　ここで思い出されるのが、わたしたちが2、3年前にヨーロッパで発見した状況だ。現代ヨーロッパの集団の形成には、土着の狩猟採集民と移住してきた農耕民の混じり合いだけでなく、ステップに起源を持つ第3の大きなグループも関わっていたのだ。

何らかの見通しをつけるため、わたしの研究室のヨシフ・ラザリディスが、現代のインド人グループを、小アンダマン島人、古代イランの農耕民、古代ステップの人々のそれぞれと関連のある集団の混じり合いでできたグループであるとする数学モデルを書き出した。すると、インドのほぼ全グループが3つの集団すべてのDNAを持っているという結果が出た。[44] 次にニック・パターソンが現代インドの150近いグループのデータを総合して統一モデルを作り、それら3つの祖先集団による現代インド人への寄与率の正確な推定値を得た。

完全にANI系統の集団、つまりアンダマン島人関連のDNAを持たない集団だった場合に予想される値を推論してみると、イランの農耕民関連DNAとステップ牧畜民関連DNAが混じり合った集団であるという結論に達した。ところが完全にASI系統の集団、つまりヤムナヤ関連DNAを持たない集団だった場合に予想される値を推論してみると、この集団もまた、イランの農耕民関連DNAをかなり持っていた（残りは小アンダマン島人関連DNA）に違いないとわかった。

これは非常に意外な結果だった。ANIとASIが共に大量のイラン人関連DNAを持っていたという結果は、インド人クラインの2つの主要な祖先集団の1つは、西ユーラシア人由来DNAをまったく持っていなかったという当初の推定が誤りだったことを意味する。実際には、イランの農耕民に由来する人々がインドに2度、大きな影響を及ぼし、ANIとASIの両方に混じり合ったのだ。

パターソンは、わたしたちの作業モデルに大きな修正を加えるよう提案した。[45] ANIは約50パーセントがヤムナヤと遠い関係にあるステップ系統で、残り50パーセントが、ステップの人々が南方に拡散したときに出会ったグループから受け継いだイランの農耕民関連DNAだった。ASIもやはり交雑集団で、イランから拡散した初期の農耕民の子孫集団（約25パーセント）と、すでに南アジアに定着していた狩猟採集民（約75パーセント）が融合してできた集団だった。したがって、ASIはインドにすでに定着していた狩猟採集民集団ではなく、おそらく中東農業を南アジアに広めた人々だった可能性が高い。ASI系統とドラヴィダ語との高い相関関係から、ASIの形成はドラヴィダ語の拡散プロセスでもあったように思われる。

これらの結果は、ユーラシアの同じような大きさの2つの亜大陸であるヨーロッパとインドが、先史時代に驚くほど似た経緯をたどったことを示している。どちらの地域でも農耕民が中東の中核地域から——ヨーロッパではアナトリアから、インドではイランから——9000年前以降に移住して生活を一変させるような新しい技術をもたらし、すでに定着していた狩猟採集民集団と交配して、9000〜4000年前にかけて新たな交雑グループを形成した。両亜大陸ともその後、ステップに起源を持つ人々による2度目の大規模な移住の影響を受けた。このときインド＝ヨーロッパ語を話すヤムナヤ牧畜民が、すでに定住していた農耕集団と途中で出会って交雑し、ヨーロッパでは縄目文土器文化と結びつけられる集団を形成し、インドではやがてANIを形成した。ステップ集団と農耕民のDNAを持つこれらの交雑集団が、その後それぞれの地域ですでに定住していた農耕民と交雑して、こんにち両方の亜大陸に見られる交雑の勾配を作り出した。

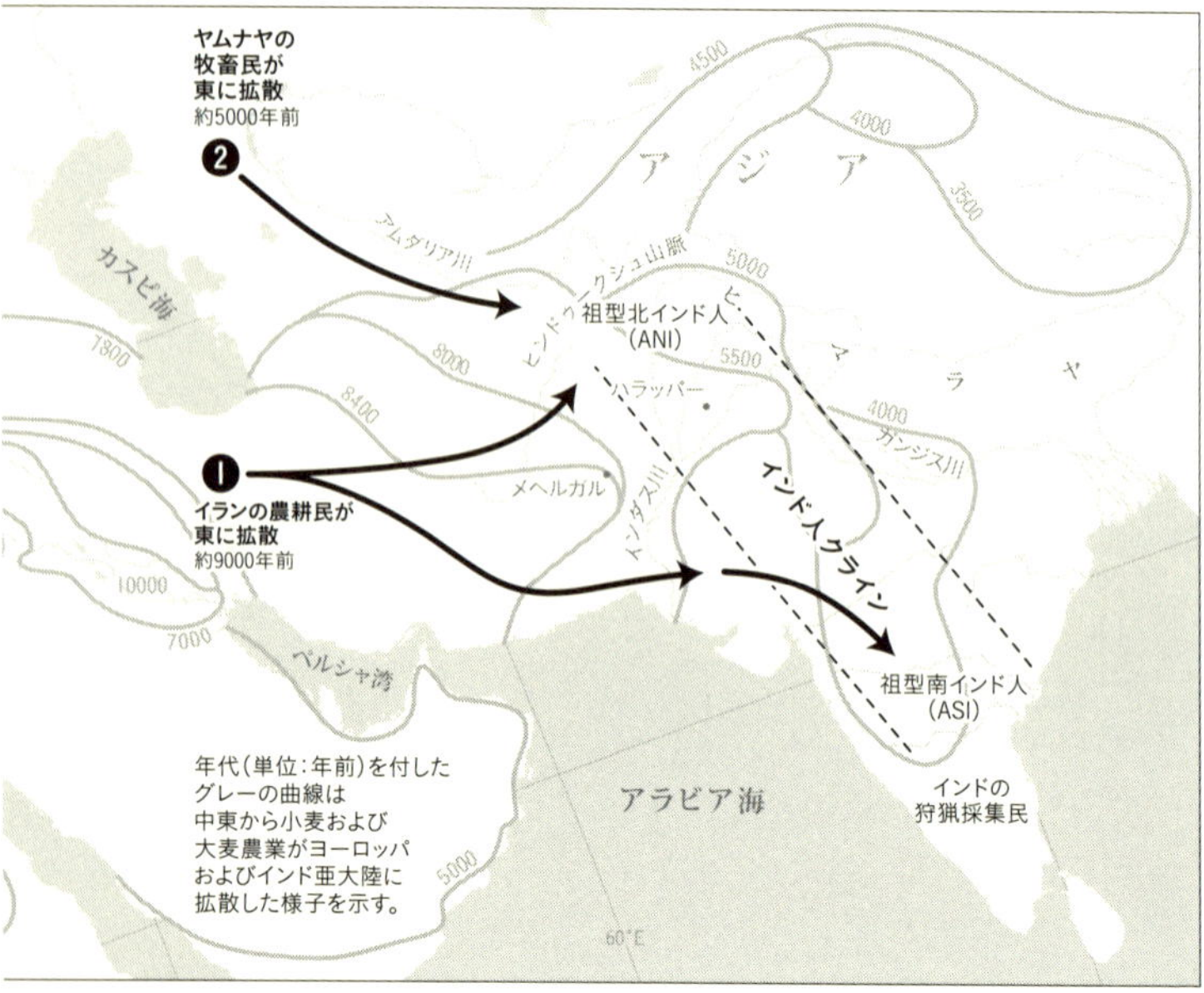

↘ヨーロッパ語を話す牧畜民が流入して、途中で出会った先住の農耕民と交雑した。こうした交雑グループの混じり合いによって、1つはヨーロッパ、1つはインドと、系統の勾配が2つ形成された。

ヤムナヤは遺伝的データによればインドとヨーロッパ双方におけるステップ系統の源と密接な関係があるが、ユーラシアのこの亜大陸の両方にインド＝ヨーロッパ語を広めた候補と考えられる。意外なことに、インドの集団の歴史を分析したパターソンによって、さらにその証拠が得られた。彼のインド人クラインモデルは、ANIとASIという2つの祖先集団の単純な混じり合いに基づくものだった。だが、さらに綿密に調べ、インド人クラインの各グループがこのモデルに合致するかどうか検証したところ、合致しないグループが6つ見つかっ

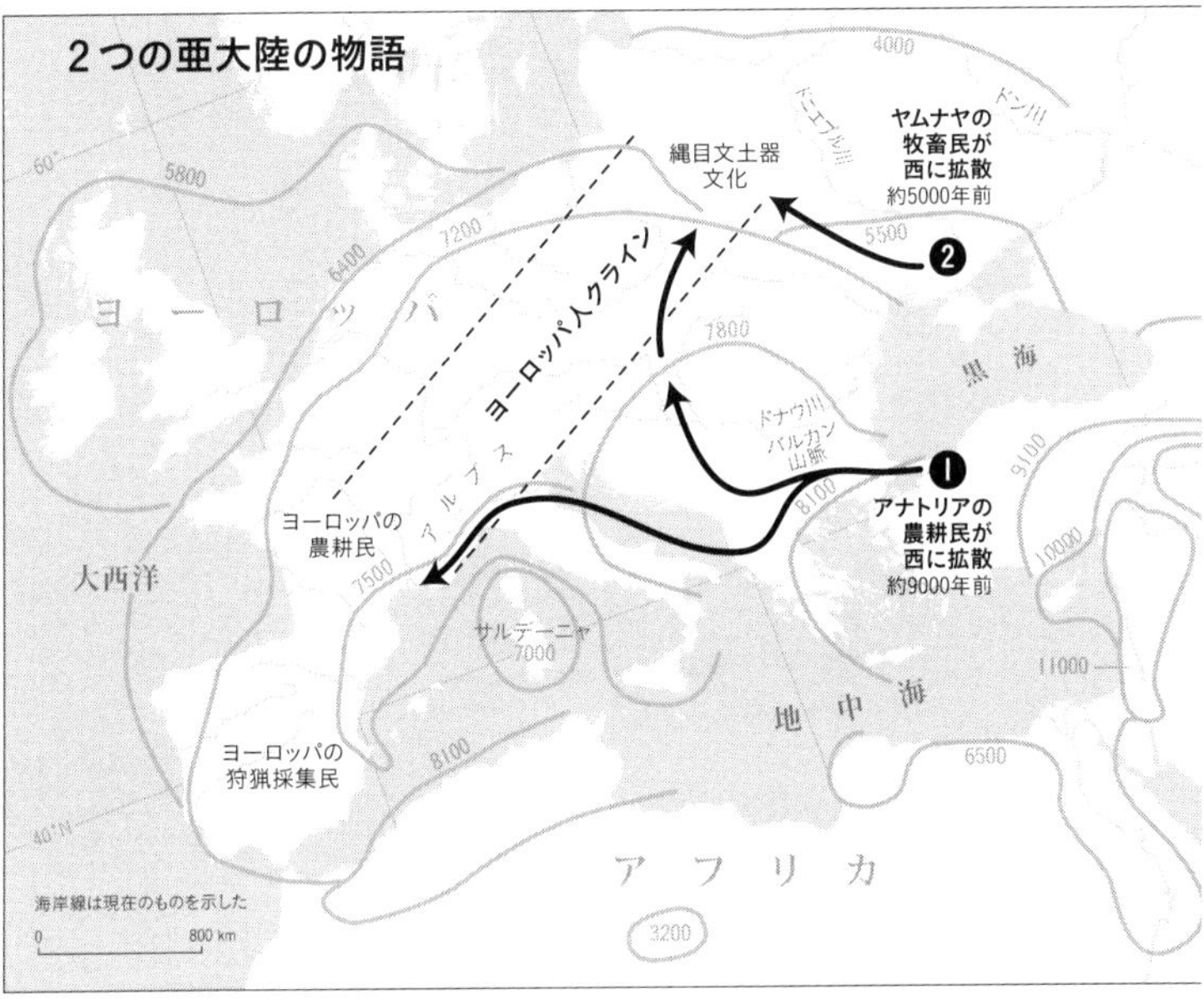

図18　南アジアとヨーロッパは共に2度にわたる移住の影響を受けた。最初は9000年前ごろ以降に起こった中東からの移住（❶）で、やって来た農耕民が先住の狩猟採集民と交雑した。2度目の移住は5000年前ごろ以降に起こったステップからの移住（❷）で、おそらくインド＝↗

た。このモデルから予想されるより、イラン農耕民ＤＮＡに対するステップ関連ＤＮＡの比率が高かったのだ。この6つのグループはすべてバラモンのヴァルナ、つまり聖職者として、またインド＝ヨーロッパ語であるサンスクリット語で書かれた古代の聖典の管理人としての役目を担う人々だった。バラモンはパターソンが検証したグループのわずか10パーセント程度しか占めていなかったことを考えると、この結果は注目に値する。

普通に考えると、ＡＳＩと交雑したときのＡＮＩは均一な集団ではなく、社会的にはっきり区別できるサブグループを含んでいて、そのサブグループがそれぞれ特徴的な比率で、イラン人関連DNAとステップ関連DNAを持っていたという説明がつく。インド=ヨーロッパ語・文化の管理人はもともとステップ関連DNAを比較的多く持つ人々だった。そして強固なカースト制度によって系統と社会的な役割が世代を超えて保存されたため、ANI内部の古代のサブ構造が、何千年も経っても、現代のバラモンの一部にはっきり現れたのだろう。この結果はステップ仮説を裏づけるもう1つの証拠ともなる。インド=ヨーロッパ語だけでなく、バラモンによって何千年も保持されてきた宗教のようなインド=ヨーロッパ文化も、ステップ起源の祖先を持つ人々によって広められた可能性が高いことを示しているからだ。

インドにおける人口移動の絵図は、南アジアの古代DNAが欠けているため、ヨーロッパに比べればまだまだ不鮮明だ。特にわからないのはインダス文明の担い手の素性だ。4500年前から3800年前にかけてインダス渓谷と北インドのあちこちに広がり、古代人の大きな流れの交差点にいたのは、どんな系統の人々だったのだろうか？　インダス文明の遺跡からはまだ古代DNAを取得できていないが、複数の研究グループが試みている。2015年の研究室会議の折に、わたしたちのグループのアナリストが順繰りに、インダス文明の担い手の遺伝的系統について予想を述べたところ、とんでもなくまちまちな意見が出た。今残っているのは非常に異なった可能性3つだ。1つ目は、インダス文明の人々はその地域の最初のイラン人関連農耕民の子孫で、あまり交雑しておらず、初期のドラヴィダ語を話していたというもの。2つ目の可能性は、イラン人農耕民に関連のある人々と南アジアの狩猟採集民との交雑がすでに起こっており、彼らはその結果できたＡＳＩで、やはりドラヴィダ語を話していただろうというもの。３つ目は、すでにステップ系統とイラン人農耕民に関連した系統との交雑も起こっており、彼らはその結果できたＡＮＩで、したがってインド＝ヨーロッパ語を話していた可能性が高いというものだった。それぞれにまったく異なる含みを持つシナリオだが、古代ＤＮＡが手に入りさえすれば、この謎もインドの過去にまつわるその他の大きな謎も、すぐに解けることだろう。

アメリカ大陸への移住

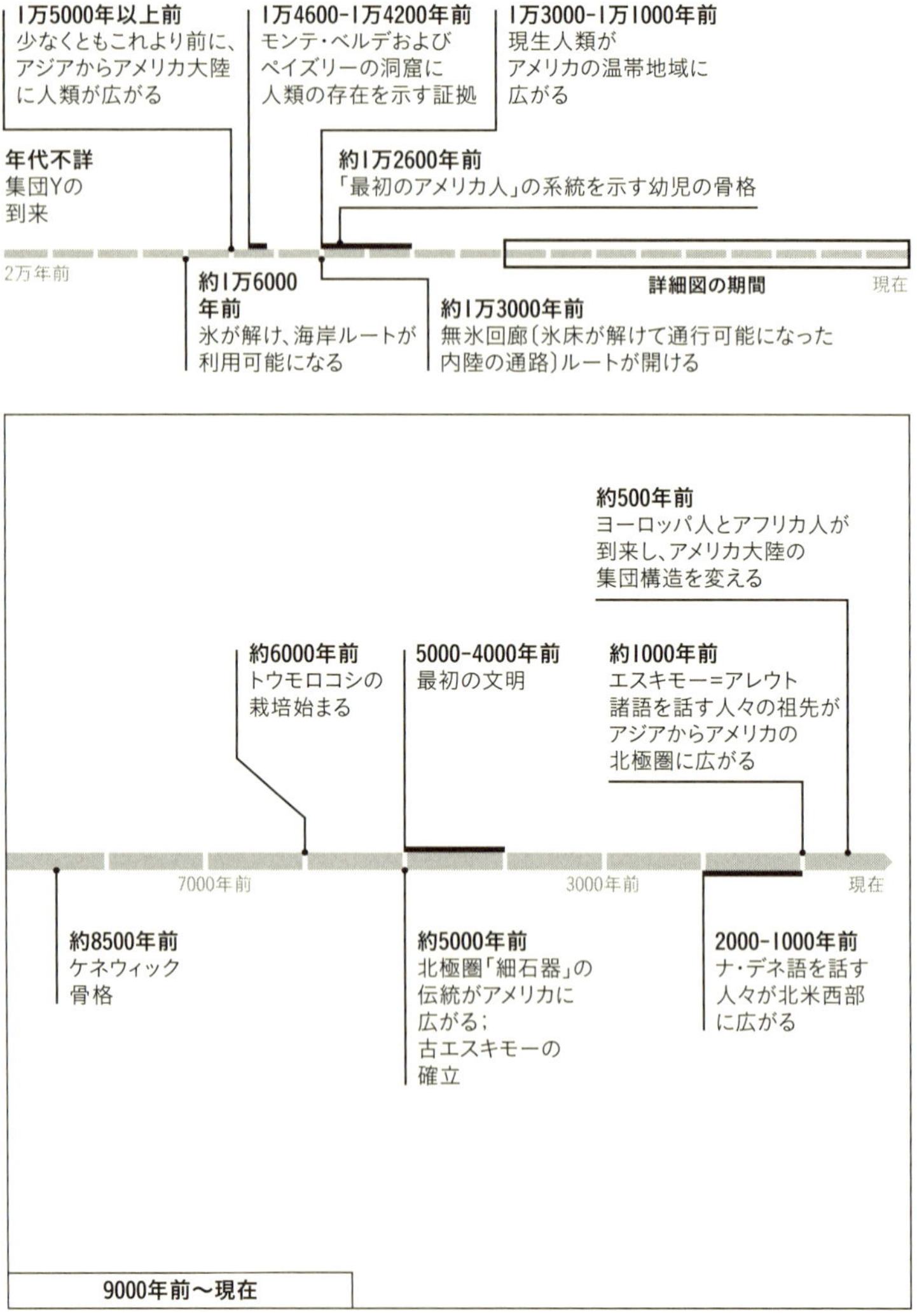
1万5000年以上前
少なくともこれより前に、アジアからアメリカ大陸に人類が広がる
1万4600-1万4200年前
モンテ・ベルデおよびペイズリーの洞窟に人類の存在を示す証拠
1万3000-1万1000年前
現生人類がアメリカの温帯地域に広がる
年代不詳
集団Yの到来
約1万2600年前
「最初のアメリカ人」の系統を示す幼児の骨格
2万年前
約1万6000年前
氷が解け、海岸ルートが利用可能になる
詳細図の期間
現在
約1万3000年前
無氷回廊〔氷床が解けて通行可能になった内陸の通路〕ルートが開ける
約500年前
ヨーロッパ人とアフリカ人が到来し、アメリカ大陸の集団構造を変える
約6000年前
トウモロコシの栽培始まる
5000-4000年前
最初の文明
約1000年前
エスキモー=アレウト諸語を話す人々の祖先がアジアからアメリカの北極圏に広がる
7000年前
3000年前
現在
約8500年前
ケネウィック骨格
約5000年前
北極圏「細石器」の伝統がアメリカに広がる；古エスキモーの確立
2000-1000年前
ナ・デネ語を話す人々が北米西部に広がる
9000年前～現在

第7章　アメリカ先住民の祖先を探して

創世神話

アマゾン川流域に住むスルイ族の創世神話によると、パロップ神が初めに弟のパロップ・レレグを創り、次に人間を創った。パロップはアメリカ先住民の部族にハンモックと装飾品を与え、体に刺青を彫って唇に穴を開けるよう命じたが、白人には何も与えなかった。パロップは各部族に1つずつ言葉を与えて、地上のあちこちに住まわせた[1]。

この創世神話はスルイ族の文化を研究していたある人類学者が書きとめたもので、世界中の創世神話と同様に、作り話ではあるが、その社会についての情報を与えてくれるという意味で興味深いとみなされている。ところで、わたしたち科学者にも創世神話がある。自慢しすぎもどうかとは思うが、一連の証拠を科学的な方法で検証したものなので、わたしたちとしては、こちらのほうが優れていると考えたい。それは、スルイ族も含めメソアメリカ〔メキシコ中部からホンジュラス・ニカラグア・コスタリカのそれぞれ西部までに相当する地域〕から南のあらゆるアメリカ先住民が、1万5000年前以降に氷床の南に移動した1

つの集団から生まれたという物語だ。わたしはみずから主導した研究でこの結論にたどりつき、2012年に発表した。[2] 考古学分野の統一見解にも合致していたため、わたしはこの説に自信満々で、自分たちが光を当てたこの系統が創始者系統であるという意味で「最初のアメリカ人」という呼称を用いた。ところがその3年後、過ちに気づいた。スルイ族をはじめアマゾン川流域のいくつかの部族が、アメリカ大陸の別の創始者集団由来のDNAをいくらか持っていたのだ。その集団の祖先がやって来た時期やルートは、まだよくわかっていない。[3]

人類がアメリカ大陸を占拠してからの時間は、アフリカやユーラシアを占拠していた途方もなく長い時間に比べればほんの瞬《まばた》き程度だというのが、アメリカ大陸の人類史を研究している学者の一致した見方だ。人類がなかなかアメリカに到達しなかった原因は、ユーラシアとの間を隔てていた地理的な障壁にある。寒く厳しい不毛のシベリアがどこまでも広がっていたうえ、アメリカ大陸の東も西も海だったのだ。最後の氷河期になってやっと、極寒の地で生き延びるのに必要な技能と技術を持った人々がシベリアの北東端にやって来る。このとき海面が下がって今のベーリング海峡のところに陸橋が現れ、アラスカに歩いて渡ることができるようになった。アラスカに渡った移住者たちはかろうじて生き延びたが、まだ南へ移動することはできなかった。何キロもの厚さの氷床が合わさってできた氷河の壁が立ちはだかっていたため、少なくとも陸路では不可能だった。カナダは氷床の下に埋もれていたのだ。

アメリカ大陸に初めて人類が住んだのはいつだったのだろうか? 20年前までは、アメリカという楽園の門が開いたのは1万3000年前ごろだと広く信じられていた。植物や動物の遺物の存在や氷河含有物の放射性炭素年代測定によって、このころには氷床が解けて裂け目ができてから十分な時間が経過し、岩や泥や氷河から流れ出た水しかなかった不毛の地が植物の茂る土地に変わっていたことがわかっている。[4] この「無氷回廊」は、聖書の出エジプト記で古代のイスラエルの民が紅海を渡るのに使った乾いた道のアメリカ版といったところだ。回廊を通り抜けた移住者は北米の大草原地帯に出た。彼らの前には、まだ人間のハンターに出会ったことのない巨大な獲物にあふれた土地が広がっていたことだろう。あたりをうろつくバイソンやマンモス、マストドンを狩りながら、1000年もしないうちに人類は南米南端のティエラ・デル・フエゴに達していた。

人類はアジアから、人跡未踏のアメリカに初めてやって来たという考えは、今もなお、学者の間で圧倒的支持を得ている。発端はイエズス会士の博物学者ホセ・デ・アコスタが1590年に唱えた説だ。彼は古代の人々が大海原を航海できたはずがないと考え、新世界と旧世界が、当時はまだ地図がなかった北極圏でつながっているのだろうと推測した。[5] キャプテン・クックの周航によってベーリング海峡の狭さが発見されると、その推測はますます理にかなっているように思われた。1920年代と1930年代に、最後の氷河期の末期に、アメリカの温帯地域に人が住んでいたことを示す科学的な証拠が見つかった。ニューメキシコ州のフォールサムやクローヴィスの遺跡を調査していた考古学者が、石器と人工遺物という、人類の存在を示す動かぬ証拠を発見したのだ。それ以来、クローヴィス様式の槍の穂先が北米の何百か所もの遺跡で見つかっている。なかにはバイソンやマンモスの骨格に埋もれたまま見つかるものもある。遠く離れた場所か

アメリカに少なくとも4回の先史時代の移住があったことを示す遺伝学的証拠

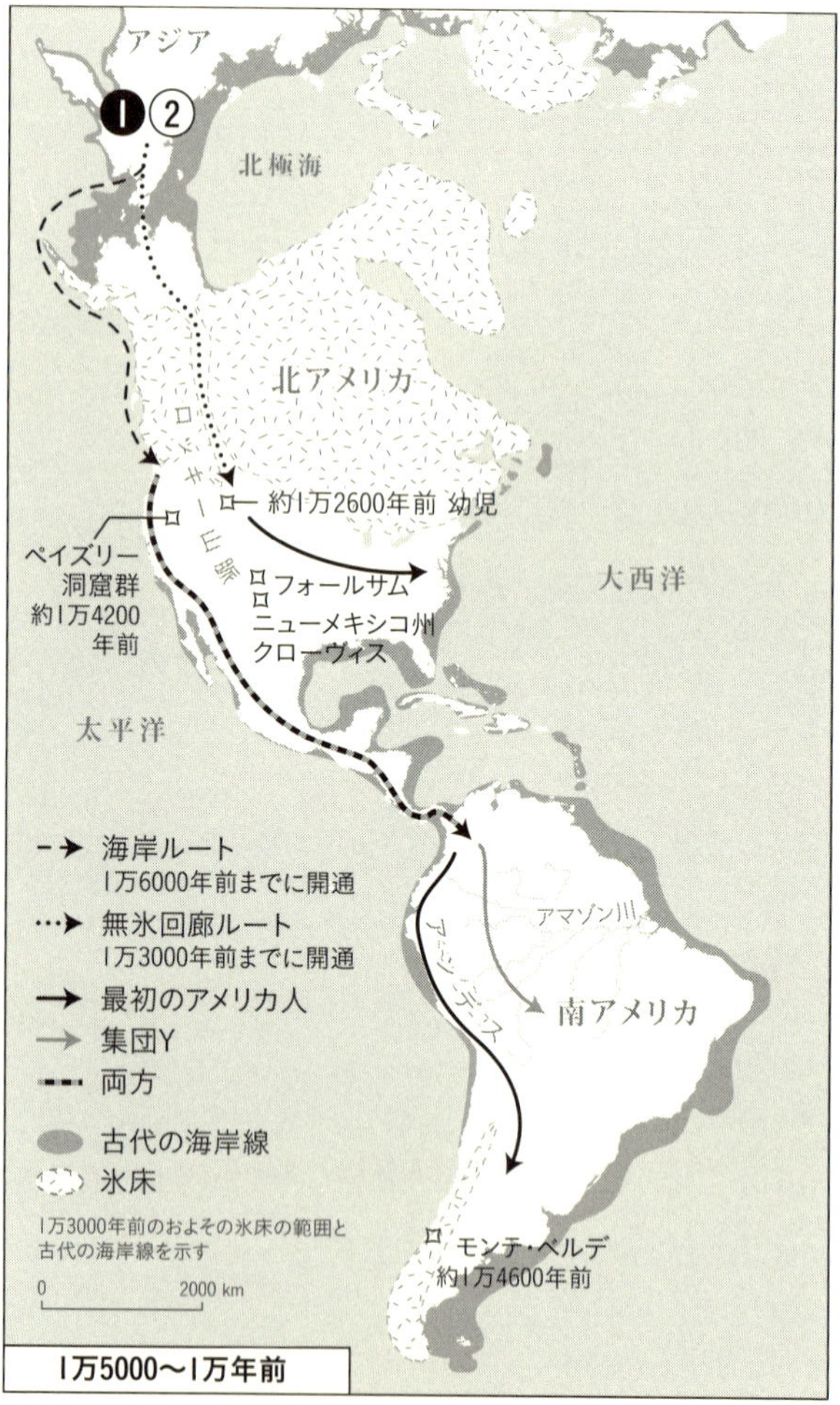

図19　遠く南米にまで人類の足跡を残した少なくとも2回の移住（右）と、影響が北米北部に限定される少なくとも2回の移住（左）があった。

❶ 最近縁のユーラシア人からの分岐
約2万3000年前

② 集団Yの起源
到来時期は不詳

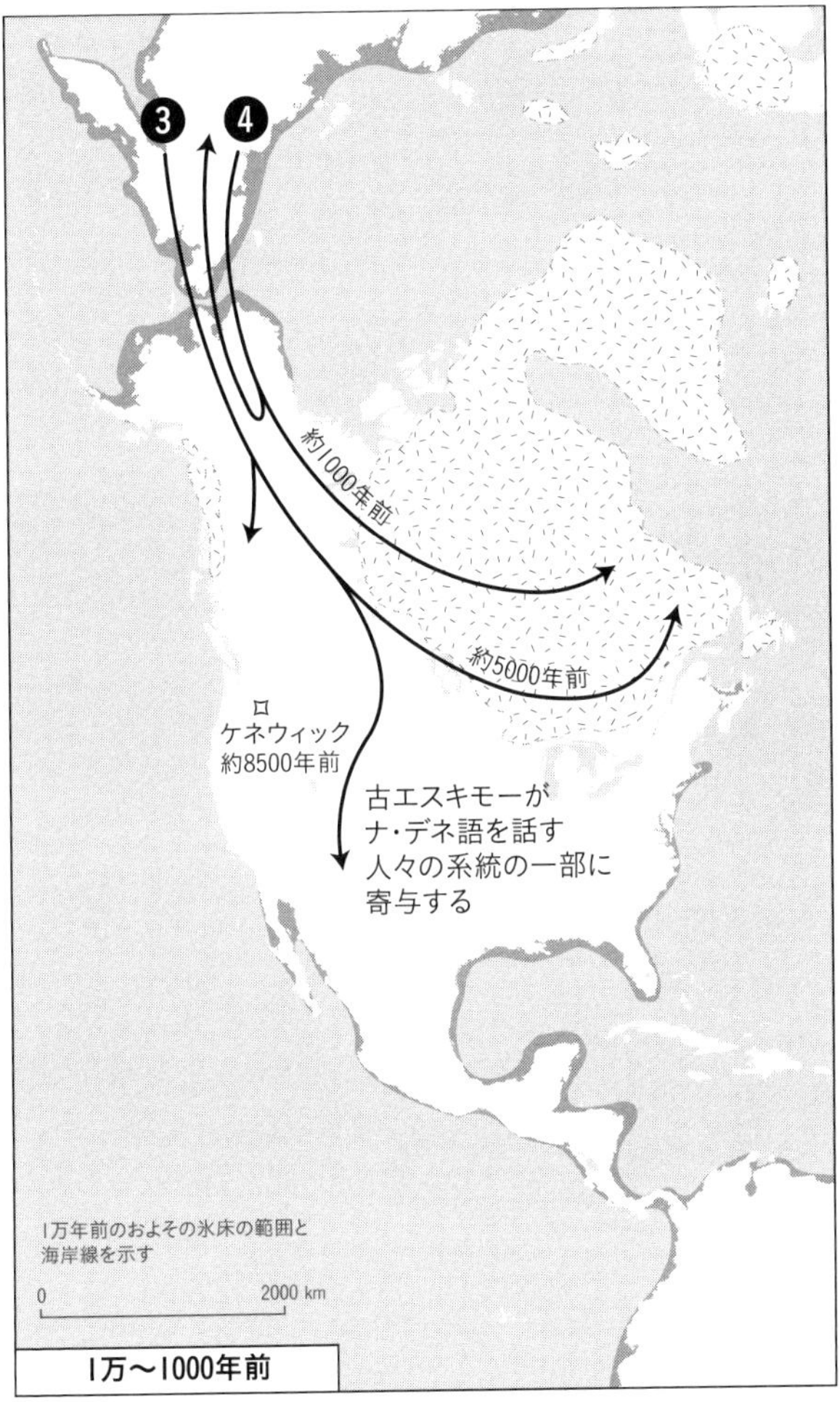

❸ アジアからの移住で古エスキモー系統が形成される
約5000年前

❹ アジアからの最後の移住者が新エスキモー系統に寄与し、
古エスキモーに取って代わる
1000年前

ら似たような様式のものが出ていることは、その後に続く文化の石器作り様式が地域ごとに異なっているのとは対照的で、人類の拡散が急速に起こったさまを思わせる（人類の空白地帯に人々が一斉に移動したかのようだ）。考古学的な証拠によると、クローヴィス文化の出現は地質学で証明された無氷回廊の開通時期のあたりらしく、うまく辻褄が合う。クローヴィス文化の担い手が氷床の南に現れた最初の人類であり、こんにちのアメリカ先住民すべての祖先であると考えるのが自然なように思われた。

クローヴィス文化の創始者が無氷回廊から姿を現し、人跡未踏の大地を埋めていく人々のさきがけとなったという「クローヴィスファースト」モデルが、アメリカ先史時代の標準モデルとなった。それに伴い、考古学者の間では、クローヴィス以前の遺跡があるという主張は疑いの目で見られるようになった。[6] 言語学者も影響を受け、多くの多様なアメリカ先住民言語の共通の起源を発見したと主張した。[7] その当時利用できたミトコンドリアDNAデータも、現在のアメリカ先住民の系統の大半が単一の起源から拡散したという説に合致した。ただし、そのようなデータだけで、その拡散がクローヴィス文化の時期に起こったのか、それとももっと前だったのかを決定することはできなかった。[8]

1997年、クローヴィス集団が最初のアメリカ人だったとする説は、痛烈な打撃に見舞われた。チリのモンテ・ベルデ遺跡の発掘調査の結果が発表されたのだが、そこには解体されたマストドンの骨、木造構造物の遺構、結び目のある紐、古代の炉のほか、北米のクローヴィス文化の人工遺物とは様式のまったく異なる石器が含まれていた。[9] 放射性炭素年代測定によると、ここの人工遺物の一部は1万4000年前ごろのもので、無氷回廊が何千キロも北で開いた時期より前であることは確かだった。調査結果を受けて、クローヴィス以前の文化の存在を否定していた懐疑的な考古学者の一団が遺跡を訪れたが、そんなに古いはずはないと疑念を抱いてやって来たにもかかわらず、すっかり納得して帰って行った。彼らがモンテ・ベルデを認めたのに続いて、ほかの場所でもやはり同じような発見があったことが受け入れられた。無氷回廊の開通以前にもアメリカ大陸に人類がいたことを示す例として、モンテ・ベルデと同じくらい動かぬ証拠となったのが、米国北西部オレゴン州のペイズリー洞窟群での発見だった。乱れのない地層中にあった古代の排泄物がやはり1万4000年前ごろのものとわかり、ヒトのミトコンドリアDNA配列も得られた[10]。

無氷回廊の開通以前に、人類はどうやって氷床の南に到達できたのだろうか？　最盛期には氷河が海の中にまで突き出し、カナダ西部の沿岸に何千キロにも及ぶ障壁を創り出していた。だが、1990年代に地質学者と考古学者が氷床の後退時期を推測した結果、1万6000年前には沿岸の一部が氷のない状態になっていたことがわかった。沿岸にはこの時代の考古学遺跡として知られているものはない。氷河期以降に海面が100メートル上昇しているので、かつては海岸線を縁どるように遺跡があったとしても、水没してしまっているからだ。したがって、沿岸にこの時代の考古学的証拠が見つからないからといって、人が住んでいなかったという証拠にはならない。もし海岸線ルートの仮説が正しいなら、人類はこの時代以降（それでもモンテ・ベルデ遺跡の時代には間に合う）、氷のない沿岸線を歩くことができ、氷のある部分はおそらく小舟や筏《いかだ》で越えて、内陸ルートが開ける何千年も前に、氷床の南に到達できただろう。

今では古代DNAの解析からも、クローヴィスファーストという考えがいかに間違っていたかが明らかになっている。アメリカ先住民集団の歴史の古い分枝をまるごと見落としていたのだ。2014年、エスケ・ヴィラースレウと共同研究者たちがモンタナで発掘された幼児の遺骸から得た全ゲノムデータを発表した。考古学的な調査によればクローヴィス文化に属し、放射性炭素年代測定では1万3000年前より少し後ということだった。[11]解析の結果、この幼児が多くのアメリカ先住民と祖先集団を共有することは確かだったが、遺伝的データからは、このころにはすでにアメリカ先住民集団の間に深い分岐ができていたこともわかった。このクローヴィス幼児の遺骸は分岐の片方の側、すなわち現在のメソアメリカと南アメリカの先住民すべてのDNAに最大の寄与をした側に属していた。分岐のもう一方の側には、現在カナダの東部と中央部に住んでいる先住民が含まれる。つまりクローヴィス文化の前に、こうした主要な系統を生んだ集団がいたとしか考えられない。

西洋科学への不信

このクローヴィスの遺骸の例からわかるように、古代DNA解析にはアメリカ先住民集団の歴史に関する論争を解決する力がある。だが、そうした解析がそれらの集団の子孫に与える影響は、好ましいものとばかりは言えないようだ。その原因は、この500年というもの、ヨーロッパ人が西洋科学を使ってアメリカ大陸の先住民をくり返し虐げてきたことにある。このため、アメリカ先住民のグループの一部に西洋の学者に対する不信感が生まれ、そのせいで、遺伝学の研究を行うことが非常に困難になっている。

1492年にヨーロッパ人がアメリカに到達した後、アメリカ先住民の人口と文化は大きな痛手を受けた。ヨーロッパの病気や軍事作戦もさることながら、大陸の豊かな資源を収奪して住民をキリスト教に改宗させようとする経済的、政治的体制のもとで、壊滅状態に追い込まれたのだ。歴史は勝者によって書かれる。特にアメリカ大陸ではメソアメリカを除き、ヨーロッパ人の到来前は書き言葉がなかったから、征服後に行われた歴史の書き換えは完璧だった。文字のあったメキシコでもスペイン人が先住民の書物を燃やしたため、ほとんどが文字通り煙となって消えてしまった。口承の伝統も被害に遭った。言葉や宗教の押しつけ、先住民の風習に対する差別によって、アメリカ先住民の文化はヨーロッパ人の文化より、数段低い位置に落とされてしまった。

こうした中にあって、思いがけず、過去を再生する1つの方法となるのが最新のゲノム学だ。アフリカ系アメリカ人も、アフリカから連れて来られた奴隷の子孫で、やはり歴史を盗まれた人々だが、遺伝学を用いてルーツをたどろうとする研究の最前線に立っている。ところがアメリカ先住民の場合、もし個人が遺伝的な歴史に強い関心を持ったとしても、部族会議がそうした動きに敵対することがある。アメリカ先住民の歴史を遺伝学的に研究するというのは、またもや自分たちを「啓蒙」しようとする新手の試みなのではないか、という懸念を拭えないからだ。過去のそうした試み、たとえばキリスト教や西洋式の教育の強制は、先住民の文化の解体につながった。また、一部の科学者がアメリカ先住民の研究をしたのは、先住民以外のアメリカ人の利益のためなのだ、先住民の利益になど関心がなかったのだと、彼らが気づいているせいでもある。

遺伝学的研究に対して最初に強い反発を示したのは、アマゾン川流域のカリティアナ族だった。1996年、医師たちがカリティアナ族の血液を集めた。参加者は医療・保健サービスを受けやすくなるという約束だったが、その約束は守られなかった。この経験に傷ついたカリティアナ族は、人類の遺伝的な多様性に関する国際研究である「ヒトゲノム多様性プロジェクト」に自分たちのサンプルを使わせまいと反対運動を起こし、プロジェクト全体への資金供与を阻止しようとした。皮肉なことに、カリティアナのDNAサンプルは、アメリカ先住民がその他のグループとどのような関係にあるのかを解析したその後の研究で、アメリカのどの先住民集団のサンプルよりもよく使用されている。ただし、広く研究されているカリティアナのDNAサンプルは、問題となっている1996年のサンプルではない。1987年に収集されたもので、このときは参加者に研究の目的をあらかじめ知らせたうえで、参加するもしないも個人の自由であることを告げていた[12]。ところがその後、カリティアナの人々がだまし討ちにされる事態が起こり、この集団のDNA研究には暗雲が垂れ込めている。

さらに米国南西部のキャニオンランズ国立公園（ユタ州）に住むハヴァスーパイ族からも猛反発を受けた。ハヴァスーパイの血液サンプルは、1989年にアリゾナ州立大学の研究者によって集められた。目的は、この部族が2型糖尿病〔生活習慣病の1つとされるタイプの糖尿病。成人発症型糖尿病〕に高いリスクを示す原因の究明だった。参加者には「行動障害または内科的疾患の原因の研究」に参加するための同意書が渡されたが、その文面は研究者に大幅な自由裁量の余地を与えるものだった。研究者はその後多くの科学者とサンプルを分け合い、統合失調症からハヴァスーパイの先史時代まで、さまざまな研究が行われた。ハヴァスーパイの代表者たちは、当初の目的とは別のことにサンプルが使われたと主張した。同意書の細目に何と書かれていようと、サンプルが集められた時点では、研究の目的は糖尿病だったはずだという。この争いは訴訟にまで発展し、結局サンプルは返却され、大学は償いとして70万ドルを支払うことに同意した。[13]

遺伝学的研究に対する反感は部族の法律にまで入り込んでいる。ナヴァホ族は、協定によって米国から部分的な政治的独立を保障されているアメリカ先住民部族の1つだが、そのナヴァホ族が2002年に、「遺伝学的研究の一時停止」を命じる法律を成立させた。病気の危険因子を突き止めるためであろうと、部族の歴史を明らかにするためであろうと、ナヴァホ族の一員が遺伝学的研究に参加することを禁止する法律である。この一時停止法の要約をナヴァホ・ネイションの作成した文書で見ることができるが、研究計画を立てる際に大学の研究者が考慮すべき点がまとめてある。文書には「ヒトゲノムの検査は部族によって厳しく禁止される。ナヴァホは『チェンジング・ウーマン』〔ナヴァホの創造神話に登場する女性で、「トルコ石乙女」などとも呼ばれる〕[14]によって創られた。したがって、ナヴァホは自分たちがどこから来たか知っている」とある。

わたしがナヴァホ族の法律を知ったのは2012年で、ちょうどさまざまなアメリカ先住民の間の遺伝的多様性に関する論文の草稿の仕上げにかかっているときだった。草稿に対する好意的なレビューを受け取った後、わたしはサンプルを分けてくれた研究者一人ひとりに、サンプルに関する同意書に集団の歴史の研究という目的が明記されているかどうかダブルチェックし、わたしたちの研究にサンプルを使用していいと被験者自身が思っているかどうか確認するように求めた。その結果、ナヴァホ族を含め3つの集団が研究から抜けることになった。3つとも米国の集団で、米国の研究者がアメリカ先住民の遺伝学的研究に神経質になっているのがうかがわれた。2013年にアメリカ先住民の遺伝学的研究に関するワークショップが開かれた際には、聴衆の中から何人かの研究者が立ち上がって、カリティアナ族、ハヴァスーパイ族、ナヴァホ族などからの反応を考えると、アメリカ先住民に関する調査研究（疾病調査も含め）には何であれ、非常に慎重にならざるを得ないと発言した。

アメリカ先住民集団の遺伝的多様性に関心のある研究者は、このような状況にフラストレーションを感じている。ヨーロッパ人やアフリカ人の到来がアメリカ先住民集団に打撃を与えたことは、わたしも多少は理解しているし、その影響はわたしたちが解析するデータの至るところにはっきり表れてもいる。しかしわたしには、遺伝学を含む分子生物学の研究——第二次世界大戦の終結後に登場した新しい分野——が、迫害を受けた歴史を持つグループに大きな被害を与えている例など、1つも見つけられない。

もちろん、アメリカ先住民に限らず、本人の認めないようなやり方で生体試料が利用されたケースもある。たとえば、ボルチモアのアフリカ系アメリカ人女性ヘンリエッタ・ラックスの子宮頸ガン細胞は、彼女の死後、本人の同意もなく、家族も知らないうちに世界中の何千もの研究施設に配られ、ガン研究に欠かせない存在となっている。[15]

だが総合的に見て、アメリカ先住民だけでなく、南アフリカのサン族、ユダヤ人、ヨーロッパのロマ、南アジアの部族グループやカーストグループなど、多くのグループにとって、DNA多様性の最新の研究は好ましいものだと言っていいだろう。こうした集団特有の病気を理解し治療する助けとなり、また、差別を正当化するために用いられてきた人種という固定観念を打ち砕くのに役立つからだ。一部のアメリカ先住民の間に生まれている不信がもしこのまま続くようなら、当のアメリカ先住民にかなりの不利益をもたらすのではないかという気がする。わたしは一遺伝学者として、研究への参加を望まない人の意思をただ尊重するだけで終わらせてはならないように思う。もう一歩踏み込んで、そうした研究の価値を、相手に敬意を払いつつも強く訴えるべきではないだろうか。

わたしたちの研究からナヴァホ族のサンプルが取り下げられたのは、残念だった。サンプルに添付された同意書は非の打ちどころのないものだったからだ。サンプルは、分けてくれた研究者が1993年にナヴァホ族の土地にあるディネ・カレッジで開催した「DNAデー」の行事の一環としてみずから集めたものだったから、幾人もの手を経ることで不確かな要素が紛れ込むということがなく、素性がはっきりしていた。ワークショップ中に彼は参加者に、集団の歴史の幅広い研究、具体的に言うと「世界のあらゆる人が密接につながりあっているという考えを際立たせ、人類の起源が1つであることを強調する」研究のためにサンプルを提供したいかどうかと、明確な言葉で尋ねた。そして参加を望むナヴァホ族のメンバーが、その旨を記した文書にサインした。それなのに、こうした個人の意思が、9年後の部族会議で通った法律によって抑え込まれたのだ。

わたしたちはサンプルを提供したカレッジの学生の意思を尊重すべきだったのだろうか、それともその後の部族会議での決定を尊重すべきだったのだろうか。当時、わたしたちは問題に正面から向き合うことを避け、サンプルを研究に含めないように頼んできた共同研究者の要望を受け入れた。わたしも決して快く同意したわけではない。サンプルを研究に含めるのが、DNAを提供した人の意思を尊重するいちばんいい方法だという気がした。その人たちはみずからの歴史の研究のためと思って、提供することを選んだのだ。

とはいうものの、文化が違えば、ものの見方も違うのは当然だ。アメリカ先住民の精神的指導者や地域社会の指導者の間では、どのような研究であれ、部族をテーマとするものは、単に個人の同意ではなく地域社会の了解がある場合に限るべきだと主張する傾向がある。[16] こうしたことから、ヒトの遺伝的多様性を対象とした国際研究の中には、サンプルを研究に含める前に、個人の同意書の取得に加えて地域社会への相談も行っているものもある。[17] アメリカ先住民の遺伝的多様性を研究しているごく一部の研究者は、今ではほぼ常に部族の権力者に話をして研究計画に対する意見を聞き、時には地域社会の明確な同意まで得ている。法的にはそこまで要求されてはいないのだが。

ここには、遺伝学的研究の倫理的な責任全般に関わる問題がある。個人のゲノムを解析すると、わたしはその人のゲノムについて知るだけでなく、その家族や先祖についても知ることになる。また、同じ先祖から出たその他の子孫たちについての情報も得られるから、そのコミュニティのほかのメンバーについても知ることになる。この場合、わたしにはどんな責任が生ずるのだろうか？　解析した人の家族だけでなく、もっと遠縁の親族や属する集団、さらにはわたしたちの種全体に対して、どんな責務を負っているのだろうか？　その全員の利害や感情を考慮しなければならないとするなら、ヒトの遺伝学（遺伝医学も含め）の進歩はほとんど不可能になってしまう。わたしのところのようなあまり大きくない研究室には、関わりがあるかもしれない部族一つひとつと話し合っている余裕などない。

わたし個人の考えとしては、科学界全体として中立の立場に立ち、利害関係がありそうな集団や部族からいちいち許可を得ることまでは求めないという方針を取る必要があると思う。その一方で、北米の部族社会には長い抑圧の歴史による根強い懸念があることを考えると、わたしたち科学者は、アメリカ先住民集団の歴史を研究する場合には十分に相手の立場に寄り添い、論文の執筆に際しては先住民の視点に必ず敬意を払うようにすべきだろう。そうした協議の実施法については今後、具体的に練り上げる必要がある。全員が満足するような解決策はないような気がするが、それでも、今直面している状況を何とか乗り越えて進んで行かなければならない。現状のままでは、多くの研究者が、批判を恐れ、また一部の部族代表や学者が推奨している協議をすべてこなすには膨大な時間が必要なため、研究に二の足を踏むだろう。すでに、この分野の研究が大幅に停滞するという影響が出ている。研究が遅々として進まないこのような現状を喜ぶのは、科学研究に対する敵意に凝り固まった人くらいのものではないだろうか。

骨を巡る争い

古代DNAによる集団の歴史の研究は、今生きている人の研究ほどややこしい問題をはらんでいないことが多い。ところが、1990年に米国議会が「アメリカ先住民墳墓保護・返還法」(NAGPRA)を通過させたのに伴い、新たな問題が持ち上がっている。この法律は政府の助成を受けている機関に、先住民部族と連絡を取って文化的な人工遺物の返還を申し出るよう求めるもので、生物学的または文化的につながりがあることを部族が証明できた骨も含まれる。これを受けて多くの先住民の遺物が部族に返還され、古代DNA解析を行う機会が失われている。NAGPRAの影響を最も受けているのは過去1000年以内の考古学的遺物で、これは生存しているアメリカ先住民部族が自分たちとの文化的なつながりを比較的強く主張しやすいからだ。一方、非常に古い遺物、たとえば1996年にワシントン州の国有地で見つかった約8500年前のケネウィック人のようなケースは、つながりを主張するのがむずかしい。

ケネウィック人の骨格は当初、自分たちの祖先だと主張した5つの部族に返還される予定だったが、NAGPRAの条文に照らして、アメリカ先住民の骨格だとする十分な科学的根拠がないと法廷が判断した後、科学研究に使えるようになった。部族と争った科学者が骨格の形態学的分析を証拠として提示し、訴訟に勝ったのだ。それによると、骨格は現代のアメリカ先住民よりも環太平洋アジアや太平洋諸島の集団と近い関係にあった。[18]ところが、2015年にエスケ・ヴィラースレウと共同研究者たちがケネウィック人から古代DNAを抽出して解析したところ、形態学的分析による結論は誤りであることが判明した。[19] ケネウィック人は、実は大半のアメリカ先住民を幅広くカバーする共通祖先集団の子孫だったのだ。

2つのタイプのデータを比べることが可能な場合は常に、古代DNA解析が形態学的分析にまさる。理由は簡単だ。骨格の形態学的分析では個人差のある一握りの特徴しか調べられないため、判定には不確かさがつきまとう。それに引き換え、遺伝学的解析では独立した何万もの箇所を調べるので、どの集団に属するか正確に判定できる。つまり、少数の形態学的特徴に基づいて1つの試料（ケネウィック人のような）の系統を評価しても、アメリカ先住民と環太平洋のどちらの系統なのかを確実に区別することはできないのだ。遺伝学的データなら、それができる。

古代DNA解析によって、ケネウィック人がアメリカ先住民のDNAを持つ明確な証拠が得られたわけだが、返還を要求しているワシントン州の先住民集団と特に強いつながりがあるかどうかについては、定かではなかった。ケネウィック人のゲノムを報告した論文では、つながりを主張している5つの部族の1つであるコルヴィル族からDNAを採取し、データは直接のつながりがあることを示すと述べている。ただし、コルヴィルは米国本土48州のうちで解析した唯一の部族で、論文を詳しく見てみると、ケネウィック人が遠い南米の先住民よりもコルヴィルと近い関係にあるという説得力のある主張は見当たらない。[20] また、コルヴィルのデータは他の科学者が自由に利用できず、独立した分析ができない。論文の掲載された雑誌はデータの共有を掲載の条件としているにもかかわらず、わたしのグループが希望しても、データの提供はなかった。

遺伝学的データの恣意的な解釈はケネウィック人のケースにとどまらない。2017年、ある研究者がカナダの太平洋岸沖の島から発掘された約1万300年前の骨格を解析し、その時代から現在まで、同じ地域で途切れずに続いているアメリカ先住民系統の証拠を発見したと主張した。[21]ところが論文に載っていた解析を詳しく調べてみると、この場合もやはり、南米の先住民より地元の人々のほうに近いわけではないとわかった。

この2つの例はほんの一部に過ぎない。古代DNA文献にはいまや、古代の骨とこんにち生きているグループの系統が直接つながっているという根拠のない主張があふれ始めており、それは別にアメリカ大陸に限った話ではない。先住民を相手に仕事をする研究者はそうした主張をしがちだ。そうすれば、地元の先住民グループに喜ばれ、サンプル採取が楽になる。データによる十分な裏づけがない場合、通常の科学的な研究手順ではちゃんとそのことを断ることになっているのだが、そんなことをしていてはうまく研究が進まないのだ。先住民グループのメンバーが彼らの歴史の科学的調査に直接参加していると、たとえば、あることが真実であってほしいというそのメンバーの願望によって結果が歪められがちになる。そして、まわりの研究者たちは、この問題を指摘した場合の反響を気にしすぎる。

ケネウィック人のケースは論争の的となって法廷に持ち出され、研究者とアメリカ先住民部族との間の敵意を掻き立てた。その結果、アメリカ先住民集団の歴史に関心のある研究者全般が影響を受け、そのような研究がますます困難になっている。アメリカ先住民の先史時代に特に関心のある考古学者や人類学者、博物館の館長と交流したわたしの経験から言うと、科学的に重要な骨の収集品を返還した多くの人が深い喪失感を抱いているのは確かだ。彼らは、そうした収集品の多くが米国政府による先住民の土地収用の際に集められたといういかがわしさを承知のうえで、博物館に収蔵しておきたいと望んでいる。[22] 祖先の墓を荒らされた先住民の多くも、負けず劣らず喪失感を抱いている。

こうした相反する利害や法律にうまく対処するために、多くの博物館が「NAGPRA専門員」を雇って、特定の部族と結びつけられる文化的遺物や骨を確認したり、それらを返還するために部族の代表に連絡を取ったりさせている。とはいえ、わたしが関わりを持ったNAGPRA専門員の多くは、法律の条文の遂行に献身的に取り組み、専門的な知識で職務を行ってはいるものの、それ以上踏み込むことは注意深く避けてもいる。彼らは、ケネウィック人のケースのように、NAGPRAが求める生物学的または文化的なつながりがないのに遺物が部族に返還されると、無力感を覚えると言う。

この分野に突破口を開いている遺伝学者が、エスケ・ヴィラースレウだ。ケネウィック人サンプルだけでなく、DNAを採取したその他の先住民の骨についても、彼は画期的なすばらしいやり方で——たとえそれが考古学や博物館の関係者の全員を幸せにするものではなくても——先住民社会との協調に成功している。彼は、先住民社会と遺伝学者には共通の利害があることに気づいたのだ。DNA解析は、遺物に対する所有権を主張する部族にその根拠を与える。そのいい例が、約1000年前のアボリジニの毛髪サンプル、[23] 1万3000年前のクローヴィスの骨格、[24] それに約8500年前のケネウィック骨格[25]からゲノムを抽出したケースだ。この3つのケースではいずれも、DNAを取得した後、従来のように公共機関を通すことなく、ヴィラースレウが部族に直接交渉を持ちかけた。

公共機関を通じた正式な手続きを踏まないやり方に懸念を抱く考古学者も多かったが、彼はそうしたやり方でいくつか成果を上げている。オーストラリアでは、100年前の毛髪サンプルに関する仕事をきっかけにアボリジニのグループとの友好関係が生まれ、それがもっと野心的な研究につながった。2016年に発表された彼と共同研究者による現代アボリジニ集団の研究である。[26]同じように米国でも、クローヴィスやケネウィックのケースで先住民グループと直接交渉したことが、友好関係を育み、その他の遺物の古代DNA解析への支持を取り付けるのに役立っている。

このようなやり方で事態が進展した注目すべき例として、ユタ州のスピリット洞窟で発見された遺物のケースがある。2000年、米国土地管理局がこのほぼ1万1000年前の遺骸を、返還を要請していたファロン・パイユート＝ショショーニ居留民に返さない決定をした。管理局の決定の根拠は、その居留民とのつながりを示す生物学的または文化的証拠がないというものだった。居留民は訴訟を起こし、遺物は法律の管理下に置かれたため、本当にこの居留民と生物学的なつながりがあるかどうか調べる目的でしか、研究することができなくなった。2015年10月、ケネウィック人に関する論文を発表していたヴィラースレウに遺骸の調査をする機会が与えられ、古代DNA解析をすることになった。1年後、彼は管理局に、遺骸が現代のアメリカ先住民と共通する古い系統に属するDNAの持ち主であるとする専門報告書を提出した。この報告書に基づき、管理局は骨を居留民に返還する決定を下した。[27]

わたしがこの件で連絡を取ったNAGPRA専門員は、この決定に困惑を隠せないようすだった。拡大解釈ではないかというのだ。NAGPRAの条文は、他の部族以上にファロン・パイユート゠ショショーニ居留民とつながりがあるという証拠を求めているのに、ヴィラースレウはそれを示していないように見える。だがこの件についてヴィラースレウに訊ねると、彼の考えではNAGPRAの条文はそれほど重要ではなく、たとえまだ法律が追いついていないにしても、部族コミュニティの判断基準は変化しているのだ、ということだった。科学誌「ネイチャー」のスピリット洞窟遺骸の返還決定に関する記事は、人類学者のデニス・オロークの言葉として、このケースはどの遺物を研究し、どの遺物を埋め戻すかの決定に、アメリカ先住民のグループが遺伝学を使って関与できる前例を作ったと伝えている。人類学者のキム・トールベアは、部族と科学者の関係が敵対関係である必要はないことをスピリット洞窟の例が立証したと指摘した。「部族は科学界の視点を政治権力によって無理矢理押しつけられるのを好まない……でも科学には興味があるんです」[28]

古代DNAデータを証拠として使えば、博物館にある帰属不明の遺物に対する請求権を確立できるとヴィラースレウが気づいたことで、学者と先住民のコミュニティの間にできあがっていた不幸な関係を打破する思いがけない機会が訪れているようだ。

アメリカ先住民と遺伝学者の間には、まだ実現には至っていないが、共通の利害がもう1つある。古代DNAを用いれば、古代試料のゲノム内の多様性を調べることによって、1492年以前（コロンブス以前）に存在した集団の大きさを確かめられるかもしれない。これはアメリカ先住民にとってゆるがせにできない問題だ。ヨーロッパ人の到来と彼らが持ち込んだ疫病によってアメリカ大陸の集団のサイズが約10分の1に激減し、それまでに成立していた複雑な社会が崩壊したという証拠があるからだ。アメリカ先住民の土地を併合する倫理的な正当性の根拠として使われたのが、ヨーロッパ人入植者が大陸に到着した際に遭遇したのは比較的小さな集団だったという事実だった。植民地主義者たちは先住民集団のサイズを事あるごとに過小に推定し、自分たちが来る前のアメリカ大陸には、文明はおろかまともな文化を持つ集団もなかったと主張した。[29]

ゲノム革命で何ができるかが先住民にもっと幅広く理解されるようになれば、現代のアメリカ先住民をみずからのルーツに結びつけ、またお互い同士を結びつける道具として、DNAを使えることがだんだんにわかってもらえるだろう。先住民の精神的指導者やコミュニティのリーダーが抱いている懸念がそれによってすべて消えるわけではないだろうが、敵対関係の緩和に役立つかもしれない。将来的には、もっと相互の理解が進み、共同作業もできるようになればいいと思う。

「最初のアメリカ人」の遺伝学的証拠

アメリカ先住民集団の歴史がゲノムの面から初めて調査されたのは2012年で、この年、わたしの研究室が52のさまざまな集団のデータを発表した。その際いちばんの壁となったのは、アメリカ先住民の遺伝学的研究に対する反発のせいで、アラスカとハワイを除く米国本土48州からはまったくサンプルが得られなかったことだ。それでも、アメリカ大陸のその他の多くの地域から多様な先住民のサンプルを集め、過去についての新しい知見を得た。[30]

解析した個人の大半は、この500年の間にアフリカ人またはヨーロッパ人からゲノムの一部を受け継いでおり、ヨーロッパ人入植者が到来して以来、広範囲に起こった激変を物語っていた。そのような交雑の証拠が見当たらない個人を選んで多くの解析を行ったが、一部の集団、特にカナダの集団では、サンプルを採取した全員が、アメリカ先住民以外のDNAを少なくともいくらかは持っていた。そうした集団も解析に含めたかったため、ゲノムのどの部分がヨーロッパ人またはアフリカ人由来であるか識別できる技法を使った。まず、アフリカ人やヨーロッパ人では頻度が高いが、アメリカ先住民では頻度が低い変異を含む長いゲノム片を探し出す。そのような部位を除外すると、アメリカ大陸での500年の交雑の歴史を剝ぎ取って、ヨーロッパ人がやって来る前の先住民集団相互の関係をいくらか理解することができた。

アメリカ先住民集団のあらゆる組み合わせを、4集団テストを用いて比較した。具体的には、たとえば中国の漢族のようなユーラシア人集団が、アメリカ先住民集団のいずれかとより多くの変異を共有しているかどうかを、集団のあらゆる組み合わせについて確かめた。52の集団のうち47についてはアジア人とのつながりに差は見られなかった。これは、カナダ東部の集団はもちろん、メキシコ以南の集団も含め、現代のアメリカ先住民の圧倒的多数が共通の1つの系統の子孫であることを示していた（残り5つは、すべて北極圏またはアラスカやカナダの太平洋岸北西部の集団で、異なる系統に由来するDNAを示した）。つまり、現代のアメリカ先住民グループの間にある大きな身体的差異は、共通祖先集団から分かれた後に生じたもので、異なる起源集団がユーラシアから移住してきたわけではないのだ。わたしたちはこの共通祖先集団を「最初のアメリカ人」と名づけた。

わたしたちの仮説では、この「最初のアメリカ人」の系統が、無氷回廊を抜けたか海岸ルートを通ったかして、初めて氷床の南に広がった人々の子孫ということになる。これまでのゲノム解析では、このグループがどれくらい小さかったのか、何世代にわたって放浪したのかについては、確定できなかった。だが、どんなことが起こったにしろ、それほど大きくない創始者集団で、人類の空白地帯に分け入り、行く先々で劇的に拡大したことはまちがいない。

この仮説がおおまかに見て正しいことは、遺伝学的なデータによって裏づけられる。4集団テストを幾度もくり返すにつれ、北米北部から南米南部までの大多数のアメリカ先住民集団は、おおざっぱに1本の木から枝分かれした多数の枝として表せることが明らかになった。ユーラシアで見られた集団の関係とはまるで違う。ほとんどの集団は中央の幹からきれいに分岐し、その後はほとんど混じり合わない。分岐はだいたい北から南に向かって進行していて、集団が南に移動する途中でいくつものグループに分かれて定住し、それ以来ほぼ同じ場所にとどまったようだ。

このような分岐パターンに合致しない驚くべき例として、クローヴィス文化と関連づけられる1万3000年前以降の幼児の遺骸がある。モンタナ州のカナダとの国境線にごく近い場所で発見されたにもかかわらず、隣接するカナダの現在の先住民グループとは違う系統で、最初の移動後に別の大規模な集団移動が起こったに違いないことを示していた。

アメリカ大陸の一部の場所では、集団が何千年も同じ地域にとどまったことが古代DNAによって確認できる。わたしたちがラーズ・フェイレン゠シュミッツと行った9000年前までのペルー人の解析では、その地域のアメリカ先住民集団にあきらかな継続性が見られた。解析したペルーの古代ゲノムはすべて、現代のどの南アメリカ人集団よりも、お互い同士ならびにケチュア語やアイマラ語を話すペルーの現代のアメリカ先住民のほうに、密接なつながりを示したのだ。アルゼンチン南部で見つかった8000年前ごろの先住民の個体や、ブラジル南部で見つかった1万年前ごろの先住民の個体についても、似たような結果が得られている。カナダ、ブリティッシュコロンビア沖の島の先住民についても同様で、1万年以上前になるとはっきりしなくなるとはいえ、この人々は6000年くらい続く集団の一員のようだった。[31] いずれの場合も、遠くのアメリカ先住民よりも、現在同じ地域に住んでいるアメリカ先住民のほうと密接なつながりを示す。

ゲノム学によるグリーンバーグの名誉回復

遺伝学的解析で「最初のアメリカ人」の拡散の跡が発見されたことにより、言語学上の論争にも進展が見られた。アメリカ先住民の言語の驚くべき多様性は17世紀にすでに注目されていた。一部のヨーロッパ人伝道者はそれを悪魔の所業のせいにしている。1つの集団を改宗させるためにその言葉を習得しても、次の集団にはそれが役に立たない。そうやって悪魔が先住民の改宗を邪魔しようとしているというのだ。言語学者は、言語間の差異を強調する「細分派」と、共通の起源を強調する「併合派」に分かれていた。極端な細分派の1人であるライル・キャンベルは約1000あるアメリカ先住民の言語を200ほどの語族（関連のある言語のグループ）に分け、時には特定の川の流域に限定されるグループまで設けた。[32] 極端な併合派の1人であるジョーゼフ・グリーンバーグは、あらゆるアメリカ先住民言語はわずか3つの語族にまとめることができ、その遠い過去のつながりをたどることができると主張した。彼によると、その3つの語族はアジアからの大きな移住の波を反映している。

アメリカ先住民言語の解釈を巡るキャンベルとグリーンバーグの対立は有名で、3つの語族からなるグリーンバーグの分類をあまりにもいかがわしく感じたキャンベルは、1986年に、グリーンバーグの分類は「一喝して黙らせるべきたわごとだ」と書いている。[33] 実際には、グリーンバーグの語族のうち2つについては議論の余地がない。シベリア、アラスカ、カナダ北部、グリーンランドの先住民の多くが話しているエスキモー＝アレウト語族と、北米北部の太平洋岸、カナダ北部内陸部、米国南西部に住むアメリカ先住民部族の小集団が話すナ・デネ語族だ。

ところが、グリーンバーグはアメリカ先住民言語の90パーセントが3つ目の語族「アメリンド」に含まれると主張しており、多くの言語学者が賛成できないと感じているのはこのアメリンドだった。アメリンドを提唱する際にグリーンバーグが用いたのは、さまざまなアメリカ先住民言語について数百の単語を調べ、共有程度に応じて点数をつけるという手法だった。共有率が高い場合、共通の起源を持つ証拠だと主張した。この手法を使うと、ナ・デネ語およびエスキモー

＝アレウト語以外のアメリカ大陸中の言語はアメリンドに分類できる。氷床の南に最初に達した人々は原アメリンドを話していたのだという。この言語データは、アジアから3回の大きな移住の波があったという説を裏づけるものだと、彼は結論づけた。もしそのほかにも移住の波があったのなら、はっきり区別できる言語グループがほかにも残っているはずだからだ。

こうしたグリーンバーグの主張に対して、辛辣な批判が相次いだ。批判的な人々は、彼の単語のリストは短すぎて、共通性を立証するには不十分だと異を唱えた。また、それらの単語が本当に共通の起源から派生したかどうか疑わしいとも主張した。言語は変化が早いため、数千年以上もさかのぼって、共通の語源を持つ単語かどうか確認するのはむずかしいと考えられているのに、グリーンバーグはその倍も古いつながりを見抜いたと主張しているというのだ。

だが、グリーンバーグが正しくつかんでいたこともあった。アメリンドという彼のカテゴリーは、遺伝学によって発見された「最初のアメリカ人」にほぼぴったり一致した。彼が言語に基づいて最も密接なつながりがあると推定したグループのうち、データが入手できた集団については、実際につながりがあることが遺伝学的パターンによって確認された。また、今のアメリカ先住民の言語が細かく分かれていることも、大多数の集団が1回の移住者集団の拡散によってできた子孫であるという歴史を反映している。アメリカ大陸の言語地図を見れば誰でも、ユーラシアやアフリカの言語地図とは質的に異なることに気づく。アメリカ大陸では狭い範囲でしか使われない何十もの語族がひしめいているのに対して、ユーラシアやアフリカではインド＝ヨーロッパ語族、オーストロネシア語族、シナ＝チベット語族、バントゥー語族というように密接なつながりのあ

現代のアメリカ先住民グループはすべて、「最初のアメリカ人」のDNAを高い比率で持つ

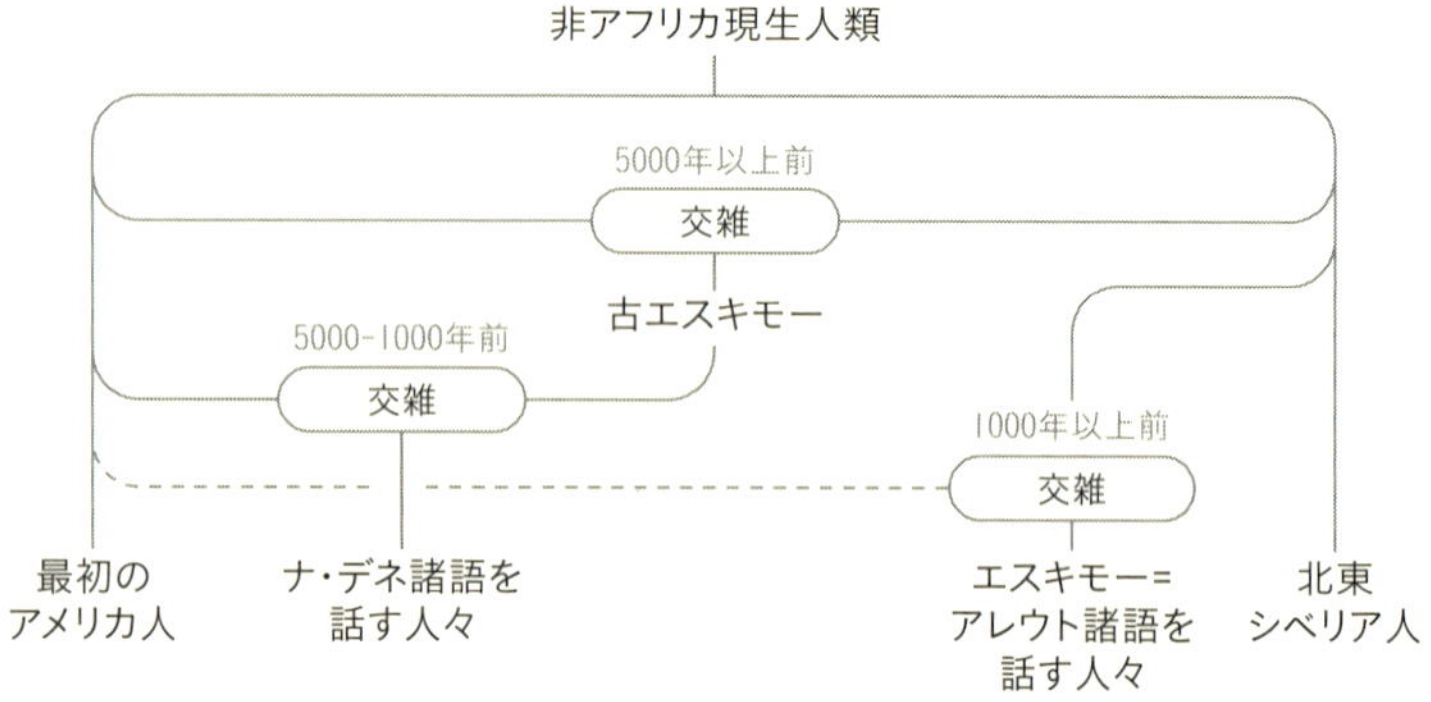

図20　この単純化した系統図はジョーゼフ・グリーンバーグが言語学的データをもとにアメリカ先住民集団を３つのグループに分類した仮説を図示したもの。グループ分けはアメリカ大陸への３回の移住に整合するが、グリーンバーグは「最初のアメリカ人」のDNAがあらゆるグループで大きな比率を占めていることは知らなかった。ナ・デネ諸語を話す人々では約90%、エスキモー=アレウト諸語を話す人々では約60%を占める。

る言語を話す人々が広大な範囲に住んでおり、これは大規模な移住と集団置換を反映している。アメリカ大陸では「最初のアメリカ人」の拡散があまりにも急速だったため、言語間のつながりは熊手のような構造になっている。初期の定住時期近くにある共通の根へ向かって、熊手のたくさんの歯が平行に伸びているのだ。[34]というわけで、遺伝学と言語学両方の証拠から、現代のアメリカ先住民集団の多くが、最初に人が渡って来た直後にその地域に住んだ集団の直接の子孫であるというシナリオが裏づけられる。これは、最初の拡散の後、アメリカ大陸ではアフリカやユーラシアに比べて集団の置換が非常にまれだったことを示唆している。

遺伝学的データによってグリーンバーグの説はおおまかに裏づけられたわけだ

が、彼はある重要なことを見逃していた。エスキモー=アレウト諸語を話す人々やナ・デネ諸語を話す人々はアジアからの別の流れのDNAを持っているため、遺伝学的にその他のアメリカ先住民とは区別できる。それにもかかわらず、両者とも大量の「最初のアメリカ人」のDNAを持っているのだ。わたしたちの解析によると、エスキモー=アレウト諸語を話す人々の「最初のアメリカ人」DNA混合比率は60パーセント程度で、ナ・デネ語を話す人々は90パーセント程度だった。[35] つまり、グリーンバーグが想定した3つの言語グループが古代の主要な3つの移住集団と密接なつながりがあると言っても、「最初のアメリカ人」が、現在のアメリカ大陸のあらゆる先住民に人口学的な意味で圧倒的に大きく寄与しているのだ。

集団Y

次に遺伝学によって明らかになったのは、少なくともわたしたち遺伝学者にとってはまったく意外な事実だった。

ヒトの骨格の形態を研究する自然人類学者の一部は、1万年以上前のアメリカ人の骨格の中には、現代のアメリカ先住民の祖先とは思えないようなものがあると何年も前から主張していた。その代表的な例が、1975年にブラジルのラパ・ヴェルメーリャで発見され、ルジアと名づけられた約1万1500年前の骨格だ。多くの人類学者が、この女性の顔の形は古代または現代の東アジアの人々やアメリカ先住民よりも、オーストラリアやニューギニアの先住民のほうに似ていると考えている。その説明として、ルジアはアメリカ先住民に先行するグループの一員なのではないかという臆測が生まれた。人類学者のウォルター・ネヴェスは、彼の言う「古アメリカ人」の形態を持つ何十体もの骨格をメソアメリカや南アメリカで発見している。中でもいちばんの目玉は、ブラジルのラゴア・サンタにある先史時代のゴミ捨て場から見つかった1万年以上前の頭蓋骨55個だ。[36]

こうした主張には異論も多い。形態学的な特徴は食事や環境によって変わるうえ、人類がアメリカ大陸に到達して以来、自然選択はもちろん、時と共に集団に蓄積したランダムな遺伝的変化が形態学的な変化に寄与した可能性がある。たとえばケネウィック人のケースでは、骨格の形態学的な調査では環太平洋集団に似ていたが、遺伝学的には完全にその他のアメリカ先住民と共通する祖先集団に由来することが判明している。集団の関係を考える際に形態学を過信してはならないという、うってつけの事例となったのだ。[37] ネヴェスの分析には統計学的な欠陥があるという批判が多い。自分の古アメリカ人説を補強してくれるような遺跡を選び出し、それに合わないものは意図的に外していて、厳密な科学とは言いがたいという。

それでも、ウプサラ大学のポントス・スコグルンドはアメリカ先住民の遺伝学的データをさらに詳しく調べて、「最初のアメリカ人」とは異なる系統の痕跡を探すことにした。もし、もっと古い人々がアメリカ大陸にいて「最初のアメリカ人」に取って代わられたのなら、その古代の人々は現代の集団の祖先と交配して、今生きている人々のゲノムに何らかの統計的なシグナルを残しているかもしれない。

スコグルンドは4集団テストを行って、これまでわたしたちが完全に「最初のアメリカ人」の系統と考えていたアメリカ大陸の集団のあらゆる二者の組み合わせと、アメリカ大陸以外の集団のあらゆる二者の組み合わせを比較した。そこにはオーストラレーシアの先住民（アンダマン島人、ニューギニア先住民、オーストラリア先住民を含む）や、一部の人類学者の仮説で古アメリカ人とつながりがあるとされたその他の集団も含まれていた。その結果、ブラジルのアマゾン川流域の2つのアメリカ先住民集団は、世界のその他の集団よりもオーストラレーシア人と密接なつながりを示すことがわかった。スコグルンドは博士研究員としてわたしの研究室に加わった後、アマゾン盆地周辺のその他のアメリカ先住民にも、オーストラレーシアとのもっと弱い遺伝的近縁性のシグナルを発見したが、これもたぶん、統計誤差などではなく本物なのだろう。彼の推測によると、これらの集団の古い系統に由来するDNAの比率は1～6パーセントと小さく、残りは「最初のアメリカ人」のDNAに一致する。[38]

スコグルンドもわたしも最初はこうした結果に懐疑的だったが、統計学的な証拠はますます強まる一方だった。これとは別個に集めた複数のデータセットも同じパターンを示したのだ。こうしたパターンが、アジア人集団の最近の移住では起こりえないことも立証できた。アマゾン川流域の集団は、オーストラリア、ニューギニア、アンダマン諸島の先住民と最も強い親和性を示す（東アジア人を基準として）にもかかわらず、そのうちのどれかと特に密接であるということはなかった。また、ポリネシア人が太平洋を越えてアメリカ大陸に移住したという説も、遺伝学的データとは矛盾する。ポリネシア人は大洋を横断する技術を持っていたから、ここ2000～

3000年の間にそのような移住が起こっても不思議はなかったが、ポリネシア人との間にはまったく近縁性が見られなかった。こういった結果は、現代シベリア人よりもオーストラリア人、ニューギニア人、アンダマン人と密接なつながりのある古代の集団が、アメリカ大陸に移住したことを示す確かな証拠のように思われた。

こうして、純粋な形ではもう存在していない「ゴースト集団」の証拠を発見したのだという結論に達し、このDNAを最も高率に持つ集団の話すトゥピ語で「祖先」を意味する「*ypykuéra*」に因んで、「集団Y」と呼ぶことにした。

トゥピ語を話す人々の中で「集団Y」のDNAを最も多く持つのはスルイ族だった。この章の冒頭の創世神話を創った人たちだ。今では1400人ほどしか残っておらず、ブラジルのロンドニア州に住んでいる。[39] 比較的孤立状態のまま暮らしていたが、道路建設の業者が彼らのテリトリーを通ったことをきっかけに、1960年代になってようやくブラジル政府と公式の関係を結んだ。それ以来スルイ族は自分たちの土地を森林破壊から守り、コーヒー農園を引き継いで、不法伐採者や不法採鉱業者を通報している。また、米国の先住民権利擁護グループを代理に立てて、自分たちが保護してきた雨林によって削減された温室効果ガスに対する炭素クレジット（排出枠の取引対価）を要求している。

集団YのDNAが見つかったもう1つのトゥピ語族のグループは、カリティアナ族だった。遺伝学的調査への抵抗運動を始めた最初のアメリカ先住民部族として、この章の初めの方で取り上げた部族だ。1996年にDNAサンプルを採取された際、医療・保健サービスが受けやすくなるという約束が守られなかったことに対する失望から、抵抗運動を始めた。カリティアナ族は総勢300人前後で、やはりロンドニアに住んでいる。わたしたちが分析したのはこのいわくつきの1996年のサンプルの一部ではなく、1987年に採取されたもので、当時の倫理基準に合致したインフォームドコンセント手続きに従って行われたようだ。カリティアナ族の人々が、この調査結果で独特なDNAの持ち主であるとわかったことを好ましい発見として歓迎し、科学研究に関わることによって恩恵が得られることもある好例とみなしてくれればいいと思う。[40]

集団YのDNAをかなり持つことがわかった3つ目の集団はシャヴァンテ族だ。スルイやカリティアナが話すトゥピ語グループとは異なる言語グループに属する言葉を話す。人口は約1万8000人で、ブラジル高原にあるマトグロッソ州に住んでいる。強制的に移住させられており、彼らの土地は現在環境破壊が進み、伝統的な生活様式は常に開発におびやかされている。[41]

メソアメリカやアンデス山脈西側の南アメリカ人には、集団YのDNAはほとんど見つからなかった。米国北部で見つかったクローヴィス文化の幼児の1万3000年前ごろのゲノムや、カナダのアルゴンキン語を話す現代の人々にも、集団YのDNAは検出されなかった。集団Yの地理的分布はアマゾン川流域にほぼ限定されており、これも、古代に起源がある証拠と考えられる。アジアとつながるベーリング陸橋から遥か遠くの近づきにくい地域に集団Yの系統が限定されているのは、いったんは大きく広がっていた創始者集団が他のグループの拡大によって周辺部に追いやられたせいかもしれない。このパターンは別の語族の分布によく似ている。たとえば南アフリカのコエ（コイ）族やサン族が話すツウ語族、ジュー（クン）＝ホアン語族、コエ＝クワディ語族などの場合、こうした言葉を話す人々の住む岩だらけの地域が他の言語を話す人々の地域に取り囲まれ、海に浮かぶ小島のように見える。

統計学的解析による古代の系統の証拠が、「ルジア」やラゴア・サンタ骨格の出土したブラジルで最も強く検出されたという事実は注目に値する。とはいえ、わたしたちが発見した古代の系統が、形態学に基づくネヴェスらの「古アメリカ人」に合致すると証明されたわけではない。ネヴェスは、古アメリカ人の形態学的特徴が、古代ブラジル人だけでなく古代や比較的最近のメキシコ人にも見られると主張しているが、わたしたちの分析ではメキシコ人にはこの系統の痕跡がまったくなかった。さらにエスケ・ヴィラースレウのグループが、ネヴェスによれば典型的な古アメリカ人の骨格を持つという2つのアメリカ先住民グループからDNAを採取した。メキシコ北西部のカリフォルニア半島のピリチュ族と南米先端のフエゴ島先住民である。どちらのグループも集団YのDNAを持っていなかった。[42]

となると、遺伝学的パターンは何を意味しているのだろうか？　モンテ・ベルデやペイズリー洞窟群などの遺跡で見つかった考古学的な遺物から、無氷回廊が開く前に人類が氷床の南に到達したことは、すでにわかっている。だが、クローヴィス文化に現れたような大きな人口爆発は、無氷回廊が開いてからでなければ起こらなかったはずだ。遺伝学的データは、アジアから最低2つの非常に異なったグループが、おそらく別々の時代に別々のルートでアメリカ大陸にやって来たということを示しているのかもしれない。もし集団Yが「最初のアメリカ人」の前に南米の一部に広がったとしても、その後、「最初のアメリカ人」が進出してきて、完全に、またはアマゾ

アマゾン川流域とオーストラレーシアとの古代のつながり

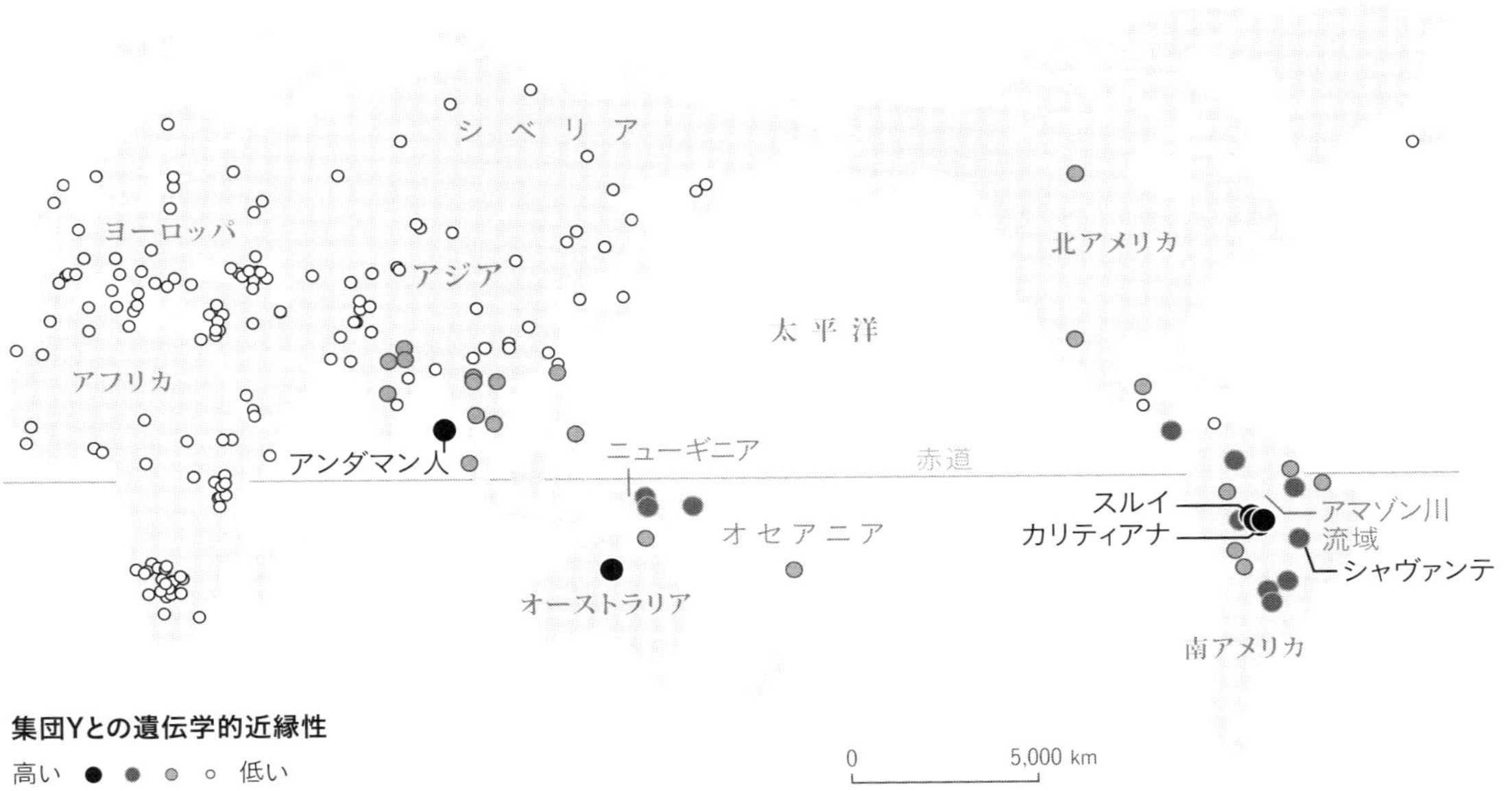

図21　地理的には非常に離れているにもかかわらず、アマゾンの集団はその他のユーラシア人とよりも、オーストラリア人、ニューギニア人、アンダマン人と、より多くのＤＮＡを共有している。これは実質的に北東アジア由来とは言えない祖先集団からのアメリカ大陸への初期の移動を反映しているのかもしれない。

ン川流域のように部分的に取って代わった可能性は大いにある。集団Yの系統がほかのどこよりもアマゾン川流域でよく生き延びたのは、足を踏み入れるのが比較的むずかしい地域だったためかもしれない。「最初のアメリカ人」のこの地域への進出速度が落ちたので、単に取って代わられるのではなく、新しい移住者と交雑する時間的な余裕が持てたのだろう。

今、アマゾン川流域に住んでいるスルイ族のオーストラレーシア人関連のDNAは、パーセンテージにすればわずかで、あらゆる非アフリカ人が持つネアンデルタール人DNAと同じ程度だが、その重要性を無視するのは賢明ではないだろう。アマゾン川流域の人々にオーストラレーシア人関連のDNAをもたらした集団Yの影響は、2パーセントという数字から考えられるよりもかなり大きい可能性があるからだ。集団Yの祖先はシベリアと北米北部の広大な土地を横切らなければならなかったが、そこには「最初のアメリカ人」の祖先も住んでいた。したがって、集団Yが南米に広がり始めたときには、すでに「最初のアメリカ人」関連のDNAを大量に取り込んでいた可能性が高い。

もしそうなら、南アジア人に関連のある系統から引き継いだDNAは、ごく微量の追跡用マーカーのようなものに過ぎない。CTスキャンで血管を造影するために静脈に注入される薬剤のようなものだ。スルイ族が示す2パーセント前後という集団YのDNAの推定値は、集団Yが遭遇する他の人々と交配せずに、北東アジアとアメリカを通過したという前提をもとに割り出した。「最初のアメリカ人」に関連のある集団と途中で交配した可能性を認めるなら、スルイ族が持つ集団YのDNAの比率は85パーセントにまで上昇する可能性があるが、それでもなお、オーストラレーシア人とのつながりを示す統計学上の証拠が観察されるだろう。たとえ実際の比率がそれよりずっと少なかったとしても、「最初のアメリカ人」が処女地に広がったという物語は非常に誤解を招きやすいと言える。むしろ、単一構造ではない創始者集団がアメリカ大陸に広がったというふうに考えるべきだろう。集団Yがアメリカ大陸に到達した経緯と時期は、集団YのDNAを持つ骨格から古代DNAが採取できて初めて解決できるように思われる。

「最初のアメリカ人」のその後

遺伝学データの頼もしい点は、アメリカ先住民の大昔の起源について教えてくれるだけでなく、もっと最近の時代のことや、集団が現在の姿になった経緯についても、情報をもたらしてくれるところにある。

それを如実に示すのが、ナ・デネ語族の言葉を話す人々の起源が解明された例だ。彼らは北米の太平洋岸、カナダ北部から南は米国のアリゾナに至る地域に住んでいる。言語学者の間では、この言語は祖語から派生してまだ2000～3000年で、移住によってアメリカ北西部の広大な地域に広がったのではないかという見方が圧倒的だ。2008年に驚くべき進展があり、アメリカの言語学者エドワード・ヴァイダが、ナ・デネ語族とシベリア中部のエニセイ語と呼ばれる言語グループとの大昔のつながりを立証した。エニセイ語はかつて多くの集団が話していたが、今はそのなかのケット語だけが日常的に使われている。[43] ヴァイダの研究結果は、膨大な距離にもかかわらずアジアから比較的最近になって移住があり、それによってアメリカ大陸にナ・デネ語を話す人々が誕生したことを示唆している。

遺伝学で、ここにどんな新情報をつけ加えることができるだろう？　わたしたちの2012年の研究で、他の多くのアメリカ先住民にはないタイプのDNAがナ・デネ語を話すチペワイアン族に見つかり、アジアからの後期の移住を裏づける証拠となっていた。[44]　わたしたちの推測ではこのDNAはチペワイアンのゲノムの約10パーセントを占めるに過ぎないが、それでも、驚くべき発見であることに変わりはない。この特徴的なDNAを追跡用マーカーとして、チペワイアンのようなナ・デネ語を話す人々と、古代DNA解析ができるような古代文化の個体との間のつながりを立証できないだろうか？

2010年、エスケ・ヴィラースレウと共同研究者たちが、約4000年前の凍った男性遺体の髪から得たゲノムワイドなデータを発表した。グリーンランド最古の文化であるサカク文化に属する個体だ。[45]　解析結果は、その男性が南の「最初のアメリカ人」と、北極圏でその後を継いだエスキモー＝アレウト語を話す人々の両方のDNAを同程度に持つ集団の一員であることをはっきり示していた。ヴィラースレウのグループは2014年に、さらに数個体の「古エスキモー」のデータを発表した。[46]　「古エスキモー」とは、考古学者が、エスキモー＝アレウト語を話す人々より前に生きていた人々につけた呼び名だ。その古エスキモー数人は遺伝学的におおまかなつながりがあり、ヴィラースレウらは、この人々が、それ以前や以降のあらゆる移住とはまったく異なるアジアからの移住があったことを示していると主張した。彼らの主張によると、1500年前ごろにエスキモー=アレウト語を話す人々がやって来た後、古エスキモーは子孫を残さずにほぼ絶滅したという。

２０１２年の研究でわたしたちは、サカクの個体に代表される古エスキモーが、エスキモー=アレウト語を話す人々とは異なる移住集団の子孫であるという説を検証した。驚いたことに、異なる移住集団の証拠は見つからなかった。代わりに、サカクが、ナ・デネ語を話すチペワイアンに寄与したのと同じ起源集団から、異なる比率でＤＮＡを受け継いでいる可能性のあることがわかった。遺伝学的データによると、ナ・デネ語を話す現代の人々の多くは、この後期に移住したアジア人集団からそのＤＮＡを約10パーセントしか受け継いでいない。そのため、ヴィラースレウのチームが行ったクラスター分析〔複数のデータを類似性に基づくグループ（クラスター）に分類すること〕では、ナ・デネ語を話す人々とのつながりが見落とされたのだろう。結局わたしたちは、ナ・デネ語を話す人々とサカクの個体が共に、アジアからアメリカ大陸へ移住した同じ集団からＤＮＡの一部を受け継いでいると結論づけた。

２０１７年、パヴェル・フレゴントフとシュテファン・シッフェルスとわたしは、古エスキモー系統が絶滅しておらず、ナ・デネ語を話す人々の中に生きていることを確認した。[47]さまざまなアメリカ先住民とシベリアの集団の双方が、共に比較的近年になって持つようになったことを示すまれな変異を調べることによって、古代のサカク個体とナ・デネ語を話す現代人との比較的新しいころの共通祖先の証拠を見つけたのだ。

実際、古エスキモー系統がエスキモー=アレウト語を話す人々の到来後に絶滅したという仮説は、わたしが2012年の論文で指摘したよりも大幅に間違っていた。[48] 現在エスキモー＝アレウト語を話している人々の系統は、古エスキモーに関連した系統と「最初のアメリカ人」の系統との交雑によるものと見るのが正しい。つまり、古エスキモーは絶滅などしておらず、ナ・デネ語を話す人々だけでなくエスキモー＝アレウト語を話す人々の中にも、混じり合った形で生きているのだ。

わたしたちの2017年の研究によって、アメリカ大陸の人々の大昔の系統について、まったく新しい統一的な視点も明らかになった。この新しい見方では、集団Yは別として、あらゆるアメリカ先住民系統に寄与したのはわずか2つの祖先系統だった。1つは「最初のアメリカ人」、もう1つは5000年前ごろにアメリカ大陸に新しい細石器と最初の弓矢を持ち込み、古エスキモーの始祖となった集団だ。[49]

それを立証できたのは、数学的にデータに適合するモデルを考案できたからだ。データは、集団Y系統を継ぐアマゾン川流域の人々を除いたあらゆるアメリカ先住民が、アジア人と別々のつながりのある2つの祖先集団が交雑してできた集団であることを示していた。この交雑によって、アジアからアメリカに移住した3つの始祖集団が生まれた。それぞれ、エスキモー＝アレウト語、ナ・デネ語、その他すべての言語と結びつけられる。

アメリカ先住民の歴史に関して、遺伝学によって明らかになった2つ目の事実を最もよく示すのが、遠くシベリア北東部に住むチュクチ族だ。彼らの話す言語はアメリカ大陸で話されているどんな言語とも関連がない。

わたしの分析で、チュクチ族はアメリカからアジアへの逆流に由来する「最初のアメリカ人」のDNAを約40パーセント持っていることがわかった。[50]「最初のアメリカ人」の子孫がアジアに戻って実質的な集団を形成したという考えを疑問視する人々、つまりアジアとアメリカとの間の移住が一方通行だったという考えに慣れている人々なら、チュクチ族とアメリカ先住民との遺伝的近縁性は単に、「最初のアメリカ人」がアジアにいたときにチュクチ族と最も近縁だったからではないかと言いたくなるかもしれない。わたし自身、1年以上もそうした思い込みに囚われ、さまざまなアメリカ先住民から得ていたデータの辻褄を何とか合わせようと苦労していた。

だが、遺伝学的データが、近縁性は逆移住によるものであることをはっきりさせてくれた。チュクチ族が最も密接な関係を示したのは、完全な「最初のアメリカ人」系統のいくつかの集団だったのだ。これは、「最初のアメリカ人」が北米で最初に多様化したかなり後に生まれた下位系統の1つが、アジアに移住して戻ったと考えなければ説明がつかない。北米に定着したエスキモー=アレウト語を話す人々が地元のアメリカ先住民(DNAの半分に寄与)と深く混じり合い、その後、成功した生活様式を携えて北極圏を越えてシベリアに戻って、チュクチ族だけでなく、その地域のエスキモー=アレウト語を話す人々の系統にも寄与したと考えればうまく説明できる。「最初のアメリカ人」系統のアジアへの逆流という考え方は、考古学では証明がむずかしい。遺伝学というユニークな視点に立てば、こうした意外な事実を確認できる。

遺伝学に何ができるかを示す3つ目の例が、メキシコ北部から米国南西部への農業の到来だ。現在、これらの地域は広範囲に広がったユト=アステカ語族と呼ばれる言語群で結びついている。

言語学者は以前から、この語族に属する言語の大半と、それらの言語に共通するいくつかの植物名が、現在のユト=アステカ語族の分布地域の北の端によく見られるために、この語族が北から南に広がったと考えていた。
ところが逆に、トウモロコシ栽培の拡散につれてメキシコから北方に広がったと主張する人々もいる。最も強く主張しているのは考古学者のピーター・ベルウッドで、言語と人は農業の拡散と共に移動する傾向があると指摘している。[51]
トウモロコシの到来の前と後にその地域に住んでいた人々の古代DNAを解析し、あわせて現代の住民とも比較すれば、この理論を少なくともある程度は検証できる。わたしたちは古代DNAから何らかの手がかりを得ようと解析を始めている。古代のトウモロコシは、まず4000年以上前に高地ルートを経由して（内陸の山を越えて）米国南西部に入り、その後、2000年前ごろに低地の沿岸起源の品種に置き換わったことがわかっている。[52]
植物にも移動や幾度もの交雑の歴史があったことを示すうってつけの例だが、栽培穀物の場合は人間による選択が関わるので、移動や交雑はもっと劇的なものになる可能性が高い。新しい人々が新しい穀物と共に移動したのかどうか検証できるようになるのは時間の問題だ。
今後の夢はもちろん、こうした研究をもっと系統的に実施することだ。最新の遺伝学的研究と古代DNAによって、アメリカ先住民の文化が移住を通じてどのようにつながり合っているのか、言語や技術の広がりが古代の集団移動とどう対応するのかを解明できるだろう。そのような物語の多くは、先住民の人口と文化を壊滅させたヨーロッパ人の支配によって失われてしまったが、遺伝学なら、失われた物語を再現して見せることができる。遺伝学には理解だけでなく癒やしも促す力があるのだ。

東アジアおよび太平洋地域

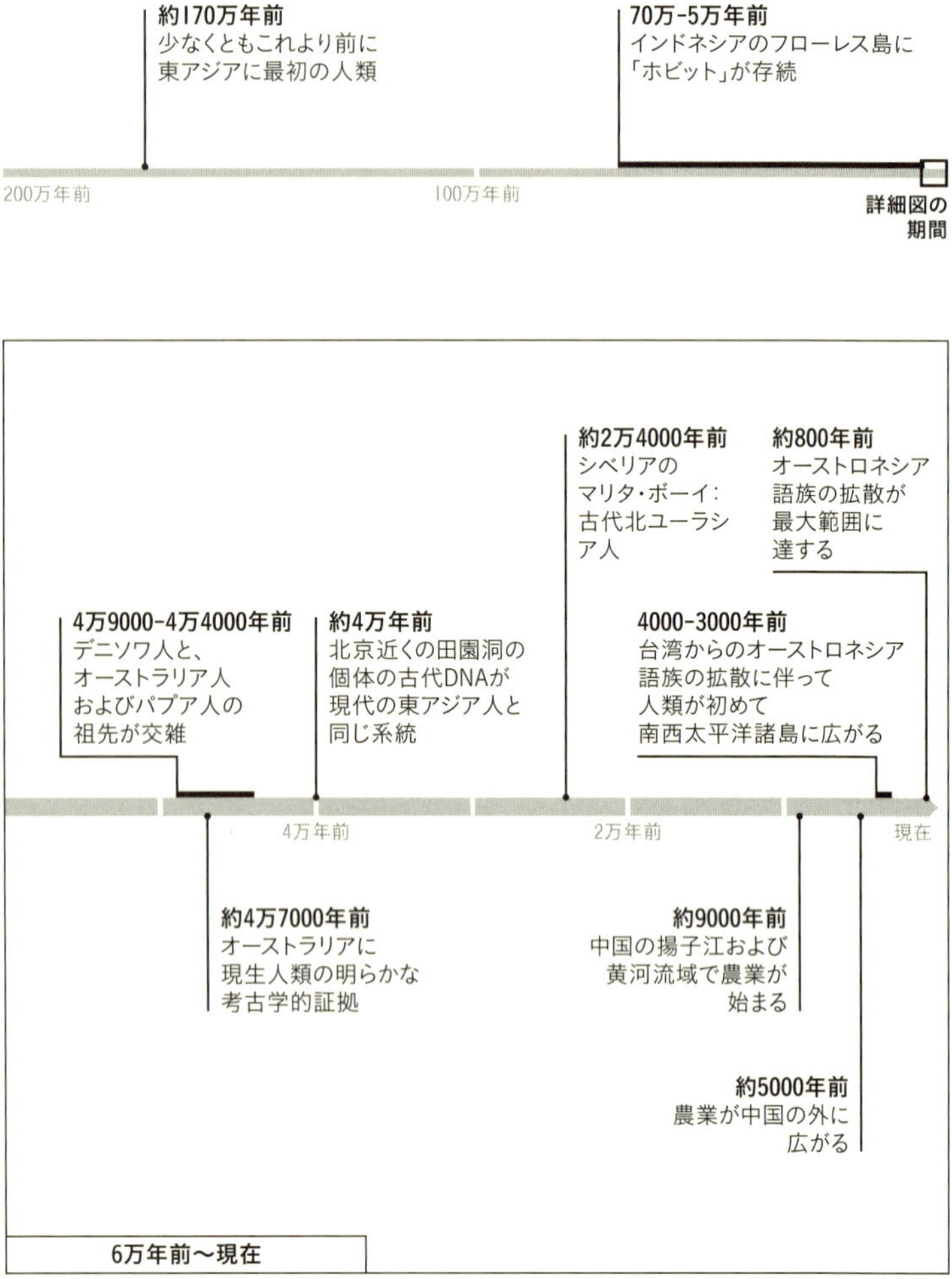

南方ルート説の欠陥

中国、日本、東南アジアにまたがる広大な東アジアは、人類進化の大きな舞台の1つだ。世界人口の3分の1以上を擁し、言語の多様性においても同じくらいの比率を占める。土器は少なくとも1万9000年前にこの地域で発明された。[1] 人類が1万5000年前にアメリカ大陸へ進出した出発地点でもある。9000年前ごろには東アジア独自の農業が始まっている。

最古のホモ・エレクトスの骨格が中国で見つかっていることから、東アジアが少なくとも約170万年にわたって人類のふるさとだったことがわかる。[2] インドネシアでも同じくらい古い遺骸が発掘されているが、[3] これらの旧人類は骨格の形がわたしたち現生人類とは異なっていた。現生人類の特徴を持つ骨格が現れ始めたのは、アフリカで見つかった化石によると約30万年前のようだ。[4] 非常に古い時代から、東アジアには継続して旧人類が住んでいたのだ。たとえば、遺伝学的な証拠によって、デニソワ人が現在のオーストラリア先住民やニューギニア先住民の祖先と

5万年前ごろに交雑したことが立証されている。また考古学および骨格の証拠から、身長1メートルの「ホビット」も、同じころまでインドネシアのフローレス島で生存していたことがわかっている。[5]

東アジアの旧人類が遺伝学的にどの程度、今生きている人々に寄与しているのかについては、激しい議論が戦わされてきた。アフリカ以外の現代人が、約5万年前以降に拡散して先住の人類グループの大部分に取って代わった人々の子孫であるということについては、中国と西洋の遺伝学者はほぼ全員が合意している。[6] その一方で、中国の人類学者や考古学者の一部は、この時期の以前と以後とで、東アジアに住んでいた人々の骨格の特徴や石器の様式が似ているため、旧人類から現生人類への移行に際して、ある程度の継続性が保たれたのではないかという疑問を提起している。[7] 本書の執筆時点で、東アジアの集団の歴史に関するわたしたちの知識は、西ユーラシアに比べればごく限られている。東アジアから得られている古代DNAデータが、発表された全データの5パーセントにも満たないためだ。この差の原因は、古代DNA解析テクノロジーがヨーロッパで開発されたこと、それに中国や日本では、政府の規制や国内の研究者主導の研究を好む傾向などのせいでサンプルを持ち出すことが事実上不可能なことにある。これらの地域は古代DNA革命の最初の数年、その恩恵に浴する機会を失ったのだ。

西洋では、5万年前より後のどこかの時点で、現生人類が新しいやり方で幅の狭い精緻な刃の石器を作り始め、それが後期旧石器時代の幕開けとなったという壮大な物語が定番となっている。後期旧石器様式の石器が出土した最古の遺跡は中東にあり、そこからこのテクノロジーがヨーロッパや北ユーラシアに急速に広まった。このテクノロジーを採用した人々がどれほど繁栄を謳歌したかを考えると、このやり方が当然東アジアにも広まったと思うのが自然だろう。ところが実際はそうではなかった。

東洋の考古学的遺物のパターンは西洋のパターンとは一致しない。確かに、中国から東インドにかけての広大な地域には、精巧な骨角器、貝殻のビーズや穴を開けた動物の歯の装身具、世界最古の洞窟絵画など、およそ4万年前に現生人類の到来に伴って行動様式の大きな変化があったことを示す考古学的な証拠が見られる。[8] オーストラリアの古代の野営地の跡から、少なくとも4万7000年前ごろには人類がそこに到達していたことがわかるが、[9] これはヨーロッパでの現生人類の最古の証拠と同じくらい古い。[10] 東アジアやオーストラリアにもヨーロッパと同じころに現生人類が到達していたことは、紛れもない事実だ。ところが奇妙なことに、中央アジアや東南アジア、オーストラリアの最初の現生人類は、後期旧石器様式の石器を使わなかった。彼らが使ったのは別の様式のテクノロジーで、その一部は現生人類が何万年も前にアフリカで使っていたものに類似していた。[11]

こうした観察結果をもとに、考古学者のマルタ・ミラソン・ラールとロバート・フォーリーは、オーストラリアの最初の人類は西洋で後期旧石器テクノロジーが発達する前に、アフリカや中東を出た現生人類の子孫かもしれないと指摘している。この「南方ルート」仮説によれば、移住者は5万年前よりずっと前にアフリカを出て、インド洋の沿岸を巡り、オーストラリア、ニューギニア、フィリピン、マレーシア、アンダマン諸島の今の先住民の祖先となった。[12] 人類学者のカテリーナ・ハルヴァティと共同研究者たちも、オーストラリアのアボリジニとアフリカ人の骨格が似ていることを挙げて、この仮説を裏づける証拠だとしている。[13]

現生人類が5万年前よりずっと前にアフリカの外にいたというのは、今では広く認められている事実だ。[14]その証拠に、今のイスラエルにあるスフールとカフゼーの13万年前から10万年前の遺跡から、形態学的に現生人類のものとされる骨格が見つかっている。[15]また、13万年前のジェベル・ファヤ遺跡〔アラブ首長国連邦のシャルジャーにある〕から出た石器は、北東アフリカで見つかった同じころの石器と似ていて、現生人類が紅海を渡ってアラビア半島に入ったことをうかがわせる。[16]確定的とは言えないながらも、現生人類がアフリカ外で早い時期に遺伝学的な影響を与えたことを示す証拠もある。ネアンデルタール人のゲノムに、現代人の系統から20万ないし30万年前に分かれた集団との交配に由来すると思われる部分が2、3パーセント見られるのだが、もしスフールやカフゼーの集団と関連のある現生人類集団がネアンデルタール人の祖先と交配したとすれば、辻褄が合う。[17]この現生人類とネアンデルタール人との早期の（5万年前より前の）交配の信憑性については、わたしを含め多くの遺伝学者がいまだに態度を決めかねているものの、重要なのは、現代のあらゆる非アフリカ人に大きく寄与した5万年前の拡散よりも前に現生人類がアジアに拡散したことを、今ではほぼすべての学者が受け入れているということだ。ところが南方ルート仮説は、単にそうした拡散が起こっただけでなく、それが今生きている人類にまで大きな影響を与えているのではないかという、大胆な問いを提起している。

2011年、エスケ・ヴィラースレウの主導した研究で、そのことが立証されたように思われた。[18]ヴィラースレウらは、4集団テストの結果、ヨーロッパ人は、オーストラリアのアボリジニよりも東アジア人とより多くの変異を共有していることがわかったが、これは南方ルートがオーストラリア人の系統に影響を与えた場合に予想される結果だと報告した。彼らは南方ルート移住モデルをゲノムデータに適用して、オーストラリアのアボリジニの系統に寄与した現生人類集団が、東アジア人の祖先とヨーロッパ人の祖先の分離より2倍古い時代に分離したと推定した（3万8000〜2万5000年前に対して7万5000〜6万2000年前）。

ただし問題が1つあった。この分析はオーストラリア人が旧人類のデニソワ人から受け継いだ3〜6パーセントのDNAを考慮に入れていない。[19]デニソワ人は現生人類とは非常にかけ離れているため、デニソワ人がアボリジニの祖先と交配すれば、ヨーロッパ人は当然、アボリジニより多くの変異を中国人と共有することになる。実は、ヴィラースレウらの結果はこれで説明できるのだ。わたしの研究室での解析によると、デニソワ人との交配による影響を差し引けば、ヨーロッパ人がオーストラリア人より中国人とより多くの変異を共有しているということにはならない。したがって中国人とオーストラリア人は、そのDNAのほぼすべてを均一な集団から受け継いでいて、その集団の祖先はヨーロッパ人の祖先から早い時期に分かれたと考えられる。[20]このことから、非アフリカ人の歴史における主要な集団分岐が、極めて短い間に起こったという事実が明らかになった。主要な集団分岐とは、西ユーラシア人と東ユーラシア人に至る系統が分離したところから始まり、多くの本土東ユーラシア人の祖先からアボリジニの祖先が分離したところで終わる一連の集団分岐である。これらはすべて、ネアンデルタール人と非アフリカ人の祖先との

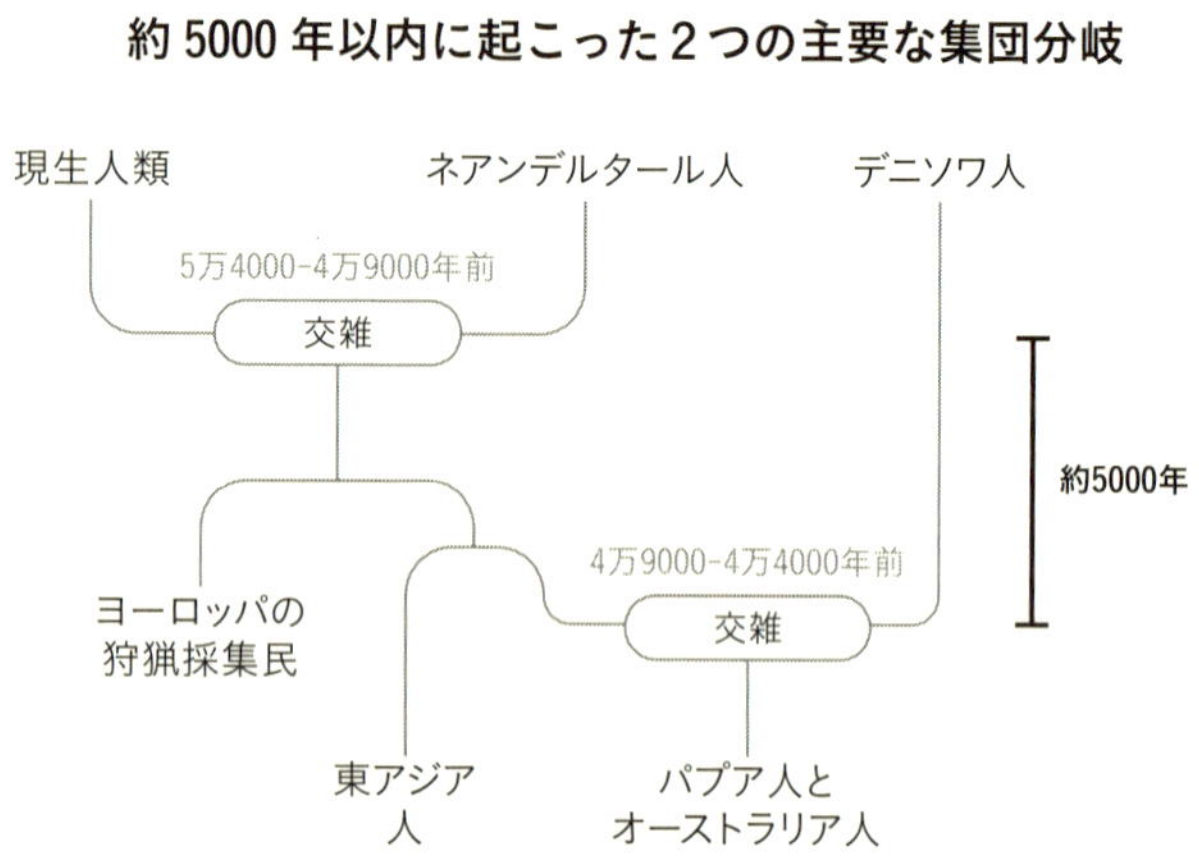

図22　2つの主要な分岐が、現生人類とネアンデルタール人およびデニソワ人それぞれとの交雑イベントに挟まれたおよそ5000年の間に起こった。

交配（5万4000年前から4万9000年前の間）より後、そしてデニソワ人とオーストラリア人の祖先との交配より前に起こった。後者は遺伝学的な推定によれば、ネアンデルタール人と現生人類との交配より12パーセントだけ現在に近く、4万9000〜4万4000年前となる。[21]

比較的短い期間に立て続けに系統分離が起こったことから、現生人類がユーラシア全土で、みずからのテクノロジーまたは生活様式で拡散可能な環境に次々に移動し、すでに住んでいたグループに取って代わったのではないかと考えられる。旧人類はすでに200万年近くユーラシアに住み、現生人類が拡散したときにもそこにいたことがデニソワ人と現生人類との交配の証拠から明らかだが、あまりにも急速に広がった現生人類にとても太刀打ちできなかったのではないだろうか。同じように、たとえそれ以前に現生人類が南方ルートから東アジアに拡散していたとしても、彼らもやはりその後の移住者の波に押しのけられ、現代人のDNAにはごくわずかなパーセンテージしか寄与できなかった可能性が高い[22]。東アジアでも西ユーラシア同様に、アフリカや中東からの現生人類の拡散は黒板の文字を拭い去るのに似た効果を及ぼして、自分たちのためのまっさらな舞台を創り出したのだ。ユーラシアの古い集団は壊滅し、その場所には新たなグループがやって来て、たちまち地表を埋め尽くした。現在の東アジア人には、そうした古い集団由来のDNAの実質的な遺伝学的証拠は残っていない[23]。

このように、結局現代の東アジアおよびオーストラリアの現生人類系統がすべて、西ユーラシア人に寄与したのと同じグループに由来するなら、なぜ、中東やヨーロッパへの現生人類拡散と切っても切れない関係にある後期旧石器テクノロジーが、東南アジアやオーストラリアでは見られないのだろうか?

後期旧石器テクノロジーを特徴づける長い刃の石器が、考古学的な記録に最初に現れるのは、5万年前から4万6000年前にかけてである[24]。だが遺伝学的には、西ユーラシア人と東アジア人に至る系統の分離はそれより古かったとも考えられる。すでに述べたように、その分離は現生人類がネアンデルタール人と交配した5万4000〜4万9000年前から2000〜3000年以内に起こったことがほぼ確実だからだ。そうすると、西ユーラシア人と東アジア人の祖先のおもな分離は、後期旧石器テクノロジーの発達前に起こったと考えてもおかしくない。このテクノロジーの地理的な分布は、それを発明した集団の拡散を反映しているだけなのかもしれない。

西ユーラシア人と東アジア人に至る主要な系統の分離後に、後期旧石器テクノロジーが発達したという説には、裏づけとなる証拠がある。古代北ユーラシア人の最古の遺骸はシベリア東部のマリタ遺跡で見つかった約2万4000年前の少年の遺骸だが[25]、この古代北ユーラシア人が遺伝学的には西ユーラシア人に至る系統に属することに、遺伝学者はずっと首をひねってきた。古代北ユーラシア人は地理的には東アジアの近くに住んでいたからだ。だが後期旧石器テクノロジーの地理的分布に照らして考えれば、別に不思議ではない。このテクノロジーは西ユーラシア人だけでなく北ユーラシア人や北東アジア人〔ここでは狭義に、極東ロシアのあたりを指すと思われる〕とも関連がある。もし、後期旧石器テクノロジーが、古代北ユーラシア人と西ユーラシア人に至る系統の分離の前、ただし東アジア人に至る系統の分離の後に生きていた集団で最盛期を迎えたのなら、石器作り技術と遺伝学的系統の両方の地理的分布は整合することになる。

後期旧石器テクノロジーが東アジアに広がらなかった理由が何であれ、そのテクノロジー自体は、現生人類が5万年前以降にユーラシアに広がるのに不可欠だったというわけではなさそうだ。東南アジアでも現生人類が目覚ましい拡大を見せ、それまで住んでいたデニソワ人のような集団に完全に取って代わっていることから、それがよくわかる。後期旧石器時代の石器作り技術よりもっと重要な何か、言うなればそうした技術の根底にある創意工夫の才や順応性が、東アジアを含めあらゆるところに現生人類が広がり、繁栄する原動力となったのだろう。

現代東アジアの始まり

現代東アジア人集団の初めてのゲノム調査結果が発表されたのは2009年で、約75の集団の2000人近い個体のデータが含まれていた。[26] 注目すべき結果として、東南アジアの遺伝学的な多様性が北東アジアより大きいことが挙げられている。このパターンは現生人類の移住の波が一度だけ東南アジアに達し、そこから北の中国やその先に広がった証拠だと解釈された。これは、アフリカよりもアフリカ外のほうが遺伝学的な多様性が小さいことを説明するためのモデルに準じた解釈だった。アフリカから1回だけ集団が出てあらゆる方向に拡散し、小さな創始者集団が芽吹くにつれ、遺伝学的な多様性を失っていったと考えれば、アフリカ外の現代の集団の多様性の小ささが説明できるとするモデルだ。[27] だが今では、このモデルには限定的な用途しかないことがわかっている。ヨーロッパでは集団の置換と大規模な混じり合いが幾度も起こっている。西ユーラシアの現代の多様性パターンは、この地域への最初の現生人類移住の際のパターンをそのまま表しているものではないことが、古代DNAから判明しているのだ。[28] 東アジアでは南から北へ向かって移住が起こり、その途中で多様性を失っていったというモデルは大幅に間違っている。

2015年、王《ワン・》伝《チュアン》超《チャオ》が、約40の多様な現代中国人集団の約400人から得たゲノムワイドなデータという宝物を、わたしの研究室に持って来た。中国では生体試料の国外持ち出しに対する規制があるため、DNA解析をしようにも、これまで中国の試料はごくわずかだった。そこで王と共同研究者たちは中国で遺伝学的な作業を行い、結果を電子データの形でわたしたちのところに持ち込んだのだ。それから1年半かけて、以前に発表された東アジアの他の国からのデータや、わたしたちの研究室で作成したロシア極東部からの古代DNAもあわせて、データを解析した。その結果、東アジアの古代の集団の歴史や現在の住人の起源について、新たな発見があった。[29]

主成分分析によって、今生きている東アジア人の大多数の系統が3つのグループで説明できることがわかった。

1つ目のグループが最もよく見られるのは、現在中国東北部とロシアとの国境にあるアムール川盆地に住んでいる人々だ。わたしの研究室やほかの研究室がアムール川盆地で得た古代DNAデータもここに含まれる。したがって、この地域には8000年以上にわたって遺伝学的に似通った人々が住んでいるとわかる。[30]

2つ目のグループは、ヒマラヤ山脈の北の広大なチベット高原に見られる。この地域の多くはヨーロッパアルプスの最高峰よりも標高が高い。

3つ目のグループの中心は東南アジアで、中国本土の沖に浮かぶ海南島や台湾に住む先住民集団の個体に最も強く特徴が現れている。

わたしたちは4集団テストの統計値を用いて、これらのグループを代表する現代の集団とアメリカ先住民、アンダマン諸島人、ニューギニア人の関係について、可能性のあるモデルを検証した。後のほうの3つの集団は、大体において東アジア本土人の祖先とは少なくとも最後の氷河期以降接触がなく、彼らの東アジア人関連DNAはその時代の古代DNAの代わりとして十分に使える。

解析結果は、今生きている大多数の東アジア本土人の持つ現生人類DNAが、非常に古い時代に分離した2つの系統のさまざまな比率の混じり合いに由来するというモデルを裏づけた。この2つの系統のメンバーがあらゆる方向に拡散し、お互い同士や遭遇した集団と混じり合って、東アジアの人類の様相を変えたのだ。

揚子江と黄河流域のゴースト集団

農耕は世界の一握りの地域で独自に始まったが、中国はその1つだ。考古学的証拠によると、9000年前ごろから、中国北部の黄河の近くで風に吹き寄せられた堆積土を農耕民が耕し、雑穀などの穀物を育て始めたらしい。同じころに南の揚子江付近でも別の農耕民グループが、米など別の穀物を栽培し始めた。[31] 揚子江農業は2つのルートで拡散し、片方は5000年前ごろから陸路でヴェトナムとタイに達し、もう片方は同じころに海路で台湾島に達した。中国の農業は、インドと中央アジアで、中東から広がった農業と初めてぶつかった。言語のパターンからも、人々の移動があった可能性がうかがわれる。こんにち、東アジア本土の言語は少なくとも11の大きな語族からなる。シナ＝チベット語族、タイ＝カダイ語族、オーストロネシア語族、オーストロアジア語族、モン＝ミエン語族、日本語族、インド＝ヨーロッパ語族、モンゴル語族、チュルク語族、ツングース語族、朝鮮語族である。ピーター・ベルウッドによれば、初めのほうの6つの分布は東アジアの農耕民の拡散に一致する。農耕民が移動しながら言語も広めていったようだ。[32]
遺伝学から言えることは何だろう？　中国からの骨格試料の持ち出しに制限があるため、東アジアの古代の集団の歴史について遺伝学から提供できる情報は、西ユーラシア、さらにはアメリカに比べてさえ、非常に少ない。それでも、王はわずかな古代ＤＮＡデータや現代の人々の多様性のパターンから、可能なかぎり情報を引き出した。

　東南アジアと台湾では、ＤＮＡの大半またはすべてを同じ祖先集団から受け継いでいる集団が多い。そうした集団の存在域が揚子江流域からの稲作の拡散地域とよく一致するため、稲作を発展させた人々の子孫ではないかと考えたくなる。揚子江流域の最初の農耕民の古代ＤＮＡはまだ入手していないが、わたしの推測では、この「揚子江ゴースト集団」に適合するだろう。この名称は、現代の東南アジア人のＤＮＡの大半に寄与した集団に対して、わたしたちがつけたものだ。

　だが、人口12億以上という世界最大のグループである漢族は、揚子江ゴースト集団の直接の子孫には整合しないことがわかった。漢族は非常に異なる別の東アジア人系統からも、ＤＮＡを大きな比率で受け継いでいる。他のＤＮＡを最大の比率で持つのは北部の漢族で、主成分分析において漢族が北から南に向かうわずかな勾配を示すことを立証した２００９年の研究と整合する。[33]このパターンは、漢族の祖先が北から拡散し、南へ広がるにつれて地元民と交配した場合に予想されるパターンだ。[34]

　その他の系統のタイプとしては何が考えられるだろう？　紀元前２０２年に中国を統一した漢族は歴史資料からそれ以前の華夏《かか》族に起源を持つと信じられているが、華夏族もまた、中国北部の黄河流域にいたそれ以前のグループから生まれた。黄河流域は中国で農耕が始まった地域の1つで、ここから西のチベット高原に3600年前ごろから農耕が広がった[35]。漢族とチベット族はシナ=チベット語族の使用によっても結びついている。独特のタイプの系統も共有しているのではないだろうか。

古代の東アジア集団の歴史について独自のモデルを構築したとき、王は漢族とチベット族が共に、もはや純粋な形では存在しない集団から大きな比率でDNAを受け継いでいることに気づいた。その集団は多くの東南アジア集団の系統には寄与していないこともわかった。考古学、言語学、遺伝学の証拠を組み合わせた結果、この集団が北部で農業を発展させながらシナ=チベット語を広めたという仮説を立て、「黄河ゴースト集団」と呼ぶことにした。黄河流域の最初の農耕民から古代DNAが得られれば、この推測が正しいかどうかわかるだろうし、今生きている集団のみの分析ではわからない東アジア人集団の歴史の特性についても学ぶことができるだろう。古代の歴史はその後積み重なった多くの移住や交雑の層によって覆われ、不明瞭になっている。

東アジア周縁地域での大規模な交雑

中国平野の中核的な農業集団である揚子江ゴーストおよび黄河ゴースト集団が形成されると、両者はあらゆる方向に拡散し、その何千年か前に到達していたグループと交配した。

チベット高原に住む人々はこの拡散の1つの例で、DNAの約3分の2は、漢族に寄与したのと同じ黄河ゴースト集団に由来する。したがってこの地域に農耕を初めて持ち込んだ人々である可能性が高い。DNAの約3分の1は東アジア人の初期の分岐に由来するが、こちらはチベット土着の狩猟採集民に相当すると考えられる。[36]

拡散のもう1つの例が日本人だ。日本列島では何万年にもわたって狩猟採集民が優勢だったが、2300年前ごろにアジア本土起源の農業が行われるようになり、同時代の朝鮮半島の文化と明確な類似性のある文化が栄えた。遺伝学的なデータによって、日本列島への農耕の拡散が移住を仲立ちとして起こったことが裏づけられた。遺伝学者の斎藤成也《なるや》が、現代日本人は、古代に分岐した完全に東アジア人起源の2つの集団の混じり合いであるとするモデルを考案している。1つは現代朝鮮人と関連のある集団で、もう1つはアイヌと関連のある集団だ。アイヌは今では日本の最北端にしかおらず、そのDNAは農耕以前の狩猟採集民のDNAに類似している。[37]このモデルを用いて、斎藤と共同研究者たちは、現代日本人のDNAの約80パーセントが農耕民由来で20パーセントが狩猟採集民由来であると推定した。現代日本人が持つ農耕民関連DNAのサイズをもとに、斎藤とわたしたちは混じり合いの平均の時期をおよそ1600年前ごろと推定した。[38]この年代は農耕民が最初に到来したころよりかなり後で、狩猟採集民と農耕民との間の社会的な障壁

↖図23　5万〜1万年前の間に狩猟採集民グループが多様化して、北東に広がったグループはアメリカ大陸へ向かい、南東に広がったグループはオーストラリアへ向かった。この初期の拡散で、1つは北の黄河、1つは揚子江を中心とする2つの非常に異なった集団が生まれた。この2つが9000年前までにそれぞれ独自に農業を発展させ、5000年前までにあらゆる方向に拡散していた。中国ではこの2つの衝突によって、現在の漢族に見られる北から南への系統勾配がつくり出された。

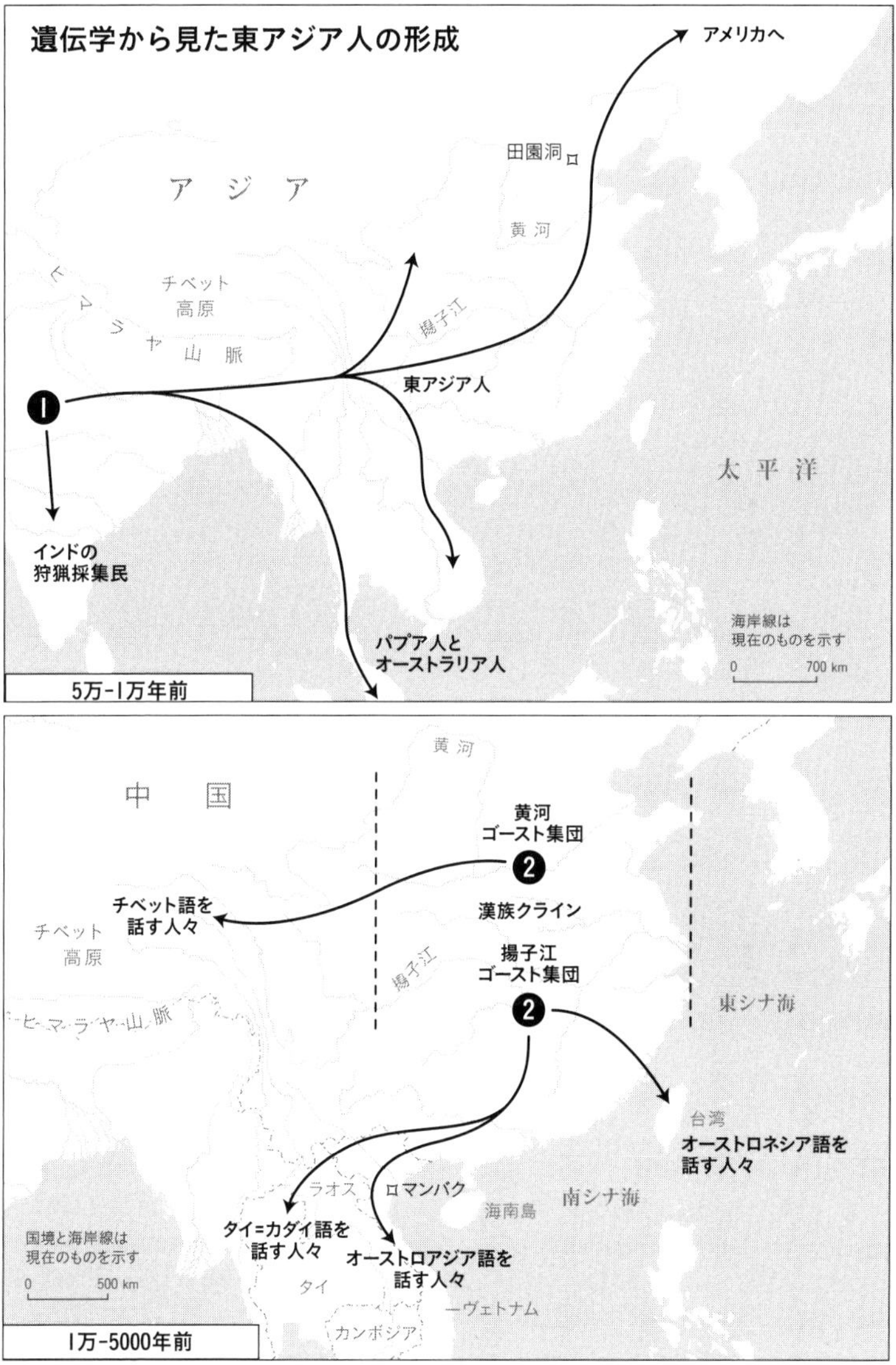

遺伝学から見た東アジア人の形成

の打破に何百年もかかったことがうかがわれる。この時期は、日本列島の大部分が単一の規範のもとに初めて統一された古墳時代に相当する。おそらくこれが、こんにちの日本の大きな特徴である同質性の始まりを画する出来事だったのだろう。

古代DNAによって、東南アジア本土の古代人の歴史も明らかになっている。ヴェトナムの4000年前のマンバク遺跡で見つかった古代人のDNAが、2017年、わたしの研究室で抽出された。その遺跡に並んで埋葬されていたのは、骨格の形が揚子江農耕民および現代の東アジア人に似た人々と、それ以前に住んでいた狩猟採集民のほうに似ている骨格の人々だった。[39] わたしの研究室のマーク・リプソンの解析によると、古代ヴェトナムのサンプルすべてが、早期に分離した東ユーラシア人系統と揚子江ゴースト集団系統の混じり合ったもので、マンバクの農耕民の一部では揚子江ゴースト集団の比率が他より高かった。マンバク農耕民のおもなグループは、この2つの系統由来のDNAを、現在オーストロアジア語族の言語を話している人々と似たような比率で持っていた。オーストロアジア語族は東南アジア各地に離れて散在する。これらの結果は、オーストロアジア語族の言語が中国南部から稲作農耕民の移動によって広がり、農耕民が先住の狩猟採集民と交配したという説と辻褄が合う。[40] こんにちでもなお、オーストロアジア語を話すカンボジアやヴェトナムの大きな集団は、この狩猟採集民のDNAを比率は小さいながらもかなり持っている。

拡散しながらオーストロアジア語族も広めた集団は、現在これらの言語が話されている地域の外にまで、遺伝学的な影響を与えた。リプソンが別の研究で、オーストロネシア語族が優勢なインドネシア西部で、ＤＮＡのかなりの部分が、本土のオーストロアジア語を話す人々の一部と同じ系統に由来する集団から来ていることを突き止めている。[41] リプソンの発見から、オーストロアジア語を話す人々が最初にインドネシア西部へやって来て、続いてオーストロネシア語を話すまったく異なる系統の人々が来たのではないかと考えられる。そう考えれば、ボルネオ島で話されているオーストロネシア語には、オーストロアジア語からの借用語（別の言語グループに起源を持つ単語）が存在するという、言語学者のアレクサンダー・アデラールとロジャー・ブレンチによる指摘にも納得がいく。[42] あるいは、オーストロネシア語を話す人々が本土を通る際に回り道をして、先住のオーストロアジア語を話す人々と交配し、その後インドネシア西部に拡散したと考えても、リプソンの発見は説明がつく。

オーストロネシア語の拡散は、東アジアの中核地域から周辺地域への農耕民の移動を示す最も印象的な例だ。現在、オーストロネシア語は遠い太平洋の何百という島々を含め、広大な地域に広がっている。考古学、言語学、遺伝学のデータを総合すると、その経緯は次のようなものだったと考えられる。５０００年前ごろに東アジア本土の農耕が台湾に伝わった。台湾ではオーストロネシア語族の最古の分枝が見られる。この農耕民が南に拡散しておよそ４０００年前にフィリピンに達し、さらに南のニューギニアやその東の小さな島々に達した。[43] おそらく、アウトリガーのついたカヌー、つまり横に突きだした丸太によって荒海での安定性を増したボートを発明して、外海を航海できるようになったのだろう。３３００年前以降、ラピタと呼ばれる様式の土器を作る人々がニューギニアの東に現れ、すぐに太平洋に広がり始めて、瞬く間にニューギニアから

3000キロ彼方のバヌアツに到達した。それから2000〜3000年のうちにトンガやサモアなどの西ポリネシアの島々に広がり、その後1200年前までの長い休止期間を経て、太平洋の最後の居住可能な島であるニュージーランドやハワイに向かい、800年前にはイースター島にまで達していた。オーストロネシア語の西方への拡散もこれに劣らず目覚ましく、少なくとも1300年前にはフィリピンから9000キロ西にあるアフリカ沖のマダガスカルに達していた。現代のほぼすべてのインドネシア人はもちろん、マダガスカルの人々もオーストロネシア語族の言葉を話すわけは、これで説明がつく。[44]

わたしの研究室のマーク・リプソンが、オーストロネシア語を話す現代人のほとんどに見られるあるタイプのDNAを追跡マーカーにすれば、この語族の拡散をたどれることを発見した。これらの言葉を話すほぼすべての人が少なくともそのDNAの一部を受け継いでいる集団は、東アジア本土のどの集団よりも台湾の先住民と密接な関係にあることがわかったのだ。これはオーストロネシア語が台湾地域から拡散したという説を裏づける。[45]

オーストロネシア語の拡散については遺伝学、言語学、考古学のいずれからも説得力のある証拠が得られているにもかかわらず、一部の遺伝学者は、ラピタ文化の拡散中に南西太平洋の遠隔の島々に最初に渡った人々が、台湾の農耕民の純粋な子孫だとする説をなかなか受け入れなかった。[46] そうした移住者たちはどうやって、4000年以上も人が住んでいたパプアニューギニア一帯を、ほとんど混じり合うこともなく通り越すことができたのか？　今ではパプアニューギニアの東の島々の住民がすべて、パプアのDNAを少なくとも25パーセント、最大90パーセント近く持っているという事実からして、そのようなシナリオはありそうもないと思われたのだ。[47] 中国の農耕の中心地に最終的な起源を持つ人々（台湾経由）とニューギニア人との間で盛んに交易が行われた時期にラピタ文化が形成されたという、広く認められた仮説とどう折り合いがつけられるのか？

2016年に古代DNAがまたもや衝撃をもたらし、それまで遺伝学の文献で主流だった見方が誤りであることがわかった。南太平洋のような熱帯地域では保存状態のいい古代DNAはなかなか見つからないが、こうした状況を変えたのが、前にも述べたロン・ピンハシと共同研究者たちによる発見だった。内耳構造を含んでいる緻密な錐体骨に、他の骨から通常得られる量の100倍に達することもある多量のDNAが保持されているとわかったのだ。[48] わたしたちも当初は太平洋地域からのサンプルの解析には手こずっていたが、錐体骨を試してみたところ、運が向いてきた。[49]

わたしたちは、太平洋の島であるバヌアツとトンガに3000〜2500年前に住んでいて、ラピタ様式の土器と結びつけられる古代人からDNAを得ることに成功した。これらの古代人はパプア人のDNAをかなり持つどころか、ほとんど、またはまったく持っていないことがわかった。[50] これは、その後、ニューギニア地域から遠い太平洋に大規模な移住があったことを示している。この移住は少なくとも2400年前までに始まったに違いない。この時期とその後のバヌアツの試料がすべて、パプア人のDNAを少なくとも90パーセント持っていたからだ。[51] この移住者は、どのようにしてラピタ様式の土器を作った最初の人々の子孫にこれほど徹底的に取って代わり、それでいて、おそらく先住者が話していた言語を保持することができたのだろうか？　いまだに謎である。ともかく、遺伝学的データによって、実際にそれが起こったことが立証された。こうした立証は遺伝学にしかできない。人々の大規模な移動が起こったことを疑問の余地なく証明できるのは、遺伝学だけなのだ。極めて異なった人々の間のつながりが証明されたことで、ボールは考古学者のコートに打ち返された。そうした移住の性質や影響を説明するのは考古学者の仕事となる。

南西太平洋地域の古代DNA解析が可能になったため、思いがけない発見が相次いでいる。わたしたちの研究室とヨハネス・クラウゼの研究室で、それぞれ独自にバヌアツのパプア人のDNAを分析したところ、現在ソロモン諸島に住んでいるグループよりも、ニューギニア近くのビスマルク諸島に住んでいるグループのパプア人のDNAのほうと、より密接な関係にあるとわかった。ソロモン諸島がバヌアツへ直行する航海路沿いにあることを考えると、意外な結果だ。[52] 遠く離れたポリネシアの島々に存在するパプア人のDNAが、バヌアツと同じ起源ではないことも明らかになった。そうすると、太平洋地域への大規模な移住は1回でもなければ2回でもなく、少なくとも3回あったに違いない。最初の移住で東アジア人のDNAとラピタ文化がもたらされ、その後の移住で少なくとも2つの異なったタイプのパプア人のDNAが持ち込まれたのだ。広

↖図24 古代DNAによって、南西太平洋諸島の最初の人々が、現在はこの地域にあまねく見られるパプア人のDNAをまったく持っていなかったことと、ニューギニアに初めて到達したのが約5万年前以降であることが明らかになった（上図）。最初の移住者はほぼ完全に東アジア人のDNAを持ち（中央図）、その後の複数回の移住によっておもにパプア人のDNAが持ち込まれた（下図）。

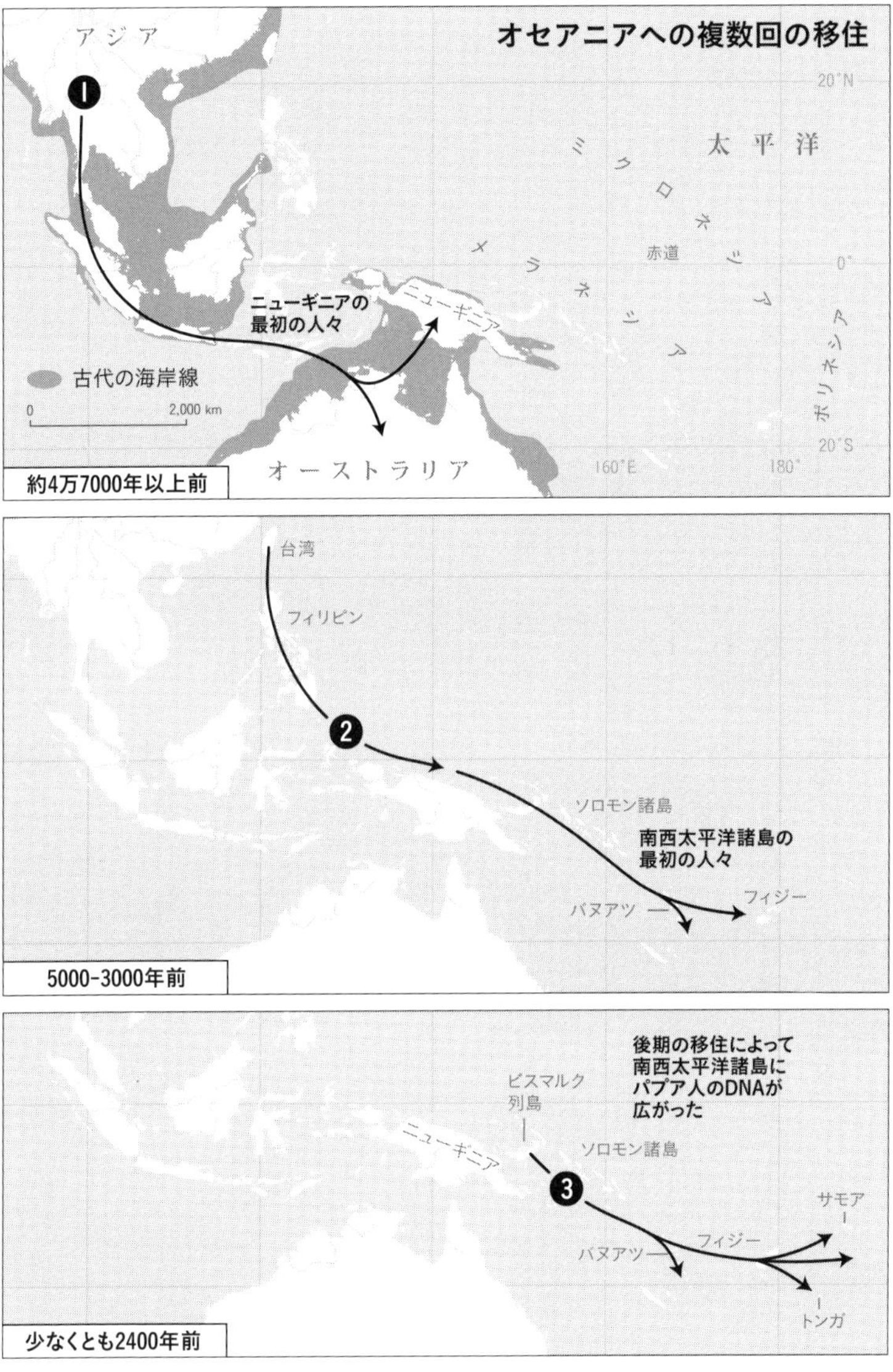

オセアニアへの複数回の移住
アジア
太平洋
ミクロネシア
メラネシア
ポリネシア
赤道
ニューギニア
ニューギニアの
最初の人々
古代の海岸線
0
2,000 km
オーストラリア
20°N
0°
20°S
160°E
180°
約4万7000年以上前
台湾
フィリピン
ソロモン諸島
南西太平洋諸島の
最初の人々
バヌアツ
フィジー
5000-3000年前
後期の移住によって
南西太平洋諸島に
パプア人のDNAが
広がった
ビスマルク
列島
ニューギニア
ソロモン諸島
サモア
フィジー
バヌアツ
トンガ
少なくとも2400年前

い太平洋への人類の拡散は決して単純な物語ではなく、とても込み入ったものだったことがわかる。

こうした移住の詳細を再現できる見込みはあるだろうか？　大いにあると思う。太平洋の島々の古代DNAを解析できるようになったおかげで、この地域の集団が現在の姿になった経緯が次第にはっきりしてきている。島によっては、孤立していたせいで集団の歴史が本土のグループに比べれば複雑でなく、再現が容易であることも幸いしている。現代および古代の集団のゲノムワイドな研究を通じて、この広大な地域を人類がどのように埋めていったか、まもなく正確に描けるようになるだろう。

しかし今のところ、東アジア本土で何が起こったかについては、不確かで限定的な知識しか得られていない。過去2000年にわたる漢族の目覚ましい拡大のせいで、状況がいっそう複雑になっている。この地域での何千年にも及ぶ農業によって、また石器時代、銅器時代、青銅器時代、鉄器時代のさまざまなグループの隆盛と没落を経て、すでに十分複雑な集団構造が確立されていたに違いないが、そこへ漢族の膨張によってさらに大規模な混じり合いが追加されたのだ。したがって、現代の人々に見られる多様性のパターンに基づいて東アジアの集団の古代史を再現しようとする際には、くれぐれも慎重に行わなければならない。

ところで、この章を書いている今、古代DNA革命という大きなうねりが頂点に達しつつあり、まもなく東アジアの岸辺に押し寄せると思われる。最新の古代DNA研究室が中国に設立され、何十年にもわたって収集されてきた骨格試料の調査にその威力を注ぎ込もうとしているのだ。そうした古代DNA解析によって、東アジア本土の古代の文化を担った人々が、お互いに、また今生きている人々と、どのような関係にあるのか再現できるだろう。東アジア人の祖先集団相互の遠い過去の関係や、最後の氷河期以降の人々の移動について、ヨーロッパでの出来事と同じくらい、はっきりと理解できる日がまもなくやって来る。

とはいえ、東アジアにおける古代DNA解析が何を見せてくれるかは、予測がむずかしい。ヨーロッパで起こったことについては比較的よくわかってきているが、ヨーロッパを手本にしても東アジアでの指針にはならない。ヨーロッパがこの1万年の経済やテクノロジーの大きな進歩の一部については重要な位置を占めていなかったのに対して、中国は農業の発明のような変化の中心にいたからだ。つまり、東アジアにおける古代DNA解析がすばらしい成果をもたらすだろうと確信しているものの、それがどのようなものになるかはまだわからない。わかっているのは、古代DNA解析がわたしたちの理解を変えるに違いないということだ。世界で最も人口密度の高いこの地域で遠い昔に何が起こっていたのか、きっと新たな洞察が得られるに違いない。

アフリカ大陸内での一連の移住

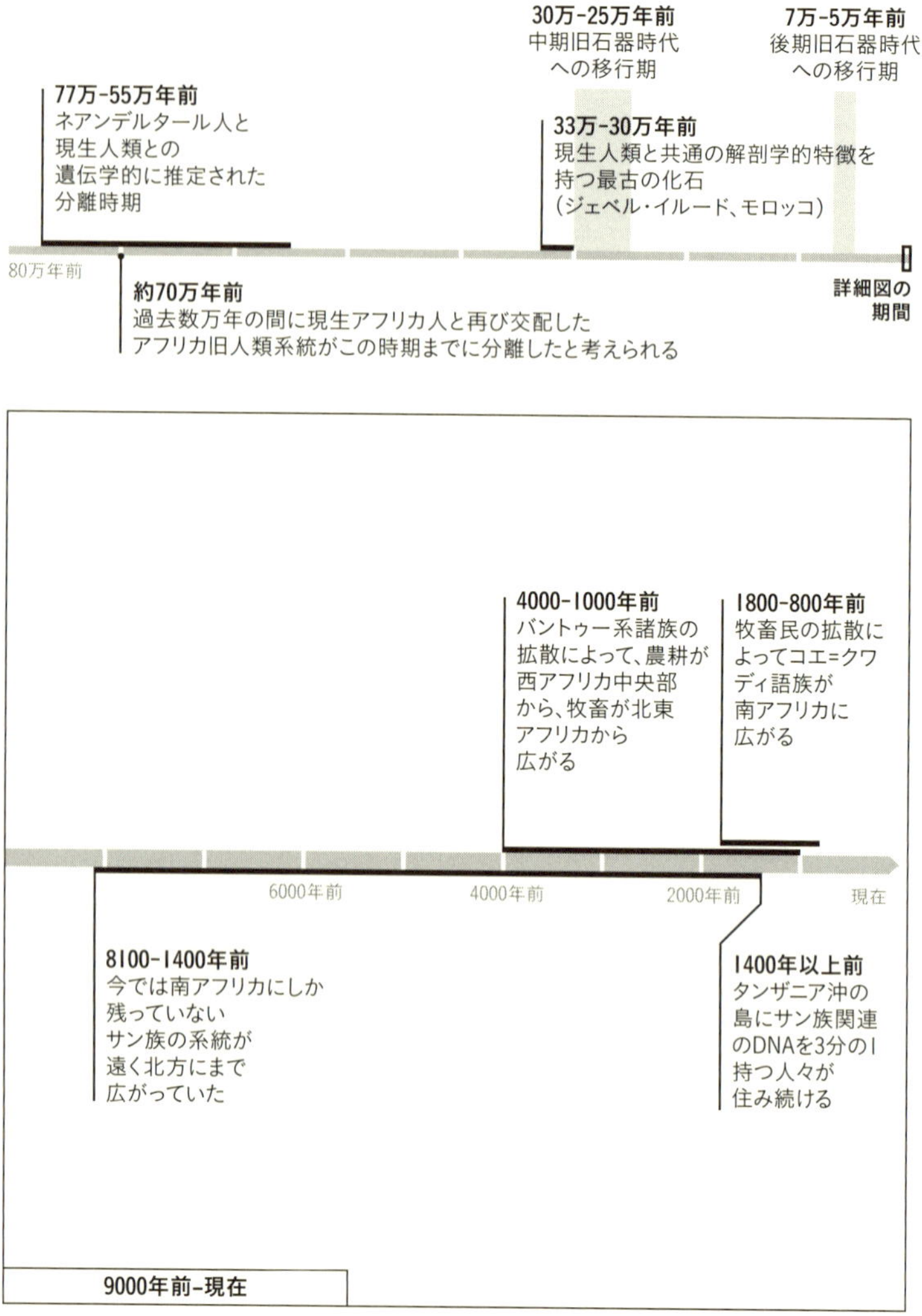

……第9章　アフリカを人類の歴史に復帰させる

人類のふるさと、アフリカへの新たな視点

アフリカは人類の物語にとって中心となる場所だと広く認められているが、そのことが逆に、ここ5万年のアフリカの先史時代から関心をそらす要因になっている。5万年前より前のアフリカでの出来事が盛んに研究されてきたのは、この時期が、アフリカでの中期石器時代から後期石器時代への移行期、そしてアフリカの玄関口と言うべき中東では中期旧石器時代から後期旧石器時代への移行期に相当するからだ。現生人類らしい行動への大きな飛躍が考古学的な記録で立証されているため、この時代の重要性が広く認められている。だがこの時代以降のアフリカとなると、研究者はおざなりな関心しか示さない。講演会に行くと、「われわれはアフリカを後にした（アフリカのことはここまで）」という言葉がよく聞かれる。「現生人類の物語の主人公たちを追ってユーラシアに行かなければならない」とでも言いたいのだろうか。非アフリカ人の祖先集団がアフリカで生まれた後、アフリカ人の物語は終わった、アフリカ大陸に残った人々は過去の遺物で

あり、物語の本筋から切り離されて、過去5万年間、何も変わらなかったのだ――そんなふうに考えているかのような印象を受ける。

過去5万年にわたるユーラシアでの人類の物語については豊富な情報があるのに、同じ期間のアフリカについてはわずかな情報しかない。その落差には愕然とさせられる。考古学の研究が盛んなヨーロッパについては、一連の文化の変遷が解明されている。ネアンデルタール人に始まって、現生人類の前オーリニャック文化からオーリニャック文化、グラヴェット文化、中石器文化へ、そして石器時代の農耕民から銅器時代、青銅器時代、鉄器時代それぞれにおける後継者へ、という具合に、詳細な記述がある。アフリカとユーラシアの先史時代に関する情報量の差は、古代DNA革命によってさらに大きくなっている。その原因は、DNAを抽出するための骨がユーラシア、特にヨーロッパで断然多く発掘されていることにある。

とはいえ、発掘調査をすればもちろん、アフリカに「残された」人々も、アフリカを出た人々の子孫と同じくらい変化しているとわかる。アフリカでの現生人類の物語について情報が少ないのは、調査が行われていないからだ。アフリカにおける過去数万年の人類の歴史は、わたしたちの種の物語にとって不可欠だ。現生人類の誕生の地としてのアフリカに注目するなら、当然、アフリカを重視するはずと思うかもしれないが、結果的には、アフリカに残った集団がどのようにして今の姿になったのか究明することがおろそかになるという、逆説めいたことが起こっている。古代および現代のDNAを活用することによって、この状況を正したいと思う。

現生人類を形づくった太古の交雑

2012年、遺伝学者のサラ・ティシュコフと共同研究者たちが、古代の交雑が現代アフリカ人のゲノムに与えた生物学的な影響を調べた。ただし、ユーラシアでの旧人類と現生人類の交雑を実証するために使われていたネアンデルタール人やデニソワ人のゲノムは利用しなかった[1]。

ティシュコフたちは、アフリカの最も特異な現生集団のいくつかから取得したゲノムをシークエンシングし、データを解析して、旧人類との交雑があった場合に予想されるパターンを探した。その他のゲノム部分に比べて、差異が多く含まれる非常に長いDNA片を探したのだ。これは、最近まで現生人類とは隔絶されていた極めて異なった集団に由来すると考えられる[2]。この手法を現代の非アフリカ人に適用すると、ネアンデルタール人の配列にぴったり一致するDNA片が検出される。ティシュコフたちは、現代アフリカ人にも極めて特異な配列の長いDNA片があるのを見つけた。アフリカ人の祖先はネアンデルタール人と交雑しなかったので、これはアフリカの謎の旧人類との交雑の結果である可能性が高い。つまり、まだゲノムがシークエンシングされていないゴースト集団の存在が明らかとなったのだ。

ジェフリー・ウォールとマイケル・ハマーは、これと同じタイプの遺伝学的痕跡を用いて、古代の集団と現代アフリカ人との関係について何らかの情報を得ようとした[3]。2人は古代の集団がアフリカの現代人の祖先から約70万年前に分かれ、3万5000年前ごろに再び交雑して、現在のアフリカ人集団のゲノムに約2パーセント寄与したと推定した。ただし、これらの年代と推定寄与比率については注意が必要だ。人間の突然変異率は確定していないうえ、ウォールとハマーが解析したデータは数が限られている。

サハラ以南のアフリカで現生人類と旧人類が交雑した可能性があるというのは興味深い。まして、西アフリカからは旧人類の特徴を持つ1万1000年前という新しい年代の骨格が出ており、旧人類と現生人類が比較的最近まで共存していたことを裏づける証拠となっている。[4] このように、アフリカでもユーラシアのように、現生人類が拡散する際に旧人類と出会って交雑する機会はたっぷりあったと考えられる。

もし、アフリカの旧人類による遺伝的寄与の比率がウォールとハマーの推定値のようにわずか2パーセント程度だったのなら、生物学的な影響はわずかだった可能性が高い。非アフリカ人におけるネアンデルタール人やデニソワ人の寄与と同じようなものだ。とはいえ、アフリカの遠い過去に大規模な交雑があった可能性まで否定されるわけではない。サハラ以南の現生人類集団で大昔に交雑があったとすれば、その最大の証拠は、突然変異の頻度（人口当たりの出現割合）から得られる。突然変異が生殖細胞に起きると、その次の世代でその変異を持っているのは、その生殖細胞から生まれた人だけ、つまり1人だけである。それに続く世代における変異を持つ人の割合は、偶然その変異を受け継ぐか受け継がないかによって、増えたり減ったりする。その結果、かなり増える変異もある。しかし大部分の変異は、あまり増えない。変異を持つ少数の人々が、たまたまその変異を子供に伝えなければ、その時点で変異の頻度は0になる。つまり、永遠に消えてしまう。

このように、新しい変異が絶えず生ずるため、集団内で頻度の高い（多くの人に共有される）変異のほうが、頻度の低いまれな変異より少数になる。実際、集団内のさまざまな変異の頻度と数は逆相関の関係にあると予想される。つまり、10パーセントの頻度で存在する変異の数は20パーセントの頻度で存在する変異の2倍で、20パーセントのものは40パーセントのものの2倍となるだろう。

わたしの共同研究者のニック・パターソンがこの予測を検証した。ナイジェリアのヨルバ族から得られた大量のサンプルと、ネアンデルタール人のゲノムの双方に存在する変異に注目して、解析を行ったのだ。[5] ネアンデルタール人に存在する変異に注目したのは賢いやり方だ。このようにして見つかった変異が、現生人類とネアンデルタール人の共通祖先で頻度が高かったことはほぼ確実で、当然、その子孫でもそうだったはずだ。数学的には、そのような変異がヨルバ族の中で一般的である度合いは、まさに逆相関の法則によって相殺され、こうした基準を満たす変異はあらゆる頻度に等しく分布すると予想される。

ところが、実際のデータは異なるパターンを示した。パターソンが現代のヨルバ族から得られた配列を調べたところ、非常に高い頻度と低い頻度の両方の変異の比率が大幅に上昇しており、変異はあらゆる頻度に等しく分布してはいなかったのだ。変異頻度のこの「U字形」分布は、古代の交雑のケースで予想されるパターンだ。2つの集団が分離した後、それぞれの集団で頻度のランダムな変動が起こるため、1つの集団である変異の頻度がたまたま0パーセントまたは

100パーセントとなっても、もう一方の集団でもそうなるとは限らない。2つの集団が再び混じり合うと、片方の集団では極端に頻度が上昇したのに、もう片方ではそうならなかった変異が、そこからまた頻度変化を始める変異として再導入される。すると、混じり合った集団では、変異の比率が加算されたピークができる。最初の集団で頻度が極端に高まった変異に対応する最初のピークは、混じり合いの比率からスタートすると予想される。一方、第2の集団で頻度が極端に高まった変異に対応する2番目のピークは、100パーセントから混じり合いの比率を差し引いたところからスタートすると予想される。まさにこれが、パターソンが発見したパターンだった。ヨルバ族は、2つの非常に異なった人類集団がほぼ同じ比率で混じり合ってできた集団の子孫だということがわかったのだ。

次にパターソンは、ヨルバ族だけがこの混じり合いの子孫であって、非アフリカ人はそうでないというモデルに、自分が観察したパターンが合致するかどうか検証した。だが、データはこのモデルに合わなかった。それどころか、あらゆる非アフリカ人、さらに狩猟採集民であるサン族のような特異なアフリカ人系統さえ、似たような混じり合いの子孫であるように思われた。西アフリカ人の調査から始めたパターソンだったが、突き止めた交雑イベントは西アフリカ人の集団特有のものではなかったのだ。むしろ現代人の系統に共通の出来事のようで、この交雑は、現生人類の解剖学的な特徴が初めて現れた30万年前に近い時期に起こった可能性をうかがわせる結果となった。[6]

パターソンの解析結果は、李恒《リー・ヘン》とリチャード・ダービンによる2011年の発見（第1部で紹介した）と共通する部分がある。[7] 一個人のゲノムから集団の大きさの歴史を再現しようとしたその研究では、ある人が母親から受け継ぐゲノム配列と父親から受け継ぐゲノム配列を比較した。するとゲノム内で、理論上、40万年前から15万年前の間に共通祖先を持つと推定される領域数は、集団の大きさが一定だった場合に予想されるより少ないことがわかった。[8] この期間中は、あらゆる現生人類の祖先集団が非常に大きかったためかもしれない。つまり、現代の任意の2つのゲノムが、この時期に特定の祖先を共有している確率は小さい（各世代において祖先となりうる人数が多い）。別の説明としては、自由に混じり合っている1つのグループではなく、非常に異なる複数のグループで祖先集団が構成されていて、現代人の祖先となった系統がこの時期は別々の集団に分かれていたとも考えられる。このパターンは、パターソンが変異頻度の研究を通じて浮き彫りにしたのと同じ交雑イベントを反映しているのかもしれない。この年代は、旧人類と現生人類の形態的特徴が混ざり合った骨格がアフリカで見つかる時期に一致する。たとえば南アフリカの洞窟で最近発見されたホモ・ナレディの骨格は、体はどちらかと言えば現生人類だが、脳が現生人類よりずっと小さく、年代は34万～23万年前と推定されている。[9]

古代の交雑の3つ目の証拠として、狩猟採集民のサン族について判明した事実がある。南アフリカのサン族は、その他のあらゆる現生人類に至る系統が互いに分かれる前に分岐した系統に由来すると一般に考えられている。[10] もしそうなら、サン族はあらゆるアフリカ人とまったく同じ割合で変異を共有していると予想される。ところが、サン族がナイジェリアのヨルバ族のような西アフリカの集団よりも、東アフリカや中央アフリカの狩猟採集民とより多くの変異を共有してい

現生人類の系統に寄与した可能性のある古代の新たな系統

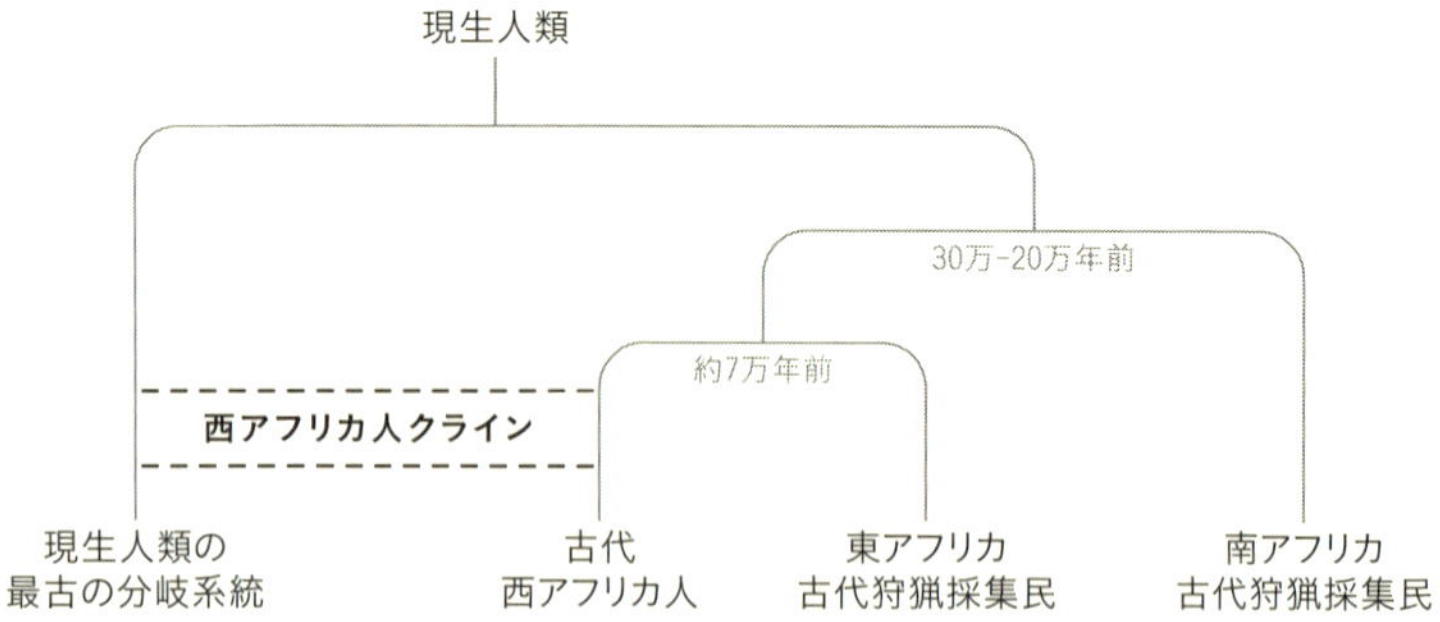

図25　こんにちの現生人類系統間の古代の関係は、かなり複雑だ。ゲノムの解析結果を受けたあるモデルによると、アフリカでの現生人類の最古の分岐によって、西アフリカに最大の比率で残ることになる系統が生まれた。これは30万～20万年前の東アフリカと南アフリカの古代狩猟採集民の分離より前に起こったに違いない。その後、5万年前ごろ以降の後期石器時代（および後期旧石器時代）への移行期に関連した現生人類の拡散によって、アフリカのあらゆる集団の接触が起こった。

ることを、わたしの研究室のポントス・スコグルンドが突き止めた[11]。これは、西アフリカの集団が、非アフリカ人の分離より早期に分離した集団の1つからDNAを多く受け継いでいるとすれば、説明がつく。ひょっとすると、現代人はすべて、2つの非常に異なる祖先グループの混じり合いでできていて、あらゆる集団が両方からDNAを受け継いでいるものの、西アフリカ人ではそうした混じり合いの影響が最も強く表れているのかもしれない。

これらの結果は、現生人類らしい行動の痕跡が考古学的記録にどっと現れ出した約5万年前より前に、アフリカで大規模な交雑が起こった可能性を示唆している。この交雑は決してささいな出来事ではなく、非アフリカ人が持つ約2パーセントのネアンデルタール人DNAや、ウォールとハマーがアフリカ人の

DNAに発見したゴースト旧人類系統などをもたらしたような出来事とは、比べものにならないほどの規模だった。交雑がほぼ50対50だったため、どちらが旧人類でどちらが現生人類だったとみなすのが適切なのかさえ、明確ではない。ひょっとすると、どちらも現生人類ではなかったか、どちらも旧人類ではなかったとも考えられる。もしかすると、この交雑自体が、現生人類の形成に不可欠だったのかもしれない。2つの集団の生物学的特性が1つにまとまって、結果として新たに形成される集団に有利な組み合わせとなったのかもしれない。

アフリカの過去にベールをかけた農業の拡散

現生人類の祖先集団が形成された後、またこんにちの非アフリカ人が5万年前ごろ以降にアフリカや中東から拡散した後、アフリカで何が起こったのか知るには、どこから始めるべきだろうか？ アフリカ人のゲノム配列は、非アフリカ人のものより3分の1ほど多様性に富むのが普通なので、取り組むべき情報は豊富にある。アフリカ人集団の一部は、アフリカ大陸外の集団より最大4倍もの長期間、互いに接触がなかったため、人類の多様性は、集団内はもちろん、集団間でも驚くほど大きい。たとえば、南アフリカの狩猟採集民サン族と西アフリカのヨルバ族のような場合、両者のゲノムを分ける変異の最小密度は、アフリカ外のどの集団の組み合わせより、遥かに大きい[12]。

ただし、今生きている人々の中に古代の変異の多くがまだ存在しているとはいえ、何もかも混じり合ってしまっているため、現代の集団を解析して大昔のアフリカ人について知ることはとてもむずかしい。いちばん最近の混じり合いは少なくとも4回の大規模な集団移動によって過去2000〜3000年の間に起こったが、すべて言語グループの拡散を伴っており、またほとんどは農業の拡散によって促進された。[13] このような拡散によって、集団がもとの場所から何千キロも移動し、それまでいた集団に取って代わったり、交雑したりしたため、アフリカの過去はベールをかけたように不明瞭になっている。その点では、アフリカの集団の研究はユーラシアの集団の研究と何ら違いはない。ユーラシアの集団もここ数千年でがらりと変わっているからだ。

アフリカに最大の影響を与えたのは、バントゥー語族の言語を話す農民の拡散だった。[14] 考古学調査によって、4000年前ごろに、西アフリカ中央部のナイジェリアとカメルーンの国境地帯から新しい文化が広がり始めたことが確認されている。この文化の担い手は森と拡大するサバンナとの境界に住み、多くの人口を養える生産性の高い穀物を育成した。[15] およそ2500年前には、東アフリカのヴィクトリア湖にまで広がると同時に鉄器の製造技術を獲得しており、[16] 1700年前ごろには南アフリカにまで達していた。[17] この拡大の結果、東、中央、南アフリカの大多数の人々がバントゥー語族の言語を話すようになっている。バントゥー語族の多様性が最も高いのは現代カメルーンであることから、ここを起源として4000年前ごろに広がった文化によって、原バントゥー語が拡散したという説が裏づけられる。[18] バントゥー語族は、西アフリカの言語の大半を含むもっと大きなニジェール゠コルドファン語族の一部であり、[19] 地理的に遠く離れている現代のナイジェリアとザンビアのグループの変異頻度のパターンが似ているわけも、それで説明が

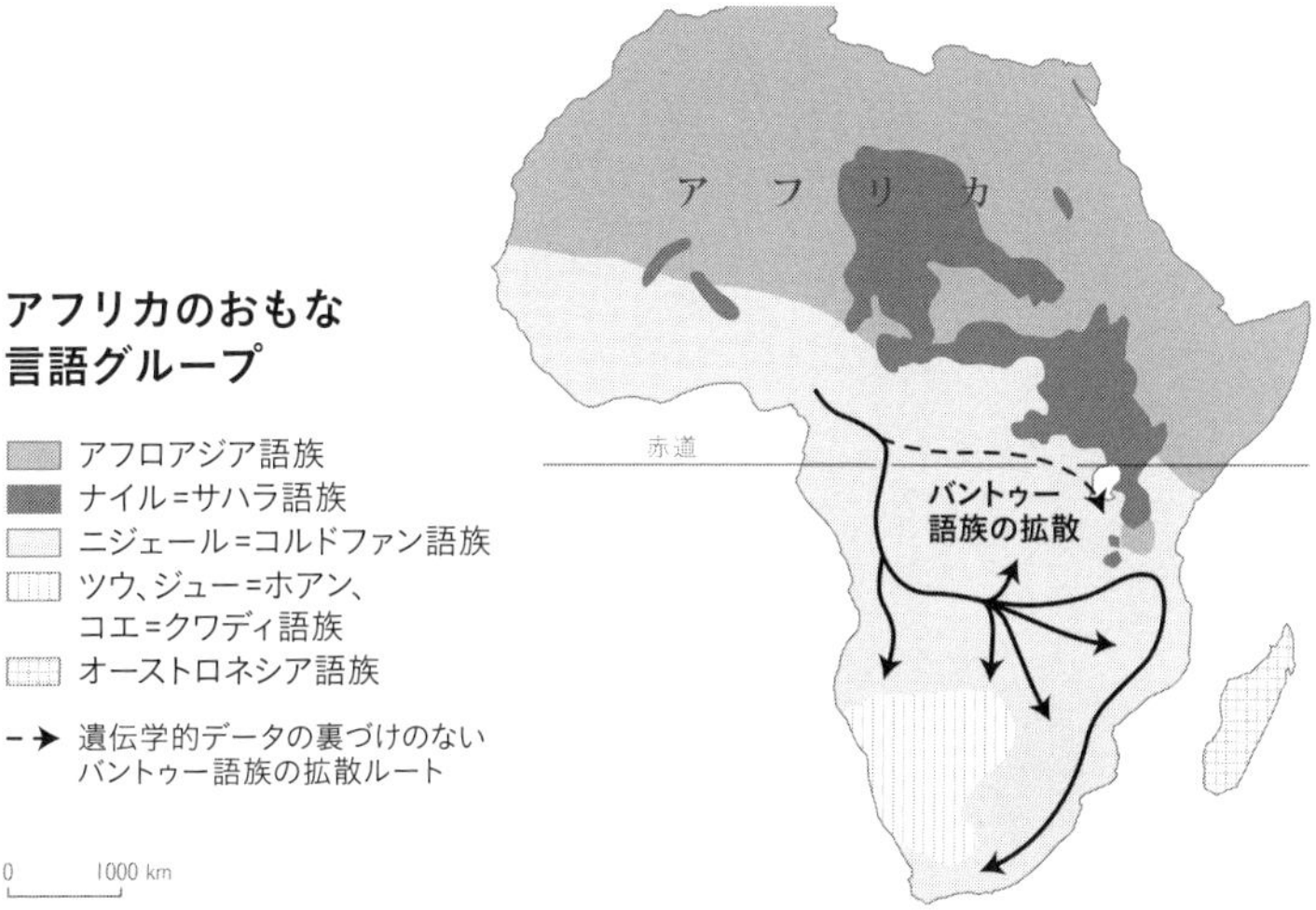

図 26　こんにち、西アフリカ人関連の系統が東および南アフリカで優勢なのは、ここ 4000 年のバントゥー語族の拡散による。

つく。互いの距離がそれよりずっと近いドイツとイタリアよりも、よく似ているのだ。

非常に高感度な遺伝学的手法を使えば、過去数千年間に共通祖先のいた個人の組み合わせを検出することができるため、今ではバントゥー語族が拡散した地理的な経路について、多少の情報を得ることが可能だ。東アフリカでバントゥー語族を話す人の遺伝的多様性パターンは、カメルーンよりも、中央アフリカ雨林の南のマラウィにおけるパターンと密接な関係がある。[20] つまり、バントゥー語族は最初おもに南方に拡散し、その後、南に築いた足場から東アフリカに移動したのだろう。これはカメルーンから直接東方に移動したという説――遺伝学的データが登場する前に支持されていた――とは相反する。

農業の拡散が大きな影響を与えたもう1

つの例が、マリからタンザニアにかけて話されているナイル＝サハラ語族の拡散だ。この語族の言葉を話す人々の多くは牛の放牧者であるため、過去5000年にわたるサハラ砂漠の拡大に伴って、乾燥したサヘル地域で農耕と牧畜が広がり、それによってナイル＝サハラ諸語も広がったと一般に考えられている。ナイル＝サハラ語族の重要な分枝の1つであるナイル諸語は、マサイ族やディンカ族など、ナイル川流域や東アフリカの牛の放牧者がおもに使っている。ナイル諸語を話す牧畜民は、境界地域で出会う農耕民に対して常に社会的に下位に位置していたとは限らない。そのことが遺伝学的データによって明らかになっている。たとえばケニア西部のルオ族（前米国大統領のバラク・オバマの父親が属する部族）はおもに農耕民で、ナイル諸語を話す。ところがケニア出身のルオ族の科学者で、一時わたしの研究室にいたジョージ・アヨドが、ルオ族の変異頻度がバントゥー語族の言葉を話す人々の大多数に非常に近いことを突き止めた。これはもともとバントゥー語を話していたルオ族が、社会的地位の高い隣人からナイル＝サハラ語を取り入れた歴史を反映している可能性が高い。[21]

アフリカの言語のなかで拡散の起源が最もはっきりしないのはアフロアジア語族だ。この語族の多様性が最も高いのは今のエチオピアであるため、これらの言語をもともと話していた人々のふるさとは北東アフリカであるという説が正しいように思われる。[22]ところがアフロアジア語族には、アラビア語やヘブライ語、古代アッカド語など、中東だけに存在する分枝も含まれる。このため、アフロアジア語族、あるいは少なくともそのいくつかの分枝の拡散は、中東農業の拡散と関連があるという仮説が提起された。[23]この農業の拡散によって、大麦、小麦などの穀物が70

00年前までに北東アフリカに導入されている。[24] 中東と北アフリカとの間で古代に移住があったことがすでに古代DNAによって立証されており、この移住によって言語や文化、穀物が広がったという新たな見方が登場している。2016年と2017年にわたしの研究室が発表した2つの論文では、アフロアジア語族の言葉を話さないグループも含め、多くの東アフリカのグループに共通する特徴として、1万年前ごろに中東に住んでいた農耕民に関連のある人々から、かなりのDNAを受け継いでいる点を指摘している。[25] わたしたちの解析では、西ユーラシアに関連のある第二波の交雑を強く支持する証拠も見つかった。この交雑は、青銅器時代の中東からの拡散に伴う交雑であることからイラン人農耕民が関与していると思われるが、実際にそのDNAが、アフロアジア語族の一部であるクシ語を話す現代のソマリアからエチオピアに至る人々に広く見られることがわかったのだ。というわけで、遺伝学的データによると、アフロアジア語族が拡散し、多様化していく時期に少なくとも2回、北から南への集団移動があったことになる。だが、南から北への移住に対しては何の証拠もない（中世以前の古代中東人あるいはエジプト人には、サハラ以南のアフリカ人に関連するDNAはほとんど見られない）。[26] 人がどの言語を話すか遺伝子が決めるわけではないから、遺伝学的データだけで、言語の拡散の様子を断定することはできない。つまり、アフロアジア語族の最終的なふるさととして、サハラ以南、北アフリカ、アラビア、中東のどれか1つに有利な証拠を提供することなどできない。だが、遺伝学的データによって、少なくとも一部のアフロアジア語族については中東農業起源であるとする説の信憑性が増したことは確かだ。そうした北から南へ向かう移住者は、どのような言葉を話していたのだろうか。

アフリカでの4番目に大きな農民の拡散は、南アフリカのコエ＝クワディ語族と関係がある。南アフリカの狩猟採集民の話す2つの言語グループであるジュー＝ホアン語族とツウ語族同様に、コエ＝クワディ語族も舌打ち音を特徴とする。牧畜に関する共通語があることから、コエ＝ワディ語族は牛の放牧者によって1800年前以降に東アフリカからもたらされ、放牧者が先住の人々から舌打ち音を取り入れたとする仮説が立てられている。[27] 遺伝学的データも、東アフリカ人がこんにちコエ＝クワディ語を話している集団に主要な遺伝学的寄与をしたという仮説を裏づける。2012年、わたしの研究室のジョーゼフ・ピクレルが、コエ＝クワディ語を話す人々が、ジュー＝ホアン語とツウ語を話す人々に比べ、格段に大量のDNAをエチオピア人と共有していることを発見した。これは北からの移住があった場合に予想されるパターンだった。[28] コエ＝クワディ語を話す集団の一部では、東アフリカ人由来DNA片の長さが、1800～900年前にゴースト放牧集団との交雑があったとしたら、このくらいになるだろうと予想される長さに適合した。このころに放牧者がやって来て、しばらくして先住の集団との混じり合いが完了したと考えると辻褄が合う。ピクレルは、東アフリカ人と適合するDNA断片内に、他のどの集団よりも中東人と適合するさらに小さな断片を発見したが、これは平均しておよそ3000年前に交雑が起こった場合に予想される長さだった。この時期は、西ユーラシア関連のDNAとエチオピアの多くのグループが持つサハラ以南のDNAの混じり合いが起こった平均的な時期なので、[29] この結果はコエ＝クワディ語族の起源を東アフリカとする仮説のさらなる証拠となる。

今では古代DNAによって、この仮説の正しさが実証されている。2017年、ポントス・スコグルンドが、東アフリカ赤道地帯にあるタンザニアで発見された約3100年前の幼い女の子の遺骸と、南アフリカのケープ州西部地域の約1200年前の試料から得た古代DNAを解析した。どちらも、一緒に埋まっていた人工遺物や動物の骨から放牧集団の一員と確認された。[30]タンザニアの女児は、ピクレルとわたしが予測していたゴースト放牧集団の一員だった。この集団のDNAの大部分は古代の東アフリカ狩猟採集民に由来し、残りは古代西ユーラシア人に関連した集団から来ていた。この集団が中東および北アフリカからサハラ以南にかけての牛の放牧の拡散に主要な役割を演じたことは、ほぼ間違いない。南アフリカの放牧者の古代DNAから得た証拠も、この説を強く支持している。この放牧者は、DNAの3分の1をタンザニアの女児が属する放牧者集団から受け継ぎ、残りを現代の狩猟採集民サン族に関連のある先住のグループから受け継いでいた。1200年前の南アフリカ放牧者に見られたDNAの混じり合いは、多くが放牧者である現代のコエ＝クワディ語を話す人々に見られるものと非常によく似ており、初期のコエ＝クワディ語、放牧、それにこのタイプの東アフリカ人DNAがすべて、人々の移動を通じて南アフリカに広がったという説を裏づけている。

現代のアフリカにおける人類の生物学的ならびに文化的な多様性は、ここ数千年の農業の拡散によって大きな影響を受けてはいるが、それでも並外れた景観を呈している。アフリカの過去に何が起こったかを総合的に理解しようとしても、その驚くべき多様性につい注意が向いてしまう。今のアフリカの多様性に目がくらみ、やたら褒めちぎることに精力を費やしてしまうのが、アフリカに関する遺伝学、考古学、言語学の研究者がくり返しはまる落とし穴なのだ。それを端的に表すのが、アフリカについての研究発表というとよく用いられる、住む地域によってまったく異なる顔つきの人々が次々に映し出されるスライドだ。アフリカの遠い過去を理解するにはそうした多様性をすべて頭に入れ、すべて即座に説明できなければならないと考えがちだが、アフリカの現在の集団構造の大半は、ここ数千年の農業の拡散によって形作られたものだ。したがって、アフリカの圧倒的な多様性を記述することに注意を向けすぎると、アフリカにおける人類の物語を大局的に捉えることがかえってむずかしくなる。ちょうど、アフリカにおけるあらゆる現生人類の共通の起源に注意を向けすぎると、アフリカそのものの歴史が目に入らなくなるのと同じだ。ベールの美しさについて述べることはやめて、ベールを剝ぐことに集中する必要がある。そのために、古代DNAが必要なのだ。

アフリカの狩猟採集民の過去を再現する

食料生産者たちが拡散して大陸の人類分布を一変させる前、アフリカには誰が住んでいたのだろうか？　現代人の遺伝的多様性のパターンに基づいて答えを出すのは、非常にむずかしい。本書の序文で、1960年のルカ・カヴァッリ＝スフォルツァの賭けに言及した。彼は、現代人の遺伝的な多様性のパターンのみをもとに、人類の遠い過去を再現することができると断言した。[31]だが、彼は賭けに負けた。古代DNAによって過去の集団の動向は明らかになったものの、集団の移住や消滅があまりにも多く起こったため、たとえ高度な統計手法を用いたとしても、現代人のＤＮＡに残された痕跡から古代の人口学的な出来事の細部を再現することは、多くの場合、極めて困難なのだ。

この窮状を打開したのが、ゲノムワイドな古代ＤＮＡ解析だった。周囲のグループから遺伝学的にも文化的にも隔離されてきたグループのデータをあわせて解析することで、突破口が開けた。そのようなグループの例としては、中央アフリカのピグミー族、アフリカ最南端の狩猟採集民サン族、タンザニアのハッザ族などがある。舌打ち音のある彼らの言語は周囲のバントゥー語族とは非常に異なっており、遺伝学的な系統も極めて特異だ。こうした集団の一部は周囲の集団とは大きく異なる遺伝学的構成を持っている。このような集団の古代のサンプルから得られたデータを比較することによって、現代の集団のＤＮＡ解析のみに頼る場合より、もっと遠い過去の出来事を探ることができる。

暑いアフリカではＤＮＡの分解が早まるため、最近まで、アフリカの大半の地域では保存状態のいい古代ＤＮＡを見つけることはむずかしかった。だが、ＤＮＡ抽出技術が改良され、どの骨に最も多量のＤＮＡが含まれるか解明されたおかげで、２０１５年に古代ＤＮＡ革命がついにアフリカにも到達した。

アフリカで最初のゲノムワイドな古代ＤＮＡデータは、エチオピアの高原地帯にある洞窟で見つかった４５００年前の骨格から得られた[32]。この古代人はその他多くのグループよりも、現在エチオピアに住んでいるアリ族というグループに近縁だった。エチオピアでは今でも複雑な排他的階級制度が多くの人々の生活を左右し、伝統的な役割が異なるグループ間での結婚は込み入った決まりによって妨げられている。[33] アリ族には耕作者、鍛冶屋、陶器職人の3つのグループがあり、社会的にも遺伝学的にも、他のグループや非アリ族と隔てられている。[34] アリ族が、エチオピアの他のグループよりも、4500年前の高原地帯の古代人と遺伝学的にはっきりした近縁性を示したことから、今のエチオピアにあたる地域内で遺伝子の交換と同質化を阻む地域的障壁があり、それが少なくとも4500年続いていることは明らかだ。今のところ2000〜3000年前までしか記録がないインドの族内婚よりもさらに古く、わたしが知るかぎり、最も強固な族内婚の例と言える。[35]

古代DNAからは驚くべき発見が次々に生まれている。2017年、わたしの研究室のポントス・スコグルンドがアフリカの16人分の試料を解析した。約2100〜1200年前の南アフリカの狩猟採集民と放牧民、約8100〜2500年前の南アフリカのマラウィの狩猟採集民、約3100〜400年前のタンザニアとケニアの狩猟採集民、農耕民、放牧民である。[36] ユーラシア最古の古代DNAに比べればごく最近のものではあるが、それでも食料生産者がやって来てアフリカの人類地図の多くを変えてしまう前の集団構造について、いろいろなことがわかった。

この解析でたいそう驚かされたのは、ゴースト集団の証拠が見つかったことだ。この集団はサハラ以南の東部沿岸を支配していたが、広がった農耕民にほとんど取って代わられたように思われる。[37] わたしたちが「東アフリカ古代狩猟採集民」と名づけたこの集団は、エチオピアとケニアから得たデータセットの2つの古代狩猟採集民ゲノムの系統のすべてに寄与していただけでなく、今では1000人にも満たないタンザニアのハッザ族のDNAのすべてにも寄与していた。また、サハラ以南のアフリカのどのグループよりも、現代の非アフリカ人のほうと近い関係にあることもわかった。つまり、東アフリカ古代狩猟採集民の祖先は、中期石器時代から後期石器時代への移行を起こした集団なのかもしれない。彼らが、5万年前以降にアフリカの外へ拡散すると共に、アフリカ内でも拡散したのだろう。東アフリカ古代狩猟採集民となった集団は、わたしたち人類の歴史において重要な役割を演じたのだ。

東アフリカ古代狩猟採集民は均質な集団ではなかった。その証拠に、わたしたちのデータには少なくとも3つの異なる東アフリカ狩猟採集民グループが含まれていた。1つ目は古代エチオピア人と古代ケニア人を含み、2つ目はザンジバル群島とマラウィの古代狩猟採集民のDNAの大きな部分に寄与し、3つ目は現代のハッザ族に代表される。[38] データが少ないので、これらのグループが分離した時期を確定することはできなかった。だが、地理的に広大な範囲に広がっていたことと、この地域に太古から人が住んでいたことを考えると、これらのグループ間の遺伝学的な差異の一部が数万年も前にできたものだったとしても意外ではない。アフリカの狩猟採集民についてはそのような分離の先例がある。「南アフリカ古代狩猟採集民」とわたしが考えるグループ――現代のどの集団にも負けず劣らず東アフリカ古代狩猟採集民とは異なる系統――が、少なくとも2万年前に互いに分離した2つの非常に異なった系統を含んでいることを、2012年にわたしのところや別の研究室が突き止めたのだ。[39] 南アフリカと同様に人類の生息に適した土地である東アフリカでも、同じくらい古い時代に古代狩猟採集民の分離が起こっていてもおかしくない。

バントゥー語族の拡散以前の東アフリカの集団構造

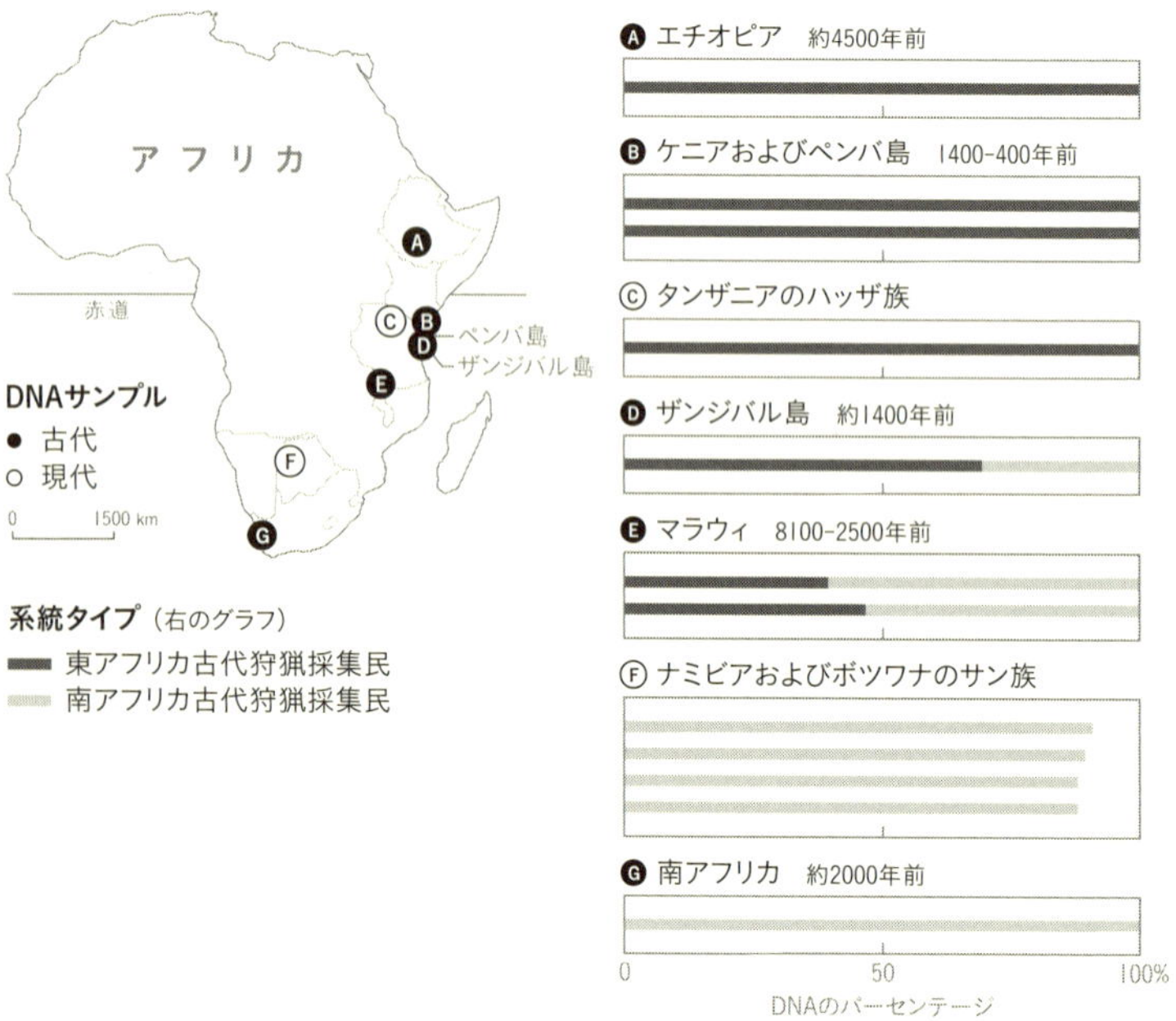

図27　今では南アフリカの狩猟採集民サン族（Ⓕ）にしか残っていない系統が、かつては東アフリカ一帯に広がり、少なくともタンザニアにまで達していた。現在はタンザニアの狩猟採集民ハッザ族（Ⓒ）にしか見られない系統も、かつては広範囲に分布していた。

2つ目の驚きは、古代アフリカ狩猟採集民試料の一部が、南アフリカ古代狩猟採集民と東アフリカ古代狩猟採集民両方の系統のDNAを持つとわかったことだ。こんにち、南アフリカ古代狩猟採集民に連なる系統は基本的にアフリカの最南部にしか存在せず、そこで舌打ち音のある言語を使うほぼすべての集団のDNAの重要な部分を占めている。また、現代の狩猟採集民サン族のDNAのほぼすべてに寄与しているだけでなく、わたしたちが南アフリカから得た古代狩猟採集民のゲノムにも寄与している。ところが、わたしたちの古代試料によって、「南アフリカ古代狩猟採集民」という名称は、このグループの祖先集団が生まれた場所について誤解を招くおそれがあるとわかった。タンザニア沿岸沖に連なるザンジバル島とペンバ島は、およそ1万年前に海面が上昇したときに本土から切り離された。したがってその当時東アフリカに住んでいた狩猟採集民の子孫が、これらの島に隔離状態で住み続けてきたと考えられる。[40] これらの島から見つかった約1400年前の2つの個体は、だいたい3分の1が南アフリカ古代狩猟採集民に関連のあるDNA、残りが東アフリカ古代狩猟採集民に関連のあるDNAという混じり合ったDNAを持っていた。[41] 南アフリカ中央部のマラウィにある別々の3か所の遺跡から見つかった7体の試料は、約8100〜2500年前の均質な集団の一部で、そのDNAは、約3分の2が南アフリカ古代狩猟採集民由来で残りが東アフリカ古代狩猟採集民由来だった。こうして、南アフリカ古代狩猟採集民系統が以前には大陸のもっと広い範囲に分布していたことがわかり、この古代集団がどこで生まれたのかを知るのがむずかしくなっている。

古代DNAは、現代アフリカの歴史が古代の集団の分離や交雑に深く根を下ろし、農業の到来以前にまでさかのぼるものであることを教えてくれる。アフリカにおける人類の物語は、アフリカ大陸の巨大さや多彩な景観、人類の存続時間の長さから予想がつくように、あらゆるレベル、あらゆる時代において錯綜している。古代DNA革命は、今やっとアフリカに足掛かりを得たところだ。今後アフリカも古代DNA革命に全面的に組み込まれ、もっと多くの遺跡、もっと古い時代の遺骸からのデータが集まるだろう。それらのデータによって、アフリカの遠い過去の出来事に対するわたしたちの見方が変わり、より明確になることは間違いない。

アフリカ人の物語を理解するためにすべきこと

アフリカにおける集団構造の複雑さを示す驚くべき例として、アフリカ大陸での自然選択パターンがある。こんにち西アフリカ人のDNAを持つ人々には鎌状赤血球性貧血が多く見られる。全身に酸素を運ぶ赤血球タンパク質のヘモグロビンが遺伝子の変異によって変化したために起こる病気なのだが、アフリカのいくつかの地域では自然選択の圧力によって、この変異の頻度がかなり上昇している。アフリカ西端（たとえばセネガル）、西アフリカ中央部（たとえばナイジェリア）、中央アフリカ（ここから、バントゥー語族の拡散に伴って変異が東アフリカや南アフリカに広がった）などだ。それぞれの集団でこの変異の頻度がこれほど高くなったのは、親から変異のコピーを1つ受け継ぐと、感染症であるマラリアにかかりにくくなるためだと考えられる。マラリアは極めて恐ろしい病気なので、集団の約20パーセントが鎌状赤血球変異のコピーを1つ持ってマラリアから守られれば、たとえその結果、集団の1パーセントがコピーを2つ持って鎌状赤血球貧血になり、治療法がないために子供時代に死ななければならなくても、進化の観点からすると釣り合いがとれることになる。この変異を含むDNA配列が3地域ですべて異なっているという事実から、変異頻度の上昇は驚くべきことにその3つの地域でそれぞれ独立に起こっているとわかった。単純に考えると、これは意外な結果に思える。それほど有益な変異なら、たとえ隣り合う集団との交雑率がわずかでも、自然選択を追い風として、広大なマラリア蔓延地帯に広がるのではないかと思われるからだ[42]。大人になっても牛乳が消化できるようになるラクターゼ〔ラクトース（乳糖）分解酵素〕遺伝子の変異にも同じようなパターンが見られ、ラクターゼ機能の持続をもたらしている遺伝学的な変化が、北アフリカ人や西アフリカのフラニ族と、スーダンおよびケニアのマサイ族とでは完全に異なっている。同じ遺伝子に異なる変異が起こっているのだ[43]。

なぜ、このように変異の起源が複数あるのかというと、ピーター・ラルフとグレアム・クープが指摘しているように、そうした変異が必要になって以来、それらの集団間の移住が極めてまれだったからだろう。互いに２０００～３０００キロも離れていないサハラ以南のアフリカの一部でさえ、そうだったのだ。有益な変異を広げようにも、その変異を他の集団に移入できなかったため、集団ごとに新たに発生させるようになったのだろう[44]。アフリカの一部の地域で過去２０００～３０００年にわたって移住が限定的にしか起こらなかった結果、アフリカにはラルフとクープが「モザイク状」パターンと呼ぶ集団構造が生まれている。明確な境界線で囲まれた遺伝学的に均質な領域が並ぶパターンで、隣接集団の間の遺伝子交換による均質化プロセスと、それぞれの領域で新たに有利な変異が創出されるプロセスとが、互いに競り合うときにできると考えられる。同じ鎌状赤血球変異または同じラクターゼ活性持続変異が広がる地域の大きさは、アフリカの隣接集団間の過去数千年にわたる遺伝子交換の程度を反映している。

アフリカの集団の歴史の解明はまだ始まったばかりだが、それが複雑なものであることはすでにはっきりしている。東アフリカ古代狩猟採集民や南アフリカ古代狩猟採集民のような主要な系統内で遠い過去に分岐が起こり、また農業の拡散による最近の交雑以外にも幾度も交雑があったため、過去が幾重にも覆い隠されている。いつかは、もっと多くの古代DNAサンプルが入手できて、過去何万年かのアフリカにおける人類の多様性の幅が把握できるだろう。そして集団の構造をきちんと再現できることだろう。

今、確信を持って言えることは、古代DNAが得られたあらゆる地域と同様に、アフリカでも、「中央の幹から枝分かれして以来変化せず分かれたまま」という進化の系統樹のモデルは通用しないということだ。こんにちの集団は、集団の分離と交雑の大きなサイクルを経て形成されている。また、世界の他の地域同様にアフリカでも、これまで広く支持されてきた多くの想定の誤りが、古代DNAのデータによって立証されるだろう。この複雑さは社会にとってどのような意味を持つのか、わたしたちは何者なのかを問い直すうえで、どのような役に立つのか。それが本書の第3部のテーマである。

第3部　破壊的なゲノム

…第10章　ゲノムに現れた不平等

大規模な交雑

1492年にクリストファー・コロンブスが到達してまもなく、アメリカ大陸は人種のるつぼと化した。ヨーロッパ人入植者、彼らが連れてきたアフリカ人奴隷、アメリカ先住民それぞれが属する集団の祖先は、何万年もの間、互いに接触がなかったのだが、出会ってから2、3年のうちに混じり合い始め、今では何億人にも達する新しい集団を形成している。

そうした最初の集団の一員である「エル・メスティーソ」のマルティン・コルテスは、スペイン軍人だった父のエルナン・コルテスが1519年にメキシコに攻め込んで4年もしないうちに生まれた。父はわずか500人の兵士を率いて、メキシコを支配していたアステカ王国を転覆させたのだ。母のマリンチェは戦闘後にスペインに引き渡された20人の女性の1人で、最初は通訳を務め、その後エルナン・コルテスの愛人となった。スペイン人はすぐに、このような結びつきで生まれたヨーロッパ人とアメリカ先住民双方の血を引く人々を指す言葉をつくり、異種族の混交を意味するスペイン語の「メスティサーへ」に因んで「メスティーソ」と呼ぶようになった。スペイン人やポルトガル人は自分たちの社会的な地位を維持するために一種の固定的階級制度をこしらえ、純血のヨーロッパ人（特にヨーロッパ生まれの人々）を最高位に据えて、ヨーロッパ人以外の血がいくらかでも入っている人々を低い階層に置いた。しかし、この制度は人々の混じり合いという避けがたい現実の前に崩壊した。2、3世紀もしないうちに、純血のヨーロッパ人は極端な少数派になるか、立ち去るかして、権力を独占することは事実上不可能になったのだ。19世紀および20世紀初頭の独立運動の後、南および中央アメリカでは混じり合った系統が逆に誇りの源となり、メキシコでは混血であることが国民のアイデンティティとなった。[1]

１４９２年以降、アメリカ大陸にはヨーロッパ人に負けないほど多くのアフリカ人も流入した。推定で総計１２００万人が、むりやり船倉に詰め込まれてアメリカ大陸に運ばれ、奴隷として競りにかけられたのだ。[2] スペイン、ポルトガル、フランス、英国、それに米国の奴隷商人は、肉体労働者を求める入植者の必要を満たすことで巨万の富を得た。アフリカ人奴隷はペルーやメキシコの銀鉱山、あるいはサトウキビや後にはタバコや綿花などの農園で働かされた。アフリカ人はアメリカ先住民よりも旧世界の病気にかかりにくく、また祖国から遠く離れて言葉も違う集団の中にばらばらにされたため、先住民よりも支配しやすかった。文化的な基盤を奪われた奴隷には、組織を作ったり抵抗したりする力はほとんどなかったのだ。大半は南アメリカやカリブ海諸島に売られ、死ぬまでそこで働かされた。５〜10パーセントほどが、やがて合衆国となる地に連れて来られた。１５２６年にポルトガル交易商による奴隷売買が初めて記録されて以来、新世界への輸入量は増え続け、大西洋をまたいだ奴隷貿易が法律で禁止されるころには年におよそ7万5000人にまで達していた。法的な禁止措置がとられたのは、英国植民地では1807年、合衆国では1808年、ブラジルでは1850年のことだった。

現在、アメリカ大陸にはアフリカ人の血を引く人々が何億人もいる。最も多いのはブラジル、カリブ海諸島、米国だ。ヨーロッパ人、アメリカ先住民、サハラ以南のアフリカ人という非常にかけ離れた3つの集団の混じり合いが、およそ500年前からこんにちまで続いている。ヨーロッパ系アメリカ人がまだ最大多数である米国でさえ、アフリカ系アメリカ人およびラテンアメリカ人が人口の3分の1前後を占める。こうした交雑集団のほぼすべての人には、異なる大陸に住んでいた祖先が20世代前以内にいて、その祖先からゲノムの大きな断片を受け継いでいる。ヨーロッパ系アメリカ人の中にも、パーセンテージはわずかだが、アフリカ人やアメリカ先住民の長いDNA片を持つ人々がいる。多数派の白人社会に紛れ込むことに成功した人々の遺産というわけだ。[3]

ピアズ・アンソニーの1973年のSF小説『時に抗う人種（*Race Against Time*）』は、ヨーロッパの植民地主義によって始まった集団の混じり合いが行き着く先を予想して、ほぼすべての人類が「標準」集団に属するようになった西暦2300年の世界を描いている。[4]その世界では、混血でない人間は「純血種の白人」ペア、「純血種のアフリカ人」ペア、「純血種の中国人」ペアのわずか6人しか残っていない。この「純血種」たちは人類動物園で里親に育てられ、かろうじて残った同じ系統の相手と交配して人類の多様性を維持するように教育されている。「標準」集団がその多様性を、今にも失われようとしているかけがえのない生物学的価値の源とみなしているのだ。この小説は、1492年以降の何百年かが、人類の歴史において類のない均質化の時代だったという前提に立っている。大洋を横断する旅行によって、それまでは隔離されていた集団の未曽有の混じり合いが可能となり、何万年、何十万年も互いに接触のなかった集団が1つになったというのだ。

だが、この前提は誤りだ。ゲノム革命によって明らかになったように、人類の過去を大きなスケールで眺めれば、わたしたちの生きている時代は別に特別ではない。過去にも、非常にかけ離れたグループがくり返し混じり合い、互いにヨーロッパ人やアフリカ人やアメリカ先住民と同じくらい異なっていた集団の均質化が起こった。そうした大規模な交雑では多くの場合、一方の集団の社会的権力のある男性と、もう一方の集団の女性がカップルになっている。

建国の父たち

1787年の合衆国憲法制定会議後ほどなくして、後に第3代大統領となるトーマス・ジェファーソンが奴隷のサリー・ヘミングズと性的関係を結んだ。ジェファーソンはヴァージニアに広大なプランテーションを所有していたが、そこでは人口の40パーセント近くが奴隷だった。[5] サリー・ヘミングズの祖父母のうち3人はヨーロッパ人だったが、母親の母親はアフリカ人を祖先に持つ奴隷で、ヴァージニアの法律では奴隷の身分が母系で継承されることになっていた。ジェファーソンとヘミングズの間には6人の子供が生まれた。[6]

ジェファーソンとヘミングズとの関係については、疑問視する声が絶えない。一部の人々は、アメリカ最大の啓蒙思想家であり独立宣言の起草者でもあるジェファーソンが、非合法な家族を持っていたはずがないと指摘する。だが、1998年に発表された遺伝子解析で、サリー・ヘミングズの末息子のエストン・ヘミングズの男系子孫と、ジェファーソンの父方の叔父の男系子孫とのY染色体が適合することが明らかになった。[7] この結果は、理論上は、ジェファーソン自身ではなくジェファーソンの男性親族が父親だったと考えても説明がつく。ただし、そのような可能性を示す歴史的な証拠はないうえ、ジェファーソンとヘミングズとの関係については、ヘミングズの別の息子であるマディソン・ヘミングズによる19世紀の信憑性の高い記述がある。トーマス・ジェファーソン記念財団は2000年の研究で、たぶん話は本当であると結論づけている。[8]

マディソン・ヘミングズの記述によると、彼の母親がジェファーソンとの関係を結んだフランスでは奴隷制が禁止されていたため、母親には自由になるチャンスがあった。だが、将来、子供たちを奴隷の身分から解放するという条件で、奴隷としてジェファーソンと共に合衆国に戻ることに同意したのだという。ヘミングズはジェファーソンより30歳年下で、フランスで関係が始まったときには14~16歳だったため、ジェファーソンの言いなりだったのだろう。彼女は、ジェファーソンの妻のマーサの異母姉妹でもあった。マーサは、ジェファーソンがサリーと出会う数年前に出産の合併症で亡くなっていたが、その父親がサリー・ヘミングズの母親と密かに関係を持っていたのだ。[9]

こうした家族関係が合衆国でどれほど広範囲に及んでいたのか、歴史学者が数値化しようとしている。混血児が生まれるような結びつきは記録に残らないことが多く、記録がある場合でも、子供がどう分類されるかは州によって違っていた。ここで役立つのが遺伝子解析だ。これまでのところ、アフリカ系アメリカ人の墓地からDNAを採取・解析して、合衆国での交雑社会のありようを図で示すという作業は誰もやっていない。それでも、現代のアフリカ系アメリカ人集団を遺伝学的に研究することによって、すでに貴重な情報が得られている。マーク・シュライヴァーが主導した2001年の研究では、現代のヨーロッパ人と西アフリカ人とで頻度が極端に異なる変異を分析し、その結果を用いて、数十世代前にヨーロッパに住んでいた祖先の比率〔全ゲノムにおけるヨーロッパ人由来DNAの比率〕を推定した。[10] サウスカロライナ州では、内陸の州都コロンビアでヨーロッパ人由来DNAが最大比率の18パーセントを示したが、それでも、合衆国の他の州の都市の中では最も低かった。奴隷貿易の港があったチャールストンを含むサウスカロライナ沿岸地帯の推定値は12パーセントで、これは奴隷がくり返し輸入されたために、アフリカ人のDNAの比率が高いままになっているということのようだ。ヨーロッパ人DNAの推定比率が最低だったのはシー諸島〔サウスカロライナ、ジョージア、フロリダ沖の大西洋に連なる100以上の島々〕の4パーセントで、島に定住した奴隷が隔離状態にあった歴史を反映していた。その証拠に、この島の住民だけが、アフリカの言語由来の文法を持つガラ語を今も話している。アフリカ系アメリカ人とヨーロッパ人で頻度が大きく異なるY染色体とミトコンドリアDNAのタイプの比較から、こうした集団のヨーロッパ人DNAの圧倒的な部分が男性側から来ていることも立証された。異人種間のカップルがおもに自由民男性と奴隷女性の組み合わせだったという、社会的な不平等の結果である。[11]

サウスカロライナに見られるパターンは合衆国全体の縮図だ。個人向けDNA検査会社「23andMe」のカタジーナ・ブリッツとわたしで、会社のデータベースにある自称アフリカ系アメリカ人5000人以上のデータを解析したところ、ゲノムの大半についてはヨーロッパ人DNAの比率は平均27パーセントだが、X染色体では23パーセントしかないことがわかった。[12] X染色体とその他の染色体上のDNAの比率を比較すると、集団の混じり合いの際の男性と女性の行動の差についての情報が得られる。世界中のX染色体の3分の2が女性の体内にあるのに対して、常染色体の場合はおよそ半分なので、X染色体のほうが女性の歴史の影響を受けやすい。ヨーロッパ人の男性と女性の祖先の比率がどれくらいなら、X染色体と常染色体との間に見られる前述のような差が生じるかをコンピュータで計算すると、男性が38パーセント、女性が10パーセントというかけ離れた数値が得られた。この数値は、現代のアフリカ系アメリカ人集団の遺伝学的な構成に、ヨーロッパ系アメリカ人男性はヨーロッパ系アメリカ人女性の約4倍も寄与していることを意味する。こうした結果を社会学者のオーランド・パターソンと考察した際に、奴隷制度があった時期にはこうした「性的バイアス」――混じり合いにおける寄与の偏り――がもっと大きかったに違いないという指摘を受けた。20世紀半ばの合衆国における公民権運動以来、文化の変化によって「性的バイアス」は逆転しており、黒人男性と白人女性のカップルが多くなっているという。100年前のアフリカ系アメリカ人の骨のDNAを解析したら、間違いなく、さらに大きな「性的バイアス」が見つかるだろう。

遺伝学的なパターンは、トーマス・ジェファーソンとサリー・ヘミングズのような例が数えきれないほどあったことを示唆している。この2人の物語がよく知られているのは、わたしたちの時代にごく近く、有名な人々が関わっているからだが、「性的バイアス」がわたしたち人類の歴史に中心的な役割を演じたことは間違いないようだ。ゲノム革命によって、記録が残っていない時代にまでさかのぼって「性的バイアス」の程度を知ることが可能になり、不平等が遠い過去の人類の形成にどのような影響を与えたのか、解明が始まっている。

ゲノムに残る不平等のしるし

人類の場合、両性間には大きな生物学的な違いがあり、男性のほうが遥かに多くの子供を残せる。女性は子供が生まれるまで約9か月間体内で育て、次の子供を持つ前に数年間、その世話にかかりきりになる。[13] 一方、出産や育児にほとんど時間を取られない男性は、次々に子供をもうけることができる。多くの社会では、男性にそれほど育児の負担を求めないため、こうした生物学的な差がさらに増幅されている。そこで、権力のある男性は権力のある女性よりも、次世代に大きな影響を与えることができ、わたしたちは遺伝学的なデータからそれを読み取ることができる。

男性によって子供の数には大きな違いがあるため、その違いを調べることによって、男性と女性の間だけでなく、社会全体に存在する不平等の程度を遺伝学的に推定することができる。その驚くべき例が、チンギスハンのモンゴル帝国と関連があると思われる男性子孫の数だ。チンギスハンは中国からカスピ海に至る土地を支配したが、1227年に彼が死ぬと、数人の息子や孫を含む後継者たちが帝国をさらに大きくし、東は朝鮮、西は中央ヨーロッパ、南はチベットに至る巨大な版図を実現した。帝国では、戦略的に配置した宿駅に元気な馬を常備することで、8000キロ以上に及ぶ領土内での迅速な意思疎通を可能にした。統一モンゴル帝国は短命で、たとえば中国に樹立された元王朝は1368年に倒れた。それにもかかわらず、いったん強大な権力を握った彼らは、ユーラシアに途方もない遺伝学的な影響を残した。[14]

クリストファー・タイラー＝スミスの主導した2003年の研究によって、モンゴル帝国の時代に生きていた比較的少数の権力のある男性たちが、こんにち東ユーラシアに暮らす何十億という人々に桁外れの影響を及ぼしていることが明らかになった。[15] Y染色体の解析から、モンゴル帝国時代のたった1人の男性が、モンゴル人が占領していた領土中に直系の男系子孫を何百万人も残していることがわかったのだ。その証拠となったのは、モンゴル帝国のかつての占領地域に住む男性の約8パーセントが、ある特徴的なY染色体配列、またはそれとわずかな変異しか違わない配列を共有していたことだ。タイラー＝スミスたちはこれを、1人の祖先が多数の子孫を残すという意味で「スタークラスター」〔本来の意味は星団。元素組成や年齢が等しいと考えられる多数の星の集まり〕と呼び、見積もられたY染色体の変異蓄積率をもとに、この系統の創始者のいた時期を1300〜700年前と推定した。チンギスハンの生存時期と重なることから、この大成功を収めたY染色体は彼のものかもしれないとしている。

スタークラスターはアジアだけの現象ではない。遺伝学者のダニエル・ブラッドレイと共同研究者たちが、現代の200万〜300万人に存在するあるY染色体タイプが、およそ1500年前に生きていた1人の祖先に由来することを突き止めた。[16] この染色体タイプが特によく見られたのが、オドンネルという姓の人々で、彼らは中世アイルランドで栄えた王家の1つ、いわゆる「ニールの末裔《まつえい》たち」の子孫だった。ニールとは、中世アイルランド初期の伝説的な将軍、通称「9人の人質のニール」を指す。ニールが実在したとすると、その生存時期はおおよそ、このY染色体祖先のいた時期に一致する。

スタークラスターは、あくまでも推測であるとはいえ、歴史上の人物に結びつけることができるため、想像力を掻き立てる。だがそれより重要なのは、スタークラスター解析以外の手段では情報を得られないような遠い過去に起こった社会的な構造の転換について、いろいろと教えてくれることだ。その意味で、これはたとえ全ゲノムデータがなくても、Y染色体やミトコンドリアDNAの解析で有益な情報が得られる領域と言える。たとえば、歴史学者の長年の論争に、人類の歴史はどの程度まで、後の世代に対して大きな影響力を持つ個人によってつくられたのか、というのがある。スタークラスター解析は、過去のさまざまな時点で権力の極端な不平等がいかに大きな影響を及ぼしたかについて、客観的な情報を提供する。

トーマス・キヴィシルトとマーク・ストーンキングがそれぞれ主導した研究では、Y染色体配列とミトコンドリアDNA配列についてのスタークラスター解析結果を比較して、驚くべき結論を導き出している。[17] 配列のペア〔アレル（対立遺伝子）すなわち母親由来と父親由来の対〕の間のDNA文字当たりの違いの数は、時と共に蓄積された変異の数を反映しているのだが、両者の研究では、これを数えることによって、異なる個人の組み合わせ（対）が完全な男系（Y染色体）と完全な女系（ミトコンドリアDNA）系統上で祖先を共有していた時点からの経過時間を推定した。

ミトコンドリアDNAのデータを解析すると、どちらの研究でも、現在ある集団に属しているほとんどの個人の組み合わせ（対）について、完全な女系に沿った祖先を過去1万年以内に共有する確率は非常に低いという結果になった。過去1万年というのは、世界の多くの地域で農業への移行が終わってからの時期ということだが、この結果はその時期に集団のサイズが大きかった場合に予想されるものと一致する。ところがY染色体上では、どちらの研究でも驚くほど異なるパターンが見られた。東アジア人、ヨーロッパ人、中東人、北アフリカ人については、およそ5000年前に生きていた共通男性祖先を持つ多くのスタークラスターが見つかったのだ。[18]

5000年前ごろというのは、ユーラシアでは考古学者のアンドリュー・シェラットが「二次生産物革命」と呼んだ時期に相当する。家畜が食肉としてだけでなく、荷車の牽引や耕作、乳製品や毛糸のような衣料品の製造など、多くの用途に使えることに人々が気づき始めた時期だ。[19] 青銅器時代が始まったころでもあり、馬の飼育、車輪や車輪のついた乗り物の発明、銅や錫のような貴重な金属の集積などによって、人類の移動範囲が大幅に広がり、富が蓄積された。銅と錫は青銅器の原料で、何百キロも、時には何千キロも遠くから調達しなければならなかった。Y染色体のパターンは、この時期に、不平等も大幅に拡大したことを物語っていた。新しい経済活動によって、集団のごく一部にかつてないほど権力が集中し始めたことが、遺伝学的なパターンに如実に反映されたのだ。権力のある男性はこの時代、それまでの時代には見られなかったほど大きな影響を配下の集団に残した。一部の男性は、チンギスハン以上に多くのDNAを現代の子孫に残したのだ。

考古学と古代DNAを組み合わせることによって、この不平等がどんな意味を持っていたのか、解明が始まっている。5000年前ごろ、黒海とカスピ海の北ではヤムナヤ文化が興り、第2部で述べたように馬と車輪を活用して、広大なステップの資源を初めて、思う存分利用した。[20] 遺伝学的データでは、ヤムナヤとその後継者たちが驚くほどの成功を収め、西方では北ヨーロッパの農耕民の大部分に取って代わり、東方では中央アジアの狩猟採集民に取って代わったことがはっきりわかる。[21]

考古学者のマリヤ・ギンブタスによれば、ヤムナヤの社会はそれまでにないほど、社会的な権力における性的バイアスのある階層化社会だった。ヤムナヤは巨大な塚を残しているが、その約80パーセントには、しばしば暴力的な損傷の跡がある男性の骨格が、恐ろしげな短剣や斧に囲まれて中央に埋葬されている。[22] ヤムナヤのヨーロッパへの到達は、両性間の権力関係に転換をもたらすきっかけとなったとギンブタスは言う。これは「古いヨーロッパ」、つまり暴力の痕跡がほとんどなく、至るところで出土するヴィーナス像に明らかなように、女性が中心的な役割を果たしていた社会の凋落を意味していた。「古いヨーロッパ」は男性中心の社会に取って代わられたが、それは考古学的な証拠に表れているだけでなく、ギリシャや古代スカンディナヴィア、ヒンドゥーの神話にも、はっきり表れているという。こうした男性中心の神話は、おそらくはヤムナヤによって広がったインド＝ヨーロッパ文化の影響を受けているとギンブタスは指摘している。[23]

文字による記録のない時代の文化を鮮明に描き出そうとする際には、注意が必要だ。それでも、ヤムナヤは実際に少数のエリート男性が権力を握る社会だったという証拠が、古代DNAデータから得られている。ヤムナヤのY染色体には少数のタイプしかなく、限られた人数の男性が遺伝子を異常に多く拡散させていたことがわかるのだ。対照的にミトコンドリアDNAにはもっと多様な配列が見られる。[24] ヤムナヤやその近縁者の子孫は自分たちのY染色体をヨーロッパとインドに広げたが、その影響は非常に大きく、青銅器時代以前にはなかった彼らのY染色体タイプが、今ではヨーロッパでもインドでも優勢となっている。[25]

このヤムナヤの拡大は、すべて友好的に行われたわけではなかった。現代の西ヨーロッパ[26]でもインド[27]でも、ステップ起源のY染色体の比率が、ゲノムの残りの部分におけるステップ系統の比率よりもかなり大きいという事実から、それがよくわかる。つまり政治的または社会的権力を握ったヤムナヤの男性子孫が、地元の女性の獲得競争で地元の男性より成功を収めたということだ。その最も驚くべき例が、遠い南西ヨーロッパのイベリア半島に見られる。ここには4500〜4000年前の青銅器時代の初めにヤムナヤ由来のDNAが到達した。ダニエル・ブラッドレイとわたしの研究室がそれぞれ独自に、この時代の個体から古代DNAを抽出し、解析した。[28] その結果、イベリア人集団の30パーセント近くがステップDNAを持つ個体に置き換わっていることがわかったのだが、Y染色体ではそれが遥かに劇的に起こっていた。ヤムナヤDNAを持つ男性の約90パーセントが、この時代以前にはイベリア半島になかったステップ起源のY染色体タイプを持っていたのだ。明らかに、ステップからヤムナヤ文化が拡大した際には、高度な階層性と権力の不均衡を伴っていたのだ。

スタークラスターの研究はY染色体とミトコンドリアDNAの解析に基づいて行われる。何か、全ゲノム解析でつけ加えられることはあるだろうか？　全ゲノムデータを用いて過去1万年の農耕民グループの大半の祖先集団サイズを再現した際には、全期間を通じて集団の成長が見られ、Y染色体で検出された青銅器時代の人口ボトルネックの証拠は見られなかった。[29]これはミトコンドリアDNAとY染色体の平均値を求めた場合に予想される結果とは違う。特定の遺伝子タイプが他のタイプよりも多く後の世代に引き継がれる場合には、Y染色体はゲノムの代表とは言えないのだ。原理上は、これは自然選択で説明できる。特定のY染色体タイプが、たとえば繁殖率の向上のような生物学的な利点を子孫に与えるとすれば、そのタイプが多くなることはありうる。だが、そうした遺伝子パターンが世界中の複数の場所で同時に、しかも階層社会の出現と同時に現れたという事実は、自然選択で説明するにはあまりにも異様だ。有益な変異があちこちで一斉に起こったとは考えにくい。この時期に一部の男性に絶大な権力が集中し始めたからだと考えたほうが、納得がいく。そうした男性は多くの女性に近づけただけでなく、次の世代にその社会的な威光を引き継がせて、男性子孫が同じような繁栄を享受できるようにしてやれただろう。その男性たちのY染色体が何世代にもわたって頻度を増した結果、過去の社会について雄弁に物語る遺伝学的な痕跡を現代の人々に残すことになったのだ。

また、この時期には以前に比べて権力を持ち始めた女性がいた可能性もある。しかし、たとえ権力があっても、1人の女性が極端に多くの子供を持つことは生物学的に不可能なので、社会的

ミトコンドリア DNA による歴史

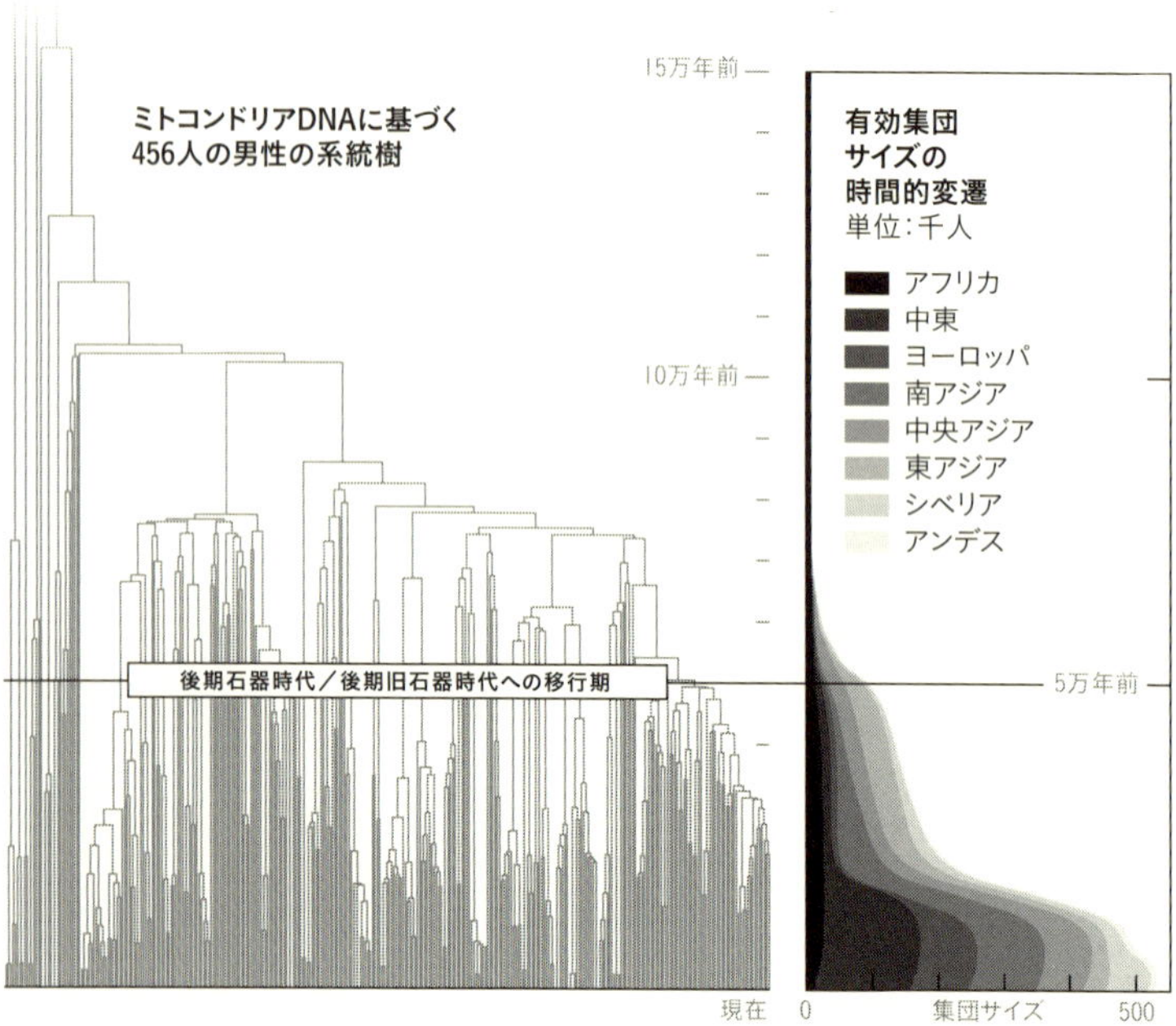

図 28a　人類集団は過去５万年間に劇的な拡散を遂げた。ミトコンドリア DNA に基づいて構築された系統樹にその様子を見ることができる。ミトコンドリアＤＮＡにおいて、この期間で比較的最近に共通祖先を持つ確率が低い〔系統樹でその前に多くが分岐した形となっている〕ことは、有効集団のサイズ〔母親となった女性の数〕が大きかったことを反映している。

Y染色体による歴史

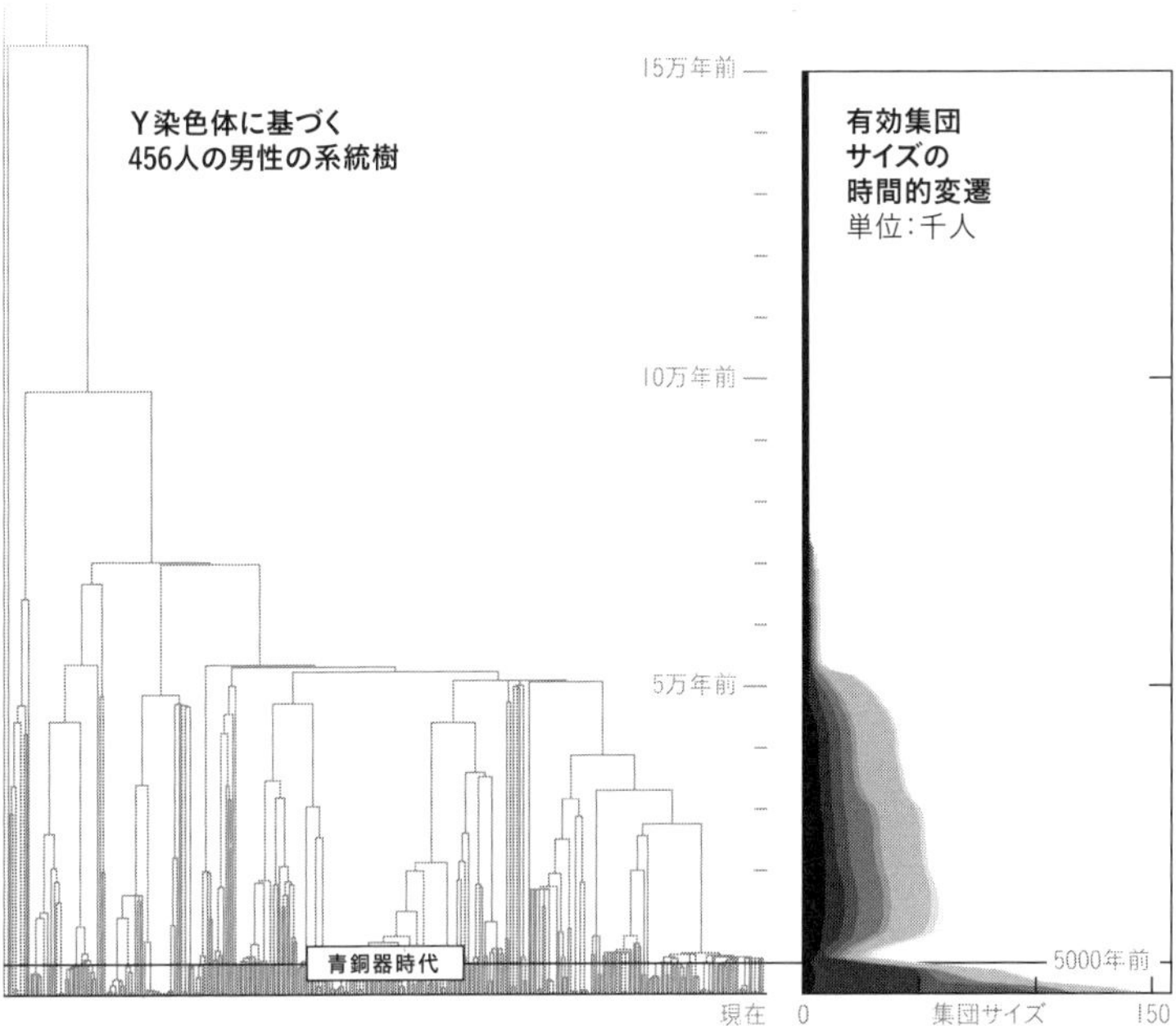

図 28b　Y染色体上では、多くの人々が 5000 年前ごろに祖先を共有している。これは高度に階層化された社会が初めて現れた青銅器時代の幕開けに一致する。このとき一部の男性が富を蓄積し、次世代に異常に大きな遺伝学的寄与をした。

な不平等がもたらした遺伝学的な影響は男系上でのほうが容易に検出できる。

集団の混じり合いにおける性的バイアス

複数の集団が1つになるには、侵略、互いの居住地への移住、同一領域への拡大、交易と文化的な交流など、さまざまな方法がある。可能性としては、集団が対等な立場で混じり合うこともありうる。たとえば、2つの同じように豊かな集団が仲良く同じ地域に移動し、重なり合う形で1つになってもいい。だが、対等でない場合のほうが遥かに多く、アフリカ系アメリカ人やヤムナヤの歴史に見られるように、もっぱら一方のグループの男性がもう一方のグループの女性と交配する。男性の歴史と女性の歴史がゲノムの別々の部分に記録されているため、この混じり合いの様相を調べることができ、それを通じて、遠い昔に起こった文化的な相互作用についての手がかりが得られる。

遺伝学的なデータから明らかになる性的なバイアスの例には、本当に古いものもある。たとえば、非アフリカ人の祖先集団の始まりを考えてみよう。非アフリカ人の遺伝子を解析すれば、5万年前より少しさかのぼった時期の人口ボトルネックの証拠が見つかる。つまり、少数の個体がこんにちの大量の子孫のもとになっているのだ。2009年にわたしは博士研究員のアロン・ケイナンと共に、2本ある性染色体のうちで大きいほうのX染色体上の遺伝的多様性を、残りのゲノムと比較した。すると意外なことに非アフリカ人の場合、X染色体上の遺伝的多様性が、残りのゲノムの多様性のレベルから予想されるのより、かなり小さいことがわかった。男性と女性が非アフリカ人の祖先集団の創始に同等に関与したという想定とは違う結果になったわけだが、差があまりにも大きいため、女性より多くの男性が創始に関与したという単純なシナリオでは説明がつかなかった。だが、非アフリカ人の祖先集団が最初に誕生した後、この集団に別のグループの男性から遺伝子流入があったというシナリオなら、説明がつく。男性にはその他の染色体のコピーがそれぞれ2つあるのに対してX染色体のコピーは1つしかないため、他集団の男性の遺伝子がくり返し流入すれば、残りのゲノムに比べて集団のX染色体の遺伝的多様性が減少し、観察されたようなパターンが生ずる。[30]

この仮説にいくらか信憑性を与えるのが、中央アフリカの狩猟採集民集団であるピグミー族と、その周囲にいるバントゥー語を話す農耕民集団との関わり合いだ。バントゥー系が数千年前に初めて西アフリカ中央部から広がったとき、遭遇した先住の雨林の狩猟採集民集団に大きな影響を与えた。今ではピグミー族が誰ひとり、バントゥー語以外の言葉を話さず、全員がかなりのバントゥー系関連DNAを持つという事実から、その影響の大きさがよくわかる。今でも、バントゥー系の男性がピグミー族の女性と交配し、子供はピグミーの共同体で育てられるというパターンが圧倒的に多い。[31] バントゥー系関連のDNAがピグミー族集団にくり返し流入するさまは、ケイナンとわたしが非アフリカ人の祖先集団について示唆したシナリオとよく似ている。このパターンが遺伝子に影響を与えた結果、ピグミー族のX染色体上の遺伝的多様性は、残りのゲノムから予想されるよりもはっきり減少している。[32] おそらく、非アフリカ人の共通の歴史にも同じようなことが起こったのだろう。

人類集団が混じり合う際に性的バイアスが働いた証拠が、至るところで見つかるようになっている。アメリカ大陸の交雑集団に寄与したヨーロッパ人が、男性に偏っていることは紛れもない事実だ。アフリカ系アメリカ人についても、もちろんそうなのだが、本当に極端なバイアスが見られるのは、エルナン・コルテスとマリンチェの物語が如実に示すように、南および中央アメリカだ。アンドレ・ルイス＝リナレスと共同研究者たちによると、16世紀から19世紀まで比較的隔離されていたコロンビアのアンティオキア地方では、Y染色体の約94パーセントがヨーロッパ人由来なのに対して、ミトコンドリアDNA配列の約90パーセントがアメリカ先住民由来だという。[33]これはアメリカ先住民男性に不利な社会的選択を反映している。ほぼすべての男性DNAがヨーロッパ人から来ていて、ほぼすべての女性DNAがアメリカ先住民から来ているなら、単純に考えると、現在のアンティオキアの人々はゲノム全体の約半分がヨーロッパ人由来で、半分がアメリカ先住民由来となりそうなものだ。ところがそうではない。実際には、アンティオキア人DNAの約80パーセントがヨーロッパ人から来ている。[34]これは次のような事情によると考えられる。アンティオキアには幾世代にもわたって男性移住者の波が押し寄せた。やって来たヨーロッパ人男性とアメリカ先住民女性との交配がくり返されるにつれ、ミトコンドリアDNA以外のゲノムのあらゆる場所で、ヨーロッパ人DNAの比率が増え続けた。ミトコンドリアDNAにアメリカ先住民の配列が残っているのは、ミトコンドリアDNAが女性を通じてのみ、次世代に伝えられるからなのだ。

集団の混じり合いにおける大規模な性的バイアスは、4000～2000年前に現在のインドの集団が形成されたときにも起こっている。[35] 第2部で触れたように、伝統的に社会的地位の高いインドの族内婚グループは、社会的地位の低いグループよりも西ユーラシア関連DNAを多く持つ。[36] ミトコンドリアDNAの大部分は先住民起源の傾向があるのに対して、Y染色体は西ユーラシア人と類縁のタイプの比率が高いことから、これは明らかに性的バイアスの影響を大きく受けた結果だと考えられる。[37] このパターンはおそらく、西ユーラシア関連DNAを持つ男性のほうが高いカーストの地位に就き、低いカーストの女性と時折結婚したという歴史を反映しているのだろう。社会的に対等でない集団が1つになってインドの現在の遺伝学的な構造を形成したという、劇的な結合を表しているのだ。

DNAには、ほかの分野での予測をくつがえす力があるが、性的バイアスを伴う混じり合いについても驚くような事実を明るみに出すことがある。現在、太平洋のほぼあらゆる島の集団は東アジア本土起源の人々からいくらかDNAを受け継いでいる。第2部で触れたように、このDNAは台湾起源の祖先を持つ人々に由来する。彼らは長距離の航海手段を発明し、それを用いて、自分たちの一族や言語や遺伝子を広めたのだ。だが太平洋の島の集団はほぼすべて、ニューギニアの土着の狩猟採集民と関連のあるパプア人DNAも持っている。ただし、拡大する集団の男性が先住の女性と交配するといういつものパターンとは違って、現在の太平洋の交雑集団は、東アジア人起源DNAの大部分を男性からではなく、女性から受け継いでいることがわかった。[38]

このパターンの説明として、初期の太平洋諸島の社会では財産が女系に沿って伝えられるのが普通で、男性はおもに島の間を移動していたからではないかという説がある。[39]だがほかにも、このパターンが生まれる原因になったかもしれない事情がある。第2部で述べたように、わたしの研究室では、最初に太平洋に広がった人々は、パプア人関連DNAをほとんど持っていなかったことを突き止めた。[40]その後、パプア人と東アジア本土人との交雑集団が西から東へ移住したことで、遠い太平洋地域にも現在はパプア人DNAが普遍的に見られるようになったことを立証したのだ。もし、この集団がそれまでの住民より社会的に有利な立場にあったのなら、新たにやって来たおもにパプア人DNAを持つ男性が、すでに定住していたおもに東アジア人DNAを持つ女性と交配するという結果になった可能性がある。

太平洋諸島の人々の例から、遺伝学的に解析すれば人類学分野の推測が裏づけられると単純に思い込まないことが大事だとわかる。ゲノム革命が実現し、長らく支持されてきた理論をくつがえすそのパワーが手に入った今、人類の過去についての疑問に対して、こうに違いないという強い期待を持って取り組むくせを改める必要がある。わたしたちは何者なのか。それを理解するには、謙虚な気持ちと開かれた精神で過去に向き合わなければならない。厳然たるデータを尊重し、考えを変える用意ができていなければならない。

不平等に関する遺伝学的研究の未来

今のところ、遺伝学的データを用いて人類史における性的バイアスを研究するための手法は、歯がゆくなるほど原始的なものだ。これまでのところ興味深い発見の多くは、Y染色体とミトコンドリアDNAというゲノム上のたった2領域の解析をもとにしているが、これは家系図のほんの小さな部分しか反映していない。この手法は、1万年前ごろより昔に起こった出来事を理解するのにはほとんど役に立たない。そこまで古い時代になると、世界中の誰もがたった一握りの男性と女性の子孫ということになるが、彼らは人数が少なすぎて、統計的に正確な性的バイアスの測定は無理なのだ。

けれども、将来は全ゲノムの威力をフルに活用できるようになる見込みがある。そうなれば、X染色体に記録されている何千もの独立した系統を、残りのゲノムに含まれる何万もの独立した系統と比較できる。そうすれば、理論上は、統計的な解像度が増すはずだ。だが、その種の研究で新たな事実が明らかになっている場合もあるとはいえ、そうした研究の推定値は今のところとても正確とは言えない。その原因は、自然選択が他の染色体よりもX染色体に強い影響を与え、そのせいでパターンの解釈がさらにむずかしくなるからだとも考えられる。したがって、大規模な交雑イベント、たとえばステップの牧畜民とヨーロッパの農耕民との交雑、あるいはネアンデルタール人やデニソワ人と現生人類との先史時代の交雑などは、その多くが性的バイアスを伴っていた可能性が高いものの、X染色体上のDNAと残りのゲノムとを比較してそれを検出しようとするのは、今のところむずかしい。[41] といっても、今の問題はおおむね技術的なもので、現時点で利用できる統計手法の限界による。今後新たな手法が開発されれば、X染色体と残りのゲノムの比較が本来の威力を発揮することだろう。さらに、交雑が起こった時期に生きていた人々から直接取得した古代ＤＮＡデータと組み合わせることで、人類の遠い過去の不平等に関してゲノムの視点から洞察が得られるようになればいいと思う。

男性と女性の間だけでなく、同性でも権力を持つ者と持たない者との間には、昔から不平等があった。ゲノムに残る証拠から古代の不平等が明らかになったことで、遥か昔からそうした不平等が続いていることがはっきりわかり、愕然とさせられる。不平等は人類の特性の一部として受け入れるしかないというのも、１つの考え方かもしれない。だがわたしには、歴史の教訓は逆のことを教えているように思える。内なる悪魔と戦う努力をやめないこと、わたしたちの体に組み込まれた社会的、行動的習慣と絶えず戦うことこそ、種としてのわたしたち人類がみずからを高みに引き上げるために取ることのできる行動であり、人類が手にした勝利と実績の多くも、そうした努力があればこそ可能になったのだと思う。不平等に古い歴史があるとはっきりしたことで、現代ならもっと洗練されたやり方で対処できるはずだと、決意を新たにすべきだろう。わたしたちの時代には、もう少しましな振る舞いをしようではないか。

第11章……ゲノムと人種とアイデンティティ

生物学的な違いに対する恐怖

２００３年に研究者として働き始めたとき、わたしはあるアイディアの追求にキャリアを懸けようと思った。アメリカ大陸での西アフリカ人とヨーロッパ人の交配の歴史を研究すれば、病気の有病率に関係するリスク因子を発見できるかもしれないと考えたのだ。たとえば、アフリカ系アメリカ人はヨーロッパ系アメリカ人に比べて、約１・７倍も前立腺がんにかかりやすい[1]。この差は食事や生活環境の違いでは説明がつかず、遺伝的な要因が関与しているのではないかと思われた。

現代のアフリカ系アメリカ人のＤＮＡの約80パーセントは、16世紀から19世紀にかけて奴隷として北米に連れてこられたアフリカ人から受け継いだものだ。アフリカ系アメリカ人の大きなグループなら、ゲノムのどの箇所でも、アフリカ人ＤＮＡの比率（５００年前ごろ以前の西アフリカにいた祖先ＤＮＡの割合として表した比率）は平均値に近いだろう。ただし、もしヨーロッパ人より西アフリカ人に高頻度で存在するような前立腺がんリスク因子があるなら、前立腺がんにかかったアフリカ系アメリカ人は、病気に関係する遺伝子変異の周囲に、平均よりも多くのアフリカ人DNAを受け継いでいるだろう。このアイディアを使えば病気を起こす遺伝子を特定することができるかもしれない。

研究を実現するため、わたしは分子生物学研究室を立ち上げて、西アフリカ人とヨーロッパ人で頻度に違いのある変異を割り出した。そして共同研究者と共に、それらの変異から得た情報を使って、西アフリカ人やヨーロッパ人それぞれの祖先に由来するDNA片がゲノムのどこにあるのか突き止める方法を開発した。[2] さらに、こうしたアイディアが実際に使えることを証明するため、前立腺がん、子宮筋腫、末期腎臓病、多発性硬化症、白血球減少症、2型糖尿病など多くの病気に適用してみた。

2006年、わたしたちはこの手法を前立腺がんのアフリカ系アメリカ人1597人に適用し、あるゲノム領域では、アフリカ人DNAが他の部分の平均より約2・8パーセント多いことを発見した。[3] アフリカ人DNAの比率が偶然これほど上昇する確率は、およそ1000万分の1だった。さらに詳しく調べてみると、この領域には前立腺がんの独立したリスク因子が少なくとも7つ含まれ、すべて、ヨーロッパ系アメリカ人よりもアフリカ系アメリカ人によく見られた。[4] この研究結果は、ヨーロッパ系アメリカ人よりもアフリカ系アメリカ人のほうが前立腺がんの有病率が高い理由の説明として完全に筋が通るものだった。さらに、ゲノムのこの小さな領域がたまたま完全にヨーロッパ人由来のアフリカ系アメリカ人の場合は、無作為に選ばれたヨーロッパ系アメリカ人とリスクが同じだったことで、説明は正しいと結論づけることができた。[5]

２００８年、米国のエスニックグループの健康格差に関する会議で、前立腺がんに関するこの研究を紹介する機会があった。講演でわたしは、科学的なアプローチのもたらす興奮と、ほかの病気でも遺伝的なリスク因子を見つければ役に立つだろうという確信を伝えた。ところが講演後、聴衆の中にいた人類学者から腹立たしげな質問を受けた。グループ間の生物学的な違いを理解するために「西アフリカ人」や「ヨーロッパ人」由来のＤＮＡ片を調べることで、人種差別を助長しているのではないかというのだ。さらに数人からこれに追随する発言があり、別の会議でも、似たような反応に遭遇した。ある法倫理学者は、アフリカ系アメリカ人の祖先集団を「クラスターＡ」と「クラスターＢ」と呼んではどうかと指摘した。これに対してわたしは、この研究の発端となった歴史的な集団モデルを覆い隠すのは不誠実だと答えた。検討したデータの一つひとつが、このモデルが科学的に意味のあるモデルであることを示していた。このモデルがあったから、植民地主義と奴隷貿易による混じり合いが起こる前の20世代にわたって、西アフリカまたはヨーロッパに住んでいた祖先由来のＤＮＡが、ゲノムのどこにあるかを正確に推定できたのだ。またこの手法を用いれば、集団によって有病率が異なる病気の真のリスク因子を特定でき、病気を減らせるような発見につながる可能性があることも明らかだ。

質問してきた人たちは過激派というわけではなかったが、人間の集団間の生物学的な違いを探る研究の持つ危険性について、学界で主流となっている見方をはっきり述べていた。１９４２年に人類学者のアシュレー・モンタギューが自著の『人類の最も危険な神話――人種という虚構

（*Man's Most Dangerous Myth: The Fallacy of Race*）』で、人種は社会的な概念であって生物学的な実体は何もないと主張して以来、この問題に関する人類学者や生物学者の論議の方向が決まってしまったのだ。[6] よく引き合いに出されるのが、「黒人（Black）」の定義のいい加減さだ。米国では、サハラ以南のアフリカ人の系統につながる人々を「黒人」と呼ぶ。たとえそうした系統に由来するDNAの割合がごく少なく、肌の色が非常に明るくても関係ない。英国で「黒人」と言えば、サハラ以南のアフリカ人のDNAを持ち、肌の色も濃い人を指す。ブラジルではまた定義が違っていて、「黒人」と呼ばれるのは完全にアフリカ人の系統の人々だけだ。「黒人」の定義がこれほどまちまちなら、「人種」にどんな生物学的意義があるのか、というわけだ。

こうした議論に遺伝学が持ち込まれ、人間の集団間には実質的な生物学的差異などないとしていた人類学者の主張に科学的根拠を与え始めたのは、1972年のことだった。この年、リチャード・レウォンティンが、血液中のタンパク質のさまざまなタイプに関する研究を発表した。[7] 分析した集団を西ユーラシア人、アフリカ人、東アジア人、南アジア人、アメリカ先住民、オセアニア人、オーストラリア先住民の7つの「人種」に分けたところ、タンパク質のタイプの違いの85パーセントは集団および「人種」の「内部」の差異で、集団や人種の「間の」差異はわずか15パーセントしかないことがわかった。この結果を受けて、彼は次のように結論づけた。「人種や集団は互いに驚くほどよく似ていて、人類の違いのほとんどは個人間の差異で説明がつく。人間を人種に分類することは社会的に見て何の価値もないうえ、確実に社会を分断し人間関係を壊す。そうした人種分類には遺伝学的にも分類学的にも、事実上何の意味もないことが今や明らかとなった以上、その存続にはいかなる正当性も認められない」

こうして、人類学者と遺伝学者の共同作業によって、人類集団の間には「生物学的人種」という概念に値するような大きな違いは何もないということになった。レウォンティンの研究結果によって、人間のさまざまな特性の圧倒的多数については集団間で重なり合う部分があまりにも大きいため、人々をいかなるものであれ、2つのグループに分けられるような生物学的特性など特定できないことがはっきりしたのだ。「人種」と聞いて一部の人々が直感的に思い浮かべるようなグループは存在しないということだ。

そして、この統一見解が、見たところ何の疑問も持たれることなく、正統派的学説になってしまった。人類の集団間の生物学的差異はあまりにもささいなので事実上無視してよいし、この問題は極めてデリケートなので、研究はできるだけ避けるべきだというのだ。そのような背景を考えると、一部の人類学者や社会学者が、たとえ善良な意図を持った研究であろうと好ましくないと見なすのも、無理はない。集団間の差異を研究すれば、「人種」という疑わしい概念を正当化することになるのではないかと危惧しているのだ。彼らの目には、そうした研究は似非《えせ》科学の議論へと転落しかねないように映るのだろう。過去には、奴隷貿易や優生主義運動、ナチによる600万人のユダヤ人虐殺などを正当化するために、生物学的な差異に関するいい加減な主張が利用されている。

そうした懸念は非常に強く、政治学者のジャクリーン・スティーヴンスが、集団間の生物学的な差異に関する調査はもちろん、メールで意見を交わすことさえ禁じるべきだとして、次のように指摘しているほどだ。「合衆国政府は、その職員や補助金受給者が、内部文書や他人の研究の引用も含め、いかなる形であれ、人種やエスニシティ、民族（ナショナリティ）その他、遺伝することが観察または想定される集団の差異に関する遺伝的特徴について、意見を発表することを禁じる法令を出すべきである。例外は、グループ間に統計的に有意な差異が存在し、そうした差異を記述することで公衆衛生上、明白な恩恵が生じる場合とし、その判断は常設の委員会にそうした主張を提出し、認可を受ける形で行う」[8]

系統という用語

だが、好むと好まざるとにかかわらず、ゲノム革命を止めることはできない。ゲノム革命の生み出す解析結果によって、この半世紀間に確立された正統派的学説を支持し続けることはもはや不可能になっている。集団間に実質的な差異があるという厳然たる証拠が現れているからだ。

ゲノム革命と人類学の正統派的学説とが初めて華々しく一戦交えたのは、2002年のことだった。マーク・フェルドマンと共同研究者たちが、ゲノムの数多くの箇所を調べれば――彼らは377か所を分析した――世界中の集団サンプルの大半の人々を、米国で一般に考えられている人種カテゴリー、すなわち「アフリカ人」「ヨーロッパ人」「東アジア人」「オセアニア先住民」「アメリカ先住民」と強い関係のあるクラスターに、グループ分けできることを立証したのだ。[9]

フェルドマンの結論は、グループ間よりもグループ内のほうが大きな差異を示すという点では、レウォンティンの結論とおおむね一致していた。ただし、フェルドマンはレウォンティンがしたように変異を個別に見るのではなく、変異の組み合わせに注目してクラスターを設定した。

科学者の反応は素早かった。その1人が、8年後に旧人類のネアンデルタール人とデニソワ人の全ゲノムのシークエンシングを主導することになるスヴァンテ・ペーボだった。ペーボはライプツィヒにあるマックス・プランク進化人類学研究所の創設責任者の1人として、人類集団構造の性質に関する議論に参加した。この研究所は、ドイツの進化人類学研究の再興を期して1997年に設立された。第二次世界大戦の前、ドイツは進化人類学分野で主導的な役割を果たしていたが、ナチスの人種理論に人類学者が率先して協力したため、戦後、人類学分野はほとんど見向きもされなくなっていたのだ。

ドイツの人類学研究所という野心的な施設の指導者として、ペーボは自分の倫理的な責任を厳粛に受け止めていた。果たして、人類集団の真の姿は、人類学者のフランク・リヴィングストンが示唆したようなものなのだろうか？　リヴィングストンによれば「人種というものはなく、あるのはクラインだけ」で、人類の遺伝学的な差異は、隣り合う集団の間の交配を反映したゆるやかな地理的勾配によって特徴づけられるという。[10] 本当にそうなのかどうか探るため、ペーボはフェルドマンの研究結果を再検討することにした。クラスターが見つかり、それがはっきり定義されたように見えたのは、分析された集団が世界中からランダムでないやり方で選ばれることに原因があるのかどうか調べたのだ。ランダムでないサンプリングだとなぜそうした結果になる可能性があるのか理解するには、米国の場合を考えてみるといい。米国は極めて多様性に富むが、米国内のアフリカ系アメリカ人、ヨーロッパ系アメリカ人、東アジア人のようなグループの間の不連続性は、移住集団の出身地よりも際立っている。移住者は世界中からまんべんなくやって来るわけではないからだ。たとえば米国では、アフリカ人系統のほとんどは西アフリカの一握りのグループに由来し、[11] ヨーロッパ人系統のほとんどは北西ヨーロッパに由来し、アジア人系統のほとんどは東アジアに由来する。そうした結果的にランダムでないサンプリングのために、フェルドマンと共同研究者たちが観察したような結果がもたらされるかもしれないことを、ペーボは立証した。とはいえ、そのせいでクラスター構造の大部分が生じたとは考えられないことが、後の研究で判明した。地理的にまんべんなく分散させたサンプルセットで分析をくり返したときも、かなりのクラスターが観察されたのだ。[12]

もう1つ、盛んな論争のもととなったのが、人種分けは医学研究に役立つと指摘したニール・リッシュの2003年の研究論文だった。社会経済的差異や文化的差異の補正に役立つだけでなく、病気の診断や治療に必要な情報である遺伝的差異と関係があるから、というのがその理由だった。[13] 米国内のどの集団よりもアフリカ系アメリカ人に遥かに多い鎌状赤血球貧血のような例があることから、リッシュは確信を深めていた。もし患者がアフリカ系アメリカ人なら、鎌状赤血球貧血に特に注意を払うのは医師にとって適切なことだと、彼は指摘した。

2005年、アメリカ食品医薬品局がそうした考え方を支持して「バイディル」を承認した。2種類の薬を組み合わせたもので、ヨーロッパ系アメリカ人よりもアフリカ系アメリカ人に有効だというデータがあるため、アフリカ系アメリカ人の心不全の治療薬として承認されたのだ。だが、反対の立場をとるデイヴィッド・ゴールドスタインは、たいていの場合、人種カテゴリーで生物学的な成果を予測することなどほとんどできないので、長期的な価値はないと指摘した。[14] ゴールドスタインと共同研究者たちは、薬品に対する危険な反応に関係のある遺伝的変異の頻度を、米国の国勢調査のカテゴリーを用いて予測しようとしても、お粗末な結果にしかならないことを立証した。貧弱な知識しかない今の状況を考えると、人種やエスニシティといったカテゴリーが多少役に立つことは、ゴールドスタインも認める。だが、やがては個人がどんな変異を持っているかを直接検査できるようになって、個人に合わせた治療法を決めるようになるので、人種分けは完全に廃止されるだろうと述べている。

このような論争を背景に登場したのが、わたしが行っているような研究だ。祖先の起源となった集団だけでなく、ゲノムの個々の箇所の起源となった集団を特定する方法に重点的に取り組んでいる。これに対して人類学者のドゥーアナ・フルワイリーは、彼女が「交雑テクノロジー」と呼ぶものの開発を非難し、わたしのような遺伝学者が使う「系統（ancestry）」という用語は、生物学的な人種という昔ながらの考え方への逆戻りだと述べている。[15] フルワイリーによれば、わたしたちが使っている「系統」という言葉は、米国ではどちらかと言えば従来の人種に近く、タブーとなっていたテーマについて論じ合うために集団遺伝学者たちが考案した婉曲語なのだという。そういう見方は、政治的に逆の陣営側にもある。2010年にコールド・スプリング・ハーバー研究所で開催された学会で、ジャーナリストのニコラス・ウェイドが集団遺伝学者団体の「系統」という用語に対する憤りを表明し、「race（人種）は完璧に正しい英語だ」と主張した。

だが、「系統」は婉曲語でもなければ「人種」の同義語でもない。差し迫った必要によって生まれた用語だ。科学が進歩し、人々の間の遺伝学的な差異を検出する手段がついに手に入ったことで、そうした差異を考察するための正確な言葉が必要になったのだ。今では、多くの特性について、ささいとは言えない遺伝学的な差異が集団間にあることは否定しようのない事実だ。ところが人種という言葉はあまりにも間違って定義され、歴史的な重荷をあまりにも背負わされていて、使い勝手が悪い。もしこの言葉を使い続ければ、今のような論争から逃れることはできないだろう。すっかりミスリードされた論争は、説得力のない2つの立場の間の口論になってしまっている。一方は、差異は本質的なものであると信じているが、それは偏狭な考えに基づくもので、現実的な根拠はほとんどない。もう一方は、集団間の生物学的な差異はどんなものであれ、あまりにもささいなので、社会通念上、無視し、ないものとしてよいと言う。いい加減にこの誤った2項対立による金縛り状態から抜け出して、ゲノムが本当は何を語っているのか、よく考えるべきではないだろうか。

現実にある生物学的な差異

集団間の差異に関する遺伝学的な発見が、人種差別の正当化に使われるのではないかという懸念には、わたしも深い共感を覚える。だが、その共感があるからこそ、実質的な差異の可能性を否定する人々が、弁明の余地のない立場にみずからを追い込んでいるのではないかと心配なのだ。

そうした立場は科学の猛攻撃に遭えばひとたまりもないだろう。この20年ほど、集団遺伝学者の大半は正統派的学説への反駁を避けてきた。人類集団間の生物学的な差異について問われると、答えをはぐらかし、リチャード・レウォンティンを持ち出して数字を並べたりする。レウォンティンによれば、ある集団内の個人間の差異の平均値は、集団間の差異の平均値の約6倍にも達する。また、集団によって劇的に異なる特性、たとえば肌の色のような特性をもたらす変異はまれで、ゲノムを調べても、集団間での変異頻度の差は、普通ごくわずかだ。[16] だが、こうした注意深く言葉を選んだ説明は、実際に集団の間で生物学的な特性に差異がある可能性を故意に隠蔽している。

遺伝学者には、人類学者と手を組んで、集団間の差異はわずかだから無視してよいと暗にほのめかすようなことはもうできない。なぜそうなのかは、最近の「ゲノム・ブロガー」の活躍ぶりを見ればよくわかる。ゲノム革命が始まって以来、インターネットでは人間の多様性に関する論文を巡る議論が盛んで、一部のブロガーは一般に入手できるデータの解析にすっかり習熟している。専門の研究者に比べればゲノム・ブロガーの政治的立場は右寄りだ。ラジブ・カーン[17]やディエネケス・ポンティコス[18]は、集団間で容貌や運動能力などに平均差のあることが発見されたと投稿している。「ユーロジーンズ（Eurogenes）」というブログは、どの古代人がインド＝ヨーロッパ語を広げたか[19]というホットなトピックへの投稿に応えて、時には1000ものコメントをばらまいている。これは非常にデリケートなテーマで、第2部で触れたように、インド＝ヨーロッパ語を話す人々の拡散についての物語が、民族主義的な神話を創る下敷きに使われたり、[20] ナチスドイツの例のように悪用されたりしている。[21] ゲノム・ブロガーを駆り立てている原動力の1つは、アカデミックな世界への反発だ。彼らからすれば、学者たちは集団間の生物学的な差異に関する討論において、真実を探究するという本来の科学者精神を尊重していない。学者はしばしば、集団間には区別できるような特性などないと、したり顔で述べる。ところが、論文は逆の科学的事実を立証している。学者の発する「政治的に正しい《ポリティカリー・コレクト》」コメントと論文の結果との矛盾を指摘することに、ゲノム・ブロガーは喜びを覚えているのだ。

わたしたちが知っている実際の差異にはどんなものがあるだろう？　肌の色のような表面的な特性だけでなく、デンプンや乳糖の消化力、高山でも楽に呼吸できる能力、特定の病気へのかかりやすさなど、体のしくみの面でも集団によって実際に遺伝的差異があることは否定できない。こうした差異はほんの序の口だ。もっと数多くの差異が知られていないのは、それを検出できるだけの統計的検出力のある研究がまだ行われていないからだろう。特性の大多数については、レウォンティンが言うように集団内の変動のほうが集団間の変動よりも大きい。極端に高い値や低い値を持つ人がどんな集団にもいるからだ。だが、それだからといって、もっとかすかな平均差が集団間に存在しないということにはならない。

正統派的学説にはまるで説得力のないことが、ことあるごとに明白になっている。2016年にわたしは、生物学者のジョーゼフ・L・グレイヴス・ジュニアがハーヴァード大学のピーボディ考古学・民族学博物館で行った人種と遺伝学に関する講演に出席した。その中でグレイヴスが、集団間で明らかに頻度が異なる、皮膚の色に大きな影響を与える5つほどの変異を、ヒトの脳で活発に作用することが知られている1万以上の遺伝子と比較した。そして、色素形成遺伝子とは対照的に、脳で特に活性が高い遺伝子の場合、変異のパターンは多くの箇所で平均的な線に落ち着くと指摘した。認知や行動の特性を1つの方向に進める変異があるかと思えば、別の方向に進める変異もあるという具合に、まちまちなのだという。だがこの指摘は事実とは違う。もし2つの集団が分離した後で、それぞれに加わる自然選択の圧力が異なれば、多くの変異の影響を受ける特性（おそらく行動や認知もその1つ）についても、少数の変異の影響を受ける皮膚の色のような特性と同じくらい大きな平均差が集団間で生じうるからだ。実際、多くの変異によって形作られる特性も、少数の変異に左右される特性同様に、少なくとも自然選択の重要なターゲットであることが、すでに知られている。[22] 今のところ、多くの変異が関与することがわかっている特性の例としては身長がある。何十万人もの人を調べた結果、身長はゲノム内の多様性の生じる何千もの箇所によって、複合的に決まることが証明されている。ジョエル・ハーシュホーンが主導した2012年の分析で、そうした箇所に対する自然選択によって、北ヨーロッパ人よりも南ヨーロッパ人の平均身長のほうが低くなっていることが立証された。[23] 身長だけではない。ジョナサン・プリチャードが中心となって行った研究で、このおよそ2000年にわたって、英国ではほかにも、乳児の平均頭囲の増加、女性の平均ヒップサイズの増加（新生児の平均頭囲増加への適応かもしれない）など多くの特性に影響を与える遺伝的変異に対する選択のあったことが証明されている。[24]

身体的な特性と認知や行動の特性とでは、また話が違うと言いたくなるかもしれない。ところがそうした線引きはすでに存在しない。遺伝学的な研究に参加する被験者はたいてい、身長、体重、就学年数に関する情報を書き込む用紙を渡される。ダニエル・ベンジャミンと共同研究者たちは、ヨーロッパ人系統の40万人以上のゲノムをさまざまな病気との関連で調査した研究から、就学年数に関する情報を拾いだした。そして、分析結果を混乱させる要因となりうる条件を調整した後でも、就学年数の少ない人より多い人のほうに圧倒的によく見られる74の遺伝的変異を特定した。[25]また、就学という行動には、遺伝的要因よりも社会的な要因のほうが平均してあきらかに大きく影響するとはいえ、遺伝学には就学年数を予測する力があり、それは決して些細なものではないことも証明した。調査対象としたヨーロッパ人系統の集団における遺伝学的な予測因子を設定することも可能で、予測値が最も高いほうから5パーセントの人々が12年の教育期間を完了する見込みは96パーセントなのに対して、最も低いほうから5パーセントの人々は37パーセントとなる。[26]

こうした遺伝的な変異はいったいどのようにして、教育上の到達度に影響を及ぼすのだろうか？　そのような変異が学力に直接影響を与えるというのが誰でも考える説明だが、たぶんそれは正しくない。アイスランド人10万人以上を対象とした研究で、それらの変異が第一子を産む女性の年齢を引き上げ、その効果は就学年数に対する効果よりも強力であることがわかった。子供を持つのが遅くなるほど、教育を終えるのは容易になる。そうした間接的な影響を通じて、これらの変異が効果を及ぼしている可能性もある。[27]この例から、生物学的な差異が行動を左右しているのが発見されても、その作用はわたしたちが思うほど単純ではないかもしれないことがわかる。

教育上の到達度に影響を及ぼす変異の頻度が、集団間で平均してどの程度違うのかは、まだ特定されていない。だが、アイスランドでは高齢の人のほうが若い人よりも、遺伝学的に予測される就学年数が多いという結果が出ているのはまぎれもない事実だ。[28] このアイスランドの研究の筆頭執筆者であるオーガスティン・コングによると、これは予測就学年数を減らす方向への前世紀の自然選択を反映しており、若いうちから子供を持ち始めることを促すような自然選択が働いた可能性があるという。就学年数に影響を与える遺伝学的な基盤が、自然選択の圧力によって1つの集団内で1世紀のうちに測定可能なほど変化していることを考えると、この特性が集団間でも異なることはおおいにありうる。

ヨーロッパ人系統の人々に見られたこのような遺伝的変異が、非ヨーロッパ人系統の人や、社会システムが異なる人々の行動に対して、どんな影響を与えるのかは、誰にもわからない。とは言うものの、1つの集団において行動に影響を与えるなら、たとえその効果が社会的な状況によって異なるとしても、別の集団でもそうなる可能性は高いと思われる。そして教育上の到達度は、遺伝的変異の影響を受ける行動上の特性全体からすれば、ほんの氷山の一角に過ぎない。すでにベンジャミンの研究のほかにも、行動特性の遺伝学的な予測因子を発見している研究がある。[29] 7万人以上を調査して、知能テストの成績の予測に統計的な有意差をもたらす変異を、20以上の遺伝子の中に発見した研究もその1つだ。[30]

集団間に生物学的な差異があり、それが実質的に人の能力や性癖に違いをもたらす可能性があることにあくまでも異を唱えたい人々は、いちばん自然な逃げ道として、たとえそうした差異があるとしても小さなものだと主張するだろう。集団が分離してからたいして経っていないので、量的にはごくわずかだろうというのだ。集団間の遺伝的平均差は、個人間の平均差より遥かに少ないと述べたレウォンティンを思い起こさせる。だが、この主張もやはり、成り立たない。共通祖先集団から分離して以降、2つの集団の平均分離時間は、非アフリカ人集団のいくつかの組み合わせについては5万年以下、サハラ以南のアフリカ人集団については20万年かそれ以上だが、人類進化のタイムスケールからして、とても無視できない長さだ。身長や乳児の頭囲に対する自然選択が2000〜3000年の間に起こるなら、[31] 認知や行動の特性に同じような平均差があってもおかしくない。たとえ今はまだ、その差異の正体がわからないとしても、砂の中に頭を突っ込んで、差異など見つかるはずがないという振りをするのはよくない。差異があるという現実に対処できるように、科学界や社会はしっかり準備するべきだろう。沈黙を保ち、一般大衆や同僚に向けて、集団間の実質的な差異などありそうもないと暗にほのめかすという戦略はもう通用しないし、明らかに有害だ。わたしたち科学者はそのことを肝に銘じるべきだ。もし科学者としてあくまでも意地を張って、人間の差異を理性的に考察するための枠組み作りを怠るなら、その空白は似非科学で満たされ、オープンに話すよりも遥かに悪い結果を招くだろう。

ゲノム革命の看破力

人種という昔からの社会的カテゴリーは、生物学的に意味のあるカテゴリーなのかどうかという問いに関して、ゲノム革命はすでに新しい洞察を提供している。今では、この問題に取り組んだ最初の集団遺伝学者や人類学者が夢にも思わなかった豊富な情報が利用できるようになっているからだ。このように、ゲノム革命によって提供されるデータには、すっかりよどんで行き詰まった現在の論争の枠組みを解放し、それを超える知的な進歩を促す力がある。

2012年の時点でもまだ、ヒトの遺伝学的データは「東アジア人」「コーカサス人」「西アフリカ人」「アメリカ先住民」「オーストラレーシア人」といった、何万年も分かれたまま混じり合っていない不変のカテゴリーの存在を指し示していると思われていた。マーク・フェルドマンの主導した2002年の研究では、そうしたカテゴリーに比較的よく整合するクラスターをデータから作り、そのモデルで世界の多くの地域に見られる違いをうまく説明できた（一部の例外を除いて）。[32] 別の論文でフェルドマンと共同研究者たちは、この種の構造がどのようにして人間の集団の間に生じるのか説明するモデルを提示した。それによると、5万年前にアフリカや中東から拡散した現生人類がその途中に子孫集団を残し、それがまた子孫集団を生んだ結果、それぞれの地域に現在住んでいる人々は、最初にそこに到達した現生人類の直接の子孫となる。[33] この「連続創始者」モデルは、17世紀から20世紀の生物学的人種理論家の思い描いたモデルよりは洗練されていたものの、集団がいったん定着した後はお互いにほとんど混じり合わなかったと推測している点は共通だった。

だが、古代DNAの発見によって、連続創始者モデルはもはや通用しないことがはっきりした。わたしたちが今目にする集団構造は、何千年も前に存在していた構造を反映するものではない。[34]

現在世界中にある集団は、もう純粋な形では存在しない非常に多様な集団の交雑でできたものなのだ。たとえば、現代ヨーロッパ人だけでなくアメリカ先住民の系統にも大量の寄与をした古代北ユーラシア人と[35]、中東の複数の古代集団は、こんにちのヨーロッパ人と東アジア人くらい、互いに異なっていた[36]。現代の集団のほとんどは、1万年前にその同じ場所に住んでいた集団の子孫だけでできているとは限らないのだ。

集団の差異は、本質的にステレオタイプな人種に一致すると信じ込んでいる人々は、人類集団の構造の性質が想定とは違っていたというこの発見を厳粛に受けとめるべきだろう。古代DNAによって驚くべき発見が次々にもたらされる前、わたしたちが初期の人類の系統について不正確な絵を思い描いていたことを考えると、生物学的な差異についても、直感を信じるべきではない。認知や行動の特性の大半については、まだ説得力のある研究ができるだけの試料数が得られていないが、研究のためのテクノロジーはある。好むと好まざるとにかかわらず、世界のどこかで、質のよい研究が実施される日が来るだろうし、いったん実施されれば、発見される遺伝学的なつながりを否定することはできないだろう。そうした研究が発表されるとき、わたしたちは正面から向き合い、責任を持って対処しなければならない。きっと驚くような結果も含まれていることだろう。

残念ながら、今また新手の著述家や学者が現れて、遺伝学的平均差が存在するだけでなく、それが従来のステレオタイプな人種の根底にあるものなのだと主張している。

ごく最近、そうした派手な主張をしているのが「ニューヨーク・タイムズ」の記者のニコラス・ウェイドで、2014年には『人類のやっかいな遺産――遺伝子、人種、進化の歴史』（山形浩生訳、晶文社）と題する著書を出版している。[37] ウェイドのレポートの不変のテーマは、学者たちが一致団結して正統派的学説を押しつけようとしたところ、それに反抗して真実を話す人々の出現に見舞われるという物語だ（彼は科学的なペテンを暴くと称して、ヒトゲノム計画を大衆の金を浪費する記念碑と説明し、病気のリスクに寄与する共通の遺伝的変異を探すためのゲノムワイド関連研究の価値を攻撃している）。前記の著書でも同じテーマをくり返し、人類学者と遺伝学者による「政治的に正しい」同盟が団結して真実を弾圧している、その真実とは、人間の集団間には重大な差異が存在し、そうした差異は伝統的なステレオタイプに一致するという事実だと指摘している。その指摘の一部には見るべきものもある。学者の社会がありそうもない従来の学説を固持しようとしている問題を取り上げている点だ。それでも、それに対抗してウェイドが前面に押し出している「真実」、つまり実質的な差異があるだけでなく、それが従来のステレオタイプな人種に一致する可能性が高いという考えは、有害無益以外のなにものでもない。ウェイドの著書は、説得力のある事実とまったくの臆測とをいっしょくたにして、何もかも同じ重みと同じ調子で提示している。信じやすい読者なら、もっともな部分を受け入れたついでに残りも受け入れてしまいかねない。さらに悪いことに、以前の記事では真実を話す挑戦者として創造力と業績のある学者を登場させていたのに、この著書では自分の臆測を裏づけるまともな研究成果を1つも挙げていない。[38] それにもかかわらず、欠陥のある正統派的学説に反抗する人々をほめたたえることによって、彼らの説が正しいに違いないという誤った印象を植えつけている。

ウェイドが1つの章を割いて最も得意げに披露している臆測の例として、グレゴリー・コクラン、ジェイソン・ハーディ、ヘンリー・ハーペンディングによる2006年の小論がある。それによると、アシュケナージ系ユダヤ人の平均知能指数（IQ）の高さ（世界平均より1標準偏差分以上高い）や、ノーベル賞受賞者数の比率の高さ（世界平均の約100倍）は、ユダヤ人集団が読み書き計算を必要とする金貸し業に、1000年にわたって従事してきたことによる自然選択を反映しているに違いないという。[39] またアシュケナージ系ユダヤ人にテイ－サックス病やゴーシェ病が多いことにも触れ、病気の原因が脳細胞への脂質の蓄積に影響する変異であることから、知能に関係する遺伝子変異に有利な自然選択が働いた結果、そうした病気の頻度が上昇したのだろうという仮説を立てている（彼らの主張によれば、病気になるにはこの変異のコピーが2つ必要で、1つだけなら有益なのだという）。だが、これらの病気はほぼ間違いなくランダムな不運のせいだという証拠がある。アシュケナージ系ユダヤ人は中世に人口ボトルネックを経験したが、そのときたまたまこの変異を持っていた少数の人が、後に多くの子孫を残すことになったのだ。[40] ところが、ウェイドはハーペンディングらの主張が正しいに違いないという思い込みから、大々的に取り上げている。ハーペンディングは、集団間で行動に差異が出る原因について、根拠のない臆測をすることにかけては実績がある。2009年の「西洋文明の保全」に関する会議での講演では、サハラ以南の系統に属する人々は必要がなければ働かない傾向があると断言した。「アフリカでは趣味を持っている人など見たことがない」。なぜなら、サハラ以南のアフリカ人は過去何千年かにわたって、一部のヨーロッパ人が経験したような、懸命に働く者が有利になるようなタイプの自然選択を経験していないからだという。[41]

ウェイドは経済学者のグレゴリー・クラークの著書『施し物よ、さらば（*A Farewell to Alms*）』も大きく取り上げている。クラークによれば、産業革命がどこよりも早く英国で起こったのは、その前の500年間、英国では裕福な人々の間の出生率が、それ以外の人々よりも高かったからだという。この高い出生率が、個人主義、忍耐、長時間労働への積極的意志など、資本家の躍進に必要な特性を集団のすみずみにまで広げたのだと、クラークは断言している。[42]世代を超える遺伝子の伝達と文化の伝達とを区別することはできないとクラークが認めているにもかかわらず、ウェイドはクラークの主張を根拠に、遺伝的特徴が一役買ったに違いないとしている。

ウェイドの著書の欠陥を長々と論じたのには、わけがある。多くの学者が怪しげな正統派的学説を支持し続けてきたというだけの理由で、正統派でない「異端の説」をすべて正しいと考えてはならないのはなぜか、説明しておくことが大切だと感じるからだ。ウェイドはまさにそれをやっている。「主要な文明はどれも、周囲の環境と生存に適した制度を発達させてきた。しかしそうした制度は文化的な伝統に深く染まってはいても、遺伝によって形作られた人間の行動という岩盤の上に載っている。そして、ある文明が何世代も続くような独特の制度を生み出すのは、人間の社会的な行動に影響を与える遺伝子に、その制度を生み出すような一連の変化が起こったしるしなのだ」。[43]まさに、書き言葉での〝目配せ〟や〝うなずき〟ともいうべきものを総動員して、集団間の差異に関する俗受けする人種差別主義的な考え方には、一理あるとほのめかしている。

集団間の差異について自分は真実を知っていると確信を持っているのは、ウェイド1人ではない。わたしが初めてウェイドに会った2010年の「DNAと遺伝学と人類の歴史」に関する会議でのこと、背後に衣《きぬ》ずれの音がしたので振り向くと、なんと、1953年にDNAの構造を発見したあのジェームズ・ワトソンがいた。ワトソンは会議が開催されたコールド・スプリング・ハーバー研究所の所長を数年前まで務めていた。1世紀前、この研究所は米国の優生主義運動の中心で、選択的な生殖の指針とするために多くの人々の記録を保管したり、法律制定のためのロビー活動をしたりしていた。欠陥があるとみなされた人に不妊手術を施して、遺伝子プールの劣化を防ぐと称するそうした法律が、多くの州で成立した。ワトソンが、英国の「サンデー・タイムズ」のインタビューでの発言がもとで、所長の座を退かざるを得なくなったのは、皮肉な成り行きと言える。ワトソンは、自分は「もともとアフリカの行く末には悲観的だ」と述べ、次のようにつけ加えたという。「われわれの社会政策は［すべて］、彼らの知能がわれわれと同じだという前提に基づいている――ところが、実際には違うとあらゆる検査が告げている」[44]（この主張を支持する遺伝学的な証拠はない）。コールド・スプリング・ハーバー研究所でワトソンに会ったとき、彼はわたしと隣席にいた遺伝学者のベス・シャピロに覆いかぶさるようにして、「いつになったら、君たちユダヤ人が誰よりも頭がいい理由を解き明かすつもりかね？」とささやいた。続いて、ユダヤ人とインドのバラモン（司祭階級）が共に成績優秀なのは、何千年にもわたって、学者になるための自然選択によって遺伝学的な恩恵を受けてきたからだと言った。さらに、自分の経験ではインド人には卑屈なところもあり、それには英国の植民地支配の影響が大きいと思うが、カースト制度下の自然選択のせいでそうした特性が生じたのかもしれないとささやいた。また、東アジア人の学生が体制に順応しやすいのは、古代中国社会で体制順応者に有利な選択が働いたせいだとも述べた。

ワトソンが正統派的見解への挑戦に楽しみを見いだしていることは、伝説になっているほどだ。その派手な反抗ぶりは、科学者としての成功には重要な意味を持っていたのだろう。だが82歳の今、その知的な明敏さは過去のものとなり、残ったのは感情のままに印象を吐き散らしたいという気持ちだけらしい。そこには、DNAに関する科学的な研究を特徴づけていた検証の精神はみじんもない。

こうして書いていると、ワトソン、ウェイド、あるいはその先祖たちが今も肩越しにささやきかけてくるようで、思わず身震いしてしまう。科学の歴史は、直感を信じたり、先入観に惑わされたりすることや、真実を知っていると確信しすぎることの危険がくり返し暴かれてきた歴史だ。太陽が地球を回っている——人類の系統は数千万年前に類人猿の系統から分かれた——こんにちの人類集団の構造は5万年前のままだ——こうした誤った考えの数々から、わたしたちは教訓を汲み取るべきだろう。直感や、わたしたちの周囲にあるステレオタイプの予想を信じてはならない。確信を持てることがあるとすれば、それは、わたしたちが見抜いたと考えているのがどのような集団間の差異であろうと、その予想は間違っている公算が大きいということだ。ワトソンやウェイドやハーペンディングの言葉が人種差別主義者の発言になってしまうのは、思考に飛躍があるからだ。アカデミックな社会が理にかなった差異の可能性を否定しているという思いから、科学的な証拠が何もない主張へと、一足飛びに移ってしまう。[45] そうした差異の正体を自分は知っているし、それは古くからの俗受けするステレオタイプに一致する。彼らはそう主張するが、そう確信することが、そもそも間違いなのだ。

今のところわたしたちには、遺伝子に書きこまれた集団間の差異がどのような性質、あるいは方向性を持つと判明するのか、本当に見当もつかない。たとえば、一流の短距離走者には西アフリカ人の系統の人が極端に多いという例を考えてみよう。1980年以来、オリンピックの100メートル走の男子決勝戦出場者はすべて、たとえヨーロッパやアメリカ大陸から来ていても、西アフリカ人の系統を引いている。[46] その説明としてよく持ち出されるのが、遺伝子に働いた自然選択のせいで、西アフリカ人系統の人の短距離走能力が平均して向上したという仮説だ。平均値が少しよくなるというのは、それほどたいしたことに聞こえないかもしれないが、能力の分布図において高いほうの端では、大きな違いが出る可能性がある。たとえば、西アフリカ人の短距離走能力の平均値が0・8標準偏差だけ増せば、ヨーロッパ人の99・99999パーセンタイルより上に相当する人〔つまり、全ヨーロッパ人の上位0・00001パーセントの成績に相当する人〕の比率が100倍に増えると予想される。

同じような大きな効果が予想できる別の説明として、西アフリカ人系統の人々の短距離走能力にはより大きな変動幅があって、能力の非常に高い人も非常に低い人も多いというものがある。[47] 実際に、西アフリカ人の遺伝的多様性がヨーロッパ人より約33パーセント高いことを考えると、平均値は同じでもその上下により幅広く能力が分散し、ヨーロッパ人の99・99999

パーセンタイルより上に相当する人の比率が100倍になることは十分にありうる。[48] これが西アフリカ人の優れた短距離走能力の本当の原因なのかどうかはともかく、認知能力も含め多くの生物学的特性について、サハラ以南のアフリカ人では、遺伝の影響を受ける能力において極端な値を持つ人の比率が高いと考えられる。

では、今後の遺伝学研究によって判明する事実に、わたしたちはどのような心構えで臨むべきなのだろう？　行動や認知上の特性が遺伝的多様性の影響を受け、そうした特性に集団間で平均して差があり、しかも平均値だけでなく集団内での変動幅についても差があるという結果になる可能性が高いとしたら？　たとえ今はまだ、それがどのような差異になるかわからなくても、そうした差異を受け入れられる新しい考え方を用意しておく必要があるだろう。そうした差異が存在しうることを頭から否定したあげく、いざそれが発見されたときには右往左往するという状態にならないように、準備しておかなければならない。

ゲノム革命を受けて、快適な決まりきった見解を新たに設定したいという誘惑に駆られるかもしれない。人類の過去に交雑がくり返された歴史を根拠に、集団間の差異には意味がないと決めつけるのだ。だがそのような見解は間違っている。もし今の世界に生きている人を2人、無作為に選び出せば、その2人に寄与した多くの集団系統は互いに十分長く隔離されているので、実質的な生物学的差異が2人の間に生じる機会はたっぷりあったことがわかるだろう。集団間の実質的な差異の発見という避けられない未来への正しい対処は、差異があってもわたしたち自身の振る舞いはそれに左右されるべきではないと悟ることだと思う。わたしたちは社会全体として、個人間に存在する差異に関係なく、誰にでも同じ権利を与えなければならない。もし、ある集団内の個人間に大きな差異が存在したとしても、あらゆる個人を尊重するなら、集団間に存在するもっと小さいけれども重要な平均差を受け入れるのに、たいした努力はいらないはずだ。

あらゆる人を等しく尊重することは大事だが、さらに、人間の特性の多様性《ダイバーシティ》を心に留めておくことも忘れてはならない。認知や行動の特性だけでなく、運動能力、手先の器用さ、人間関係や共感の力量などさまざまな領域において、人によって大きな違いがある。大半の特性については、個人間の違いがあまりにも大きいため、どんな集団のどんな人にも、出身集団にかかわらず、何らかの特性において優れた能力を発揮するチャンスがある。

たとえ、遺伝学的影響と文化的影響とが合わさった結果、個々の集団の平均値が異なっていたとしても、関係ない。大部分の特性では、懸命の努力と適切な環境がありさえすれば、ある分野において、遺伝学的に予想された成績が低い人でも、高い人より優れた業績をあげる可能性があるのだ。

人間の特性は極めて多面的なうえ、個人間には大幅な違いが存在し、懸命な努力と生育環境によって先天的な資質を補うことができる。それを考えると、唯一の賢明な対処法は、あらゆる個人、あらゆる集団を、わたしたち人間の天分の驚くべき具現として尊重し、たまたまその人が示している遺伝的な傾向がどうであれ、成功するためのあらゆるチャンスを与えることだろう。

たとえば、男性と女性の間には生物学的な差異が存在する。両性間の差異は実際、人類集団の間に存在する差異よりも根が深く、1億年以上の進化と適応を反映している。男性と女性には遺伝物質の大きな違いがある。男性にあって女性にはないY染色体と、女性にあって男性にはない2本目のX染色体だ。男性と女性の生物学的な違いが根深く、それが体の大きさや肉体的な強さはもちろん、気質や行動にも平均的な違いをもたらしていることを、たいていの人は理解している。ただ、ものによっては周囲の期待や生育環境の影響も考えられ、それがどの程度影響を与えるかと疑問に思うかもしれない（たとえば、1世紀前には製造業のさまざまな分野や専門職には女性の姿がほとんどなかったが、今では多くの女性が働いている）。今わたしたちは、生物学的な差異の存在を認めつつも、あらゆる人に同じ自由と機会を与えるようにするべきだ。女性と男性の間に根強く残る不平等を考えると、そうしたことを実現するのは確かに困難だろう。それでも、現実に存在する差異を受け入れ、時には利用さえしながら、よりよい場所を目指して奮闘することが大事だと思う。

結局、個人をそのグループの想定上のステレオタイプで判断することが、人種差別主義の本当の罪なのだと思う。一人ひとりに当てはめればたいてい的外れなのに、それを無視して、ステレオタイプに固執する。「黒人だから、音楽の才能があるに違いない」とか「ユダヤ人だから頭がいいはずだ」とか言うのは、疑いの余地なく、人を傷つける。すべての人は、その人独自の強みと弱みを持つユニークな存在であり、そのようなものとして扱われるべきだ。たとえば、あなたが陸上競技チームのコーチだとする。1人の若者がやって来て、100メートル走のテストを受けさせてほしいと言う。100メートル走では統計的に見て西アフリカ人系統の選手が圧倒的に多く、どうも遺伝が一役買っているらしい。だが、よいコーチにとって人種は関係ない。若者をトラックに連れ出して走らせ、ストップウォッチでタイムを計れば、テストは完了。状況はたいてい、こんなふうに単純なものだ。

アイデンティティの新しい基盤

実は、ゲノム革命がさらに大きな威力を発揮するのが、人類の差異とアイデンティティに新しい視点をもたらす分野だ。十中八九間違っている古い信念を発展させるのではなく、この世界における自分自身の位置について、新しい理解を可能にしてくれる。

ゲノム革命には、アイデンティティに関する古いステレオタイプを突き崩して、新しい基盤を築く力がある。ナショナリズムの誕生に利用された生物学上のあらゆる根拠をほぼ粉砕したことで、その威力がよくわかる。ゲノム革命によって、人類の歴史にくり返し交雑が起こったことが発見された結果だ。インド゠ヨーロッパ語を話す「純血の」アーリア民族の起源は、縄目文土器文化の人工遺物を通じてたどることができるというナチスドイツのイデオロギーは、それらの遺物を使っていた人々が実はロシアのステップから大量に移住してきたのだとわかり、粉々になった。ドイツのナショナリストにとってロシアのステップは唾棄《だき》すべき地域であり、そこを民族発祥の地とするなど、とんでもない話だったのだ。[49] また、南アジアの外からの移住者が、インド文化に大きな貢献をしたことはないとするヒンドゥー至上主義イデオロギーは、現代インド人のDNAの約半分が、過去5000年以内にイランとユーラシアステップからたびたび大量移住があったことに由来するという事実によって、崩された。[50] 同じようにナンセンスなのが、ルワンダとブルンジのツチ族は西ユーラシア農耕民由来の血統を持つが、フツ族は持たないという、ジェノサイドの根底にある考え方だ。[51] わたしたちは今、こんにち生きているほぼあらゆるグループが、何千年、何万年にもわたってくり返し起こった集団の交雑の産物であることを知っている。交雑が人類の本質であり、どの集団も「純血」ではないし、その可能性もない。

科学者でない人々も、新しい物語を紡ぐゲノム革命の可能性にすでに気づいている。この動きの先頭に立っているのがアフリカ系アメリカ人だ。奴隷貿易がアフリカ人をふるさとから引き離し、力ずくで文化を奪った結果、祖先の信仰、言語、伝統の多くが数世代で失われた。1976年のアレックス・ヘイリーの小説『ルーツ』は、奴隷のクンタ・キンテとその子孫が故郷に帰る物語を描いて、失われたルーツの回復を求める声のさきがけとなった。[52] これを引き継ぐ形で、ハーヴァード大学文学部教授のヘンリー・ルイス・ゲイツ・ジュニアは、アフリカ系アメリカ人の失われたルーツを取り戻すための遺伝学的研究に資金を提供している。彼のテレビ番組「アメリカ人の顔（*Faces of Americans*）」とその後継の「あなたのルーツ探します（*Finding Your Roots*）」で彼は、13世紀中国まで系統をたどれるチェロ奏者のヨー・ヨー・マに向かって、アフリカ系アメリカ人である自分は、そんな古い家柄の出であるのはどんな気がするものなのか決して知ることはないだろうが、家系の記録が乏しいアフリカ系アメリカ人でも、遺伝学によって豊富な情報を得られることを証明してみせると断言した。[53]

最近では「個人系統検査会社」なる新しい産業が出現して、ゲノム革命の将来性に資金を投じている。自分のルーツに関する新しい物語のための土台を作ったり、すでに検査した人たちのゲノムと比較したりするのだそうだ。ゲイツがプロデュースしたテレビ番組は、著名人ゲストの家系図とDNAをたどるというアイディアから生まれた。有名な人々の個人的な物語を紹介するというある種文学的な手法を通じて、遺伝学的データには、他の方法では知りえない一族の歴史を明らかにする力があると、視聴者に伝えようとしている。たとえば番組では、出演した何組かのゲストの間のこれまで知られていなかった遠い過去のつながりが明らかになっている（過去数百年以内に共通の祖先がいたなど）。また、遺伝子検査を用いて、人々の祖先がどの大陸に住んでいたかだけでなく、大陸のどの地域に住んでいたかまで突き止めている。

わたしは、人々のルーツをむりやり奪った歴史を持つ米国という国に住む一白人として、誰にでも、一族の歴史の失われた部分を埋めるために遺伝学的データを利用する権利があると考えている。とりわけ、アフリカ系アメリカ人やアメリカ先住民についてはそう思う。ただ、検査結果には科学的な権威があると思っている人たちには、ぜひ、心に留めておいてほしいことがある。結果の多くは簡単に間違った解釈をされてしまうし、暫定的な所見であるという、科学者なら当然添付すべき注意書きが添えられていることはめったにない。

そのいい例が、アフリカ系アメリカ人に遺伝学的な検査結果を提供するという触れこみで登場した業界だ。たとえば「アフリカンアンセストリー」という会社は、顧客のY染色体またはミトコンドリアDNAのタイプが最もよく見られる西アフリカの部族や国の情報を提供する。そのような結果を拡大解釈することは簡単だが、Y染色体やミトコンドリアDNAのタイプの頻度は、西アフリカ中どこでも似たようなものなので、正確に場所を特定することはできない。一例として、隣接するヨルバ族、メンデ族、フラニ族、ビニ族よりも、ハウサ族にわずかに多く見られるY染色体タイプを考えてみよう。「アフリカンアンセストリー」社の報告書には、そのアフリカ系アメリカ人男性が、ハウサ族に最もよく見られるY染色体タイプを持っていると書かれてある。[54]ところが、本当の祖先はハウサ族ではないかもしれない。そうでない可能性のほうが高いとさえ言える。西アフリカには多くの部族がいて、どれか1つがアフリカ系アメリカ人の系統に特に深く関係するということはないからだ。[55]それなのに、こうした検査を受けた人は、自分の出身がわかった気分になってしまう。集団遺伝学者のリック・キトルズは「アフリカンアンセストリー」の共同設立者だが、こうした気分について、次のように主張している。「わたしの女系系統はハウサ族の土地であるナイジェリア北部に行き着く。そこでわたしはナイジェリアを訪ね、現地の人々と話をして、ハウサ族の文化や伝統について学んだ。自分が何者なのか、わかったような気がした」。[56]理論上は、全ゲノム系統検査には、Y染色体やミトコンドリアDNAに基づく検査よりもパワーがある。だが今のところ、全ゲノム検査でさえ、あるアフリカ系アメリカ人の祖先がアフリカのどこに住んでいたかについて、正確な情報を提供するほどの力はない。1つには、西アフリカの現在の集団のデータベースが十分ではないからだ。信頼性のある検査結果を出すには、もっと多くの調査を行って、完全なデータベースを整える必要がある。

アフリカ系アメリカ人にとってもう1つのフラストレーションの種は、奴隷が北アメリカに到着してからの文化的な混乱があまりにも大きかったため、祖先がどこの出だろうと、今はほとんど違いがないことかもしれない。アフリカ大陸のある地域から連れて来られた奴隷があちこちに売られて、別の地域から来た奴隷と交配した結果、数世代のうちに、当初あった大きな文化的多様性と系統の違いは、見分けがつかないほど曖昧になってしまった。アフリカ人系統でほぼ完全な均質化が起こったことは、わたしが2012年にカーシャ（カタジーナ）・ブリッツと行った未発表の研究でも明らかだ。ブリッツはシカゴ、ニューヨーク、サンフランシスコ、ミシシッピ、ノースカロライナ、サウスカロライナのシー諸島の1万5000人以上のアフリカ系アメリカ人から得たゲノムワイドなデータを解析し、特定の西アフリカ人とより密接な関係にある集団があるかどうか調べた。米国への奴隷の供給ルートが一定でなかったため、そうしたこともあり得ると考えたからだ。[57] 何らかの違いがあるだろうと考えるのは理にかなっていた。奴隷の4大貿易港のうち、ニューオーリンズはおもにフランスの奴隷商人から供給を受けていたのに対して、ボルチモア、サヴァンナ、チャールストンは、アフリカの別の地点から奴隷を積み込んだ英国人からおもに供給を受けていた。だが、西アフリカ人祖先の混じり合いがあまりにも徹底的だったため、アメリカ本土の集団については、何の違いも検出できなかった。サウスカロライナ沖のシー諸島でのみ、アフリカの特定の場所とのつながりが検出された。それはシエラレオネという国で、シー諸島のガラ族が今も話している、アフリカの文法を持つ言語の発祥地だった。ルーツを実際にアフリカまでたどるには、奴隷の第一世代の古代DNA解析が必要だろう。[58]

個人の系統検査会社の提供する結果にはこうした問題がつきものだが、これはアフリカ系アメリカ人の場合に限った話ではない。何かしら意味があると感じられるような結果を提供したいがために、こうした落とし穴にはまる会社がよくある。厳格な検査をモットーとする会社でも、起こりがちな問題なのだ。２０１１年から２０１５年にかけて、遺伝子検査会社の「23andMe」が顧客にネアンデルタール人ＤＮＡの比率の推定値を提供したが、非アフリカ人の場合はゲノムの約2パーセントがネアンデルタール人由来であることを実証した研究については、教えなかった。[59]ただし、大半の集団内のネアンデルタール人ＤＮＡ比率の真の変動幅は1パーセントのわずか20〜30分の1なのに、この検査では数パーセントの変動を報告していることからしても、測定値が非常に不正確だったことはあきらかだ。[60]検査を受けた数人が興奮気味にわたしに語ったところによると、自分のネアンデルタール人ＤＮＡ比率が世界の上位数パーセントに入ったという。だが、検査の不正確さを考えると、その人たちのネアンデルタール人ＤＮＡ比率が平均より本当に高い確率は、半々よりわずかに大きい程度だろう。わたしはこの問題を「23andMe」チームのメンバーに提起し、２０１４年にある科学誌で言及までした。[61]その後「23andMe」では方針を変え、報告書ではそうした表現を使わなくなった。とはいえ、依然として、顧客にネアンデルタール人由来変異の数のランキングを提供している。[62]このランキングもまた、顧客がネアンデルタール人ＤＮＡを集団の平均より多く受け継いでいるという確かな証拠とはならない。

　個人系統検査会社の報告がすべて不正確というわけではないし、多くの人がそのような検査から役に立つ情報を得ている。特に、家系を調べたいが記録がないという場合には、かなりの成果を上げている。たとえば養子だった人が生物学的な親を探すとか、拡大家族〔狭義には父系または母系の近親者を含む大家族だが、広義には友人なども含む〕の血縁関係を突き止めるといった場合がある。

けれども、わたし自身について、そうしたやり方をしたいかと訊かれれば、答えは「ノー」だ。本書の執筆の準備中に、自分のDNAを個人系統検査会社に送るか、それとも自分の研究室で解析してみるべきだろうかとも考えた。そして結果を記述し、個人の系統検査をネタに記事を書いているジャーナリストのまねをして、あれこれ注釈を加える? 正直言って、興味が湧かない。わたしが属するアシュケナージ系ユダヤ人というグループはもうさんざん研究されている。わたしのゲノムはきっと、その集団の誰かとそっくりだろう。むしろ、自分の自由になる技術資源は、ほとんど研究されていない人々のゲノムのシークエンシングに使いたい。それに、自己研究という知的な落とし穴にはまる心配もある。わたしはもともと、自分の家族とか文化に関心を持ちすぎる科学者は信用できないと思っている。彼らはとにかく自分を気にしすぎなのだ。わたしの研究室には世界中から科学者が集まっているので、自分の出身グループ以外の人々に関するプロジェクトを選ぶよう勧めているが、いつも聞き入れられるとは限らない。わたしには、家族や部族という個人的なつながりを通じて自分を周囲の世界に結びつけようとし、そのためのツールとしてゲノムを使うのは、視野の狭いむなしい試みのように思える。

ゲノム革命はわたしたちに、自分は何者なのかをつかむためのもっと有意義なやり方を提供してくれている。今存在し、そして過去にも存在した、人間の驚くべき多様性をしっかり心に留めるための方法だ。わたしにとって、自分と世界とのつながりを理解することは何より大事な問題で、地理や歴史、生物学に対する生涯にわたる興味も、そこから来ている。この実存に関する問題を解くのにゲノム革命が役立つかもしれないと気づかせてくれたのは、わたしのように全然信心深くない人間にとっては皮肉なことに、聖書に書かれたある例だった。

毎年、過ぎ越しの祭りが来ると、ユダヤ人はディナーテーブルを囲んで出エジプトの物語を語る。過ぎ越しの祭りはユダヤ人にとって、世界の中で自分たちがどのような立場にいるのかを思い出し、どのように振る舞うべきかについての教訓を歴史から引き出すための大事な行事だ。出エジプトの物語は驚くほどの成功を収めていると言える。この物語のおかげで、ユダヤ人は異質な土地に暮らす少数民族としてのアイデンティティを何千年も維持してきた。

過ぎ越しの物語は古代イスラエルの父祖の神話から始まる。第一世代のアブラハムとサラ、第二世代のイサクとリベカ、第三世代のヤコブ、レア、ラケル、ビルハ、ジルパ、そして第四世代の12人の男子（イスラエルの12部族の先祖）と娘のディナ。このような人々は、こんにちのユダヤ人の膨大な人口からはあまりにもかけ離れていて、今の時代と何かつながりがあるとは思えないほどだ。物語の中で、この古代の一族とその大勢の子孫たちとを結びつける仕掛けとして登場するのが、ヤコブの息子の1人であるヨセフだ。ヨセフは、兄弟たちによって奴隷としてエジプトに売られ、やがて大きな権力のある地位に就く。イスラエルが飢饉《ききん》に見舞われ、残りの一族もエジプトに移って来たとき、自分に対する過去の仕打ちにもかかわらず、ヨセフは一族を喜んで迎える。400年が過ぎ、彼らの子孫は幾何級数的に増えて、60万人の兵役年齢男性とさらに多くの女性や子供からなる国家となる。モーセに率いられた彼らは抑圧を断ち切って脱出し、何十年もさすらい、独自の法体系を編み出す。その後、父祖の約束の地に戻る。

過ぎ越しの物語を読むと、ユダヤ人は直感的に、何百万人もいる自分たちの集団の内部で、お互い同士と、また過去と、どうつながっているのかを理解する。この物語はユダヤ人に、信仰を同じくする何百万人もの同胞を直接の親族と考え、たとえ正確な関係がわからなくても等しく尊敬と真心をこめて接するよう教える。自分の家族という比較的小さな視点から世界を眺める罠を断ち切ることを教えるのだ。

わたしには、互いにつながり合いながらそれぞれのゲノムに寄与している多くの集団は、同じような物語を語っているように思える。世界の中での自分自身の居場所を理解し、わたしたちの種の膨大な人数に圧倒されることのないよう、助けてくれる物語だ。

今や世界の人口は何十億という数に達している。このわずか数年のゲノム革命によって、わたしたち人類の歴史には、集団の混じり合いが主要な役割を演じていることが明らかになった。わたしたちはみな互いにつながり合っていて、将来もずっとつながり合ったままだろう。このつながり合いの物語は、たとえわたしが聖書の女家長や家父長の子孫でなかったとしても、ユダヤ人なのだという気持ちにさせる。たとえ、アメリカ先住民や最初のヨーロッパ人やアフリカ人奴隷の子孫でなくても、アメリカ人なのだと感じさせる。わたしは、100年前の先祖が話していなかった英語を話す。わたしが頼る知的伝統はヨーロッパの啓蒙主義だが、わたしの直接の先祖が頼りにした伝統ではない。たとえ先祖がこしらえたものでなくても、たとえわたしには密接な遺伝的つながりのないものであっても、こうしたものをわたしは自分のものだと主張する。

個々の人の祖先が誰かは、重要ではない。ゲノム革命はわたしたちに共通の歴史を差し出す。もし、わたしたちがきちんと注意を払うなら、それは人種差別主義やナショナリズムという悪しき伝統の代わりとなるものを与えてくれ、わたしたちすべてが、人類の遺産を引き継ぐ資格を等しく持っているのだとわからせてくれるはずだ。

…第12章　古代DNAの将来

考古学における第二の科学革命

考古学分野における最初の科学革命は、1949年に化学者のウィラード・リビーの発見によって起こり、それ以降この分野は永遠に変わった。11年後にリビーはこの発見でノーベル賞を受賞している。[1] 古代の有機遺物に含まれる炭素原子のうち、核子（陽子と中性子の総称）が通常の12または13ではなく、14のもの（炭素14）の割合を測定することによって、炭素が最初に食物連鎖に取り込まれた時期が特定できることを発見したのだ。地球上では、大気中の窒素14に宇宙線が衝突することによって、放射性同位体である炭素14の大部分が形成される。大気中のこのタイプの炭素原子の比率は約1兆分の1だ。植物は光合成中に大気から炭素を二酸化炭素の形で吸収して糖に変え、そこから、炭素は生命体のあらゆる分子に組み込まれていく。植物、動物、その他の生命体が死ぬと、炭素14が新たに取り込まれることはなく、その時点で体内に存在する炭素14は次第に崩壊して窒素14に戻り、5730年で半減する。つまり、古代遺物中の炭素14の割合が決まった速度で減少していくので、およそ5万年前以内なら、炭素が生命体に取り込まれた時期が割り出せる（5万年を超えると、炭素14の割合が低くなりすぎて測定できない）。

この放射性炭素年代測定法の登場で、考古学は一変した。遺物の発見された地層を調べなくても、正確な年代を決定できるようになったのだ。コリン・レンフルーの著書『文明の誕生』（大貫良夫訳、岩波書店）には、放射性炭素年代測定によって、人類の先史時代がそれまで考えられていたより遥かに遠い過去までたどれるようになった経緯が書かれている。また、この放射性炭素革命によって、ヨーロッパ先史時代の主要な新機軸がすべて中東から持ち込まれたという従来の想定もくつがえされたという。[2] 農耕や文字は確かに中東が起源だったが、金属加工や、ストーンヘンジのような巨石建造物を造る技術は、古代エジプトやギリシャから持ち込まれたものではなかった。その他、古代の遺物の本当の年代に関する発見が相次いだ結果、至るところで地域の文化が見直されることとなった。

放射性炭素年代測定は考古学のあらゆる側面に浸透している。そのため、今では考古学者に年代測定サービスを提供する研究室が100か所以上あり、そのようにして測定された年代を正しく評価するのが、真剣に考古学者を目指す大学院生に必須のスキルとなっているほどだ。古代中国人は皇帝が即位してからの年数を数え、ローマ人は伝説によるローマ建設以来の年数を数え、ユダヤ人は聖書に書かれた天地創造以来の年数を数えた。現代人はほぼすべて、イエスが誕生したとされる日を起点に、その前と後に応じて、年数を数える。考古学者の場合は、ウィラード・リビーが放射性炭素年代測定法を発見したおよその時期である1950年を起点として、BP

(Before Present) ××年というふうに、この方法で測定した年数で数える。

放射性炭素革命によって考古学という分野は大変身を遂げ、1960年代にはもはや人文学の一部門でなくなった。今では科学のれっきとした一分野として、主張の裏づけとなる高水準の証拠が要求されるようになっている。[3] その後、考古学者はさらにさまざまな科学的技法を取り入れた。古代の植物遺物を同定するためのフローテーション法〔土壌中の植物細片を抽出する方法〕や、炭素以外の同位体の比率を調べて、人や動物が食べた食物のタイプや生きている間の移動状況を知る方法などがある。今では考古学者が使える新しい科学的なツールが豊富にあるため、何世代か前の考古学者にはできなかったようなやり方で発掘現場を調べて、より信頼性の高い結果を得られるようになっている。

古代DNAは、放射性炭素革命後に考古学者が使えるようになったそのような新しいテクノロジーの1つ、というだけにとどまらない。古代DNA以前、考古学者は古代の骨格の形や人工遺物の様式の変化をもとに、集団の移動について予測していたが、そうしたデータは解釈がむずかしい。それが今では、古代人から採取した全ゲノムをシークエンシングすれば、あらゆる人がどのような関係にあるか、細かい点まで理解することができる。

革命的なテクノロジーかどうかは、どの程度、驚くべき発見をもたらすかによる。その意味で、古代DNAは過去を調べることに関して、放射性炭素年代測定も含め、これまでのどの科学的テクノロジーよりも革命的と言える。その点では、それまでは誰も想像すらしなかった微生物や細胞の世界を見られるようにした17世紀の光学顕微鏡の発明のほうが、もっと適切なたとえかもしれない。新しい装置の登場で、まだ探検されたことのない世界の景色が目の前に開けるとき、何もかもが新しく、驚きに満ちている。それこそまさに今、古代ＤＮＡによって起きていることなのだ。考古学的記録上の変化は果たして人々の移動を反映しているのか、それとも文化的な交流の表れなのかという問いに、古代ＤＮＡがはっきりとした答えを出そうとしている。古代ＤＮＡは、誰も予想もしなかった発見をくり返しもたらしているのだ。

人類の古代ＤＮＡ世界地図

これまでのところ、古代ＤＮＡ革命はもっぱらヨーロッパが中心だった。２０１７年末時点で、発表済みのゲノムワイドな古代ＤＮＡデータのある試料は５５１件だが、その90パーセント近くが西ユーラシアから来ている。これは、古代ＤＮＡ解析のためのテクノロジーの大半がヨーロッパで開発されたという事情を反映している。また、考古学者による発掘調査や遺物収集にしても、最も広範囲な年代にわたって行われているのはヨーロッパだ。だが古代ＤＮＡ革命は広がり続けており、すでに西ユーラシア以外でも、人類の歴史に関する驚くような発見がいくつかある。なかでも、アメリカ大陸[4]と太平洋の遠い島々[5]への人類の移住についての発見は、特筆に値する。ＤＮＡ抽出技術の改良[6]によって、今では暖帯、さらには熱帯地域からも古代ＤＮＡを取得できるようになっている。今後10年以内に中央アジア、南アジア、東アジア、アフリカからも、西ユーラシアと同様に驚くべき発見がもたらされることは間違いない。そうなれば、時間と空間の幅広い範囲から集められた試料で、人類の古代DNA世界地図を作ることができるだろう。その地図は、人類の知識に大きく貢献するという意味で、15世紀から19世紀にかけて作成された世界地図にも匹敵する貴重な情報源になると考えられる。集団の歴史に関するあらゆる疑問に答えてくれるだけでなく、新たな考古学的遺跡の研究の際には常に立ち戻るべき枠組み、基準となるだろう。

今後、そのような地図が作られるような時代が来れば、古代DNAから大きな発見が雪崩のように相次ぐと予想される。古代DNAがまだほとんど踏み込んでいない重要な領域の1つが、4000年前から現代までの期間だ。これまで解析された試料の大多数はもっと古いものだが、もちろん、もっと新しい時代にも、考古学的な証拠や記録からも明らかなように、書き言葉や複雑な階層社会の発達、帝国の登場など興味深い出来事がたくさんあった。これまで集積された古代DNAデータは、西ユーラシアの分さえ、建設中の陸橋のように端がまだ宙ぶらりんの状態で、過去の集団と現在の集団とをしっかりつなぐところまでは行っていない。より現代に近い時期の出来事にDNAを用いて取り組めば、他の分野の研究ですでにわかっていることに新たな情報を付け加えることができるに違いない。

この4000年に橋を架け、過去と現在を結びつけるには、より現在に近い時代からの古代DNAデータを集めるだけでは不十分だ。古い時代の研究に非常に役に立った統計手法は、新しい時代のデータを調べるのには使えないためだ。特に、4集団テストをもとにした手法は、非常にかけ離れた集団に由来するDNAの比率を測定することで威力を発揮する。大きく異なる系統はその比率の変化をたどりやすく、いわば追跡用のマーカーの役目をしてくれるのだ。ところが、これまで古代ＤＮＡ革命のいわば中心地だったヨーロッパでは、４０００年前までに多くの集団がすでに現在とほぼ同じ系統組成になったことがわかっている。[7] たとえば英国では、４５００年前以降、口の広い鐘状ビーカー様式の壺と共に葬られた古代英国人は、現代英国人とよく似た交雑系統を持っていた。[8] けれども、だからと言って、今の英国人がいわゆる「ビーカー民」そのものの子孫で、それ以上の混じり合いはなかったと結論づけるのは間違いだ。実際、大陸からはその後何度も、ビーカー様式の埋葬地とつながりのある人々に遺伝的に似通った移住者が押し寄せたため、英国の集団は変化している。どれくらい多くのＤＮＡがその後の移住者に由来するのか確かめるには、もっと高感度な新しい方法が必要だ。

そこで、統計遺伝学者が新しい方法を開発して、系統組成がよく似た集団であっても交雑や移住を追跡できるようにしようとしている。その鍵は、分析集団の古代の共通の歴史ではなく、最近の共通の歴史に注目することだ。十分な数の試料を一緒に解析すると、過去およそ40世代のうちに祖先を共有していた個体ペアのゲノム片が見つかる。そうしたゲノム片に注目することで、この時間枠（およそ１０００年）で人類史に何が起こったのか、知ることができるのだ。[9] これまでの古代ＤＮＡ研究では少数の試料しか入手できなかったため、同一の長いＤＮＡ片を共有するほど密接な関係にあるペアはほとんど見つからず、この方法は特に有用というわけではなかった。だが、古代ＤＮＡを入手できる個体数が増えれば、つながりを検出するために解析できるペアの数が試料数の２乗に従って増える。古代ＤＮＡデータが今の割合で増えていけば、２、３年で、わたしのところのような研究室１か所から、年に何千人もの古代人のゲノムワイドなデータが生み出されるようになるはずだ。そうなれば、最近何千年かで人類集団がどう変わったかについて、詳細な年代記が手に入るだろう。

「イギリス諸島の人々」という2015年の研究に、この手法の威力をすでに見ることができる[10]。この研究では、祖父母が全員80キロ圏内で生まれている英国の現代人2000人以上から試料を採取した。それによると、英国の集団が、従来の測定基準では非常に均質であることがわかった。たとえば、2つの集団間の遺伝学的な差異という伝統的な測定基準による値は、ヨーロッパ人と東アジア人とを比較した場合の100分の1の値になった。ところが、このような均質性にもかかわらず、すべての個体ペアが遺伝学的な祖先を最近共有していた割合が高くなっているグループを探すことによって、集団を17の明確に定義されたクラスターに分けることができた。その位置を地図上に書き込むと、はっきりした遺伝学的な構造が表れ、しかも、過去何千年かにわたるイギリス諸島内での人々の移動で集団が均質化することもなく、その構造はずっと保たれていたのだ。クラスターの境界は、南西部の州であるデヴォンとコーンウォール、スコットランド北部沖のオークニー諸島をくっきり分けている。アイリッシュ海をまたぐほぼ一様なクラスターは、スコットランド人プロテスタントの過去数世紀にわたる北アイルランドへの移住を反映している。そして北アイルランド内部には、ほとんど混じり合わない2つのはっきりしたクラスターがあるが、これはもちろん、宗教と何百年にも及ぶ英国統治下の憎しみによって分断されたプロテスタントとカトリックの集団に一致する。現代人だけを対象とした解析でこれほどみごとな成果が得られたのだから、この手法をもっと古い時代のサンプルにも適用できるのではないだろうか。わたしの研究室では、すでに300体以上の古代英国人に関するゲノムワイドなデータを作成している。「イギリス諸島の人々」などの現代英国人のデータとあわせて解析すれば、世界の小さな一画であるこの英国で、過去と現在の点と点を結びつけることができるのではないかと考えている。

数多くの試料による古代DNA研究によって、過去のさまざまな時点での集団の大きさも推定できるかもしれない。文字による記録のない時代については、信頼できる情報がほとんどないが、人類の歴史や進化だけでなく経済活動や生態環境を理解するためにも、集団の大きさを知ることは大事だ。何億人もの集団（たとえば中国の漢族）では、無作為に選ばれたペアが、過去40世代以内の共通祖先に由来するDNA片を共有している見込みはほとんどない。この期間の祖先はまったく違う人々だった可能性が高いからだ。これに対して、小さな集団（人口が100人にも満たない小アンダマン島の先住民のような集団）では、あらゆるペアが近縁関係にあるため、多くのDNA片を共有しているだろう。人々のつながり具合を測定することによって、過去数世紀のイングランドの集団の大きさが、平均して何百万人にもなることが明らかになっている。[11] ピエル・パラマラとわたしは、同じ手法がアナトリアから拡散した初期の農耕民集団にも使えることを、現在、研究で実証中だ。農業は狩猟採集よりも人口密度の高い集団を養えるため、8000年前にアナトリアから拡散した農耕民は、同時代のスウェーデン南部の狩猟採集民よりも大きな集団の一部だったと思われる。この手法を古代DNAに適用すれば、集団の大きさが時と共にどのように変化したか、もっと詳しく解明できることは間違いない。

古代DNAで明らかになる人類の生態

原則として、古代DNAからは、人類の移住と交雑同様、人類の生態が時と共にどのように変化したかも読み取ることができる。とはいえ、集団の変化を明らかにする方面ではすばらしい成功を収めているのに対して、人類の生態に関しては、今のところわずかな成果しか得られていない。そのおもな理由は、生態の変化をたどるには変異の頻度の変化を調べることが重要となるからだ。それには何百という数の試料が必要だが、これまでの古代DNAの試料数は比較的少なく、それぞれの文化についてほんの一握りしかない。もし、農業への移行直後に生きていた何千人ものヨーロッパ人農耕民から、ゲノムワイドなデータが得られたとしたらどうだろう？　それらの個体に起きた直近の自然選択の痕跡を分析した結果と、現代ヨーロッパ人で同じ分析を行った結果を比較すれば、農業以前の時代と農業への移行が起きてからの時代とで、人類の適応の速度や性質が変わったかどうかを知ることができるだろう。これまでは遺伝病のせいで家族を持つようになるまで生き延びられなかった人が、医学の進歩によって生き延び、子孫をもうけることができるようになっている。そのことで、自然選択のペースがこの1世紀の間に落ちたのかどうかも確認できるかもしれない。そのような例としては、今では眼鏡で十分に矯正できる視力、医学的な介入で治療可能になっている不妊、投薬や心理療法で制御可能になっている認知障害などがある。自然選択にそのような変化が起これば、こうした特性の出現に寄与している変異が集団に蓄積するということもありうる。[12]

このように、古代DNAには、生物学的に重要な変異頻度の変化速度を追跡する力がある。これは、ある特性の進化を追跡できるだけでなく、自然選択が進行する基本原理を理解するうえで、新たなツールが使えるようになるという意味でも重要だ。進化生物学上の主要な疑問として、人類の進化は色素形成の場合のように、ゲノムの比較的少数の箇所で変異頻度が大きく変化することによって進行するのが普通なのか、それとも身長の場合のように非常に多くの変異箇所で頻度の小さな変化が起こることによって進行するのが普通なのかというものがある。[13]どちらのタイプの進化がより重要なのかを知ることには大きな意味があるが、1つの時間枠に生きていた人々の解析というツールしか使えない場合、その解明はむずかしい。だが古代DNAなら、現代のことしか研究できないという時間的な制約を克服できる。

古代DNAの調査によって、病原体の進化についても明らかになっている。ヒトの遺骸をすりつぶすと、その個体が死んだときに血中にあった微生物のDNAに遭遇することがある。その微生物が死因である可能性が高いわけだが、そうした微生物のDNA解析によって、ペスト菌という病原体が、14~17世紀の黒死病、[14]6~8世紀ローマ帝国の「ユスティニアヌスの疫病」[15]、それに5000年前ごろ以降のユーラシアのステップの埋葬地から発掘された個体の少なくとも7パーセントに死をもたらした疫病[16]の原因であることが証明された。また古代の病原体の解析によって、古代のハンセン病[17]、結核[18]、それにアイルランドのジャガイモ飢饉《ききん》をもたらした植物の病気[19]の歴史や起源も明らかになった。古代DNA研究では今、人体にすみついている微生物のほか、歯垢《しこう》や糞便などからも解析材料が日常的に採取され、わたしたちの祖先が食べていた食物に関する情報が得られている。[20] この新しい情報源の活用はまだ始まったばかりだ。

古代DNA革命という未開拓の分野

古代DNA革命の進行するスピードには目をみはるものがある。テクノロジーがあまりにも急速に進化するため、今現在発表されている論文の多くが用いている方法は、2、3年もすれば使われなくなるだろう。古代DNAの専門家も増え続けている。わたしの研究室からもすでに3人が独立して、自前の古代DNA研究室を立ち上げた。最近の主流は専門化だ。かつて古代DNAのパイオニアたちは、世界中を旅して遠隔の地へも赴き、考古学者や地元の役人と話し合ったり、自分の分子生物学研究室で分析するための貴重な遺物を持ち帰ったりするために、多くの時間を費やした。風変わりな場所への旅と、貴重な骨を手に入れるチャンスに懸けることが、研究の中心だったのだ。第二世代の一部もこのスタイルを踏襲している。だが、わたしも含め多くの研究者は、ほとんど旅をせず、進んだ実験手法や統計分析の専門知識を身につけたり、考古学者や人類学者との対等な協力関係を通じて分析試料を手に入れたりするのに大半の時間を使っている。

今後、古代DNA研究室の専門化も進むだろう。現在、古代DNAに関する仕事をしているわたしたちは、世界中の幅広い時代の集団について調査を行うという特権を享受している。ちょうど、自作の顕微鏡で観察した驚くべき微小な物体の数々を自著の『ミクログラフィア――微小世界図説』〔板倉聖宣・永田英治訳、仮説社〕に記述したロバート・フックや、地球のすみずみまで航海した18世紀の探検家のようなものだ。ただしわたしたちには、自分が取り組んでいるどんなテーマについても、歴史や考古学や言語学のほんの表面的な知識しかない。古代DNAに関する知識が増えるにつれ、さらに前進するには、それぞれの領域をより深く理解し、それに伴う的確な問いを発することが必要になるだろう。これからの20年で、人類学や考古学の本格的な学科には、古代DNAの専門家が必ず雇われるようになると思う。歴史や生物の学科にさえ、雇用されるかもしれない。そうした職場に雇われた専門家は、たとえば東南アジアとか中国東北部というように特定の領域を専門に扱うようになって、今わたしがやっているように中国からアメリカ、ヨーロッパ、アフリカと、あちこち飛び移ることはなくなるだろう。

古代DNAについても、放射性炭素年代測定サービスを提供する研究室と似たようなサービスを行う研究室が開設され、そこでも専門化や、さらにはプロ化が進むと考えられる。古代DNAサービス研究室では、試料をスクリーニングし、ゲノムワイドなデータを作成して、解釈しやすい報告書を出すことになるだろう。ちょうど、商業ベースで個人の系統検査を行う会社が現在出しているような報告書だ。報告書では種、性別、家族関係を確定し、新しく検査した個体が以前に検査した個体とどのような関係にあるかも明記する。試料を提出した研究者はデータの電子コピーを受け取って、自分が使いたいように使う。全工程の費用は放射性炭素年代測定の2倍を超えないようにすべきだろう。

サービス研究室はどんどん増えるだろうが、だからと言って、データを解析して集団の歴史を調べる研究者が完全に用済みになることはないだろう。DNAを用いて古代の集団について学ぼうとする考古学者は、もし、慎重に扱わなくてはならない問題に取り組むためにこのテクノロジーを使おうとするなら、ゲノム学の専門家の協力を必要とするだろうからだ。性別、種、家族関係、どの系統にも属さないかに見える「離れ小島」のような存在に関する情報を古代DNAから得ることは、やがてルーチン分析になるだろう。だが、古代DNAが役立つもっと高度な疑問、たとえば集団がどのように交雑したり移住したりしたのか、ある時間枠の中で自然選択がどのように起こったのか、といった疑問には、規格化された報告書ではとても十分に対応できそうもない。

古代DNA研究室が将来有望だと思うのは、放射性炭素年代測定研究室の盛況ぶりを見ているからだ。たとえば、「オックスフォード・ラディオカーボン・アクセラレータ・ユニット」では手数料を取って大量のサンプルを処理し、その収益で、日常的に大量の年代測定を行う施設を維持している。施設の科学者が自分の疑問だけに集中していたら、とても不可能なほど大量の高品質のデータを、安価に効率的に生産しているのだ。科学者にも見返りがあり、最先端の研究に参加するチャンスが得られる。たとえば、トーマス・ハイアムの主導した研究では、ヨーロッパでネアンデルタール人が絶滅した時期を確定し、現生人類との接触後2000〜3000年以内にあらゆるところから姿を消したことを立証している。[21] わたしはマサチューセッツ工科大学のシークエンシング・センターに博士研究員として在籍していたことがあるが、そこでもこのような研究室モデルに出合って感銘を受けた。そのセンターは、国立衛生研究所からの助成金を受けたヒトゲノム計画のために、精力的に大量のデータを生産していた半ダースほどの施設の1つだった。わたしの監督官でもあったセンター長のエリック・ランダーは、自分が興味を持った課題にもセンターの解析能力を使えるという恩恵に浴していた。これもわたしのモデルとなっている。施設を作り、自在に使いこなし、過去に関する深遠な疑問に答えを出すのだ。

古代の骨に敬意を払う

わたしは7歳のとき、母に連れられて兄と妹と一緒に初めてエルサレムを訪れた。その夏と次の夏を祖父の所有するアパートで過ごしたが、近隣は超正統派ユダヤ教徒の住む貧しい地区で、男性は長い黒のカフタン、女性は幾重にも重ねた質素なドレスに被り物を着けていた。男の子は朝から夜まで続く神学校に通ったが、安息日が始まる前の金曜午後には早引けして、よく政治デモに参加した。抗議行動として、大型のゴミ収集容器に火をつけたり、警官に石を投げたりすることもあった。警官が発射した催涙弾をくらって涙を流しながら、顔を服で覆って逃げていく少年たちの姿が今も目に浮かぶ。

こうした抗議活動の一部は、「ダヴィデの町」での発掘作業に抗議するためのものだった。その遺跡はエルサレム旧市街南部にある丘の中腹からふもとへ広がり、約3000年前にユダ王国の首都となった地域の大半をカバーしていた。抗議者が腹を立てていたのは、発掘で古代のユダヤ人の墓が荒らされるからだ。イスラエルではどこを掘ってもその可能性があったが、彼らにとって、事故であろうと科学のためであろうと、墓をあばくことは神聖を汚す行為なのだった。今わたしの研究室がやっていることをあの抗議者たちが知ったら、いったいどう思うだろう？毎月、何百体という古代人の骨をすりつぶしていることを知ったら？　イスラエル以外の場所から採取した試料なら、彼らはたいして気にもとめないだろう。だが、これはもっと一般的な問題のように思える。墓をあばいて古代人の遺骸から試料を採取することについて、ふと考えこんでしまうことがよくある。わたしたちが骨を採取している人々の多くは、自分の遺骸がこんなふうに使われるのを望んではいなかっただろう。

古代DNAの専門家や考古学者の一部は、わたしたちが研究している骨の大半は非常に古い時代のものなので、現代の人々との間には、たどれるようなつながりは何もないと指摘する。これは「アメリカ先住民墳墓保護・返還法（NAGPRA）」に盛り込まれた基準とも共通する考え方だ。この法令では、現代の人々と文化的または生物学的なつながりが証明された場合に限り、遺骸をアメリカ先住民の部族に返還するとしている。だが、この基準は今では有名無実になっている。そのいい例が約８５００年前のケネウィック人の骨格や、約１万６００年前のスピリット洞窟の骨格で、こんにち生存している特定のグループとの明確な文化的または遺伝学的つながりがないにもかかわらず、部族に返還されている。[22]　より現在に近い時代の骨を研究するようになると、大昔の試料に対して現代人が権利を要求することの意味について考えるのが重要になってくる。大昔の遺骸は現実に生きていた人の亡骸《なきがら》であって、その一体性を損なうのはたぶん、相当な理由がある場合に限るべきなのだろう。

2016年に、わたしは母の兄弟であるラビを訪ねて助言を乞う決心をした。彼は正統派ユダヤ教徒で、口承による伝統的な教えに事細かに定められた複雑な規則に従って暮らしていた。彼ならわたしの疑問に快く耳を傾けてくれるだろうと思ったのは、既存の規則に従いながらも、正統派ユダヤ教をできるだけ現代世界に適応させようという運動の支持者でもあったからだ。この包摂主義的な運動は「オープン・オーソドクシー」と呼ばれており、彼は最近、これまで女性がなれなかった正統派ユダヤ教のラビになるために、女性を教育する神学校を立ち上げている。

わたしの研究室では古代の人々の骨をすりつぶしているが、その多くは遺体が損なわれることを望んでいなかったのではないか、自分はそのことを十分に考えていなかったと感じている、とわたしが言うと、彼はいかにも困惑したようすで、しばらく考える時間がほしいとのことだった。しばらくして戻って来た彼は、先例となる決定や他のラビによる判断がない場合にする助言をしてくれた。それによると、人間の墓はすべて神聖なものだが、理解を深めたり、人々の間の障壁を取り除いたりするのに役立つ可能性がある場合に限って、墓をあばくことも許されるだろうということだった。

過去には、人間の間の違いを研究するのは常によい目的のためとは限らなかった。もし当時の科学で可能だったなら、ナチスドイツでは、わたしのように遺伝学的データを読める専門家は、人々を系統で分類する仕事を課せられただろう。だがわたしたちの時代では、古代DNAによって得られる結果は、人種差別主義者やナショナリストの誤った解釈には何の益にもならない。この分野では、真実のための真実の追究が圧倒的な威力を発揮して、ステレオタイプや他人を傷つける偏見を吹き飛ばし、これまではわからなかった人々のつながりを明るみに出している。わたしの仕事や同僚たちは人々の理解を深める方向に向かっていると、わたしは楽観している。それに、自分たちが古代や現代の人々を研究する特権に恵まれ、最善を尽くす機会を与えられていることをうれしく思う。古代ＤＮＡを遺伝学者の領域だけにとどめておかず、考古学者や一般の人々にも紹介して、「わたしたちは何者なのか」を明らかにするその驚くべき潜在能力を知ってもらうのが、わたしたち遺伝学者の役目だと思う。

訳者あとがき

本書『交雑する人類――古代DNAが解き明かす新サピエンス史』は、英米で二〇一八年に刊行された、*WHO WE ARE AND HOW WE GOT HERE: Ancient DNA and the New Science of the Human Past* の邦訳である。

著者のデイヴィッド・ライクは、半ば化石化した人骨からDNAを取り出して解析する古代DNA解析の第一人者として、数々の業績を残している現役の遺伝学者だ。とりわけ、小規模で特殊な研究分野だった古代DNA解析の技術を改良し、効率よく大量のデータを取り出せる大規模なシステムに発展させた功績が認められている。ドイツのマックス・プランク進化人類学研究所のスヴァンテ・ペーボに誘われて、ネアンデルタール人の全ゲノム解析に成功したチームにも加わっている。そのあたりの経緯も本書には盛り込まれており、興味をそそる。

本書で著者は、大量のゲノムワイドなデータ解析を通じて、遺伝学的な側面から人類の過去、現在、未来に迫っていく。全体が3部構成になっており、第1部では、人類の遠い過去の歴史の解明になぜDNA解析が威力を発揮するのかをわかりやすく解説する。解読されたDNAデータをどのように利用し、どのような比較や統計処理を駆使して結論を導き出すかも述べられていて、興味深い。

著者自身の研究室での解析を中心に、具体的な研究成果によって証明された事実を積み上げていく手法をとっているため、単に目新しいトピックを紹介するだけの書籍に比べ、説得力がある。古代DNA解析は遠い過去を覗く比類のない窓だと、著者は言う。そこに暮らしていたのはどのような素性の人々だったのかという、考古学や人類学上の証拠からは知り得ない情報をもたらすからだ。

そうした情報によって、古代には今とは違い、実に多種多様な人類がいたことが明らかになる。たとえば、シベリアの洞窟で見つかった指の骨から、ネアンデルタール人とはまた別の旧人類の存在が突きとめられた。また、混じり合い消えてしまったゴースト集団の存在が古代DNAの解析によって推定されると、なんと、その集団にぴったりのDNAを持つ人骨が、その後、実際に発見されている。

「読者を世界一周の旅に連れ出そうと思う」という著者の言葉どおり、第2部では世界各地のこんにちの集団がどのようにして今の姿になったのかをたどっていく。古代の集団の大規模な移動や混じり合いが次々に明らかになるが、特に圧巻なのがヨーロッパだ。DNA解析によって、各地域に現在とはまったく異なる系統の人々が住んでいたことが突きとめられ、豊富な考古学的資料と対比させながら、集団がダイナミックに変遷するようすが時系列にそって詳細に記述されている。

東アジアの章では、日本人の成り立ちについても、DNA解析から明らかになった事実が紹介されている。ヨーロッパに比べ、東アジアでの本格的な古代DNA解析はこれからなので、今後どのような発見があるのか、楽しみだ。

アメリカ先住民やアフリカ系アメリカ人など、みずからの歴史を暴力的に奪われた人々が過去とのつながりを取り戻すためにも、DNA解析は役立つ。アフリカ系アメリカ人の場合はDNA解析によるルーツ探しが盛んなのに対して、アメリカ先住民の場合は遺伝学的研究に対する根強い反感から、研究が停滞しているという。祖先の墓から奪われた骨が博物館の収蔵品になったり、DNAサンプル採取の際の約束が守られなかったり、というような不幸な過去があるためだ。だが、先住民の立場に寄り添い、遺骨返還訴訟に科学的根拠を提供することで、閉塞状況を突破する科学者も出てきているらしい。アメリカ先住民の歴史についても、今後さらに解明が進むと期待される。

第3部では、DNA解析の社会的・個人的意味と、従来の定説を覆す圧倒的な威力に触れる。たとえば、「人種」という概念をめぐっては以前から根深い対立があるが、DNA解析によって科学的な根拠が与えられたとして、「人種」に対する批判がまた盛んになっている。人間の集団間には遺伝学的な差異はないという研究結果が発表されたためだ。確かに、変異一つひとつを見れば、集団間より集団内での差のほうが大きい。だが、変異の組み合わせに着目すれば、わずかではあるが、平均して集団間に差があることは紛れもない事実だ。そうした差異などないふりをするのは欺瞞だと、著者は言う。ただしそれは、従来のステレオタイプな「人種」を正当化することにはつながらない。DNAが語ることに真摯に向き合い、極端な立場に固執する不毛な議論には終止符を打つべきだろう。

また、DNAには過去の社会的な不平等の痕跡も残っている。DNA解析によって、集団間や男女間の不平等、権力の集中などの歴史が明かされていくさまには、ミステリー小説を読むようなスリルがある。

人類は絶えず移動し、混じり合ってきた。これからもそうだろう。今のわたしたちの姿は幾度も繰り返された交雑の結果であり、人類は本質的に交雑体（ハイブリッド）なのだ。どのような差異があろうと、どの人もその人なりの強みと弱みを持つ個人として、同じように尊重すべきだという著者の言葉が胸に響く。

古代DNAの解析試料数は加速度的に増加しており、解析技術もどんどん進歩している。今後、より多くの、より精密なデータによって、人類の集団の成り立ちにとどまらず、生態学的な変化の解明も進むと予想される。「わたしたちは何者なのか。どこから来たのか」という古くて新しい問いに満足のいく答えが得られる日も、そう遠くないかもしれない。

最後になりますが、翻訳に当たって大変お世話になりました更科功先生、ＮＨＫ出版の塩田知子様、トランネットの矢澤暢子様に深く御礼申し上げます。

２０１８年６月

日向やよい

Neanderthal Disappearance," *Nature* 512 (2014): 306–9.

22. E. Callaway, "Ancient Genome Delivers 'Spirit Cave Mummy' to US Tribe," *Nature* 540 (2016): 178–79.

※URLは2018年3月の原書刊行時のものです。

by Descent," *American Journal of Human Genetics* 97 (2015): 404–18.

12. M. Lynch, "Rate, Molecular Spectrum, and Consequences of Human Mutation," *Proceedings of the National Academy of Sciences of the U.S.A.* 107 (2010): 961–68; A. Kong et al., "Selection Against Variants in the Genome Associated with Educational Attainment," *Proceedings of the National Academy of Sciences of the U.S.A.* 114 (2017): E727–32.
13. J. K. Pritchard, J. K. Pickrell, and G. Coop, "The Genetics of Human Adaptation: Hard Sweeps, Soft Sweeps, and Polygenic Adaptation," *Current Biology* 20 (2010): R208–15.
14. S. Haensch et al., "Distinct Clones of *Yersinia pestis* Caused the Black Death," *PLoS Pathogens* 6 (2010): e1001134; K. I. Bos et al., "A Draft Genome of *Yersinia pestis* from Victims of the Black Death," *Nature* 478 (2011): 506–10.
15. I. Wiechmann and G. Grupe, "Detection of *Yersinia pestis* DNA in Two Early Medieval Skeletal Finds from Aschheim (Upper Bavaria, 6th Century AD)," *American Journal of Physical Anthropology* 126 (2005): 48–55; D. M. Wagner et al., "*Yersinia pestis* and the Plague of Justinian 541–543 AD: A Genomic Analysis," *Lancet Infectious Diseases* 14 (2014): 319–26.
16. S. Rasmussen et al., "Early Divergent Strains of *Yersinia pestis* in Eurasia 5,000 Years Ago," *Cell* 163 (2015): 571–82.
17. P. Singh et al., "Insight into the Evolution and Origin of Leprosy Bacilli from the Genome Sequence of *Mycobacterium lepromatosis*," *Proceedings of the National Academy of Sciences of the U.S.A.* 112 (2015): 4459–64.
18. K. I. Bos et al., "Pre-Columbian Mycobacterial Genomes Reveal Seals as a Source of New World Human Tuberculosis," *Nature* 514 (2014): 494–97.
19. K. Yoshida et al., "The Rise and Fall of the *Phytophthora infestans* Lineage That Triggered the Irish Potato Famine," *eLife* 2 (2013): e00731.
20. C. Warinner et al., "Pathogens and Host Immunity in the Ancient Human Oral Cavity," *Nature Genetics* 46 (2014): 336–44.
21. T. Higham et al., "The Timing and Spatiotemporal Patterning of

Palaeo-Eskimo," *Nature* 463 (2010): 757–62; M. Rasmussen et al., "The Genome of a Late Pleistocene Human from a Clovis Burial Site in Western Montana," *Nature* 506 (2014): 225–29; M. Raghavan et al., "Upper Palaeolithic Siberian Genome Reveals Dual Ancestry of Native Americans," *Nature* (2013): doi: 10.1038/nature 12736.

5. P. Skoglund et al., "Genomic Insights into the Peopling of the Southwest Pacific," *Nature* 538 (2016): 510–13.
6. J. Dabney et al., "Complete Mitochondrial Genome Sequence of a Middle Pleistocene Cave Bear Reconstructed from Ultrashort DNA Fragments," *Proceedings of the National Academy of Sciences of the U.S.A.* 110 (2013): 15758–63; M. Meyer et al., "A High-Coverage Genome Sequence from an Archaic Denisovan Individual," *Science* 338 (2012): 222–26; Q. Fu et al., "DNA Analysis of an Early Modern Human from Tianyuan Cave, China," *Proceedings of the National Academy of Sciences of the U.S.A.* 110 (2013): 2223–27; R. Pinhasi et al., "Optimal Ancient DNA Yields from the Inner Ear Part of the Human Petrous Bone," *PLoS One* 10 (2015): e0129102.
7. I. Lazaridis et al., "Genomic Insights into the Origin of Farming in the Ancient Near East," *Nature* 536 (2016): 419–24.
8. I. Olalde et al., "The Beaker Phenomenon and the Genomic Transformation of Northwest Europe," *bioRxiv* (2017): doi. org/10.1101/135962.
9. P. F. Palamara, T. Lencz, A. Darvasi, and I. Pe'er, "Length Distributions of Identity by Descent Reveal Fine-Scale Demographic History," *American Journal of Human Genetics* 91 (2012): 809–22; D. J. Lawson, G. Hellenthal, S. Myers, and D. Falush, "Inference of population structure using dense haplotype data," *PLoS Genetics* 8 (2012): e1002453.
10. S. Leslie et al., "The Fine-Scale Genetic Structure of the British Population," *Nature* 519 (2015): 309–14.
11. S. R. Browning and B. L. Browning, "Accurate Non-parametric Estimation of Recent Effective Population Size from Segments of Identity

question 3 (2016), http://www.africanancestry.com/faq/.

55. Dreyfuss, "Getting Closer to Our African Origins."

56. S. Sailer, "African Ancestry Inc. Traces DNA Roots," United Press International, April 28, 2003, www.upi.com/inc/view.php?StoryID=20030428-074922-7714r.

57. Unpublished results from David Reich's laboratory.

58. H. Schroeder et al., "Genome-Wide Ancestry of 17th-Century Enslaved Africans from the Caribbean," *Proceedings of the National Academy of Sciences of the U.S.A.* 112 (2015): 3669–73.

59. R. E. Green et al., "A Draft Sequence of the Neanderthal Genome," *Science* 328 (2010): 710–22.

60. E. Durand, 23andMe: "White Paper 23-05: Neanderthal Ancestry Estimator" (2011), https://23andme.https.internapcdn.net/res/pdf/hXitekfSJe1lcIy7-Q72XA_23-05_Neanderthal_Ancestry.pdf; S. Sankararaman et al., "The Genomic Landscape of Neanderthal Ancestry in Present-Day Humans," *Nature* 507 (2014): 354–57.

61. Sankararaman et al., "Genomic Landscape."

62. https://customercare.23andme.com/hc/en-us/articles/212873707-Neanderthal-Report-Basics, #13514.

第12章　古代ＤＮＡの将来

1. J. R. Arnold and W. F. Libby, "Age Determinations by Radiocarbon Content— Checks with Samples of Known Age," *Science* 110 (1949): 678–80.

2. Colin Renfrew, *Before Civilization: The Radiocarbon Revolution and Prehistoric Europe* (London: Jonathan Cape, 1973).

3. Lewis R. Binford, *In Pursuit of the Past: Decoding the Archaeological Record* (Berkeley: University of California Press, 1983).

4. M. Rasmussen et al., "Ancient Human Genome Sequence of an Extinct

45. Coop et al. letters, *New York Times*.

46. David Epstein, *The Sports Gene: Inside the Science of Extraordinary Athletic Performance* (New York: Current, 2013).

47. 同上。

48. この計算は次のように行った。（1）ある特性の99.9999999パーセンタイルは平均から6.0標準偏差高位に相当するのに対して、99.99999パーセンタイルは5.2標準偏差高位に相当する。したがって0.8標準偏差のシフトは人数の100倍増加に相当する。（2）サハラ以南のアフリカ人の遺伝的多様性が1.33倍であることは、ゲノムのランダムな変異だけでなく、生物学的な特性を変える変異にも当てはまると想定した。すると、J.J.Berg and G.Coop, "A Population Genetic Signal of Polygenic Adaptation," *PLoS Genetics* 10(2014): e1004412の公式によればサハラ以南のアフリカ人は標準偏差が$1.15 = \sqrt{1.33}$倍高くなると予想される。したがって非アフリカ人の6.0標準偏差高位はサハラ以南のアフリカ人の5.2＝6.0/1.15標準偏差高位に相当し、同じように99.9999999パーセンタイルより上の人数が100倍に増えると予想される。

49. W. Haak et al., "Massive Migration from the Steppe Was a Source for Indo-European Languages in Europe," *Nature* 522 (2015): 207–11; M. E. Allentoft et al., "Population Genomics of Bronze Age Eurasia," *Nature* 522 (2015): 167–72.

50. D. Reich et al., "Reconstructing Indian Population History," *Nature* 461 (2009): 489–94; Lazaridis et al., "Genomic Insights."

51. Michael F. Robinson, *The Lost White Tribe: Explorers, Scientists, and the Theory That Changed a Continent* (New York: Oxford University Press, 2016).

52. Alex Haley, *Roots: The Saga of an American Family* (New York: Doubleday, 1976).

53. "Episode 4: (2010) Know Thyself " (minute 17) in *Faces of America with Henry Louis Gates Jr.*, http://www.pbs.org/wnet/facesofamerica/video/episode-4-know-thyself/237/.

54. African Ancestry, "Frequently Asked Questions," "About the Results,"

377–89.

35. M. Raghavan et al., "Upper Palaeolithic Siberian Genome Reveals Dual Ancestry of Native Americans," *Nature* (2013): doi: 10.1038/nature 12736.
36. I. Lazaridis et al., "Genomic Insights into the Origin of Farming in the Ancient Near East," *Nature* 536 (2016): 419–24.
37. Nicholas Wade, *A Troublesome Inheritance: Genes, Race and Human History* (New York: Penguin Press, 2014).〔ニコラス・ウェイド『人類のやっかいな遺産：遺伝子、人種、進化の歴史』山形浩生・守岡桜訳、晶文社、2016年〕
38. G. Coop et al., "A Troublesome Inheritance" (letters to the editor), *New York Times*, August 8, 2014.
39. G. Cochran, J. Hardy, and H. Harpending, "Natural History of Ashkenazi Intelligence," *Journal of Biosocial Science* 38 (2006): 659–93.
40. P. F. Palamara, T. Lencz, A. Darvasi, and I. Pe'er, "Length Distributions of Identity by Descent Reveal Fine-Scale Demographic History," *American Journal of Human Genetics* 91 (2012): 809–22; M. Slatkin, "A Population-Genetic Test of Founder Effects and Implications for Ashkenazi Jewish Diseases," *American Journal of Human Genetics* 75 (2004): 282–93.
41. H. Harpending, "The Biology of Families and the Future of Civilization" (minute 38), Preserving Western Civilization, 2009 Conference, audio available at www.preservingwesternciv.com/audio/07%20Prof._Henry_Harpending --The_Biology_of_Families_and_the_Future_of_Civilization.mp3 (2009).
42. G. Clark, "Genetically Capitalist? The Malthusian Era, Institutions and the Formation of Modern Preferences" (2007), www.econ.ucdavis.edu/faculty/gclark/papers/Capitalism%20Genes.pdf; Gregory Clark, *A Farewell to Alms: A Brief Economic History of the World* (Princeton, NJ: Princeton University Press, 2007).
43. Wade, *A Troublesome Inheritance*.
44. C. Hunt-Grubbe, "The Elementary DNA of Dr. Watson," *The Sunday Times*, October 14, 2017.

予測因子を設定することができるだろうとも指摘している。3.2パーセントの代わりに20パーセントを用いて計算し直すと、予測分布の下位5パーセントの人々の37パーセント、上位5パーセントの96パーセントが12年の教育を完了することになる。

27. A. Kong et al., "Selection Against Variants in the Genome Associated with Educational Attainment," *Proceedings of the National Academy of Sciences of the U.S.A.* 114 (2017): E727–32.

28. Kong et al., "Selection Against Variants," の推定によれば、遺伝学的に推定される就学年数が、自然選択の圧力によって、この100年で推定0.1標準偏差分、減少している。

29. G. Davies et al., "Genome-Wide Association Study of Cognitive Functions and Educational Attainment in UK Biobank (N=112 151)," *Molecular Psychiatry* 21 (2016): 758–67; M. T. Lo et al., "Genome-Wide Analyses for Personality Traits Identify Six Genomic Loci and Show Correlations with Psychiatric Disorders," *Nature Genetics* 49 (2017): 152–56.

30. S. Sniekers et al., "Genome-Wide Association Meta-Analysis of 78,308 Individuals Identifies New Loci and Genes Influencing Human Intelligence," *Nature Genetics* 49 (2017): 1107–12.

31. I. Mathieson et al., "Genome-wide Patterns of Selection in 230 Ancient Eurasians," *Nature* 528 (2015): 499–503; Field et al., "Detection of Human Adaptation."

32. N. A. Rosenberg et al., "Genetic Structure of Human Populations," *Science* 298 (2002): 2381–85.

33. S. Ramachandran et al., "Support from the Relationship of Genetic and Geographic Distance in Human Populations for a Serial Founder Effect Originating in Africa," *Proceedings of the National Academy of Sciences of the U.S.A.* 102 (2005): 15942–47; B. M. Henn, L. L. Cavalli-Sforza, and M. W. Feldman, "The Great Human Expansion," *Proceedings of the National Academy of Sciences of the U.S.A.* 109 (2012): 17758–64.

34. J. K. Pickrell and D. Reich, "Toward a New History and Geography of Human Genes Informed by Ancient DNA," *Trends in Genetics* 30 (2014):

Current Biology 20 (2010): R208–15; R. D. Hernandez et al., “Classic Selective Sweeps Were Rare in Recent Human Evolution,” *Science* 331 (2011): 920–24.

23. M. C. Turchin et al., “Evidence of Widespread Selection on Standing Variation in Europe at Height-Associated SNPs,” *Nature Genetics* 44 (2012): 1015–19.

24. Y. Field et al., “Detection of Human Adaptation During the Past 2000 Years,” *Science* 354 (2016): 760–64.

25. A. Okbay et al., “Genome-Wide Association Study Identifies 74 Loci Associated with Educational Attainment,” *Nature* 533 (2016): 539–42.

26. ベンジャミンと共同研究者たちによる2016年の研究の数値をもとに、遺伝学的に予想された教育達成度の上位5パーセントと下位5パーセントの間の就学年数の違いを推定するため、次のような計算を行った。（1）ベンジャミンらの分析したコホート〔分析対象とした集団〕における就学年数は14.3±3.7年である。3.7年の標準偏差は、この研究では週数で表したときの有効サイズを「対立遺伝子〔アレル。両親由来の遺伝子やＤＮＡ配列に違いがあるもの〕当たり0.014～0.048標準偏差（2.7～9.0週の登校）」と推定しているという事実から、推定した。これらの数値は188（＝9.0/0.048）から193（＝2.7/0.014）週に換算でき、1年を52週として割ると3.7年が得られる。（2）ベンジャミンらは特性の変動幅の3.2パーセントを説明する就学年数の遺伝学的予測因子も報告している。したがって、予測値と実際の値との相関係数は $\sqrt{0.032}=0.18$ である。二次元正規分布を用いてこれを数学的にモデル化できる。（3）予測分布の下位5パーセント（平均より1.64標準偏差だけ低い）にいる人が12年以上教育を受ける確率は、予測分布の下位5パーセントにいて、12年以上教育を受けた人々の比率（二次元正規分布でこの基準に合致する範囲を測定することによって計算できる）を0.05で割ると得られる。確率は60パーセントとなる。予測分布の上位5パーセントにいる人々の比率について同様の計算を行うと、確率は84パーセントとなる。（4）ベンジャミンらの研究は、十分なサンプルがあれば変動幅の20パーセントの主要因となる信頼できる遺伝学的

Science 298 (2002): 2381–85.

10. D. Serre and S. Pääbo, "Evidence for Gradients of Human Genetic Diversity Within and Among Continents," *Genome Research* 14 (2004): 1679–85; F. B. Livingstone, "On the Non-Existence of Human Races," *Current Anthropology* 3 (1962): 279.
11. J. Dreyfuss, "Getting Closer to Our African Origins," *The Root*, October 17, 2011, www.theroot.com/getting-closer-to-our-african-origins-1790866394.
12. N. A. Rosenberg et al., "Clines, Clusters, and the Effect of Study Design on the Inference of Human Population Structure," *PLoS Genetics* 1 (2005): e70.
13. E. G. Burchard et al., "The Importance of Race and Ethnic Background in Biomedical Research and Clinical Practice," *New England Journal of Medicine* 348 (2003): 1170–75.
14. J. F. Wilson et al., "Population Genetic Structure of Variable Drug Response," *Nature Genetics* 29 (2001): 265–69.
15. D. Fullwiley, "The Biologistical Construction of Race: 'Admixture' Technology and the New Genetic Medicine," *Social Studies of Science* 38 (2008): 695–735.
16. Lewontin, "The Apportionment of Human Diversity" ; A. R. Templeton, "Biological Races in Humans," *Studies in History and Philosophy of Biological and Biomedical Science* 44 (2013): 262–71.
17. Razib Khan, www.razib.com/wordpress.
18. *Dienekes' Anthropology Blog*, dienekes.blogspot.com.
19. *Eurogenes Blog*, http://eurogenes.blogspot.com.
20. Léon Poliakov, *The Aryan Myth: A History of Racist and Nationalist Ideas in Europe* (New York: Basic Books, 1974).
21. B. Arnold, "The Past as Propaganda: Totalitarian Archaeology in Nazi Germany," *Antiquity* 64 (1990): 464–78.
22. J. K. Pritchard, J. K. Pickrell, and G. Coop, "The Genetics of Human Adaptation: Hard Sweeps, Soft Sweeps, and Polygenic Adaptation,"

第11章　ゲノムと人種とアイデンティティ

1. Centers for Disease Control and Prevention, "Prostate Cancer Rates by Race and Ethnicity," https://www.cdc.gov/cancer/prostate/statistics/race.htm.
2. N. Patterson et al., "Methods for High-Density Admixture Mapping of Disease Genes," *American Journal of Human Genetics* 74 (2004): 979–1000; M. W. Smith et al., "A High-Density Admixture Map for Disease Gene Discovery in African Americans," *American Journal of Human Genetics* 74 (2004): 1001–13.
3. M. L. Freedman et al., "Admixture Mapping Identifies 8q24 as a Prostate Cancer Risk Locus in African-American Men," *Proceedings of the National Academy of Sciences of the U.S.A.* 103 (2006): 14068–73.
4. C. A. Haiman et al., "Multiple Regions within 8q24 Independently Affect Risk for Prostate Cancer," *Nature Genetics* 39 (2007): 638–44.
5. Freedman et al., "Admixture Mapping Identifies 8q24."
6. M. F. Ashley Montagu, *Man's Most Dangerous Myth: The Fallacy of Race* (New York: Columbia University Press, 1942).
7. R. C. Lewontin, "The Apportionment of Human Diversity," *Evolutionary Biology* 6 (1972): 381–98.
8. J. M. Stevens, "The Feasibility of Government Oversight for NIH-Funded Population Genetics Research," in *Revisiting Race in a Genomic Age* (Studies in Medical Anthropology), ed. Barbara A. Koenig, Sandra Soo-Jin Lee, and Sarah S. Richardson (New Brunswick, NJ: Rutgers University Press, 2008), 320–41; J. Stevens, "Racial Meanings and Scientific Methods: Policy Changes for NIH-Sponsored Publications Reporting Human Variation," *Journal of Health Policy, Politics and Law* 28 (2003): 1033–87.
9. N. A. Rosenberg et al., "Genetic Structure of Human Populations,"

33. L. G. Carvajal-Carmona et al., "Strong Amerind/White Sex Bias and a Possible Sephardic Contribution Among the Founders of a Population in Northwest Colombia," *American Journal of Human Genetics* 67 (2000): 1287–95.
34. Bedoya et al., "Admixture Dynamics in Hispanics: A Shift in the Nuclear Genetic Ancestry of a South American Population Isolate," *Proceedings of the National Academy of Sciences of the U.S.A.* 103 (2006): 7234–39.
35. P. Moorjani et al., "Genetic Evidence for Recent Population Mixture in India," *American Journal of Human Genetics* 93 (2013): 422–38.
36. M. Bamshad et al., "Genetic Evidence on the Origins of Indian Caste Populations," *Genome Research* 11 (2001): 994–1004; D. Reich et al., "Reconstructing Indian Population History," *Nature* 461 (2009): 489–94.
37. Bamshad et al., "Genetic Evidence" ; I. Thanseem et al., "Genetic Affinities Among the Lower Castes and Tribal Groups of India: Inference from Y Chromosome and Mitochondrial DNA," *BMC Genetics* 7 (2006): 42.
38. M. Kayser, "The Human Genetic History of Oceania: Near and Remote Views of Dispersal," *Current Biology* 20 (2010): R194–201; P. Skoglund et al., "Genomic Insights into the Peopling of the Southwest Pacific," *Nature* 538 (2016): 510–13.
39. F. M. Jordan, R. D. Gray, S. J. Greenhill, and R. Mace, "Matrilocal Residence Is Ancestral in Austronesian Societies," *Proceedings of the Royal Society B—Biological Sciences* 276 (2009): 1957–64.
40. Skoglund et al., "Genomic Insights."
41. I. Lazaridis and D. Reich, "Failure to Replicate a Genetic Signal for Sex Bias in the Steppe Migration into Central Europe," *Proceedings of the National Academy of Sciences of the U.S.A.* 114 (2017): E3873–74.

23. Marija Gimbutas, *The Prehistory of Eastern Europe, Part I: Mesolithic, Neolithic and Copper Age Cultures in Russia and the Baltic Area* (American School of Prehistoric Research, Harvard University, Bulletin No. 20) (Cambridge, MA: Peabody Museum, 1956).
24. Haak et al., "Massive Migration."
25. R. S. Wells et al., "The Eurasian Heartland: A Continental Perspective on Y-Chromosome Diversity," *Proceedings of the National Academy of Sciences of the U.S.A.* 98 (2001): 10244–49.
26. R. Martiniano et al., "The Population Genomics of Archaeological Transition in West Iberia: Investigation of Ancient Substructure Using Imputation and Haplotype-Based Methods," *PLoS Genetics* 13 (2017): e1006852.
27. M. Silva et al., "A Genetic Chronology for the Indian Subcontinent Points to Heavily Sex-Biased Dispersals," *BMC Evolutionary Biology* 17 (2017): 88.
28. Martiniano et al., "West Iberia" ; unpublished results from David Reich's laboratory.
29. J. A. Tennessen et al., "Evolution and Functional Impact of Rare Coding Variation from Deep Sequencing of Human Exomes," *Science* 337 (2012): 64–69.
30. A. Keinan, J. C. Mullikin, N. Patterson, and D. Reich, "Accelerated Genetic Drift on Chromosome X During the Human Dispersal out of Africa," *Nature Genetics* 41 (2009): 66–70; A. Keinan and D. Reich, "Can a Sex-Biased Human Demography Account for the Reduced Effective Population Size of Chromosome X in Non-Africans?," *Molecular Biology and Evolution* 27 (2010): 2312–21.
31. P. Verdu et al., "Sociocultural Behavior, Sex-Biased Admixture, and Effective Population Sizes in Central African Pygmies and Non-Pygmies," *Molecular Biology and Evolution* 30 (2013): 918–37.
32. S. Mallick et al., "The Simons Genome Diversity Project: 300 Genomes from 142 Diverse Populations," *Nature* 538 (2016): 201–6.

13. J. N. Fenner, "Cross-Cultural Estimation of the Human Generation Interval for Use in Genetics-Based Population Divergence Studies," *American Journal of Physical Anthropology* 128 (2005): 415–23.
14. David Morgan, *The Mongols* (Malden, MA, and Oxford: Blackwell, 2007).
15. T. Zerjal et al., "The Genetic Legacy of the Mongols," *American Journal of Human Genetics* 72 (2003): 717–21.
16. L. T. Moore et al., "A Y-Chromosome Signature of Hegemony in Gaelic Ireland," *American Journal of Human Genetics* 78 (2006): 334–38.
17. S. Lippold et al., "Human Paternal and Maternal Demographic Histories: Insights from High-Resolution Y Chromosome and mtDNA Sequences," *Investigative Genetics* 5 (2014): 13; M. Karmin et al., "A Recent Bottleneck of Y Chromosome Diversity Coincides with a Global Change in Culture," *Genome Research* 25 (2015): 459–66.
18. 同上。
19. A. Sherratt, "Plough and Pastoralism: Aspects of the Secondary Products Revolution," in *Pattern of the Past: Studies in Honour of David Clarke*, ed. Ian Hodder, Glynn Isaac, and Norman Hammond (Cambridge: Cambridge University Press, 1981), 261–306.
20. David W. Anthony, *The Horse, the Wheel, and Language: How Bronze-Age Riders from the Eurasian Steppes Shaped the Modern World* (Princeton, NJ: Princeton University Press, 2007).
21. W. Haak et al., "Massive Migration from the Steppe Was a Source for Indo-European Languages in Europe," *Nature* 522 (2015): 207–11; M. E. Allentoft et al., "Population Genomics of Bronze Age Eurasia," *Nature* 522 (2015): 167–72.
22. E. Murphy and A. Khokhlov, "A Bioarchaeological Study of Prehistoric Populations from the Volga Region," in *A Bronze Age Landscape in the Russian Steppes: The Samara Valley Project, Monumenta Archaeologica* 37, ed. David W. Anthony, Dorcas R. Brown, Aleksandr A. Khokhlov, Pavel V. Kuznetsov, and Oleg D. Mochalov (Los Angeles: Cotsen Institute of Archaeology Press, 2016), 149–216.

第10章　ゲノムに現れた不平等

1. Peter Wade, *Race and Ethnicity in Latin America* (London and New York: Pluto Press, 2010).
2. Trans-Atlantic Slave Trade Database, www.slavevoyages.org/assessment/estimates.
3. K. Bryc et al., "The Genetic Ancestry of African Americans, Latinos, and European Americans Across the United States," *American Journal of Human Genetics* 96 (2015): 37–53.
4. Piers Anthony, *Race Against Time* (New York: Hawthorn Books, 1973).
5. The first federal census in 1790 recorded 292,627 male slaves in Virginia out of a total male population of 747,610; available online at www.nationalgeographic.org/media/us-census-1790/.
6. Joshua D. Rothman, *Notorious in the Neighborhood: Sex and Families Across the Color Line in Virginia, 1787–1861* (Chapel Hill: University of North Carolina Press, 2003).
7. E. A. Foster et al., "Jefferson Fathered Slave's Last Child," *Nature* 396 (1998): 27–28.
8. "Statement on the TJMF Research Committee Report on Thomas Jefferson and Sally Hemings," January 26, 2000, available online at https://www.monticello.org/sites/default/files/inline-pdfs/jefferson-hemings_report.pdf.
9. M. Hemings, "Life Among the Lowly, No. 1," *Pike County (Ohio) Republican* , March 13, 1873.
10. E. J. Parra et al., "Ancestral Proportions and Admixture Dynamics in Geographically Defined African Americans Living in South Carolina," *American Journal of Physical Anthropology* 114 (2001): 18–29.
11. 同上。
12. Bryc et al., "Genetic Ancestry."

(2015): 820–22.
33. Donald N. Levine, *Greater Ethiopia: The Evolution of a Multiethnic Society* (Chicago: University of Chicago Press, 2000).
34. L. Van Dorp et al., "Evidence for a Common Origin of Blacksmiths and Cultivators in the Ethiopian Ari Within the Last 4500 Years: Lessons for Clustering-Based Inference," *PLoS Genetics* 11 (2015): e1005397.
35. D. Reich et al., "Reconstructing Indian Population History," *Nature* 461 (2009): 489–94.
36. Skoglund et al., "Reconstructing Prehistoric African Population Structure."
37. 同上。
38. 同上。
39. J. K. Pickrell et al., "The Genetic Prehistory of Southern Africa," *Nature Communications* 3 (2012): 1143; C. M. Schlebusch et al., "Genomic Variation in Seven Khoe-San Groups Reveals Adaptation and Complex African History," *Science* 338 (2012): 374–79; Mallick et al., "Simons Genome Diversity Project."
40. M. E. Prendergast et al., "Continental Island Formation and the Archaeology of Defaunation on Zanzibar, Eastern Africa," *PLoS One* 11 (2016): e0149565.
41. Skoglund et al., "Reconstructing Prehistoric African Population Structure."
42. P. Ralph and G. Coop, "Parallel Adaptation: One or Many Waves of Advance of an Advantageous Allele?," *Genetics* 186 (2010): 647–68.
43. S. A. Tishkoff et al., "Convergent Adaptation of Human Lactase Persistence in Africa and Europe," *Nature Genetics* 39 (2007): 31–40.
44. Ralph and Coop, "Parallel Adaptation."

23. J. Diamond and P. Bellwood, "Farmers and Their Languages: The First Expansions," *Science* 300 (2003): 597–603; P. Bellwood, "Response to Ehret et al. 'The Origins of Afroasiatic,' " *Science* 306 (2004): 1681.
24. D. Q. Fuller and E. Hildebrand, "Domesticating Plants in Africa," in *The Oxford Handbook of African Archaeology*, ed. Peter Mitchell and Paul J. Lane (Oxford: Oxford University Press, 2013), 507–26; M. Madella et al., "Microbotanical Evidence of Domestic Cereals in Africa 7000 Years Ago," *PLoS One* 9 (2014): e110177.
25. I. Lazaridis et al., "Genomic Insights into the Origin of Farming in the Ancient Near East," *Nature* 536 (2016): 419–24; Skoglund et al., "Reconstructing Prehistoric African Population Structure."
26. Lazaridis et al., "Genomic Insights" ; Skoglund et al., "Reconstructing Prehistoric African Population Structure" ; V. J. Schuenemann et al., "Ancient Egyptian Mummy Genomes Suggest an Increase of Sub-Saharan African Ancestry in Post-Roman Periods," *Nature Communications* 8 (2017): 15694.
27. T. Güldemann, "A Linguist's View: Khoe-Kwadi Speakers as the Earliest Food-Producers of Southern Africa," *Southern African Humanities* 20 (2008): 93–132.
28. J. K. Pickrell et al., "Ancient West Eurasian Ancestry in Southern and Eastern Africa," *Proceedings of the National Academy of Sciences of the U.S.A.* 111 (2014): 2632–37.
29. Pagani et al., "Ethiopian Genetic Diversity."
30. Skoglund et al., "Reconstructing Prehistoric African Population Structure."
31. Luigi Luca Cavalli-Sforza and Francesco Cavalli-Sforza, *The Great Human Diasporas: The History of Diversity and Evolution* (Reading, MA: Addison-Wesley, 1995).〔ルーカ & フランチェスコ・カヴァーリ＝スフォルツア『わたしは誰、どこから来たの：進化にみるヒトの「違い」の物語』千種堅訳、三田出版会、1995年〕
32. M. Gallego Llorente et al., "Ancient Ethiopian Genome Reveals Extensive Eurasian Admixture Throughout the African Continent," *Science* 350

the Early Bantu Expansion in the Rain Forests of Western Central Africa," *Current Anthropology* 56 (2016): 354–84; K. Manning et al., "4,500-Year-Old Domesticated Pearl Millet (*Pennisetum glaucum*) from the Tilemsi Valley, Mali: New Insights into an Alternative Cereal Domestication Pathway," *Journal of Archaeological Science* 38 (2011): 312–22.

16. D. Killick, "Cairo to Cape: The Spread of Metallurgy Through Eastern and Southern Africa," *Journal of World Prehistory* 22 (2009): 399–414.
17. de Maret, "Archaeologies of the Bantu Expansion."
18. Holden, "Bantu Language Trees."
19. Bostoen et al., "Middle to Late Holocene" ; Manning et al., "4,500-Year-Old."
20. D. J. Lawson, G. Hellenthal, S. Myers, and D. Falush, "Inference of Population Structure Using Dense Haplotype Data," *PLoS Genetics* 8 (2012): e1002453; G. Hellenthal et al., "A Genetic Atlas of Human Admixture History," *Science* 343 (2014): 747–51; C. de Filippo, K. Bostoen, M. Stoneking, and B. Pakendorf, "Bringing Together Linguistic and Genetic Evidence to Test the Bantu Expansion," *Proceedings of the Royal Society B—Biological Sciences* 279 (2012): 3256–63; E. Patin et al., "Dispersals and Genetic Adaptation of Bantu-Speaking Populations in Africa and North America," *Science* 356 (2017): 543–46; G. B. Busby et al., "Admixture Into and Within Sub-Saharan Africa," *eLife* 5(2016): e15266.
21. Tishkoff et al., "Genetic Structure and History" ; G. Ayodo et al., "Combining Evidence of Natural Selection with Association Analysis Increases Power to Detect Malaria-Resistance Variants," *American Journal of Human Genetics* 81 (2007): 234–42.
22. C. Ehret, "Reconstructing Ancient Kinship in Africa," in *Early Human Kinship: From Sex to Social Reproduction*, ed. Nicholas J. Allen, Hilary Callan, Robin Dunbar, and Wendy James (Malden, MA: Blackwell, 2008), 200–31; C. Ehret, S. O. Y. Keita, and P. Newman, "The Origins of Afroasiatic," *Science* 306 (2004): 1680–81.

Africa," *American Journal of Physical Anthropology* 96 (2016): 35–57.
5. Unpublished results from David Reich's laboratory.
6. D. Richter et al., "The Age of the Hominin Fossils from Jebel Irhoud, Morocco, and the Origins of the Middle Stone Age," *Nature* 546 (2017): 293–96; J. G. Fleagle, Z. Assefa, F. H. Brown, and J. J. Shea, "Paleoanthropology of the Kibish Formation, Southern Ethiopia: Introduction," *Journal of Human Evolution* 55 (2008): 360–65.
7. H. Li and R. Durbin, "Inference of Human Population History from Individual Whole-Genome Sequences," *Nature* 475 (2011): 493–96.
8. Li and Durbin, "Inference of Human Population History" ; K. Prüfer et al., "The Complete Genome Sequence of a Neanderthal from the Altai Mountains," *Nature* (2013): doi: 10.1038/nature12886.
9. P. H. Dirks et al., "The Age of Homo Naledi and Associated Sediments in the Rising Star Cave, South Africa," *eLife* 6 (2017): e24231.
10. I. Gronau et al., "Bayesian Inference of Ancient Human Demography from Individual Genome Sequences," *Nature Genetics* 43 (2011): 1031–34.
11. P. Skoglund et al., "Reconstructing Prehistoric African Population Structure," *Cell* 171 (2017): 5694.
12. S. Mallick et al., "The Simons Genome Diversity Project: 300 Genomes from 142 Diverse Populations," *Nature* 538 (2016): 201–6; Gronau et al., "Bayesian Inference."
13. S. A. Tishkoff et al., "The Genetic Structure and History of Africans and African Americans," *Science* 324 (2009): 1035–44.
14. C. J. Holden, "Bantu Language Trees Reflect the Spread of Farming Across Sub-Saharan Africa: A Maximum-Parsimony Analysis," *Proceedings of the Royal Society B—Biological Sciences* 269 (2002): 793–99; P. de Maret, "Archaeologies of the Bantu Expansion," in *The Oxford Handbook of African Archaeology*, ed. Peter Mitchell and Paul J. Lane (Oxford: Oxford University Press, 2013), 627–44.
15. K. Bostoen et al., "Middle to Late Holocene Paleoclimatic Change and

47. D. Reich et al., "Denisova Admixture and the First Modern Human Dispersals into Southeast Asia and Oceania," *American Journal of Human Genetics* 89 (2011): 516–28; P. Skoglund et al., "Genomic Insights into the Peopling of the Southwest Pacific," *Nature* 538 (2016): 510–13.
48. R. Pinhasi et al., "Optimal Ancient DNA Yields from the Inner Ear Part of the Human Petrous Bone," *PLoS One* 10 (2015): e0129102.
49. Skoglund et al., "Genomic Insights."
50. 同上。
51. Unpublished results from David Reich's laboratory and Johannes Krause's laboratory.
52. 同上。

第9章　アフリカを人類の歴史に復帰させる

1. J. Lachance et al., "Evolutionary History and Adaptation from High-Coverage Whole-Genome Sequences of Diverse African Hunter-Gatherers," *Cell* 150 (2012): 457–69.
2. V. Plagnol and J. D. Wall, "Possible Ancestral Structure in Human Populations," *PLoS Genetics* 2 (2006): e105; J. D. Wall, K. E. Lohmueller, and V. Plagnol, "Detecting Ancient Admixture and Estimating Demographic Parameters in Multiple Human Populations," *Molecular Biology and Evolution* 26 (2009): 1823–27.
3. M. F. Hammer et al., "Genetic Evidence for Archaic Admixture in Africa," *Proceedings of the National Academy of Sciences of the U.S.A.* 108 (2011): 15123–28.
4. K. Harvati et al., "The Later Stone Age Calvaria from Iwo Eleru, Nigeria: Morphology and Chronology," *PLoS One* 6 (2011): e24024; I. Crevecoeur, A. Brooks, I. Ribot, E. Cornelissen, and P. Semal, "The Late Stone Age Human Remains from Ishango (Democratic Republic of Congo): New Insights on Late Pleistocene Modern Human Diversity in

of the Han Chinese Population Revealed by Genome-Wide SNP Variation," *American Journal of Human Genetics* 85 (2009): 775–85.
34. B. Wen et al., "Genetic Evidence Supports Demic Diffusion of Han Culture," *Nature* 431 (2004): 302–5.
35. F. H. Chen et al., "Agriculture Facilitated Permanent Human Occupation of the Tibetan Plateau After 3600 B.P.," *Science* 347 (2015): 248–50.
36. Unpublished results from David Reich's laboratory.
37. T. A. Jinam et al., "Unique Characteristics of the Ainu Population in Northern Japan," *Journal of Human Genetics* 60 (2015): 565–71.
38. 同上 ; P. R. Loh et al., "Inferring Admixture Histories of Human Populations Using Linkage Disequilibrium," *Genetics* 193 (2013): 1233–54.
39. Unpublished results from David Reich's laboratory; Bellwood, *First Migrants*.
40. Diamond and Bellwood, "Farmers and Their Languages."
41. M. Lipson et al., "Reconstructing Austronesian Population History in Island Southeast Asia," *Nature Communications* 5 (2014): 4689.
42. R. Blench, "Was There an Austroasiatic Presence in Island Southeast Asia Prior to the Austronesian Expansion?," *Bulletin of the Indo-Pacific Prehistory Association* 30 (2010): 133–44.
43. Bellwood, *First Migrants*.
44. A. Crowther et al., "Ancient Crops Provide First Archaeological Signature of the Westward Austronesian Expansion," *Proceedings of the National Academy of Sciences of the U.S.A.* 113 (2016): 6635–40.
45. Lipson et al., "Reconstructing Austronesian Population History."
46. A. Wollstein et al., "Demographic History of Oceania Inferred from Genome-Wide Data," *Current Biology* 20 (2010): 1983–92; M. Kayser, "The Human Genetic History of Oceania: Near and Remote Views of Dispersal," *Current Biology* 20 (2010): R194–201; E. Matisoo-Smith, "Ancient DNA and the Human Settlement of the Pacific: A Review," *Journal of Human Evolution* 79 (2015): 93–104.

Evolution 34 (2017): 889–902.

23. Mallick et al., "Simons Genome Diversity Project" ; A. S. Malaspinas et al., "A Genomic History of Aboriginal Australia," *Nature* 538 (2016): 207–14; L. Pagani et al., "Genomic Analyses Inform on Migration Events During the Peopling of Eurasia," *Nature* 538 (2016): 238–42.
24. Hublin, "Modern Human Colonization of Western Eurasia."
25. M. Raghavan et al., "Upper Palaeolithic Siberian Genome Reveals Dual Ancestry of Native Americans," *Nature* (2013): doi: 10.1038/nature12736.
26. Hugo Pan-Asian SNP Consortium, "Mapping Human Genetic Diversity in Asia," *Science* 326 (2009): 1541–45.
27. S. Ramachandran et al., "Support from the Relationship of Genetic and Geographic Distance in Human Populations for a Serial Founder Effect Originating in Africa," *Proceedings of the National Academy of Sciences of the U.S.A.* 102 (2005): 15942–47; B. M. Henn, L. L. Cavalli-Sforza, and M. W. Feldman, "The Great Human Expansion," *Proceedings of the National Academy of Sciences of the U.S.A.* 109 (2012): 17758–64.
28. J. K. Pickrell and D. Reich, "Toward a New History and Geography of Human Genes Informed by Ancient DNA," *Trends in Genetics* 30 (2014): 377–89.
29. Unpublished results from David Reich's laboratory.
30. V. Siska et al., "Genome-Wide Data from Two Early Neolithic East Asian Individuals Dating to 7700 Years Ago," *Science Advances* 3 (2017): e1601877.
31. Peter Bellwood, *First Farmers: The Origins of Agricultural Societies* (Malden, MA: Blackwell, 2005).〔ピーター・ベルウッド『農耕起源の人類史』長田俊樹・佐藤洋一郎監訳、京都大学出版会、2008年〕
32. J. Diamond and P. Bellwood, "Farmers and Their Languages: The First Expansions," *Science* 300 (2003): 597–603.
33. S. Xu et al., "Genomic Dissection of Population Substructure of Han Chinese and Its Implication in Association Studies," *American Journal of Human Genetics* 85 (2009): 762–74; J. M. Chen et al., "Genetic Structure

of Human Evolution 87 (2015): 95–106.

14. H. S. Groucutt et al., "Rethinking the Dispersal of *Homo sapiens* Out of Africa," *Evolutionary Anthropology* 24 (2015): 149–64.

15. R. Grün et al., "U-series and ESR Analyses of Bones and Teeth Relating to the Human Burials from Skhul," *Journal of Human Evolution* 49 (2005): 316–34.

16. S. J. Armitage et al., "The Southern Route 'Out of Africa': Evidence for an Early Expansion of Modern Humans into Arabia," *Science* 331 (2011): 453–56; M. D. Petraglia, "Trailblazers Across Africa," *Nature* 470 (2011): 50–51.

17. M. Kuhlwilm et al., "Ancient Gene Flow from Early Modern Humans into Eastern Neanderthals," *Nature* 530 (2016): 429–33.

18. M. Rasmussen et al., "An Aboriginal Australian Genome Reveals Separate Human Dispersals into Asia," *Science* 334 (2011): 94–98.

19. D. Reich et al., "Genetic History of an Archaic Hominin Group from Denisova Cave in Siberia," *Nature* 468 (2010): 1053–60; M. Meyer et al., "A High- Coverage Genome Sequence from an Archaic Denisovan Individual," *Science* 338 (2012): 222–26.

20. S. Mallick et al., "The Simons Genome Diversity Project: 300 Genomes from 142 Diverse Populations," *Nature* 538 (2016): 201–6.

21. Q. Fu et al., "Genome Sequence of a 45,000-Year-Old Modern Human from Western Siberia," *Nature* 514 (2014): 445–49; S. Sankararaman, S. Mallick, N. Patterson, and D. Reich, "The Combined Landscape of Denisovan and Neanderthal Ancestry in Present-Day Humans," *Current Biology* 26 (2016): 1241–47; P. Moorjani et al., " A Genetic Method for Dating Ancient Genomes Provides a Direct Estimate of Human Generation Interval in the Last 45,000 Years," *Proceedings of the National Academy of Sciences of the U.S.A.* 113 (2016): 5652–7.

22. Mallick et al., "Simons Genome Diversity Project" ; M. Lipson and D. Reich, "A Working Model of the Deep Relationships of Diverse Modern Human Genetic Lineages Outside of Africa," *Molecular Biology and*

Morocco, and the Origins of the Middle Stone Age," *Nature* 546 (2017): 293–96; J. G. Fleagle, Z. Assefa, F. H. Brown, and J. J. Shea, "Paleoanthropology of the Kibish Formation, Southern Ethiopia: Introduction," *Journal of Human Evolution* 55 (2008): 360–65.

5. T. Sutikna et al., "Revised Stratigraphy and Chronology for *Homo floresiensis* at Liang Bua in Indonesia," *Nature* 532 (2016): 366–69.
6. Y. Ke et al., "African Origin of Modern Humans in East Asia: A Tale of 12,000 Y Chromosomes," *Science* 292 (2001): 1151–53.
7. J. Qiu, "The Forgotten Continent: Fossil Finds in China Are Challenging Ideas About the Evolution of Modern Humans and Our Closest Relatives," *Nature* 535 (2016): 218–20.
8. R. J. Rabett and P. J. Piper, "The Emergence of Bone Technologies at the End of the Pleistocene in Southeast Asia: Regional and Evolutionary Implications," *Cambridge Archaeological Journal* 22 (2012): 37–56; M. C. Langley, C. Clarkson, and S. Ulm, "From Small Holes to Grand Narratives: The Impact of Taphonomy and Sample Size on the Modernity Debate in Australia and New Guinea," *Journal of Human Evolution* 61 (2011): 197–208; M. Aubert et al., "Pleistocene Cave Art from Sulawesi, Indonesia," *Nature* 514 (2014): 223–27.
9. Langley, Clarkson, and Ulm, "From Small Holes to Grand Narratives" ; J. F. Connell and J. Allen, "The Process, Biotic Impact, and Global Implications of the Human Colonization of Sahul About 47,000 Years Ago," *Journal of Archaeological Science* 56 (2015): 73–84.
10. J.-J. Hublin, "The Modern Human Colonization of Western Eurasia: When and Where?," *Quaternary Science Reviews* 118 (2015): 194–210.
11. R. Foley and M. M. Lahr, "Mode 3 Technologies and the Evolution of Modern Humans," *Cambridge Archaeological Journal* 7 (1997): 3–36.
12. M. M. Lahr and R. Foley, "Multiple Dispersals and Modern Human Origins," *Evolutionary Anthropology* 3 (1994): 48–60.
13. H. Reyes-Centeno et al., "Testing Modern Human Out-of-Africa Dispersal Models and Implications for Modern Human Origins," *Journal*

44. Reich et al., "Reconstructing Native American Population History."
45. M. Rasmussen et al., "Ancient Human Genome Sequence of an Extinct Palaeo- Eskimo," *Nature* 463 (2010): 757–62.
46. M. Raghavan et al., "The Genetic Prehistory of the New World Arctic," *Science* 345 (2014): 1255832.
47. P. Flegontov et al., "Paleo-Eskimo Genetic Legacy Across North America," *bioRxiv* (2017): doi.org/10.1101.203018.
48. Flegontov et al., "Paleo-Eskimo Genetic Legacy."
49. T. M. Friesen, "Pan-Arctic Population Movements: The Early Paleo-Inuit and Thule Inuit Migrations," in *The Oxford Handbook of the Prehistoric Arctic*, ed. T. Max Friesen and Owen K. Mason (New York: Oxford University Press, 2016), 673–92.
50. Reich et al., "Reconstructing Native American Population History."
51. J. Diamond and P. Bellwood, "Farmers and Their Languages: The First Expansions," *Science* 300 (2003): 597–603; Peter Bellwood, *First Farmers: The Origins of Agricultural Societies* (Malden, MA: Blackwell, 2005).
52. R. R. da Fonseca et al., "The Origin and Evolution of Maize in the Southwestern United States," *Nature Plants* 1 (2015): 14003.

第8章　ゲノムから見た東アジア人の起源

1. X. H. Wu et al., "Early Pottery at 20,000 Years Ago in Xianrendong Cave, China," *Science* 336 (2012): 1696–1700.
2. R. X. Zhu et al., "Early Evidence of the Genus *Homo* in East Asia," *Journal of Human Evolution* 55 (2008): 1075–85.
3. C. C. Swisher III et al., "Age of the Earliest Known Hominids in Java, Indonesia," *Science* 263 (1994): 1118–21; Peter Bellwood, *First Islanders: Prehistory and Human Migration in Island Southeast Asia* (Oxford: Wiley-Blackwell, 2017).
4. D. Richter et al., "The Age of the Hominin Fossils from Jebel Irhoud,

30. Reich et al., "Reconstructing Native American Population History."
31. Lindo et al., "Ancient Individuals."
32. Lyle Campbell and Marianne Mithun, *The Languages of Native America: Historical and Comparative Assessment* (Austin: University of Texas Press, 1979).
33. L. Campbell, "Comment on Greenberg, Turner and Zegura," *Current Anthropology* 27 (1986): 488.
34. Peter Bellwood, *First Migrants: Ancient Migration in Global Perspective* (Chichester, West Sussex, UK / Malden, MA: Wiley-Blackwell, 2013).
35. Reich et al., "Reconstructing Native American Population History."
36. W. A. Neves and M. Hubbe, "Cranial Morphology of Early Americans from Lagoa Santa, Brazil: Implications for the Settlement of the New World," *Proceedings of the National Academy of Sciences of the U.S.A.* 102 (2005): 18309–14.
37. Rasmussen et al., "Ancestry and Affiliations of Kennewick Man."
38. P. Skoglund et al., "Genetic Evidence for Two Founding Populations of the Americas," *Nature* 525 (2015): 104–8.
39. Povos Indígenas No Brasil, "Surui Paiter: Introduction," https://pib.socioambiental.org/en/povo/surui-paiter; R. A. Butler, "Amazon Indians Use Google Earth, GPS to Protect Forest Home," *Mongabay: News and Inspiration from Nature's Frontline*, November 15, 2006, https://news.mongabay.com/2006/11/amazon-indians-use-google-earth-gps-to-protect-forest-home/.
40. "Karitiana: Biopiracy and the Unauthorized Collection."
41. Povos Indígenas No Brasil, "Xavante: Introduction," https://pib.socioambiental.org/en/povo/xavante.
42. M. Raghavan et al., "Genomic Evidence for the Pleistocene and Recent Population History of Native Americans," *Science* 349 (2015): aab3884.
43. E. J. Vajda, "A Siberian Link with Na-Dene Languages," in *Anthropological Papers of the University of Alaska: New Series*, ed. James M. Kari and Ben Austin Potter, 5 (2010): 33–99.

(2000): 41–51; International HapMap Consortium, "The International HapMap Project," *Nature* 426 (2003): 789–96.

18. T. Egan, "Tribe Stops Study of Bones That Challenge History," *New York Times*, September 30, 1996; Douglas W. Owsley and Richard L. Jantz, *Kennewick Man: The Scientific Investigation of an Ancient American Skeleton* (College Station: Texas A&M University Press, 2014); D. J. Meltzer, "Kennewick Man: Coming to Closure," *Antiquity* 348 (2015): 1485–93.
19. M. Rasmussen et al., "The Ancestry and Affiliations of Kennewick Man," *Nature* 523 (2015): 455–58.
20. 同上。
21. J. Lindo et al., "Ancient Individuals from the North American Northwest Coast Reveal 10,000 Years of Regional Genetic Continuity," *Proceedings of the National Academy of Sciences of the U.S.A.* 114 (2017): 4093–98.
22. Samuel J. Redman, *Bone Rooms: From Scientific Racism to Human Prehistory in Museums* (Cambridge, MA, and London: Harvard University Press, 2016).
23. M. Rasmussen et al., "An Aboriginal Australian Genome Reveals Separate Human Dispersals into Asia," *Science* 334 (2011): 94–98.
24. Rasmussen et al., "Genome of a Late Pleistocene Human."
25. Rasmussen et al., "Ancestry and Affiliations of Kennewick Man."
26. A. S. Malaspinas et al., "A Genomic History of Aboriginal Australia," *Nature* 538 (2016): 207–14.
27. E. Callaway, "Ancient Genome Delivers 'Spirit Cave Mummy' to US tribe," *Nature* 540 (2016): 178–79.
28. 同上。
29. M. Livi-Bacci, "The Depopulation of Hispanic America After the Conquest," *Population and Development Review* 32 (2006): 199–232; Lewis H. Morgan, *Ancient Society; Or, Researches in the Lines of Human Progress from Savagery Through Barbarism to Civilization* (Chicago: Charles H. Kerr, 1909).

the Americas: A Comparison of the Linguistic, Dental, and Genetic Evidence," *Current Anthropology* 27 (1986): 477–97.

8. P. Forster, R. Harding, A. Torroni, and H.-J. Bandelt, "Origin and Evolution of Native American mtDNA Variation: A Reappraisal," *American Journal of Human Genetics* 59 (1996): 935–45; E. Tamm et al., "Beringian Standstill and Spread of Native American Founders," *PLoS One* 2 (2017): e829.
9. T. D. Dillehay et al., "Monte Verde: Seaweed, Food, Medicine, and the Peopling of South America," *Science* 320 (2008): 784–86.
10. D. L. Jenkins et al., "Clovis Age Western Stemmed Projectile Points and Human Coprolites at the Paisley Caves," *Science* 337 (2012): 223–28.
11. M. Rasmussen et al., "The Genome of a Late Pleistocene Human from a Clovis Burial Site in Western Montana," *Nature* 506 (2014): 225–29.
12. Povos Indígenas No Brasil, "Karitiana: Biopiracy and the Unauthorized Collection of Biomedical Samples," https://pib.socioambiental.org/en/povo/ karitiana/389.
13. N. A. Garrison and M. K. Cho, "Awareness and Acceptable Practices: IRB and Researcher Reflections on the Havasupai Lawsuit," *AJOB Primary Research* 4 (2013): 55–63; A. Harmon, "Indian Tribe Wins Fight to Limit Research of Its DNA," *New York Times*, April 21, 2010.
14. Ronald P. Maldonado, "Key Points for University Researchers When Considering a Research Project with the Navajo Nation," http://nptao.arizona.edu/sites/nptao/files/navajonationkeyresearchrequirements_0.pdf.
15. Rebecca Skloot, *The Immortal Life of Henrietta Lacks* (New York: Crown, 2010).〔レベッカ・スクルート『不死細胞ヒーラ：ヘンリエッタ・ラックスの永遠なる人生』中里京子訳、講談社、2011年〕
16. B. L. Shelton, "Consent and Consultation in Genetic Research on American Indians and Alaska Natives," http://www.ipcb.org/publications/briefing_ papers/files/consent.html.
17. R. R. Sharp and M. W. Foster, "Involving Study Populations in the Review of Genetic Research," *Journal of Law, Medicine and Ethics* 28

Community?," *Journal of Genetic Counseling* 18 (2009): 114–18.

42. I. Lazaridis et al., "Genomic Insights into the Origin of Farming in the Ancient Near East," *Nature* 536 (2016): 419–24; F. Broushaki et al., "Early Neolithic Genomes from the Eastern Fertile Crescent," *Science* 353 (2016): 499–503.
43. 同上。
44. Lazaridis et al., "Genomic Insights."
45. Unpublished results from David Reich's laboratory.

第7章　アメリカ先住民の祖先を探して

1. Betty Mindlin, *Unwritten Stories of the Suruí Indians of Rondônia* (Austin: Institute of Latin American Studies; distributed by the University of Texas Press, 1995).
2. D. Reich et al., "Reconstructing Native American Population History," *Nature* 488 (2012): 370–74.
3. P. Skoglund et al., "Genetic Evidence for Two Founding Populations of the Americas," *Nature* 525 (2015): 104–8.
4. P. D. Heintzman et al., "Bison Phylogeography Constrains Dispersal and Viability of the Ice Free Corridor in Western Canada," *Proceedings of the National Academy of Sciences of the U.S.A.* 113 (2016): 8057–63; M. W. Pedersen et al., "Postglacial Viability and Colonization in North America's Ice-Free Corridor," *Nature* 537 (2016): 45–49.
5. José de Acosta, *Historia Natural y Moral de las Indias: En que se Tratan las Cosas Notables del Cielo y Elementos, Metales, Plantas y Animales de Ellas y los Ritos, Ceremonias, Leyes y Gobierno y Guerras de los Indios* (Seville: Juan de León, 1590).
6. David J. Meltzer, *First Peoples in a New World: Colonizing Ice Age America* (Berkeley: University of California Press, 2009).
7. J. H. Greenberg, C. G. Turner II, and S. L. Zegura, "The Settlement of

31. Romila Thapar, *Early India: From the Origins to AD 1300* (Berkeley: University of California Press, 2002); Karve, *Hindu Society*; Susan Bayly, *Caste, Society and Politics in India from the Eighteenth Century to the Modern Age* (Cambridge: Cambridge University Press, 1999); M. N. Srinivas, *Caste in Modern India and Other Essays* (Bombay: Asia Publishing House, 1962); Louis Dumont, *Homo Hierarchi- cus: The Caste System and Its Implications* (Chicago: University of Chicago Press, 1980).
32. Kumar Suresh Singh, *People of India: An Introduction* (People of India National Series) (New Delhi: Oxford University Press, 2002); K. C. Malhotra and T. S. Vasulu, "Structure of Human Populations in India," in *Human Population Genetics: A Centennial Tribute to J. B. S. Haldane*, ed. Partha P. Majumder (New York: Plenum Press, 1993), 207–34.
33. Karve, "Hindu Society."
34. 同上。
35. Nicholas B. Dirks, *Castes of Mind: Colonialism and the Making of Modern India* (Princeton, NJ: Princeton University Press, 2001); N. Boivin, "Anthropological, Historical, Archaeological and Genetic Perspectives on the Origins of Caste in South Asia," in *The Evolution and History of Human Populations in South Asia*, ed. Michael D. Petraglia and Bridget Allchin (Dordrecht, The Netherlands: Springer, 2007), 341–62.
36. Reich et al., "Reconstructing Indian Population History."
37. M. Arcos-Burgos and M. Muenke, "Genetics of Population Isolates," *Clinical Genetics* 61 (2002): 233–47.
38. N. Nakatsuka et al., "The Promise of Discovering Population-Specific Disease-Associated Genes in South Asia," *Nature Genetics* 49 (2017): 1403–7.
39. Reich et al., "Reconstructing Indian Population History."
40. I. Manoharan et al., "Naturally Occurring Mutation Leu307Pro of Human Butyrylcholinesterase in the Vysya Community of India," *Pharmacogenetics and Genomics* 16 (2006): 461–68.
41. A. E. Raz, "Can Population-Based Carrier Screening Be Left to the

Among the Lower Castes and Tribal Groups of India: Inference from Y Chromosome and Mitochondrial DNA," *BMC Genetics* 7 (2006): 42.

18. Thangaraj et al., "Andaman Islanders."
19. D. Reich et al., "Reconstructing Indian Population History," *Nature* 461 (2009): 489–94.
20. R. E. Green et al., "A Draft Sequence of the Neandertal Genome," *Science* 328 (2010): 710–22.
21. Thangaraj et al., "Deep Rooting Lineages."
22. Reich et al., "Reconstructing Indian Population History" ; P. Moorjani et al., "Genetic Evidence for Recent Population Mixture in India," *American Journal of Human Genetics* 93 (2013): 422–38.
23. 同上。
24. Irawati Karve, *Hindu Society —An Interpretation* (Pune, India: Deccan College Post Graduate and Research Institute, 1961).
25. P. A. Underhill et al., "The Phylogenetic and Geographic Structure of Y-Chromosome Haplogroup R1a," *European Journal of Human Genetics* 23 (2015): 124–31.
26. S. Perur, "The Origins of Indians: What Our Genes Are Telling Us," *Fountain Ink*, December 3, 2013, http://fountainink.in/?p=4669&all=1.
27. K. Bryc et al., "The Genetic Ancestry of African Americans, Latinos, and European Americans Across the United States," *American Journal of Human Genetics* 96 (2015): 37–53.
28. L. G. Carvajal-Carmona et al., "Strong Amerind/White Sex Bias and a Possible Sephardic Contribution Among the Founders of a Population in Northwest Colombia," *American Journal of Human Genetics* 67 (2000): 1287–95; G. Bedoya et al., "Admixture Dynamics in Hispanics: A Shift in the Nuclear Genetic Ancestry of a South American Population Isolate," *Proceedings of the National Academy of Sciences of the U.S.A.* 103 (2006): 7234–39.
29. Moorjani et al., "Recent Population Mixture."
30. 同上。

Civilization," *Electronic Journal of Vedic Studies* 11 (2004): 19–57.

6. Richard H. Meadow, ed., *Harappa Excavations 1986–1990: A Multidisciplinary Approach to Third Millennium Urbanism* (Madison, WI: Prehistory Press, 1991); A. Lawler, "Indus Collapse: The End or the Beginning of an Asian Culture?," *Science* 320 (2008): 1281–83.
7. Jaan Puhvel, *Comparative Mythology* (Baltimore: Johns Hopkins University Press, 1987).
8. Wright, *The Ancient Indus*; Possehl, *The Indus Civilization.*
9. Alfred Rosenberg, *The Myth of the Twentieth Century: An Evaluation of the Spiritual-Intellectual Confrontations of Our Age*, trans. Vivian Bird (Torrance, CA: Noontide Press, 1982).
10. Léon Poliakov, *The Aryan Myth: A History of Racist and Nationalist Ideas in Europe* (New York: Basic Books, 1974).
11. B. Arnold, "The Past as Propaganda: Totalitarian Archaeology in Nazi Germany," *Antiquity* 64 (1990): 464–78.
12. Bryan Ward-Perkis, *The Fall of Rome and the End of Civilization* (Oxford: Oxford University Press, 2005).
13. Peter Bellwood, *First Farmers: The Origins of Agricultural Societies* (Malden, MA: Blackwell, 2005).
14. 同上。
15. M. Witzel, "Substrate Languages in Old Indo-Aryan (Rgvedic, Middle and Late Vedic)," *Electronic Journal of Vedic Studies* 5 (1999): 1–67.
16. K. Thangaraj et al., "Reconstructing the Origin of Andaman Islanders," *Science* 308 (2005): 996; K. Thangaraj et al., "*In situ* Origin of Deep Rooting Lineages of Mitochondrial Macrohaplogroup 'M' in India," *BMC Genomics* 7 (2006): 151.
17. R. S. Wells et al., "The Eurasian Heartland: A Continental Perspective on Y-chromosome Diversity," *Proceedings of the National Academy of Sciences of the U.S.A.* 98 (2001): 10244–49; M. Bamshad et al., "Genetic Evidence on the Origins of Indian Caste Populations," *Genome Research* 11 (2001): 994–1004; I. Thanseem et al., "Genetic Affinities

and Malden, MA: Wiley-Blackwell, 2013), 87–95.

42. Renfrew, *Archaeology and Language*; Peter Bellwood, *First Farmers: The Origins of Agricultural Societies* (Malden, MA: Blackwell, 2005).〔ピーター・ベルウッド『農耕起源の人類史』長田俊樹・佐藤洋一郎監訳、京都大学出版会、2008年〕
43. Haak et al., "Massive Migration"; Allentoft et al., "Bronze Age Eurasia."
44. D. W. Anthony and D. Ringe, "The Indo-European Homeland from Linguistic and Archaeological Perspectives," *Annual Review of Linguistics* 1 (2015): 199–219.
45. Léon Poliakov, *The Aryan Myth: A History of Racist and Nationalist Ideas in Europe* (New York: Basic Books, 1974).〔レオン・ポリアコフ『アーリア神話：ヨーロッパにおける人種主義と民族主義の源泉』アーリア主義研究会訳、法政大学出版局、1985年〕

第6章 インドをつくった衝突

1. *The Rigveda*, trans. Stephanie W. Jamison and Joel P. Brereton (Oxford: Oxford University Press, 2014), hymns 1.33, 1.53, 2.12, 3.30, 3.34, 4.16, and 4.28.
2. M. Witzel, "Early Indian History: Linguistic and Textual Parameters," in *The Indo-Aryans of Ancient South Asia: Language, Material Culture and Ethnicity*, ed. George Erdosy (Berlin: Walter de Gruyter, 1995), 85–125.
3. Rita P. Wright, *The Ancient Indus: Urbanism, Economy, and Society* (Cambridge: Cambridge University Press, 2010); Gregory L. Possehl, *The Indus Civilization: A Contemporary Perspective* (Lanham, MD: AltaMira Press, 2002).
4. 同上。
5. Asko Parpola, *Deciphering the Indus Script* (Cambridge: Cambridge University Press, 1994); S. Farmer, R. Sproat, and M. Witzel, "The Collapse of the Indus-Script Thesis: The Myth of a Literate Harappan

N. N. Johannsen, G. Larson, D. J. Meltzer, and M. Vander Linden, "A Composite Window into Human History," *Science* 356 (2017): 1118–20.
30. Vere Gordon Childe, *The Aryans: A Study of Indo-European Origins* (London and New York: K. Paul, Trench, Trubner and Co. and Alfred A. Knopf, 1926).
31. Härke, "Debate on Migration and Identity."
32. Peter Bellwood, *First Migrants: Ancient Migration in Global Perspective* (Chichester, West Sussex, UK / Malden, MA: Wiley-Blackwell, 2013).
33. Colin McEvedy and Richard Jones, *Atlas of World Population History* (Harmondsworth, Middlesex, UK: Penguin, 1978).
34. K. Kristiansen, "The Bronze Age Expansion of Indo-European Languages: An Archaeological Model," in *Becoming European: The Transformation of Third Millennium Northern and Western Europe*, ed. Christopher Prescott and Håkon Glørstad (Oxford: Oxbow Books, 2011), 165–81.
35. S. Rasmussen et al., "Early Divergent Strains of *Yersinia pestis* in Eurasia 5,000 Years Ago," *Cell* 163 (2015): 571–82.
36. A. P. Fitzpatrick, *The Amesbury Archer and the Boscombe Bowmen: Bell Beaker Burials at Boscombe Down, Amesbury, Wiltshire* (Salisbury, UK: Wessex Archaeology Reports, 2011).
37. I. Olalde et al., "The Beaker Phenomenon and the Genomic Transformation of Northwest Europe," *bioRxiv* (2017): doi.org/10.1101/135962.
38. L. M. Cassidy et al., "Neolithic and Bronze Age Migration to Ireland and Establishment of the Insular Atlantic Genome," *Proceedings of the National Academy of Sciences of the U.S.A.* 113 (2016): 368–73.
39. Colin Renfrew, *Archaeology and Language: The Puzzle of Indo-European Origins* (Cambridge: Cambridge University Press, 1997).〔コリン・レンフルー『ことばの考古学』橋本槇矩訳、青土社、1993〕
40. 同上。
41. P. Bellwood, "Human Migrations and the Histories of Major Language Families," in *The Global Prehistory of Human Migration* (Chichester, UK,

Palaeogenomic Transects Reveal Complex Genetic History of Early European Farmers," *Nature* 551 (2017): 368–72.
16. Colin Renfrew, *Before Civilization: The Radiocarbon Revolution and Prehistoric Europe* (London: Jonathan Cape, 1973).〔コリン・レンフルー『文明の誕生』大貫良夫訳、岩波書店、1979年〕
17. Marija Gimbutas, *The Prehistory of Eastern Europe, Part I: Mesolithic, Neolithic and Copper Age Cultures in Russia and the Baltic Area* (American School of Prehistoric Research, Harvard University, Bulletin No. 20) (Cambridge, MA: Peabody Museum, 1956).
18. David W. Anthony, *The Horse, the Wheel, and Language: How Bronze-Age Riders from the Eurasian Steppes Shaped the Modern World* (Princeton, NJ: Princeton University Press, 2007).
19. 同上。
20. 同上。
21. Haak et al., "Massive Migration."
22. 同上 ; I. Lazaridis et al., "Genomic Insights into the Origin of Farming in the Ancient Near East," *Nature* 536 (2016): 419–24.
23. M. Ivanova, "Kaukasus Und Orient: Die Entstehung des 'Maikop-Phänomens' im 4. Jahrtausend v. Chr.," *Praehistorische Zeitschrift* 87 (2012): 1–28.
24. Haak et al., "Massive Migration" ; Allentoft et al., "Bronze Age Eurasia."
25. 同上。
26. G. Kossinna, "Die Deutsche Ostmark: Ein Heimatboden der Germanen," *Berlin* (1919).
27. B. Arnold, "The Past as Propaganda: Totalitarian Archaeology in Nazi Germany," *Antiquity* 64 (1990): 464–78.
28. H. Härke, "The Debate on Migration and Identity in Europe," *Antiquity* 78 (2004): 453–56.
29. V. Heyd, "Kossinna's Smile," *Antiquity* 91 (2017): 348–59; M. Vander Linden, "Population History in Third-Millennium-BC Europe: Assessing the Contribution of Genetics," *World Archaeology* 48 (2016): 714–28;

302 (2003): 862–66.

4. P. Skoglund et al., "Origins and Genetic Legacy of Neolithic Farmers and Hunter-Gatherers in Europe," *Science* 336 (2012): 466–69.
5. Albert J. Ammerman and Luigi Luca Cavalli-Sforza, *The Neolithic Transition and the Genetics of Populations in Europe* (Princeton, NJ: Princeton University Press, 1984).
6. N. J. Patterson et al., "Ancient Admixture in Human History," *Genetics* 192 (2012): 1065–93.
7. M. Raghavan et al., "Upper Palaeolithic Siberian Genome Reveals Dual Ancestry of Native Americans," *Nature* (2013): doi: 10.1038/nature12736.
8. I. Lazaridis et al., "Ancient Human Genomes Suggest Three Ancestral Populations for Present-Day Europeans," *Nature* 513 (2014): 409–13.
9. C. Gamba et al., "Genome Flux and Stasis in a Five Millennium Transect of European Prehistory," *Nature Communications* 5 (2014): 5257; M. E. Allentoft et al., "Population Genomics of Bronze Age Eurasia," *Nature* 522 (2015): 167–72; W. Haak et al., "Massive Migration from the Steppe Was a Source for Indo-European Languages in Europe," *Nature* 522 (2015): 207–11; I. Mathieson et al., "Genome-Wide Patterns of Selection in 230 Ancient Eurasians," *Nature* 528 (2015): 499–503.
10. Luigi Luca Cavalli-Sforza, Paolo Menozzi, and Alberto Piazza, *The History and Geography of Human Genes* (Princeton, NJ: Princeton University Press, 1994).
11. Haak et al., "Massive Migration" ; Mathieson et al., "Genome-Wide Patterns."
12. Q. Fu et al., "The Genetic History of Ice Age Europe," *Nature* 534 (2016): 200–5.
13. I. Mathieson, "The Genomic History of Southeastern Europe," *bioRxiv* (2017): doi.org/10.1101/135616.
14. K. Douka et al., "Dating Knossos and the Arrival of the Earliest Neolithic in the Southern Aegean," *Antiquity* 91 (2017): 304–21.
15. Haak et al., "Massive Migration" ; M. Lipson et al., "Parallel

PLoS Genetics 5 (2009): e1000500.
28. Q. Fu et al., "DNA Analysis of an Early Modern Human from Tianyuan Cave, China," *Proceedings of the National Academy of Sciences of the U.S.A.* 110 (2013): 2223–27.
29. Fu et al., "Recent Neanderthal Ancestor"; W. Haak et al., "Massive Migration from the Steppe Was a Source for Indo-European Languages in Europe," *Nature* 522 (2015): 207–11.
30. R. Pinhasi et al., "Optimal Ancient DNA Yields from the Inner Ear Part of the Human Petrous Bone," *PLoS One* 10 (2015): e0129102.
31. Lazaridis et al., "Genomic Insights."
32. 同上; Broushaki et al., "Early Neolithic Genomes."
33. I. Olalde et al., "Derived Immune and Ancestral Pigmentation Alleles in a 7,000-Year-Old Mesolithic European," *Nature* 507 (2014): 225–28.
34. I. Mathieson et al., "Genome-Wide Patterns of Selection in 230 Ancient Eurasians," *Nature* 528 (2015): 499–503.
35. I. Mathieson et al., "The Genomic History of Southeastern Europe," *bioRxiv* (2017): doi.org/10.1101/135616.
36. Haak et al., "Massive Migration"; M. E. Allentoft et al., "Population Genomics of Bronze Age Eurasia," *Nature* 522 (2015): 167–72.
37. Templeton, "Biological Races."

第5章　現代ヨーロッパの形成

1. B. Bramanti et al., "Genetic Discontinuity Between Local Hunter-Gatherers and Central Europe's First Farmers," *Science* 326 (2009): 137–40.
2. A. Keller et al., "New Insights into the Tyrolean Iceman's Origin and Phenotype as Inferred by Whole-Genome Sequencing," *Nature Communications* 3 (2012): 698.
3. W. Muller et al., "Origin and Migration of the Alpine Iceman," *Science*

Communications 6 (2015): 8912.

13. B. M. Henn et al., "Genomic Ancestry of North Africans Supports Back-to- Africa Migrations," *PLoS Genetics* 8 (2012): e1002397.
14. Lazaridis et al., "Genomic Insights."
15. O. Bar-Yosef, "Pleistocene Connections Between Africa and Southwest Asia: An Archaeological Perspective," *African Archaeological Review* 5 (1987): 29–38.
16. Lazaridis et al., "Genomic Insights."
17. Lazaridis et al., "Ancient Human Genomes."
18. Q. Fu et al., "The Genetic History of Ice Age Europe," *Nature* 534 (2016): 200–5.
19. Q. Fu et al., "Genome Sequence of a 45,000-Year-Old Modern Human from Western Siberia," *Nature* 514 (2014): 445–49.
20. Q. Fu et al., "An Early Modern Human from Romania with a Recent Neanderthal Ancestor," *Nature* 524 (2015): 216–19.
21. F. G. Fedele, B. Giaccio, and I. Hajdas, "Timescales and Cultural Process at 40,000 BP in the Light of the Campanian Ignimbrite Eruption, Western Eurasia," *Journal of Human Evolution* 55 (2008): 834–57; A. Costa et al., "Quantifying Volcanic Ash Dispersal and Impact of the Campanian Ignimbrite Super-Eruption," *Geophysical Research Letters* 39 (2012): L10310.
22. Fedele et al., "Timescales and Cultural Process."
23. A. Seguin-Orlando et al., "Genomic Structure in Europeans Dating Back at Least 36,200 Years," *Science* 346 (2014): 1113–18.
24. Fu et al., "Ice Age Europe."
25. Andreas Maier, *The Central European Magdalenian: Regional Diversity and Internal Variability* (Dordrecht, The Netherlands: Springer, 2015).
26. Fu et al., "Ice Age Europe."
27. N. A. Rosenberg et al., "Clines, Clusters, and the Effect of Study Design on the Inference of Human Population Structure," *PLoS Genetics* 1 (2005): e70; G. Coop et al., "The Role of Geography in Human Adaptation,"

第4章　ゴースト集団

1. Charles R. Darwin, *On the Origin of Species by Means of Natural Selection, or the Preservation of Favoured Races in the Struggle for Life* (London: John Murray, 1859).〔チャールズ・ダーウィン『種の起源』渡辺政隆訳、光文社、2009年〕
2. C. Becquet et al., "Genetic Structure of Chimpanzee Populations," *PLoS Genetics* 3 (2007): e66.
3. R. E. Green et al., "A Draft Sequence of the Neandertal Genome," *Science* 328 (2010): 710–22.
4. N. J. Patterson et al., "Ancient Admixture in Human History," *Genetics* 192 (2012): 1065–93.
5. Ernst Mayr, *Systematics and the Origin of Species from the Viewpoint of a Zoologist* (New York: Columbia University Press, 1942).
6. J. K. Pickrell and D. Reich, "Toward a New History and Geography of Human Genes Informed by Ancient DNA," *Trends in Genetics* 30 (2014): 377–89.
7. A. R. Templeton, "Biological Races in Humans," *Studies in History and Philosophy of Biological and Biomedical Science* 44 (2013): 262–71.
8. M. Raghavan et al., "Upper Palaeolithic Siberian Genome Reveals Dual Ancestry of Native Americans," *Nature* 505 (2014): 87–91.
9. I. Lazaridis et al., "Ancient Human Genomes Suggest Three Ancestral Populations for Present-Day Europeans," *Nature* 513 (2014): 409–13.
10. I. Lazaridis et al., "Genomic Insights into the Origin of Farming in the Ancient Near East," *Nature* 536 (2016): 419–24.
11. 同上。
12. F. Broushaki et al., "Early Neolithic Genomes from the Eastern Fertile Crescent," *Science* 353 (2016): 499–503; E. R. Jones et al., "Upper Palaeolithic Genomes Reveal Deep Roots of Modern Eurasians," *Nature*

Size, Skull Form, and Species Recognition," *Journal of Human Evolution* 65 (2013): 223–52.

26. M. Martinón-Torres et al., "Dental Evidence on the Hominin Dispersals During the Pleistocene," *Proceedings of the National Academy of Sciences of the U.S.A.* 104 (2007): 13279–82; M. Martinón-Torres, R. Dennell, and J. M. B. de Castro, "The Denisova Hominin Need Not Be an Out of Africa Story," *Journal of Human Evolution* 60 (2011): 251–55; J. M. B. de Castro and M. Martinón-Torres, "A New Model for the Evolution of the Human Pleistocene Populations of Europe," *Quaternary International* 295 (2013): 102–12.
27. De Castro and Martinón-Torres, "A New Model."
28. J. L. Arsuaga et al., "Neandertal Roots: Cranial and Chronological Evidence from Sima de los Huesos," *Science* 344 (2014): 1358–63; M. Meyer et al., "A Mitochondrial Genome Sequence of a Hominin from Sima de los Huesos," *Nature* 505 (2014): 403–6.
29. M. Meyer et al., "Nuclear DNA Sequences from the Middle Pleistocene Sima de los Huesos Hominins," *Nature* 531 (2016): 504–7.
30. Meyer et al., "A Mitochondrial Genome" ; Meyer et al., "Nuclear DNA Sequences."
31. Krause et al., "Unknown Hominin" ; Reich et al., "Genetic History."
32. Posth et al., "Deeply Divergent Archaic."
33. 同上。
34. Prüfer et al., "Complete Genome."
35. S. McBrearty and A. S. Brooks, "The Revolution That Wasn't: A New Interpretation of the Origin of Modern Human Behavior," *Journal of Human Evolution* 39 (2000): 453–563.
36. M. Kuhlwilm et al., "Ancient Gene Flow from Early Modern Humans into Eastern Neanderthals," *Nature* 530 (2016): 429–33.

Dispersals into Southeast Asia and Oceania," *American Journal of Human Genetics* 89 (2011): 516–28.

12. Q. Fu et al., "DNA Analysis of an Early Modern Human from Tianyuan Cave, China," *Proceedings of the National Academy of Sciences of the U.S.A.* 110 (2013): 2223–27; M. Yang et al., "40,000-Year-Old Individual from Asia Provides Insight into Early Population Structure in Eurasia," *Current Biology* 27 (2017): 3202–8.
13. Prüfer et al., "Complete Genome."
14. C. B. Stringer and I. Barnes, "Deciphering the Denisovans," *Proceedings of the National Academy of Sciences of the U.S.A.* 112 (2015): 15542–43.
15. G. A. Wagner et al., "Radiometric Dating of the Type-Site for *Homo heidelbergensis* at Mauer, Germany," *Proceedings of the National Academy of Sciences of the U.S.A.* 107 (2010): 19726–30.
16. C. Stringer, "The Status of *Homo heidelbergensis* (Schoetensack 1908)," *Evolutionary Anthropology* 21 (2012): 101–7.
17. A. Brumm et al., "Age and Context of the Oldest Known Hominin Fossils from Flores," *Nature* 534 (2016): 249–53.
18. Reich et al., "Denisova Admixture."
19. Prüfer et al., "Complete Genome."
20. 同上 ; Sankararaman et al., "Combined Landscape."
21. E. Huerta-Sánchez et al., "Altitude Adaptation in Tibetans Caused by Introgression of Denisovan-like DNA," *Nature* 512 (2014): 194–97.
22. F. H. Chen et al., "Agriculture Facilitated Permanent Human Occupation of the Tibetan Plateau After 3600 B.P.," *Science* 347 (2015): 248–50.
23. S. Sankararaman et al., "The Genomic Landscape of Neanderthal Ancestry in Present-Day Humans," *Nature* 507 (2014): 354–57; B. Vernot and J. M. Akey, "Resurrecting Surviving Neandertal Lineages from Modern Human Genomes," *Science* 343 (2014): 1017–21.
24. Prüfer et al., "Complete Genome."
25. G. P. Rightmire, "*Homo erectus* and Middle Pleistocene Hominins: Brain

Finds No Evidence of Directional Selection Since Admixture," *American Journal of Human Genetics* 95 (2014): 437–44.

44. Johann G. Fichte, *Grundlage der gesamten Wissenschaftslehre* (Jena, Germany: Gabler, 1794).

第3章　古代ＤＮＡが水門を開く

1. J. Krause et al., "Neanderthals in Central Asia and Siberia," *Nature* 449 (2007): 902–4.
2. J. Krause et al., "The Complete Mitochondrial DNA Genome of an Unknown Hominin from Southern Siberia," *Nature* 464 (2010): 894-97.
3. C. Posth et al., "Deeply Divergent Archaic Mitochondrial Genome Provides Lower Time Boundary for African Gene Flow into Neanderthals," *Nature Communications* 8 (2017): 16046.
4. Krause et al., "Unknown Hominin."
5. D. Reich et al., "Genetic History of an Archaic Hominin Group from Denisova Cave in Siberia," *Nature* 468 (2010): 1053–60.
6. K. Prüfer et al., "The Complete Genome Sequence of a Neanderthal from the Altai Mountains," *Nature* (2013): doi: 10.1038/nature 12886.
7. Jerry A. Coyne and H. Allen Orr, *Speciation* (Sunderland, MA: Sinauer Associates, 2004).
8. S. Sankararaman, S. Mallick, N. Patterson, and D. Reich, "The Combined Landscape of Denisovan and Neanderthal Ancestry in Present-Day Humans," *Current Biology* 26 (2016): 1241–47.
9. P. Moorjani et al., "A Genetic Method for Dating Ancient Genomes Provides a Direct Estimate of Human Generation Interval in the Last 45,000 Years," *Proceedings of the National Academy of Sciences of the U.S.A.* 113 (2016): 5652–7.
10. Sankararaman et al., "Combined Landscape."
11. D. Reich et al., "Denisova Admixture and the First Modern Human

Ancestry in Present-Day Humans," *Nature* 507 (2014): 354–57; B. Vernot and J. M. Akey, "Resurrecting Surviving Neandertal Lineages from Modern Human Genomes," *Science* 343 (2014): 1017-21.

33. N. Patterson et al., "Genetic Evidence for Complex Speciation of Humans and Chimpanzees," *Nature* 441 (2006): 1103–8.
34. 同上；R. Burgess and Z. Yang, "Estimation of Hominoid Ancestral Population Sizes Under Bayesian Coalescent Models Incorporating Mutation Rate Variation and Sequencing Errors," *Molecular Biology and Evolution* 25 (2008): 1975–94.
35. J. A. Coyne and H. A. Orr, "Two Rules of Speciation," in *Speciation and Its Consequences*, ed. Daniel Otte and John A. Endler (Sunderland, MA: Sinauer Associates, 1989), 180–207.
36. P. K. Tucker et al., "Abrupt Cline for Sex-Chromosomes in a Hybrid Zone Between Two Species of Mice," *Evolution* 46 (1992): 1146–63.
37. H. Li and R. Durbin, "Inference of Human Population History from Individual Whole-Genome Sequences," *Nature* 475 (2011): 493–96.
38. T. Mailund et al., "A New Isolation with Migration Model Along Complete Genomes Infers Very Different Divergence Processes Among Closely Related Great Ape Species," *PLoS Genetics* 8 (2012): e1003125.
39. J. Y. Dutheil et al., "Strong Selective Sweeps on the X Chromosome in the Human-Chimpanzee Ancestor Explain Its Low Divergence," *PLoS Genetics* 11 (2015): e1005451.
40. Sankararaman et al., "Genomic Landscape"；B. Jégou et al., "Meiotic Genes Are Enriched in Regions of Reduced Archaic Ancestry," *Molecular Biology and Evolution* 34 (2017): 1974–80.
41. Q. Fu et al., "Ice Age Europe."
42. I. Juric, S. Aeschbacher, and G. Coop, "The Strength of Selection Against Neanderthal Introgression," *PLoS Genetics* 12 (2016): e1006340; K. Harris and R. Nielsen, "The Genetic Cost of Neanderthal Introgression," *Genetics* 203 (2016): 881–91.
43. G. Bhatia et al., "Genome-Wide Scan of 29,141 African Americans

21. P. Moorjani et al., "A Genetic Method for Dating Ancient Genomes Provides a Direct Estimate of Human Generation Interval in the Last 45,000 Years," *Proceedings of the National Academy of Sciences of the U.S.A.* 113 (2016): 5652–7.
22. G. Coop, "Thoughts On: The Date of Interbreeding Between Neandertals and Modern Humans," *Haldane's Sieve,* September 18, 2012, https://haldanessieve.org/2012/09/18/thoughts-on-neandertal-article/.
23. K. Prüfer et al., "The Complete Genome Sequence of a Neanderthal from the Altai Mountains," *Nature* (2013): doi: 10.1038/nature 12886.
24. 同上。
25. 同上；M. Meyer et al., "A High-Coverage Genome Sequence from an Archaic Denisovan Individual," *Science* 338 (2012): 222–26; J. D. Wall et al., "Higher Levels of Neanderthal Ancestry in East Asians Than in Europeans," *Genetics* 194 (2013): 199–209.
26. Q. Fu et al., "The Genetic History of Ice Age Europe," *Nature* 534 (2016): 200–5.
27. I. Lazaridis et al., "Genomic Insights into the Origin of Farming in the Ancient Near East," *Nature* 536 (2016): 419–24.
28. Trinkaus et al., "An Early Modern Human."
29. Q. Fu et al., "An Early Modern Human from Romania with a Recent Neanderthal Ancestor," *Nature* 524 (2015): 216–19.
30. N. Teyssandier, F. Bon, and J.-G. Bordes, "Within Projectile Range: Some Thoughts on the Appearance of the Aurignacian in Europe," *Journal of Anthropological Research* 66 (2010): 209–29; P. Mellars, "Archeology and the Dispersal of Modern Humans in Europe: Deconstructing the 'Aurignacian,' " *Evolutionary Anthropology* 15 (2006): 167–82.
31. M. Currat and L. Excoffier, "Strong Reproductive Isolation Between Humans and Neanderthals Inferred from Observed Patterns of Introgression," *Proceedings of the National Academy of Sciences of the U.S.A.* 108 (2011): 15129–34.
32. S. Sankararaman et al., "The Genomic Landscape of Neanderthal

the Châtelperronian," *Proceedings of the National Academy of Sciences of the U.S.A.* 107 (2010): 20234–39; O. Bar-Yosef and J.-G. Bordes, "Who Were the Makers of the Châtelperronian Culture?," *Journal of Human Evolution* 59 (2010): 586–93.

10. R. Grün et al., "U-series and ESR Analyses of Bones and Teeth Relating to the Human Burials from Skhul," *Journal of Human Evolution* 49 (2005): 316–34.
11. H. Valladas et al., "Thermo-Luminescence Dates for the Neanderthal Burial Site at Kebara in Israel," *Nature* 330 (1987): 159–60.
12. E. Trinkaus et al., "An Early Modern Human from the Peştera cu Oase, Romania," *Proceedings of the National Academy of Sciences of the U.S.A.* 100 (2003):11231–36.
13. M. Krings et al., "Neandertal DNA Sequences and the Origin of Modern Humans," *Cell* 90 (1997): 19–30.
14. C. Posth et al., "Deeply Divergent Archaic Mitochondrial Genome Provides Lower Time Boundary for African Gene Flow into Neanderthals," *Nature Communications* 8 (2017): 16046.
15. Krings et al., "Neandertal DNA Sequences."
16. M. Currat and L. Excoffier, "Modern Humans Did Not Admix with Neanderthals During Their Range Expansion into Europe," *PLoS Biology* 2 (2004): e421; D. Serre et al., "No Evidence of Neandertal mtDNA Contribution to Early Modern Humans," *PLoS Biology* 2 (2004): e57; M. Nordborg, "On the Probability of Neanderthal Ancestry," *American Journal of Human Genetics* 63 (1998):1237–40.
17. R. E. Green et al., "Analysis of One Million Base Pairs of Neanderthal DNA," *Nature* 444 (2006): 330–36.
18. J. D. Wall and S. K. Kim, "Inconsistencies in Neanderthal Genomic DNA Sequences," *PLoS Genetics* 3 (2007): 1862–66.
19. Krings et al., "Neandertal DNA Sequences."
20. S. Sankararaman et al., "The Date of Interbreeding Between Neandertals and Modern Humans," *PLoS Genetics* 8 (2012): e1002947.

39. A. Okbay et al., "Genome-Wide Association Study Identifies 74 Loci Associated with Educational Attainment," *Nature* 533 (2016): 539–42; M. T. Lo et al., "Genome-Wide Analyses for Personality Traits Identify Six Genomic Loci and Show Correlations with Psychiatric Disorders," *Nature Genetics* 49 (2017): 152–56; G. Davies et al., "Genome-Wide Association Study of Cognitive Functions and Educational Attainment in UK Biobank (N=112 151)," *Molecular Psychiatry* 21 (2016): 758–67.

第2章　ネアンデルタール人との遭遇

1. Charles Darwin, *The Descent of Man, and Selection in Relation to Sex* (London: John Murray, 1871).〔チャールズ・ダーウィン『人間の由来』長谷川眞理子訳、講談社、2016年〕
2. Erik Trinkaus, *The Shanidar Neanderthals* (New York: Academic Press, 1983).
3. D. Radovčić , A. O. Sršen, J. Radovčić , and D. W. Frayer, "Evidence for Neandertal Jewelry: Modified White-Tailed Eagle Claws at Krapina," *PLoS One* 10 (2015): e0119802.
4. J. Jaubert et al., "Early Neanderthal Constructions Deep in Bruniquel Cave in Southwestern France," *Nature* 534 (2016): 111–14.
5. W. L. Straus and A. J. E. Cave, "Pathology and the Posture of Neanderthal Man," *Quarterly Review of Biology* 32 (1957): 348–63.
6. William Golding, *The Inheritors* (London: Faber and Faber, 1955).〔ウィリアム・ゴールディング『後継者たち』小川和夫訳、中央公論社、1983年〕
7. Jean M. Auel, *The Clan of the Cave Bear* (New York: Crown, 1980).〔ジーン・アウル『大地の子エイラ』中村妙子訳、評論社、1983年〕
8. T. Higham et al., "The Timing and Spatiotemporal Patterning of Neanderthal Disappearance," *Nature* 512 (2014): 306–9.
9. T. Higham et al., "Chronology of the Grotte du Renne (France) and Implications for the Context of Ornaments and Human Remains Within

25. 同上。
26. S. Schiffels and R. Durbin, "Inferring Human Population Size and Separation History from Multiple Genome Sequences," *Nature Genetics* 46 (2014): 919–25.
27. Mallick et al., "Simons Genome Diversity Project."
28. I. Gronau et al., "Bayesian Inference of Ancient Human Demography from Individual Genome Sequences," *Nature Genetics* 43 (2011): 1031–34.
29. Mallick et al., "Simons Genome Diversity Project."
30. P. C. Sabeti et al., "Detecting Recent Positive Selection in the Human Genome from Haplotype Structure," *Nature* 419 (2002): 832–37; B. F. Voight, S. Kudaravalli, X. Wen, and J. K. Pritchard, "A Map of Recent Positive Selection in the Human Genome," *PLoS Biology* 4 (2006): e72.
31. K. M. Teshima, G. Coop, and M. Przeworski, "How Reliable Are Empirical Genomic Scans for Selective Sweeps?," *Genome Research* 16 (2006): 702–12.
32. R. D. Hernandez et al., "Classic Selective Sweeps Were Rare in Recent Human Evolution," *Science* 331 (2011): 920–24.
33. S. A. Tishkoff et al., "Convergent Adaptation of Human Lactase Persistence in Africa and Europe," *Nature Genetics* 38 (2006): 31–40.
34. M. C. Turchin et al., "Evidence of Widespread Selection on Standing Variation in Europe at Height-Associated SNPs," *Nature Genetics* 44 (2012): 1015–19.
35. I. Mathieson et al., "Genome-Wide Patterns of Selection in 230 Ancient Eurasians," *Nature* 528 (2015): 499–503.
36. Y. Field et al., "Detection of Human Adaptation During the Past 2000 Years," *Science* 354 (2016): 760–64.
37. D. Welter et al., "The NHGRI GWAS Catalog, a Curated Resource of SNP-Trait Associations," *Nucleic Acids Research* 42 (2014): D1001–6.
38. D. B. Goldstein, "Common Genetic Variation and Human Traits," *New England Journal of Medicine* 360 (2009): 1696–98.

Interpretation of the Origin of Modern Human Behavior," *Journal of Human Evolution* 39 (2000): 453–563.
12. C. S. L. Lai et al., "A Forkhead-Domain Gene Is Mutated in a Severe Speech and Language Disorder," *Nature* 413 (2001): 519–23.
13. W. Enard et al., "Molecular Evolution of *FOXP2*, a Gene Involved in Speech and Language," *Nature* 418 (2002): 869–72.
14. W. Enard et al., "A Humanized Version of *FOXP2* Affects Cortico-Basal Ganglia Circuits in Mice," *Cell* 137 (2009): 961–71.
15. J. Krause et al., "The Derived *FOXP2* Variant of Modern Humans Was Shared with Neandertals," *Current Biology* 17 (2007): 1908–12.
16. T. Maricic et al., "A Recent Evolutionary Change Affects a Regulatory Element in the Human *FOXP2* Gene," *Molecular Biology and Evolution* 30 (2013): 844–52.
17. S. Pääbo, "The Human Condition—a Molecular Approach," *Cell* 157 (2014): 216–26.
18. R. E. Green et al., "A Draft Sequence of the Neandertal Genome," *Science* 328 (2010): 710–22; K. Prüfer et al., "The Complete Genome Sequence of a Neanderthal from the Altai Mountains," *Nature* (2013): doi: 10.1038/nature 1288.
19. R. Lewin, "The Unmasking of Mitochondrial Eve," *Science* 238 (1987): 24–26.
20. A. Kong et al., "A High-Resolution Recombination Map of the Human Genome," *Nature Genetics* 31 (2002): 241–47.
21. "Descent of Elizabeth II from William I," Familypedia, http://familypedia.wikia.com/wiki/Descent_of_Elizabeth_II_from_William_I#Shorter_line_of_descent.
22. S. Mallick et al., "The Simons Genome Diversity Project: 300 Genomes from 142 Diverse Populations," *Nature* 538 (2016): 201–6.
23. Green et al., "Draft Sequence."
24. H. Li and R. Durbin, "Inference of Human Population History from Individual Whole-Genome Sequences," *Nature* 475 (2011): 493–96.

21. Lazaridis et al., "Ancient Human Genomes."
22. Pickrell and Reich, "Toward a New History."

第1章 ゲノムが明かすわたしたちの過去

1. J. D. Watson and F. H. Crick, "Molecular Structure of Nucleic Acids; a Structure for Deoxyribose Nucleic Acid," *Nature* 171 (1953): 737–38.
2. R. L. Cann, M. Stoneking, and A. C. Wilson, "Mitochondrial DNA and Human Evolution," *Nature* 325 (1987): 31–36.
3. Cann et al. "Mitochondrial DNA and Human Evolution."
4. Q. Fu et al., "A Revised Timescale for Human Evolution Based on Ancient Mitochondrial Genomes," *Current Biology* 23 (2013): 553–59.
5. D. E. Lieberman, B. M. McBratney, and G. Krovitz, "The Evolution and Development of Cranial Form in *Homo sapiens*," *Proceedings of the National Academy of Sciences of the U.S.A.* 99 (2002):1134–39. Richter et al., "The Age of the Hominin Fossils from Jebel Irhoud, Morocco, and the Origins of the Middle Stone Age," *Nature* 546 (2017): 293–96.
6. H. S. Groucutt et al., "Rethinking the Dispersal of *Homo sapiens* Out of Africa," *Evolutionary Anthropology* 24 (2015): 149–64.
7. C.-J. Kind et al., "The Smile of the Lion Man: Recent Excavations in Stadel Cave (Baden-Württemberg, South-Western Germany) and the Restoration of the Famous Upper Palaeolithic Figurine," *Quartär* 61 (2014): 129–45.
8. T. Higham et al., "The Timing and Spatiotemporal Patterning of Neanderthal Disappearance," *Nature* 512 (2014): 306–9.
9. Richard G. Klein and Blake Edgar, *The Dawn of Human Culture* (New York: Wiley, 2002).
10. J. Doebley, "Mapping the Genes That Made Maize," *Trends in Genetics* 8 (1992): 302–7.
11. S. McBrearty and A. S. Brooks, "The Revolution That Wasn't: A New

Communications 3 (2012): 698; P. Skoglund et al., "Origins and Genetic Legacy of Neolithic Farmers and Hunter-Gatherers in Europe," *Science* 336 (2012): 466–69; I. Lazaridis et al., "Ancient Human Genomes Suggest Three Ancestral Populations for Present-Day Europeans," *Nature* 513 (2014): 409–13.

9. J. K. Pickrell and D. Reich, "Toward a New History and Geography of Human Genes Informed by Ancient DNA," *Trends in Genetics* 30 (2014): 377–89.
10. R. E. Green et al., "A Draft Sequence of the Neandertal Genome," *Science* 328 (2010): 710–22.
11. D. Reich et al., "Genetic History of an Archaic Hominin Group from Denisova Cave in Siberia," *Nature* 468 (2010): 1053–60.
12. M. Rasmussen et al., "Ancient Human Genome Sequence of an Extinct Palaeo-Eskimo," *Nature* 463 (2010): 757–62.
13. W. Haak et al., "Massive Migration from the Steppe Was a Source for Indo-European Languages in Europe," *Nature* 522 (2015): 207–11.
14. M. E. Allentoft et al., "Population Genomics of Bronze Age Eurasia," *Nature* 522 (2015): 167–72.
15. I. Mathieson et al., "Genome-Wide Patterns of Selection in 230 Ancient Eurasians," *Nature* 528 (2015): 499–503.
16. Q. Fu et al., "DNA Analysis of an Early Modern Human from Tianyuan Cave, China," *Proceedings of the National Academy of Sciences of the U.S.A.* 110 (2013):2223–27.
17. H. Shang et al., "An Early Modern Human from Tianyuan Cave, Zhoukoudian, China," *Proceedings of the National Academy of Sciences of the U.S.A.* 104 (2007):6573–78.
18. Haak et al., "Massive Migration."
19. I. Lazaridis et al., "Genomic Insights into the Origin of Farming in the Ancient Near East," *Nature* 536 (2016): 419–24.
20. P. Skoglund et al., "Genomic Insights into the Peopling of the Southwest Pacific," *Nature* 538 (2016): 510–13.

⁝ 原注

序文

1. Luigi Luca Cavalli-Sforza, Paolo Menozzi, and Alberto Piazza, *The History and Geography of Human Genes* (Princeton, NJ: Princeton University Press, 1994).
2. Luigi Luca Cavalli-Sforza and Francesco Cavalli-Sforza, *The Great Human Diasporas: The History of Diversity and Evolution* (Reading, MA: Addison-Wesley, 1995).〔ルーカ & フランチェスコ・カヴァーリ = スフォルツァ『わたしは誰、どこから来たの：進化にみるヒトの「違い」の物語』千種堅訳、三田出版会、1995年〕
3. N. A. Rosenberg et al., "Genetic Structure of Human Populations," *Science* 298 (2002): 2381–85.
4. P. Menozzi, A. Piazza, and L. L. Cavalli-Sforza, "Synthetic Maps of Human Gene Frequencies in Europeans," *Science* 201 (1978): 786–92; L. L. CavalliSforza, P. Menozzi, and A. Piazza, "Demic Expansions and Human Evolution," *Science* 259 (1993): 639–46.
5. Albert J. Ammerman and Luigi Luca Cavalli-Sforza, *The Neolithic Transition and the Genetics of Populations in Europe* (Princeton, NJ: Princeton University Press, 1984).
6. J. Novembre and M. Stephens, "Interpreting Principal Component Analyses of Spatial Population Genetic Variation," *Nature Genetics* 40 (2008): 646–49.
7. O. François et al., "Principal Component Analysis Under Population Genetic Models of Range Expansion and Admixture," *Molecular Biology and Evolution* 27 (2010): 1257–68.
8. A. Keller et al., "New Insights into the Tyrolean Iceman's Origin and Phenotype as Inferred by Whole-Genome Sequencing," *Nature*

Continent and the Diaspora into the New World," *Current Opinion in Genetics and Development* 29(2014): 120-32の Fig.3とほぼ同じ。バントゥー語の拡散に関連した移住ルートは Campbell et al., "The Peopling of the African Continent" 中のルートとほぼ同じだが、スコット・マッキーチャンの助言と、熱帯雨林の北方への拡散はバントゥー語を話す現代東アフリカ人の祖先にはそれほど寄与していない可能性を示唆した研究結果（G. B. Busby et al., "Admixture into and Within Sub-Saharan Africa," *eLife* 5(2016): e15266および E. Patin et al., "Dispersal and Genetic Adaptation of Bantu-Speaking Populations in Africa and North America," *Science* 356(2017): 543-46）も取り入れた。

図27. このイラストは P. Skoglund et al., "Reconstructing Prehistoric African Population Structure," *Cell* 171(2017): 59-71の Fig.2Bおよび Fig.2Cの数値を組み合わせたもの。

図28. M. Karmin et al., "A recent Bottleneck of Y Chromosome Diversity with a Global Change in Culture," *Genome Research* 25(2015): 459-66の Fig.2から許可を得て転載。

Edition,ed.Chris Scarre(London: Thames and Hudson,expected early 2018),149-71中の D. J. Meltzer, “The Origins, Antiquity and Dispersal of the First Americans,” の Fig.5から転載。古代シベリアの海岸線を加筆してある。

図20. このイラストはD. Reich et al., “Reconstructing Native American Population History,” *Nature* 488(20129: 370-74の Fig.2と P. Flegontov et al., “Paleo-Eskimo Genetic Legacy Across North America,” *bioRxiv*(2017): doi,org/10.1101.203018の Fig.5の情報を組み合わせたもの。

図21. このイラストは P. Skoglund et al., “Genetic Evidence for Two Founding Populations of the Americas,” *Nature* 525(2015): 104-8の Fig.1のデータをプロットし直したもの。

図23. タイ=カダイ語、オーストロアジア語、オーストロネシア語を話す人々の初期の移住ルートは J. Diamond and P. Bellwood, “Farmers and Their Languages: The First Expansions,” *Science* 300(2003): 597-603の Fig.2をもとに描画。

図24. 図版（1）の古代の海岸線は A. Coop and C. Stringer, “Did the Denisovans Cross Wallace's Line?” *Science* 342(2013): 321-23の地図とほぼ同じ。

図25. このイラストは P. Skoglund et al., “Reconstructing Prehistoric African Population Structure,” *Cell* 171(2017): 59-71の Fig.3D に基づく。

図26. アフリカの語族の分布範囲を示す輪郭線は M. C. Campbell, J. B. Hirbo, J. P. Townsend, and S. A. Tishkoff, “The Peopling of the African

のDNAデータのある鐘状ビーカー民個体180体のデータに基づく。個体は現在のヨーロッパの国別にグループ分けしてある。データはI. Olalde et al., "The Beaker Phenomenon and the Genomic Transformation of Northwest Europe," *bioRxiv*(2017): doi.org/10.1101/135962の改訂版から採用。

図17. 図版（a)、南アジア語族の分布は*A Historical Atlas of South Asia*, ed. Joseph E. Schwartzberg (Oxford: Oxford University Press,1992)中のプロットをもとに描画。図版（b）の分散図はD. Reich et al., "Reconstructing Indian Population History," *Nature* 461(2009): 489-94のFig.3の主成分分析に基づく。x軸とy軸を回転させておおまかに遺伝学上および地理上の位置を合わせてある。

図18. 地図上の小麦および大麦農業の拡散を示す曲線と推定時期はドリアン・フラーの好意により提供されたスケッチに基づく。地図の西半分の曲線はF. Silva and M. Vander Linden, "Amplitude of Travelling Front as Inferred From 14C Predicts Levels of Genetic Admixture Among European Early Farmers," *Scientific Reports* 7(2017): 11985のFig.2に準拠。

図19. 北米の氷床と海岸線の位置はA. S. Dyke, "An Outline of North American Deglaciation with Empasis on Central and Northern Canada," の380〜383ページおよび*Quaternary Glatiations-Extent and Chronology, Part II: North America*, ed.Jürgen Ehlers and Phillip L. Gibbard (Amsterdam: Elsvier,2004), 373-422の図から転載。ユーラシアの氷床の位置はH. Panton et al., "Deglaciation of the Eurasian Ice Sheet Complex," *Quaternary Science Reviews* 169(2017): 148-72のFig.4から転載。南米の氷床と海岸線の位置は*The Human Past*,4th

図10. 円グラフのデータはS. Mallick et al., "The Simons Genome Diversity Project: 300 Genomes from 142 Diverse Populations," Nature 538(2016):201-6の補足表2の欄AJおよびAKから採用。各集団の値はその集団の個人の平均値を表す。古代ＤＮＡの比率はデータセット中の最大値を示した集団の値に対する割合で表す。0.03未満は0とし、0.97以上は１とする。地理的な差異を際立たせつつも見にくさを避けるため、47の集団を選んで示した。

図13. このイラストはFu et al., "The Genetic History of Ice Age Europe," *Nature* 534(2016): 200-5に記述されたヨーロッパにおける移住を表す。氷床の範囲は"Extent of Ice Sheets in Europe" マップのオンライン図をもとに描画。*Encyclopedia Britannica Online,* https://www.britannica.com/place/Scandinavian-Ice-Sheet?oasmId=54573.

図14. 図版（a）はW. Haak et al., "Massive Migration from the Steppe Was a Source for Indo-European Language in Europe," *Nature* 522(2015): 207-11のExtended Data Fig.4をもとに描画。図版（b）およびその右上の図版はD. W. Anthony and D. Ringe, "The Indo-European Homeland from Linguistic and Archaeological Perspectives," *Annual Review of Linguistics* 1(2015): 199-219のFig.1およびFig.2から許可を得て転載。

図15. 3つの図版の分散図はすべて、I. Lazaridis et al., "Genetic Origins of the Minoans and Mycenaeans," *Nature* 548(2017): 214-8のFig.1bに示された主成分分析に基づく。ｘ軸とｙ軸を回転させておおまかに遺伝学上および地理上の位置を合わせてある。

図16. 円グラフはステップ関連系統を比較的正確に推定できるだけ

図5．任意の部分において、父親から受け継いだゲノムと母親から受け継いだゲノムとで差のある変異の数を用いて、ゲノムのその部位で共通祖先のいた時期からの時間的経過を推定できる。図版（2）はS. Mallick et al., "The Simons Genome Diversity Project: 300 Genomes from 142 Diverse Populations," *Nature* 538(2016): 201-6で報告された分析に基づき、DNA上の等しい位置にある箇所で測定した最も新しい共通祖先のいた推定時期を、非アフリカ人のゲノムペア250（実線）とサハラ以南のアフリカ人のゲノムペア44の平均値として示す。図版（3）は同じ研究の分析をもとに、299のゲノムペアが各箇所で最多の共通祖先を持つ推定時期を示す。

図6．ネアンデルタール人のおおよその分布範囲はJ. Krause et al., "Neanderthals in Central Asia and Siberia," *Nature* 449(2007): 902-4のFig.1から転載。

図7．共有変異数はR. E. Green et al., "A Draft Sequence of the Neandertal Genome," *Science* 328(2010): 710-22のオンラインの補助資料にあるTable S48中のフランス人とサン族とネアンデルタール人の比較に基づく。

図8．イラストはFu et al., "An Early Modern Human from Romania with a recent Neanderthal Ancestors," *Nature* 524(2015): 216-19のFig.2のデータに基づく。

図9．このイラストはFu et al., "The Genetic History of Ice Age Europe," *Nature* 534(2016): 200-5のFig.2に示されたデータをプロットし直したもの。

：図注釈

地図出典：地図はすべて、Natural Earth（http://www.naturalearthdata.com/）のデータに基づいて作成した。

図1．図版（a）の遷移曲線は L. L. Cavalli-Sforza, P. Menozzi, and A.Piazza, "Demic Expansion and Human Evolution," *Science* 259(1993): 639-46 の Fig. 2A に準拠。図版（b）の遷移曲線は W. Haak et al., "Massive Migration from the Steppe Was a Source for Indo-European Language in Europe," *Nature* 522(2015): 207-11 の Fig.3にある数字の補間〔2つの数値の間の中間値を数学的計算によって補うこと〕に基づく。補間は F. Jay et al., "Forecasting Changes in Population Genetic Structure of Alpine Plants in Response to Global Warming," *Molecular Ecology* (2012): 2354-68 の POPSutilities.R ソフトウェアおよび O. François, "Running Structure-like Population Genetic Analyses with R," June 2016, http://membres-timc.imag.fr/Oliver.Francois/tutoRstructure.pdf の推奨するパラメータ設定を用いて行った。

図2．グラフは2017年11月19日現在、著者の研究室の内部データベースにある3748体を、利用可能になった年ごとに示した。

図4．現在生きている人の DNA に寄与していると予想される家系図上の祖先の人数は、グレアム・クープと共有するシミュレーション結果に基づく。シミュレーションは G. Coop, "How Many Genetic Ancestors Do I Have?," *gcbias* blog, November 11, 2013, https://gcbias.org/2013/11/11/how-does-your-number-of-genetic-ancestors-grow-back-over-time/ の記述に従って行った。

著者　デイヴィッド・ライク　David Reich
ハーヴァード大学医学大学院遺伝学教授。ヒト古代DNA分析における世界的パイオニア。2015年、「ネイチャー」誌で全科学分野における最も重要な10人のひとりに選ばれる（古代DNAデータ解析を産業規模の研究に発展させた功績により）。マックス・プランク進化人類学研究所のスヴァンテ・ペーボのもとで、ネアンデルタール人とデニソワ人のゲノムプロジェクトの中心的役割を担った後に、古代DNAの全ゲノム研究に特化したアメリカで初の研究室をハーヴァード大学で開設、人種の交雑を専門に研究し、歴史の中で人種交雑が中心的役割を担ってきた様々なケースを発見してきた。アメリカ科学振興協会ニューカム・クリーブランド賞、および革新的な研究に送られるダン・デイヴィッド賞（賞金約1億円）をペーボと共に受賞している（ネアンデルタール人とホモ・サピエンスの交雑の発見により）。マサチューセッツ工科大学とハーヴァード大学の合同研究所であるブロード研究所アソシエイト、および、ハワード・ヒューズ医学研究所研究員。本書が初の著書となる。

訳者　日向やよい（ひむかい・やよい）
翻訳家。東北大学医学部薬学科卒業。トンプソン『殺菌過剰！』（原書房）、レビー、フィシェッティ『新型・殺人感染症』（NHK出版）、スターンバーグ『ボディマインド・シンフォニー』（日本教文社）など翻訳書多数。

協力　更科 功（さらしな・いさお）
東京大学大学院理学系研究科博士課程修了。博士（理学）。現東京大学総合研究博物館研究事業協力者。著書に『化石の分子生物学』（講談社現代新書、講談社科学出版賞受賞）、『爆発的進化論』（新潮新書）、『絶滅の人類史』（NHK出版新書）など。

翻訳協力　株式会社トランネット

校正　酒井 清一

本文組版　天龍社

編集協力　奥村 育美

交雑する人類
古代DNAが解き明かす新サピエンス史

2018（平成30）年 7月25日　第1刷発行
2018（平成30）年11月25日　第3刷発行

著者　デイヴィッド・ライク
訳者　日向やよい
発行者　森永公紀
発行所　NHK出版
〒150-8081 東京都渋谷区宇田川町41-1
TEL 0570-002-245（編集）
0570-000-321（注文）
ホームページ http://www.nhk-book.co.jp
振替 00110-1-49701
印刷　三秀舎／大熊整美堂
製本　ブックアート

ISBN978-4-14-081751-3 C0098